Sozio-technische Problemlösungsfähigkeit von PPS-Systemen

Socio-Technical Problem-Solving Capability of PPC-Systems

Von der Fakultät für Maschinenwesen
der Rheinisch-Westfälischen Technischen Hochschule Aachen
zur Erlangung des akademischen Grades eines
Doktors der Ingenieurwissenschaften
genehmigte Dissertation

vorgelegt von

Matthias Schmidhuber

Berichter/in:

Univ.-Prof. Dr.-Ing. Dipl.-Wirt. Ing. Günther Schuh
apl. Prof. Dr.-Ing. Wolfgang Boos

Tag der mündlichen Prüfung: 14. Dezember 2022

Diese Dissertation ist auf den Internetseiten der Universitätsbibliothek online verfügbar.

ERGEBNISSE AUS DER PRODUKTIONSTECHNIK

Matthias Schmidhuber

Sozio-technische Problemlösungsfähigkeit von PPS-Systemen

Herausgeber:
Prof. Dr.-Ing. T. Bergs
Prof. Dr.-Ing. Dipl.-Wirt. Ing. G. Schuh
Prof. Dr.-Ing. C. Brecher
Prof. Dr.-Ing. R. H. Schmitt

Band 4/2023

WZL | RWTH AACHEN UNIVERSITY

Fraunhofer IPT

Bibliografische Information der Deutschen Nationalbibliothek
Die Deutsche Nationalbibliothek verzeichnet diese Publikation in der Deutschen Nationalbibliografie; detaillierte bibliografische Daten sind im Internet über https://portal.dnb.de abrufbar.

Matthias Schmidhuber:

Sozio-technische Problemlösungsfähigkeit von PPS-Systemen

1. Auflage, 2023

Gedruckt auf holz- und säurefreiem Papier, 100% chlorfrei gebleicht.

Apprimus Verlag, Aachen, 2023
Wissenschaftsverlag des Instituts für Industriekommunikation und Fachmedien an der RWTH Aachen
Steinbachstr. 25, 52074 Aachen
Internet: www.apprimus-verlag.de, E-Mail: info@apprimus-verlag.de

Druck: CPI Druckdienstleistungen GmbH, Ferdinand-Jühlke-Straße 7 I 99095 Erfurt

ISBN 978-3-98555-143-9

D 82 (Diss. RWTH Aachen University, 2022)

Vorwort

Die vorliegende Dissertation entstand während meiner Zeit als wissenschaftlicher Mitarbeiter am Lehrstuhl für Produktionssystematik des Werkzeugmaschinenlabors WZL der Rheinisch-Westfälischen Technischen Hochschule (RWTH) Aachen.

Mein besonderer Dank gilt meinem Doktorvater Herrn Professor Günther Schuh, welcher durch seine vertrauensvolle und beratende Begleitung des Promotionsprozesses sowie das in Aachen geschaffene Ökosystem unter Vereinigung von Forschungsexzellenz und Praxisnähe wesentlich zum Gelingen meiner Dissertation beigetragen hat.

Für die Übernahme des Koreferats möchte ich Herrn Professor Wolfgang Boos danken. Frau Professor Julia Kowalski danke ich für die Übernahme des Prüfungsvorsitzes und Herrn Professor Kai-Uwe Schröder für die Annahme des Prüfungsbeisitzes.

Bei meinen ehemaligen Kolleg*innen und Freunden am WZL möchte ich mich für die prägende und unvergessliche Zeit bedanken. Mir werden die vielen gemeinsamen Industrie- und Forschungsprojekte, Vorlesungs- und Seminareinheiten sowie feierabendliche Diskussionsrunden und der hierbei zelebrierte Zusammenhalt stets in bester Erinnerung bleiben.

Mein größter Dank gilt dem engsten Kreis meiner Familie. Meine Mutter und meine Schwester haben mich auf jedem Schritt des Promotionsprozesses begleitet und standen mir stets mit Verständnis und positivem Zuspruch zur Seite. Carolin, dir danke ich für deine fortwährende Geduld und die unermüdliche Unterstützung über die begleiteten Strapazen hinweg.

Heidelberg, im Januar 2023 Matthias Schmidhuber

Inhaltsübersicht

Inhaltsverzeichnis

Abbildungsverzeichnis

Tabellenverzeichnis

Verzeichnis der Formelzeichen

Abkürzungsverzeichnis

Abkürzungen

ABS	Abstract
APS	Advanced Planning and Scheduling
AVG	Arbeitsvorgang
bspw.	beispielsweise
BDE	Betriebsdatenerfassung
BKT	Betriebskalendertag
Bzw.	beziehungsweise
BOM	Bill of Material
BMAS	Bundesministerium für Arbeit und Soziales
BI	Business Intelligence
CAPP	Computer-Aided Process Planning
CAQ	Computer-Aided Quality
CIM	Computer Integrated Manufacturing
CSF	critical success factors
CRM	Customer-Relationship-Management
CPS	Cyber Physical Systems
DFG	Deutsche Forschungsgemeinschaft
DIN	Deutsches Institut für Normung
DNC	Direct Numeric Control
$	Dollar
DLZ	Durchlaufzeit
eCAD	Electronic Computer-Aided Design
engl.	englisch
ERP	Enterprise-Resource-Planning
et al.	et alii
etc.	et cetera
€	Euro
XaaS	everything as a service

FAQ	Frequently Asked Questions
i.A.a.	in Anlehnung an
IL	Informationslogistik
IS	Informationssysteme
IT	Informationstechnologie
IDT	Innovation Diffusion Theory
insb.	insbesondere
IMUT	Integrated Model of User Satisfaction & Technology Acceptance
KPI	Key Performance Indicator
KMU	kleine und mittlere Unternehmen
K	Kosten
L	Leistung
LAN	Local Area Network
ME	Manufacturing Execution
MRP II	Manufacturing Ressource Planning
MDE	Maschinendatenerfassung
MRP	Material Requirement Planning
mCAD	Mechanical Computer-Aided Design
mittl.	mittlerer
MECE	mutually exclusive collectively exhaustive
PC	Personal Computer
PDM	Produktdatenmanagement
PLM	Product-Lifecycle-Management
PPS	Produktionsplanung und -steuerung
%	Prozent
RFID	Radio Frequency Identification
ROI	Return on Investment
SJR	SCImago Journal Rank
SaaS	Software-as-a-Service
sog.	sogenannter
Std.	Stunden
SCADA	Supervisory Control and Data Acquisition
SCM	Supply Chain Management
TAM	Technology Acceptance Model
TT	Termintreue
TPB	Theory of Planned Behavior
TRA	Theory of Reasoned Action

UTAUT	Unified Theory of acceptance and use of technology
u.a.	unter anderem
VDI	Verein Deutscher Ingenieure e.V.
vgl.	vergleiche
vs.	versus
WAN	Wide Area Network
WIP	Work in process
WZL	Werkzeugmaschinenlabor
z.B.	zum Beispiel

Formelzeichen

NSt	Strukturtiefe
NPos	Strukturbreite
BDLZmin	Bestandsniveau minimale Durchlaufzeit
B_{Kmin}	Bestandsniveau minimale Kosten
B_{Plan}	Bestandsniveau maximale Termintreue
B_{Lmax}	Bestandsniveau maximale Leistung
K	Anzahl an Studien
N_i	Stichprobengröße
r_{ci}	Attenuationskorrigierter Korrelationskoeffizient
r_{xy}	Unkorrigierter Korrelationskoeffizient
A	Attenuationskoeffizient
w_i	Gewichtungsfaktor
A_i^2	Attenuationskoeffizient der Einzelstudie
$\bar{r}_c$	Korrigierte und gewichtete mittlere tatsächliche Korrelation
${\sigma_{e_i}}^2$	Varianz Standardfehler für beobachtete Korrelation
${\sigma_{ec_i}}^2$	Korrigierte Varianz des Standardfehlers
${\bar{\sigma}_{ec}}^2$	Korrigierter und gewichteter Mittelwert der tatsächlichen Varianz des Standardfehlers
$\bar{r}_{l,h}$	Korrigiertes Konfidenzintervall
z	Z-Wert
N	Anzahl verlorener Studien
Q_r	Homogenitätskriterium
w_i^r	Gewichtungsfaktor Homogenitätsbewertung

Zusammenfassung

Steigende Kundenanforderungen und intensivierende Wettbewerbssituationen erschweren produzierenden Unternehmen zunehmend die erfolgreiche Bewältigung ihrer Auftragsabwicklung. In Konsequenz zeichnet sich der Arbeitsalltag vieler Arbeitspersonen durch komplexe Entscheidungssituationen bei zunehmendem Zeitdruck aus. Hiervon betroffen ist insbesondere der Aufgabenbereich der Produktionsplanung und -steuerung (PPS). Um der Aufgabenkomplexität gerecht zu werden setzen Unternehmen auf die Potenziale von Informationssystemen (IS) im täglichen Entscheidungsprozess. Entgegen bestehender Leistungsversprechen bleibt der Nutzen der eingesetzten IS häufig hinter den Erwartungen zurück. Ursachen hierfür liegen in unterschätzten Herausforderungen der Nutzerakzeptanz. Die Analyse des Stands der Technik verdeutlicht einen Mangel an Forschungsansätzen zur ganzheitlichen Erhebung, Analyse und Gestaltung der Nutzerakzeptanz im Zusammenhang mit IS in der PPS. Nicht beantwortet bleiben Fragen nach den wesentlichen Auslösern für die fehlende Akzeptanz sowie Forderungen nach einem Vorgehen zur Steigerung der individuellen Akzeptanz durch die gezielte Analyse und Erfüllung von Nutzerbedürfnissen. Die zentrale Forschungsfrage der vorliegenden Arbeit widmet sich somit einem Ansatz zur Erhöhung der Akzeptanz von PPS-Systemen durch die Steigerung der soziotechnischen Problemlösungsfähigkeit.

Basierend auf der Forschungsfrage entwickelt der Autor eine Methodik, basierend auf den nachfolgenden vier Lösungshypothesen: Die Kollaboration zwischen PPS-Systemen und Entscheidungsträgern bestimmt die Problemlösungsfähigkeit zur Erfüllung aktueller Leistungsanforderungen. Grundvoraussetzung der zielgerichteten Nutzung von IS stellt die Technologieakzeptanz als konstituierendes Merkmal menschlicher Verhaltensintentionen dar. Die Identifikation von Auslösern eingeschränkter Nutzerakzeptanz erfordert die Analyse externer Einflussfaktoren auf situationsspezifische Akzeptanzzustände. Akzeptanzzustände werden in Abhängigkeit der Akzeptanzakteure in Form des Nutzers, des genutzten PPS-Systems sowie der Nutzungsumgebung beschrieben. Die gezielte Modellierung der Technologieakzeptanz bedarf einer Beeinflussung des Akzeptanzsubjekts, -objekts und -kontexts unter Berücksichtigung systembezogener Lebenszyklusabschnitte. Die jeweiligen Bausteine werden in ein Entscheidungsmodell überführt, welches die ganzheitliche Gestaltung der Nutzerakzeptanz in Unternehmen ermöglicht.

Summary

Increasing customer requirements and intensifying competitive situations are making it increasingly difficult for manufacturing companies to successfully manage their order processing. As a consequence, the daily work of many employees is characterized by complex decision-making situations with increasing time pressure. This particularly affects the area of production planning and control (PPC). In order to cope with the complexity of tasks, companies rely on the potential of information systems (IS) in the daily decision-making process. Contrary to performance promises, the benefits of deployed IS often fall short of expectations. The reasons for this lie in underestimated challenges of user acceptance. The analysis of the state of the art reveals a lack of research approaches for the holistic elicitation, analysis and design of user acceptance in the context of IS in PPC. Questions about the main triggers for the lack of acceptance remain unanswered, as well as demands for a procedure to increase individual acceptance through the targeted analysis and fulfilment of user needs. Thus, the central research question of this thesis is dedicated to an approach to increase the acceptance in PPC-systems by increasing the socio-technical problem solving ability.

Based on the research question, the author develops a methodology based on the following four solution hypotheses: The collaboration between PPC-systems and decision makers determines the problem-solving capability to meet current performance requirements. The basic prerequisite for the targeted use of IS is technology acceptance as a constituent feature of human behavioural intentions. The identification of triggers of limited user acceptance requires the analysis of external factors influencing situation-specific acceptance states. Acceptance states are described in dependence of the acceptance actors in form of the user, the used PPC-system as well as the usage environment. The targeted modelling of technology acceptance requires an influence of the acceptance subject, object and context under consideration of system-related life cycle stages. The respective building blocks are transferred into a decision model, which enables the holistic design of user acceptance in companies.

1 Einleitung

1.1 Motivation und Problemstellung

Der Unternehmenserfolg bemisst sich maßgeblich an der wirtschaftlichen Erfüllung der konfrontierten Markt- und Kundenbedürfnisse.[1] Erschwerend hierbei gestaltet sich für viele produzierende Unternehmen die Wettbewerbsentwicklung von einem ehemaligen Anbieter- hin zu einem Käufermarkt.[2] Beispiele der steigenden Kundenbedürfnisse äußern sich etwa im Kundenbedarf nach individualisierten Produkten sowie einer zunehmenden Flexibilität der Nachfrage- und Liefergestaltung, bspw. im Falle der nachträglichen Realisierung von Kundenwünschen nach erfolgter Bestellung.[3] Beispiele der steigenden Marktanforderungen lassen sich hingegen aus der anhaltenden Globalisierung ableiten, der zur Folge das Ausmaß sowie die Volatilität des Wettbewerberfeldes wächst und somit der Leistungs- und Kostendruck steigt.[4] In Konsequenz gewinnen die leistungsorientierten, logistischen Zielgrößen – repräsentiert durch die Termintreue und Durchlaufzeit – als Differenzierungsmerkmal zu Wettbewerbern zunehmend an Bedeutung.[5]

Die Aufgaben der PPS stellen als Kernelement der Produktionswirtschaft ein wesentliches Element der Leistungserbringungen produzierender Unternehmen dar.[6] Aus Perspektive der Systemtheorie lässt sich die PPS in die miteinander verknüpften Teilsysteme des Planungs- und Steuerungssystems unterteilen, welche in Verbindung mit dem eigentlichen Produktionsprozess stehen. Simplifiziert dargestellt werden ausgehend vom Planungssystem Informationen in Form von Aufträgen an das Steuerungssystem weitergegeben, welche wiederum in Arbeitsanweisungen übersetzt und an den Produktionsprozess weitergegeben werden. Nach oder während der Umsetzung der Arbeitsanweisungen werden Informationen in Form von Arbeitsrückmeldungen an das Steuerungssystem zurückgespielt und hier einem Ist-/Soll-Abgleich zur Einleitung potenzieller Korrekturmaßnahmen an den Produktionsprozess unterzogen. Nach der

1 Vgl. Lopitzsch (2005) Segmentierte adaptive Fertigungssteuerung, S. 1.
2 Vgl. Schmelzer/Sesselmann (2013) Geschäftsprozessmanagement in der Praxis, S. 1.
3 Vgl. Kiefer et al. (2020) Gestaltung und Planung von Selbststeuerungssystemen, S. 1.
4 Vgl. Kiefer et al. (2020) Gestaltung und Planung von Selbststeuerungssystemen, S. 1.
5 Vgl. Mutze et al. (2020) Systematic Investigation of Production Planning and Control Procedures, S. 103.
6 Vgl. Kellner et al. (2018) Produktionswirtschaft, S. 131.

Fertigstellung eines Auftrages erfolgt eine Auftragsrückmeldung über das Steuerungs- an das Planungssystem.[7] Im direkten Vergleich zur Planung nimmt hierbei insb. das Steuerungssystem erheblichen Einfluss auf die logistische Zielerreichung, etwa durch direkte Beeinflussung der Realisierung von Kundenwunschterminen. Die Bedeutung der Steuerung wächst hierbei in Abhängigkeit der betriebstypologischen Ausprägung. So zeichnen sich etwa Einzel- und Kleinserienfertigungen durch häufige Wechsel der Fertigungsobjekte aus. Die Folge stellt ein geringer Vorbereitungsgrad der Fertigung aufgrund weniger detaillierteren Planungsdaten und häufiger Störeinflüsse dar, demzufolge der Aufgabenfokus der PPS auf die Steuerung anstatt die Planung gelegt werden muss.[8] Aus Perspektive des Produktionsmanagements wächst im Ergebnis der Anteil der Produktionssteuerung am erzielten Unternehmenserfolg. Gleichsam der stärkeren Fokussierung der Zielerreichung im Aufgabenfeld der Produktionssteuerung wandeln sich auch die an die beteiligten Arbeitspersonen gerichteten Anforderungen. So sehen sich Stakeholder[9] der Produktionssteuerung gezwungen, Entscheidungen in höherer Frequenz bei steigender Komplexität unter wachsendem Zeitdruck zu treffen.[10] Für viele Unternehmen resultiert eine steigende Anforderung nach Ansätzen zur Unterstützung der Problemlösungsfähigkeit im Aufgabenspektrum der Produktionssteuerung.[11] Abhilfe verspricht der Einsatz von Informationssystemen der Produktionsplanung und -steuerung (PPS-Systeme), etwa in Form von Enterprise-Resource-Planning (ERP)-, Manufacturing Execution (ME)- oder Advanced Planning and Scheduling (APS)-Systemen.[12]

Betriebliche Informationssysteme weisen getrieben durch technologische Entwicklungen einen hohen Verbreitungsgrad im Segment produzierender Unternehmen auf. So zeigen Studien im Bereich der Produktionsplanung und -steuerung (PPS), dass in 96 % der befragten Unternehmen ERP-, in 43 % ME- und in 30 % APS-Systeme zum Einsatz kommen.[13] Trotz dieser hohen Durchdringungen bleibt der durch die reine Systemimplementierung erzielte Mehrwert jedoch oftmals hinter den Leistungserwartungen zurück.[14] So geben lediglich 11 % der befragten Studienteilnehmenden an, das Potenzial der eingesetzten PPS-Systeme in ihrem Unternehmen auszuschöpfen.[15] Gründe hierfür finden sich weniger in technischen als vielmehr operativen und insb.

---

7 Vgl. Schomburg (1980) Betriebstypologisches Instrumentarium, S. 16.

8 Vgl. Schomburg (1980) Betriebstypologisches Instrumentarium, S. 70.

9 In der Arbeit kommt das generische Maskulinum in Verwendung der männlichen grammatikalischen Form unabhängig vom Geschlecht der beschriebenen Personen zum Einsatz.

10 Vgl. Kasie et al. (2017) Decision support systems in manufacturing, S. 432.

11 Vgl. Kunath/Winkler (2018) Integrating the Digital Twin of the manufacturing system, S. 226.

12 Vgl. Steinlein et al. (2020) Decision support app for short term production control, S. 438.

13 Vgl. Mundt et al. (2019) PPS-Report 2019, S. 23.

14 Vgl. Liao et al. (2018) Applying Project Management Perspective for ERP Implementation, S. 40.

15 Vgl. Mundt et al. (2019) PPS-Report 2019, S. 28.

kollaborativen Limitationen zwischen System und menschlichen Nutzenden.[16] Entsprechend zeigen die Ergebnisse der PPS-Studie, dass lediglich 10 % der Studienteilnehmer die Funktionalität der eingesetzten PPS-Systeme als schlecht bewerten.[17] Demgegenüber wird der Anteil behelfsmäßig eingesetzter IT-Lösungen in Form von Schatten-IT (bspw. Excel) als erheblich (25 % mittelmäßig, 46 % hoch und 12 % sehr hoch) attestiert.[18] Auch wird laut Einschätzung der Studienteilnehmenden bei Anwendung der PPS-Systeme lediglich in 19 % der Fälle die Entscheidungsunterstützung von Arbeitspersonen angenommen und keiner manuellen Überplanung unterzogen.[19] Es stellt sich somit die Frage nach Ursachen für den belegten Akzeptanzverlust im Rahmen des Einsatzes von PPS-Systemen.

Die Akzeptanzforschung als Wissenschaftsdisziplin befasst sich u.a. mit der Ergründung konstituierender Faktoren menschlichen Nutzerverhaltens. Akzeptanz wird hierbei als positive Einstellung eines Nutzenden gegenüber Entscheidungen oder auch technischen Applikationen verstanden, welche bei positiver Ausprägung eine hohe Nutzungsintention sowie die eigentliche Nutzung entsprechender Applikationen zur Folge hat.[20] Ergebnisse der Akzeptanzforschung münden oftmals in Akzeptanzmodellen, welche unter Modellierung der jeweils relevanten Einflussfaktoren auf die Akzeptanz eine Erklärung und Vorhersage von Nutzerverhalten ermöglichen.[21] Wesentliche Voraussetzung für den erfolgreichen Einsatz von Akzeptanzmodellen stellt eine fallspezifische Auslegung der Akzeptanzfaktoren unter Analyse der sozio-technischen Rahmenbedingungen dar, bspw. unter Spezifikation der Nutzertypen, der technischen Applikationen oder der organisationalen Umgebung.[22] Trotz der Verfügbarkeit theoretischer Grundmodelle der Akzeptanz und vereinzelter empirischer Untersuchungen im Umfeld der PPS, bleibt die Forderung nach einem aggregierten Akzeptanzmodell unter Betrachtung der Problemlösungsfähigkeit von PPS-Systemen im Umfeld der Produktionssteuerung unerfüllt.[23]

1.2 Ziel der Arbeit

Auf Grundlage der zuvor beschriebenen Problemstellung wird anhand der nachfolgenden Forschungsarbeit ein Beitrag zur Steigerung der sozio-technischen Problemlösungsfähigkeit von PPS-Systemen geleistet. Erreicht wird somit eine Verbesserung der Kollaboration zwischen Stakeholdern der Produktionssteuerung und PPS-Systemen

16 Vgl. Babaian et al. (2018), S. 190.
17 Vgl. Mundt et al. (2019) PPS-Report 2019, S. 25.
18 Vgl. Mundt et al. (2019) PPS-Report 2019, S. 26 ff.
19 Vgl. Mundt et al. (2019) PPS-Report 2019, S. 30.
20 Vgl. Scheuer (2020) Akzeptanz von Künstlicher Intelligenz, S. 25.
21 Vgl. Scheuer (2020) Akzeptanz von Künstlicher Intelligenz, S. 28.
22 Vgl. Lucke (1995) Akzeptanz, S. 88.
23 Vgl. Schuh et al. (2021) Factors Influencing Production Planning and Control System Acceptance, S. 322.

unter Betrachtung und Gestaltung sozio-technischer Einflussfaktoren auf die Akzeptanzbildung von Arbeitspersonen. Das Ziel der nachfolgenden Arbeit lässt sich wie folgt beschreiben:

Das Ziel der vorliegenden Arbeit besteht in der Entwicklung einer Methodik zur Erhebung, Analyse und aktiven Beeinflussung der für den Einsatz von PPS-Systemen im Rahmen der Produktionssteuerung relevanten Akzeptanzfaktoren in produzierenden Unternehmen.

Zur Adressierung der Zielstellung der Forschungsarbeit wird eine aus den nachfolgenden fünf Modulen bestehende Methodik entwickelt:

- Akzeptanzmodell zur Spezifikation der wesentlichen Einflussfaktoren auf die Akzeptanzbildung
- Sozio-technischer Gestaltungsrahmen zur Beschreibung beinflussbarer Stellhebel der Arbeitsgestaltung von Stakeholdern der Produktionssteuerung
- Sozio-technische Abhängigkeitsanalyse zur Verknüpfung relevanter Akzeptanzfaktoren mit sozio-technischen Stellhebeln der Arbeitsgestaltung
- Prozessmodell zur lebenszyklusbasierten Ableitung von Maßnahmen der Akzeptanzgestaltung
- Lebenszyklusübergreifendes Vorgehen zur defizitorientierten Akzeptanzsteigerung

Gemäß dem explorativen Forschungsprozess nach KUBICEK empfiehlt sich zur Wahrung eines fundierten Erkenntnisgewinnes die anfängliche Formulierung einer theoriegeleiteten Forschungsfrage an reale Sachverhalte. [24] Unter Adressierung der zuvor ausgeführten Motivation und Problemstellung sowie der formulierten Zielstellung der Forschungsarbeit lässt sich die nachfolgende Forschungsfrage formulieren:

Wie kann die Akzeptanz von PPS-Systemen durch die Steigerung der sozio-technischen Problemlösungsfähigkeit erhöht werden?

Die Beantwortung der formulierten Forschungsfragen fördert die Leistungssteigerung der PPS sowie einhergehend die Wettbewerbsfähigkeit produzierender Unternehmen. Durch die Forschungsarbeit wird somit ein wissenschaftlicher Beitrag für die nachfolgend begleiteten Forschungsprojekte geleistet:

- „Künstliche Intelligenz für lernförderliche industrielle Assistenzsysteme“, gefördert durch das Bundesministerium für Arbeit und Soziales (BMAS EXP.01.00018.20)

[24] Vgl. Kubicek (1976) Heuristischer Bezugsrahmen, S. 12 ff.

- „Exzellenzcluster Internet of Production“, gefördert durch die Deutsche Forschungsgemeinschaft (DFG EXC-2023)

1.3 Forschungsmethodischer Rahmen der Arbeit

Die systematische Beantwortung der in Unterkapitel 1.2 formulierten Forschungsfrage bedarf der Auswahl eines forschungsmethodischen Vorgehens. Bei der Wahl dieses Vorgehens müssen aus forschungsmethodischer Perspektive zunächst die grundlegenden Wissenschaftskategorien der Formal- und Realwissenschaften unterschieden werden.[25] Der inhaltliche Rahmen der Formalwissenschaften umfasst die Konstruktion von Zeichensystemen sowie die Ableitung von Regelwerken zur Anwendung eben jener Zeichensysteme.[26] Realwissenschaften befassen sich hingegen mit der „Beschreibung, Erklärung und Gestaltung empirisch wahrnehmbarer Wirklichkeitsausschnitte“[27]. Die Realwissenschaft, als die der vorliegenden Forschungsarbeit zuzuordnenden Wissenschaftskategorie, kann weiterhin in Grundlagen- und Handlungswissenschaften untergliedert werden. Steht die reine Erklärung betrachteter Wirklichkeitsausschnitte im Vordergrund, so findet mit Ziel der Entwicklung von Erklärungsmodellen die Grundlagenforschung Anwendung. Steht hingegen die Analyse operativer Handlungsalternativen zum Ziel der Gestaltung sozio-technischer Systeme im Vordergrund, so lassen sich Ansätze der Handlungswissenschaften anwenden. Zu den klassischen Vertretern der Handlungswissenschaften zählen die Disziplinen der Betriebswirtschaftslehre sowie der Sozial- und Ingenieurswissenschaften. Da im Rahmen der vorliegenden Arbeit Fragestellungen aus letzteren Forschungsdisziplinen beantwortet werden müssen, unterliegt diese ferner den Anforderungen der Wissenschaftskategorie der Handlungswissenschaften.[28]

Ziel der praxisorientierten Handlungswissenschaften stellt die Schaffung eines Instrumentariums zur Beherrschung der Realität dar. Die Begründung dieser technischen Praxis kann, im Gegensatz zu theoretischen Forschungsansätzen, nicht von Gesetzmäßigkeiten auf den Einzelfall (deduktiv) erfolgen. Vielmehr muss zur Sicherstellung der Effektivität des Instrumentariums über Teileigenschaften auf die Wirkung der Gesamteigenschaft geschlossen werden (abduktiv). Aufgrund der Zielorientierung des Forschungsbestrebens unterliegt dieser Prozess der Wertung des Autors, dementsprechend sich Wissen nicht als rein deskriptiv, sondern normativ darstellt.[29]

---

[25] Vgl. Ulrich/Hill (1976) Wissenschaftstheoretische Grundlagen, S. 305.
[26] Vgl. Ulrich/Hill (1976) Wissenschaftstheoretische Grundlagen, S. 305.
[27] Ulrich/Hill (1976) Wissenschaftstheoretische Grundlagen, S. 305.
[28] Vgl. Ulrich/Hill (1976) Wissenschaftstheoretische Grundlagen, S. 305 f.
[29] Vgl. acatech (2013), S. 22.

Durch die Explikation des Vorverständnisses des Autors sowie des anzuwendenden methodischen Vorgehens wird eine Begrenzung der vorherrschenden Subjektivität erzielt. Der iterativen Heuristik nach KUBICEK folgend, lässt sich das Vorverständnis des Autors durch eine zentrale Forschungsfrage als Ausgangspunkt der Gewinnung weiterer Forschungsfragen und somit Erkenntnisgewinnes abbilden.[30] Als Grundlage dieser Ableitung von Teilforschungsfragen eignet sich die Konstruktion eines heuristischen Bezugsrahmes, welcher die theoretische Perspektive des Forschers auf das vorliegende Praxisproblem darstellt. Der heuristische Bezugsrahmen der vorliegenden Arbeit ist in Abbildung 1-1 dargestellt:

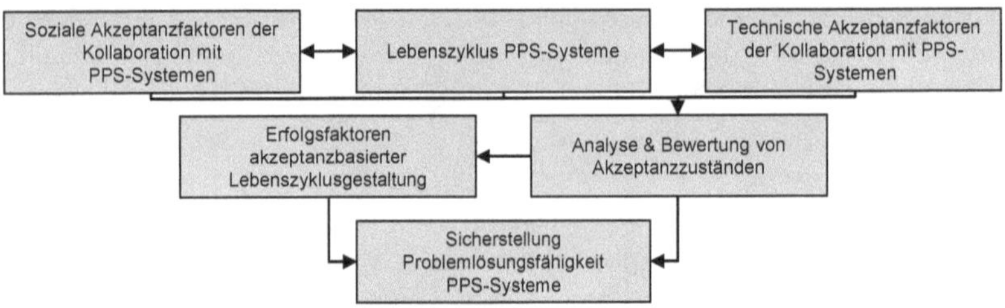

Abbildung 1-1: Heuristischer Bezugsrahmen

Auf Grundlage der in Unterkapitel 1.2 spezifizierten Zielstellung, Teilziele und Forschungsfrage sowie des konstruierten heuristischen Bezugsrahmens werden nachfolgende Teilforschungsfragen formuliert:

(1) Was sind die maßgeblichen Auslöser für die fehlende Akzeptanz von PPS-Systemen?

(2) Wie kann Akzeptanz durch Erfüllung der Informations- und Kommunikationsbedürfnisse aufgebaut werden?

Zur Beantwortung der formulierten Haupt- und Teilforschungsfragen findet der explorative Forschungszyklus nach TOMCZAK, wie in Abbildung 1-2 dargestellt, Anwendung.[31]

---

[30] Vgl. Kubicek (1976) Heuristischer Bezugsrahmen, S. 14.

[31] Vgl. Tomczak (1992), S. 84.

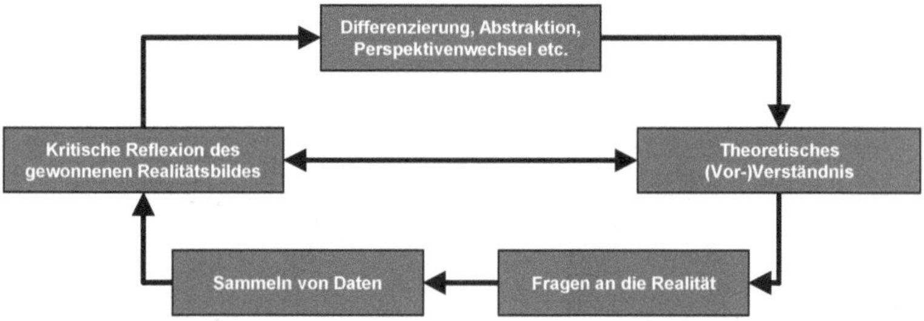

Abbildung 1-2: Explorativer Forschungszyklus nach TOMCZAK[32]

Die Grundlagen der jeweiligen Prozessschritte des Forschungszyklus resultieren aus der Tätigkeit des Autors als wissenschaftlicher Mitarbeiter am Werkzeugmaschinenlabor (WZL) der RWTH Aachen. Während dieser Tätigkeitsdauer konnte der Autor anhand der Durchführung zahlreicher Forschungsprojekte, Beratungsdienstleistungen für produzierende Unternehmen sowie Studien im Themenfeld des Produktionsmanagements das für die explorativen Forschungszyklen relevante Erfahrungswissen sammeln. Ergänzt wurde dieses Wissen durch begleitende Literaturrecherchen in einschlägigen Forschungsdisziplinen, etwa der Produktionssteuerung, Wirtschaftsinformatik sowie der Verhaltenspsychologie und Arbeitswissenschaft. Durch den kontinuierlichen Austausch mit Fachexperten der beratenden und produzierenden Industrie sowie aus dem Bereich der Softwaredienstleister wurde der Forschungsprozess einer wiederkehrenden, kritischen Reflexion unterzogen.

1.4 Aufbau der Arbeit

Der Aufbau der vorliegenden Arbeit orientiert sich am Vorgehen der angewandten Forschung nach ULRICH.[33] Im Vordergrund dieses Prozesses steht die Sicherstellung eines hohen Praxisbezuges durch die Implementierung und Validierung der Forschungsresultate im industriellen Umfeld. In Abbildung 1-3 dargestellt, findet sich eine Gegenüberstellung des Forschungsprozesses nach ULRICH mit dem Aufbau der vorliegenden Arbeit.

In Kapitel 1 erfolgt die Darstellung der Motivation und Problemstellung sowie der hieraus abgeleiteten Zielstellung und korrespondierenden Forschungsmethodik der vorliegenden Arbeit. Als erste Modellierung des Forschungsprozesses wird ergänzend der Aufbau der Arbeit in Anlehnung an die Phasen der angewandten Wissenschaft nach ULRICH dargelegt.[34] In Kapitel 2 erfolgt zunächst die Darstellung des betriebsty-

---

[32] i.A.a. Tomczak (1992), S. 84.

[33] Vgl. Ulrich et al. (1984) Management, S. 193.

[34] Vgl. Ulrich et al. (1984) Management, S. 193.

pologischen Betrachtungsbereiches der Arbeit, basierend auf welchem die Grundlagen der Produktionssteuerung unter zusätzlicher Abbildung des technischen, operativen sowie organisationalen Einsatzes betrieblicher Informationssysteme erörtert werden. Gemäß den hiermit spezifizierten Grundlagen der Arbeit erfolgt anschließend eine detaillierte Darstellung der zu adressierenden Praxisprobleme. Im Rahmen von Kapitel 3 werden die Ergebnisse einer Gegenüberstellung des aktuellen Stands der Technik in Bezug auf die zuvor beschriebenen Praxisprobleme vorgestellt. Hierzu werden zunächst Anforderungen an Ansätze zur Lösung der Praxisprobleme spezifiziert und dargelegt. Als Ergebnis der Gegenüberstellung wird das im weiteren Forschungsprozess zu behebende Forschungsdefizit beschrieben. Zur Adressierung des zuvor spezifizierten Forschungsdefizits wird in Kapitel 4 das entwickelte Grobkonzept der akzeptanzbasierten Methodik zur Steigerung der sozio-technischen Problemlösungsfähigkeit von PPS-Systemen vorgestellt. Grundlage des Grobkonzeptes stellen die im vorherigen Kapitel spezifizierten Lösungsanforderungen dar. Die Detaillierung des Grobkonzeptes gemäß des beschriebenen betriebstypologischen Anwendungsbereiches wird im Rahmen von Kapitel 5 vorgestellt. Die Validierung und Implementierung des erarbeiteten Konzeptes anhand industrieller Fallstudien werden als Inhalt von Kapitel 6 beschrieben. In Kapitel 7 wird die vorliegenden Forschungsarbeit mit der Darstellung einer Zusammenfassung der erarbeiteten Inhalte abgeschlossen.

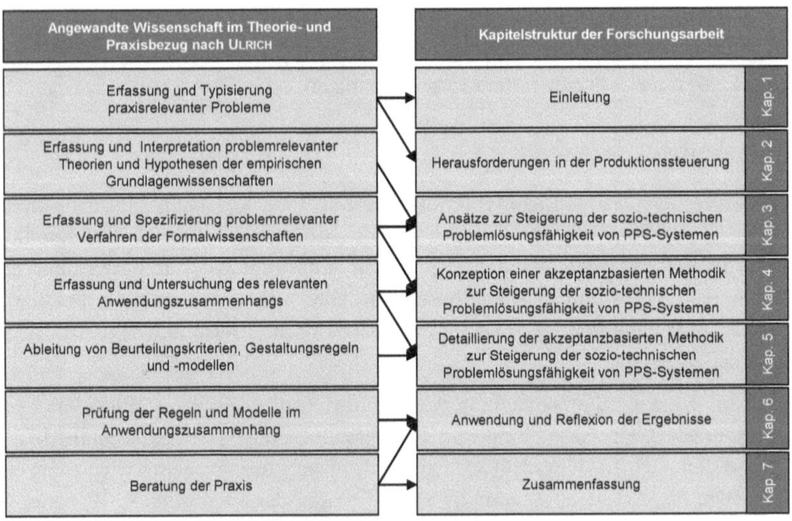

Abbildung 1-3: Übertragung der Phasen der angewandten Wissenschaft auf die Kapitelstruktur der vorliegenden Forschungsarbeit[35]

[35] i.A.a. Ulrich et al. (1984) Management, S. 193.

2 Herausforderungen in der Produktionssteuerung

Aufbauend auf dem in Kapitel 1 dargestellten Betrachtungsbereich sowie auf der hiervon abgeleiteten Zielstellung und Forschungsfrage der Arbeit werden im nachfolgenden Kapitel die Herausforderungen der Produktionssteuerung konkretisiert. Hierzu wird in Unterkapitel 2.1 eine einleitende Einordnung des Betrachtungsbereichs auf Grundlage betriebstypologischer Merkmale zur Charakterisierung von Unternehmen vorgenommen. Nach grundlegender Einordnung der für die Arbeit relevanten Betriebstypologie werden zur weiteren Konkretisierung des Betrachtungsbereichs in Unterkapitel 2.2 die Grundlagen der Produktionssteuerung erörtert. In Unterkapitel 2.3 wird anschließend der Einfluss betrieblicher Informationssysteme auf den Aufgabenbereich der Produktionssteuerung dargestellt. Der Managementprozess des Lebenszyklus betrieblicher Informationssysteme wird in Unterkapitel 2.4 veranschaulicht. Abschließend wird in Unterkapitel 2.5 der praxisorientierte Handlungsbedarf aus den Defiziten des Betrachtungsbereichs hergeleitet.

2.1 Betriebstypologische Einordnung des Betrachtungsbereichs

Bedingt durch die steigende Volatilität von Marktbedingungen entwickelt sich die Reaktionsfähigkeit zum vorherrschenden Wettbewerbsvorteil produzierender Unternehmen.[36] Kundenanforderungen nach individualisierten Produkten führen in produzierenden Unternehmen zu steigender Produktvielfalt, einhergehend mit kürzeren Produktlebenszyklen und somit einem erhöhten Bedarf nach Flexibilität in der Fertigung.[37] In Konsequenz steigt der Trend hin zu flexiblen Produktionsstrukturen und -strategien. Die mit den Anforderungen nach Flexibilität und Reaktionsfähigkeit assoziierte Zunahme der produktionsseitigen Freiheitsgrade bedingt jedoch auch eine Zunahme der Steuerungskomplexität. Gründe für die Zunahme der Steuerungskomplexität liegen in der durch die Freiheitsgrade bedingten Zunahme an Entscheidungsalternativen bei gleichzeitiger Reduzierung der zur Entscheidungsfindung verfügbaren Zeit. Zur Adressierung ausgeprägter Formen dieser steigenden Steuerungskomplexitäten fokussiert sich der Betrachtungsbereich der vorliegenden Arbeit auf die Organisationsformen der Einzel- und Kleinserienfertigung. So gestaltet sich etwa die Komplexität des individuellen Routings von Fertigungsaufträgen in flexiblen Fertigungsstrukturen (NP-schweres Problem), wie der für die Einzel- und Kleinserienfer-

---

[36] Vgl. Begemann (2005) Terminorientierte Kapazitätssteuerung in der Fertigung, S. 3.
[37] Vgl. Hofmann et al. (2020) Autonomous production control for matrix production, S. 25.

tigung üblichen Werkstattfertigung, um ein vielfaches höher als in linearen Strukturen der Serienfertigung.[38] Die Detaillierung der betriebstypologischen Merkmale der Einzel- und Kleinserienfertigung wird im Folgenden gemäß der Unternehmensmerkmale nach SCHOMBURG sowie erweitert nach SCHUH UND SCHMIDT dargestellt.[39] In Abbildung 2-1 beschrieben, findet sich eine Übersicht der relevanten betriebstypologischen Merkmale unter farblicher Hervorhebung der aus Perspektive der vorliegenden Arbeit wesentlichen Komplexitätstreiber der Produktionssteuerung.

<table>
<tr><th>Merkmal</th><th colspan="12">Merkmalsausprägung</th></tr>
<tr><td colspan="13">Fertigungsmerkmale</td></tr>
<tr><td>Fertigungsart</td><td colspan="3">Einmalfertigung</td><td colspan="3">Einzel- und Kleinserienfertigung</td><td colspan="3">Serienfertigung</td><td colspan="3">Massenfertigung</td></tr>
<tr><td>Ablaufart in der Teilefertigung</td><td colspan="3">Werkstattfertigung</td><td colspan="3">Inselfertigung</td><td colspan="3">Reihenfertigung</td><td colspan="3">Fließfertigung</td></tr>
<tr><td>Fertigungsstruktur</td><td colspan="4">Fertigung mit geringem Strukturierungsgrad</td><td colspan="4">Fertigung mit mittlerem Strukturierungsgrad</td><td colspan="4">Fertigung mit hohem Strukturierungsgrad</td></tr>
<tr><td>Kundenänderungseinflüsse während der Fertigung</td><td colspan="4">Änderungseinflüsse in größerem Umfang</td><td colspan="4">Änderungseinflüsse gelegentlich</td><td colspan="4">Änderungseinflüsse unbedeutend</td></tr>
<tr><td colspan="13">Initialmerkmale</td></tr>
<tr><td>Auftragsauslösungsart</td><td colspan="3">Produktion auf Bestellung mit Einzelaufträgen</td><td colspan="3">Produktion auf Bestellung mit Rahmenaufträgen</td><td colspan="3">Kundenanonyme Vor-, kundenbezogene Endproduktion</td><td colspan="3">Produktion auf Lager</td></tr>
<tr><td colspan="13">Erzeugnismerkmale</td></tr>
<tr><td>Erzeugnisspektrum</td><td colspan="3">Erzeugnisse nach Kundenspezifikation</td><td colspan="3">Typisierte Erzeugnisse mit Kundenspezifikation</td><td colspan="3">Standard-erzeugnisse mit Varianten</td><td colspan="3">Standard-erzeugnisse ohne Varianten</td></tr>
<tr><td>Erzeugnisstruktur</td><td colspan="4">Mehrteilige Erzeugnisse mit komplexer Struktur</td><td colspan="4">Mehrteilige Erzeugnisse mit einfacher Struktur</td><td colspan="4">Geringteilige Erzeugnisse</td></tr>
<tr><td colspan="13">Dispositionsmerkmale</td></tr>
<tr><td>Auslösung des Sekundärbedarfs</td><td colspan="4">auftragsorientiert</td><td colspan="4">Teilweise auftragsorientiert/ teilweise periodenorientiert</td><td colspan="4">periodenorientiert</td></tr>
</table>

Abbildung 2-1: Betriebstypologische Merkmale nach SCHUH UND SCHMIDT[40]

Fertigungsart

Die Fertigungsart gibt Auskunft über die Wiederholhäufigkeit von Leistung im Produktionsprozess und bedingt somit maßgeblich die Auftragsabwicklungsstruktur.[41] Wesentliche Differenzierungskriterien der Fertigungsart stellen die durchschnittliche Auflagenhöhe der Erzeugnisse sowie die durchschnittliche Wiederholhäufigkeit je

[38] Vgl. Samsonov et al. (2021 - 2021), S. 589.

[39] Vgl. Schomburg (1980) Betriebstypologisches Instrumentarium, S. 38; Schuh/Schmidt (2014) Produktionsmanagement, S. 22 ff.

[40] i.A.a. Schuh/Schmidt (2014) Produktionsmanagement, S. 22 ff.

[41] Vgl. Schomburg (1980) Betriebstypologisches Instrumentarium, S. 68.

Jahr dar.[42] Quantitative Richtwerte für die Unterscheidung richten sich nach der entsprechenden Branchenabhängigkeit.[43] Aufgrund der erhöhten Steuerungsaufwände wird der Fokus der Arbeit für die weitere betriebstypologische Einordnung auf die Fertigungsart der Einzel- und Kleinserienfertigung gelegt.

Ablaufart der Teilefertigung

Mithilfe der Ablaufart der Teilefertigung wird die räumliche Anordnung der Fertigungsmittel sowie die Transportbeziehung zwischen den einzelnen Fertigungsmitteln beschrieben.[44] Die relevanten betriebstypologischen Ausprägungen der vorliegenden Arbeit umfassen die Werkstatt- und Inselfertigung. Die Werkstattfertigung kennzeichnet sich durch eine räumliche Aggregation sämtlicher Fertigungsmittel gleicher Bearbeitungsverfahren zu einer Betriebseinheit. Die Transportbeziehungen zwischen den so entstehenden Einheiten homogener Bearbeitungsverfahren sind ungerichtet.[45] In objektbezogenen Organisationeinheiten nach dem Prinzip der Inselfertigung werden Fertigungsmittel unterschiedlicher Bearbeitungsverfahren mit dem Ziel der autonomen Fertigung einer Vielzahl ähnlicher Teile (Teilefamilien) zusammengefasst. Aufgrund der bestehenden Inhomogenität der zu fertigenden Teile ist der Materialfluss ebenfalls ungerichtet.[46] Die erhöhte Steuerungskomplexität im Umfeld der Einzel- und Kleinserienfertigung bedingt sich u.a. durch die der Werkstatt- und Inselfertigung eigenen ungerichteten Materialflüsse und die in Konsequenz erhöhten Freiheitsgrade der Auftragseinlastung.

Fertigungsstruktur

Die Fertigungsstruktur dient als Merkmal zur Beschreibung der Fertigungstiefe und wird über die durchschnittliche Anzahl der Fertigungsstufen und Anzahl aufeinanderfolgender Arbeitsvorgänge und Montageabschnitte im Produktionsprozess beschrieben.[47] Basierend auf Richtwerten können Fertigungsstrukturen einem geringen Strukturierungsgrad bei kleiner zehn Arbeitsvorgängen, einem mittleren Strukturierungsgrad bei kleiner 20 und größer zehn Arbeitsvorgängen und einem hohen Strukturierungsgrad bei größer 20 Arbeitsvorgängen zugewiesen werden.[48] Von Relevanz für die vorliegende Arbeit sind aufgrund der einhergehenden Steuerungskomplexität insbesondere Fertigungsstrukturen mit mittlerem und hohem Strukturierungsgrad. So

---

[42] Vgl. Schomburg (1980), S. 59; Schuh (2007) Produktionsplanung und -steuerung, S. 129.

[43] Vgl. Schuh (2007) Produktionsplanung und -steuerung, S. 129 f.; Schuh/Schmidt (2014) Produktionsmanagement, S. 29 f.; Schomburg (1980) Betriebstypologisches Instrumentarium, S. 68.

[44] Vgl. Schuh/Schmidt (2014) Produktionsmanagement, S. 30.

[45] Vgl. Schomburg (1980) Betriebstypologisches Instrumentarium, S. 78.

[46] Vgl. Schuh/Schmidt (2014) Produktionsmanagement, S. 30 f.; Schuh (2007) Produktionsplanung und -steuerung, S. 131.

[47] Vgl. Schuh (2007) Produktionsplanung und -steuerung, S. 133; Schomburg (1980) Betriebstypologisches Instrumentarium, S. 84.

[48] Vgl. Schuh (2007) Produktionsplanung und -steuerung, S. 133.

steigt mit der Anzahl der in der Steuerung zu berücksichtigenden Arbeitsvorgänge auch die Anzahl potenzieller Fehlerquellen (bspw. Fehlteile, Maschinenausfälle) sowie Abhängigkeiten zwischen einzelnen Arbeitsschritten.

Kundenänderungseinflüsse während der Fertigung

Das Merkmal der Kundenänderungseinflüsse erfasst die nach Beginn des Fertigungsprozesses durch nachträgliche Kundenwünsche verursachten Störeinflüsse in der Fertigung. Als Bewertungskriterium wird der durchschnittliche Anteil an Aufträgen erhoben, welcher nach Start des Fertigungsprozesses einer konstruktiven Änderungsmaßnahme mit Auswirkung auf die Fertigung unterzogen wurde. Ein hoher Änderungseinfluss liegt dementsprechend bei Änderungsanteilen > 25 %, ein gelegentlicher Änderungseinfluss bei ≤ 25 % und ein unbedeutender Änderungseinfluss bei ca. 0 % vor.[49] Bedingt durch die steigende Komplexität bei zunehmendem Anteil an Änderungseinflüssen und folglich Störquellen für die Produktionssteuerung, liegt der betriebstypologische Fokus der vorliegenden Arbeit auf Strukturen mittlerer und hoher Kundenänderungseinflüsse.

Auftragsauslösungsart

Die Auftragsauslösungsart spezifiziert die Auslösung des Primärbedarfs und somit der Produktion von Enderzeugnissen. Die Auslösung kann grundsätzlich durch einen konkreten Kundenbedarf (Produktion auf Bestellung mit Einzelaufträgen oder Rahmenverträgen) oder durch eine Absatzerwartung (Produktion auf Lager) initiiert werden.[50] Die Kombination der Auslösungsarten, etwa im Sinne einer kundenanonymen Vorproduktion mit anschließender auftrags- oder kundenbezogener Endproduktion, eröffnen zudem Potenziale zur Reduzierung der kundengebundenen Durchlaufzeit.[51] Der Fokus der betriebstypologischen Einordnung liegt auf Auslösungsarten hoher Kundenabhängigkeiten aufgrund der einhergehenden Einschränkungen der Planbarkeit sowie der steigenden Anforderungen der steuerungsspezifischen Reaktionsfähigkeit.

Erzeugnisspektrum

Das Merkmal des Erzeugnisspektrums beschreibt den Standardisierungsgrad der Erzeugniskonstruktion und somit den Kundeneinfluss auf die Erzeugnisgestaltung. Mit abnehmendem Kundeneinfluss und steigendem Standardisierungsrad können die Merkmalsausprägungen 1) Erzeugnisse nach Kundenspezifikation, 2) Typisierte Erzeugnisse mit Kundenspezifikation, 3) Standarderzeugnisse mit Varianten und 4) Standarderzeugnisse ohne Varianten unterschieden werden.[52] Fokus der vorliegenden

[49] Vgl. Büdenbender (1991) Ganzheitliche Produktionsplanung und -steuerung, S. 50.

[50] Vgl. Schuh/Schmidt (2014) Produktionsmanagement, S. 23; Schomburg (1980), S. 49.

[51] Vgl. Büdenbender (1991) Ganzheitliche Produktionsplanung und -steuerung, S. 10.

[52] Vgl. Schuh (2007) Produktionsplanung und -steuerung, S. 123; Schomburg (1980) Betriebstypologisches Instrumentarium, S. 38.

Arbeit liegt auf individualisierten und variantenreichen Erzeugnisspektren, da diese einen wesentlichen Komplexitätstreiber für die Entscheidungsfindung der Produktionssteuerung darstellen. Gründe liegen u.a. in der Reduzierung möglicher Losgrößen sowie in der steigenden Fehleranfälligkeit, u.a. aufgrund individueller Arbeitspläne.

Erzeugnisstruktur

Die Erzeugnisstruktur beschreibt die durch den konstruktiven Aufbau der zu fertigenden Erzeugnisse bedingte Komplexität. Eine Klassifikation der Erzeugnisstruktur kann über die Anzahl der Stücklistenpositionen (N_{Pos} - Strukturbreite) sowie die Anzahl der Strukturstufen (N_{St} -Strukturtiefe) vorgenommen werden.[53] Bei der Klassifikation können die drei Merkmalsausprägungen der geringteiligen Erzeugnisse ($N_{St} \leq 3$; $N_{Pos} \leq 25$), mehrteiligen Erzeugnisse mit einfacher Struktur ($5 \geq N_{St} > 3$; $500 \geq N_{Pos} > 25$) und mehrteiligen Erzeugnisse mit komplexer Struktur ($N_{St} > 5$; $N_{Pos} > 500$) unterschieden werden.[54] Der Fokus der vorliegenden Arbeit liegt auf mehrteiligen Erzeugnissen einfacher und komplexer Struktur. So resultiert, ähnlich dem betriebstypologischen Merkmal der Fertigungsstruktur, ein steigender Steuerungsaufwand aus der Mehrteiligkeit von Erzeugnissen und somit zu koordinierender Fertigungsaufträge.

Auslösung des Sekundärbedarfs

Die Auslösung des Sekundärbedarfs beschreibt die Art, in welcher der Anstoß zur Beschaffung bzw. Fertigung des Sekundärbedarfs erfolgt. Im Falle einer auftragsorientierten Auslösung wird der benötigte Sekundärbedarf je Auftrag veranlasst. Im Falle einer periodenorientierten Auslösung werden die Sekundärbedarfe mehrerer Aufträge über eine vorgegebene Periode aggregiert und gemeinsam angestoßen. Weiterhin ist eine Kombination der beiden Merkmalsausprägungen insb. in Unternehmen mit größerer Variantenvielfalt möglich.[55] Einhergehend mit den Anforderungen eines kundenindividuellen und variantenreichen Erzeugnisspektrums liegt der Fokus der vorliegenden Arbeit auf auftragsorientierten Auslösungsarten des Sekundärbedarfs sowie Mischformen.

2.2 Grundlagen der Produktionssteuerung

Ein einheitliches Begriffsverständnis im Kontext des gewählten Betrachtungsbereichs stellt die zwingende Voraussetzung für einen validierten Erkenntnisgewinn dar.[56] Dementsprechend werden im nachfolgenden Unterkapitel 2.2.1 die Aufgaben der

[53] Vgl. Schuh (2007) Produktionsplanung und -steuerung, S. 124 f.; Schomburg (1980) Betriebstypologisches Instrumentarium, S. 44.

[54] Vgl. Büdenbender (1991) Ganzheitliche Produktionsplanung und -steuerung, S. 37 f.

[55] Vgl. Büdenbender (1991) Ganzheitliche Produktionsplanung und -steuerung, S. 40 f.; Schuh/Schmidt (2014) Produktionsmanagement, S. 26 f.; Schuh (2007) Produktionsplanung und -steuerung, S. 126 f.

[56] Vgl. Schanz (1988) Methodologie der Betriebswirtschaftslehre, S. 17.

Produktionssteuerung definiert, worauf basierend in Unterkapitel 2.2.2 das logistische Zielsystem der Produktionssteuerung spezifiziert wird.

2.2.1 Aufgaben der Produktionssteuerung

Die Produktionssteuerung stellt einen Teilaufgabenkomplex innerhalb der PPS dar. Der Begriff PPS wurde erstmals Anfang der 1980er-Jahre unter Zusammenfassung von Tätigkeiten der Material- und Zeitwirtschaftsplanung geprägt.[57] In seiner Entwicklung wurde der PPS-Begriff auf den Betrachtungsbereich der technischen Auftragsabwicklung und somit die Prozesse von der Angebotsbearbeitung bis zum Versand ausgeweitet. Die grundlegende Aufgabe der PPS ist demnach das laufende Produktionsprogramm für vorausgehende Planungsperioden zu planen und unter Berücksichtigung verfügbarer Kapazitäten sowie unter Reaktion auf auftretende Störeinflüsse (Personalausfall, Lieferverzögerungen etc.) zu realisieren.[58] In Differenzierung des zeitlichen Betrachtungshorizonts sind der Produktionsplanung die Gestaltungsaufgaben von Inhalten und Einzelprozessen der Fertigung und Montage zuzurechnen.[59] Die zeitliche Perspektive der Produktionsplanung ist daher mittel- bis langfristig.[60] Die Produktionssteuerung vereint demgegenüber Aufgaben der Auftragsveranlassung, -durchführung sowie -überwachung und verantwortet somit den Ablauf aller Tätigkeiten der Fertigung und Montage bezogen auf die Auftragsabwicklung.[61] Die zeitliche Perspektive der Produktionssteuerung ist kurzfristig.[62]

Einen Ordnungsrahmen zur Strukturierung der Aufgaben der PPS bietet die Aufgabenreferenzsicht des Aachener PPS-Modells (siehe Abbildung 2-2). Das Modell sieht eine grundlegende Unterscheidung in Kernaufgaben (Aufgaben der PPS mit Betrachtungsfokus des einzelnen Unternehmens), Netzwerkaufgaben (Aufgaben mit überbetrieblichem Aspekt auf strategischer Ebene) und Querschnittaufgaben (Aufgaben zum Zweck der Integration von Kern- und Netzwerkaufgaben) vor.[63] Die Kernaufgaben der PPS unterteilen sich in Produktionsprogrammplanung, Produktionsbedarfsplanung, Eigenfertigungsplanung und -steuerung sowie Fremdbezugsplanung und -steuerung.[64] Im Rahmen der initialen Produktionsprogrammplanung werden für einen definierten Planungshorizont die zu fertigenden Produkte nach Art, Menge und Termin

[57] Vgl. Schuh (2007) Produktionsplanung und -steuerung, S. 4.

[58] Vgl. Wiendahl (2014) Betriebsorganisation für Ingenieure, S. 249.

[59] Vgl. Eversheim (2002) Organisation in der Produktionstechnik, S. 123.

[60] Vgl. Wiendahl (1997) Fertigungsregelung, S. 13.

[61] Vgl. Eversheim (2002) Organisation in der Produktionstechnik, S. 123; Schuh (2007) Produktionsplanung und -steuerung, S. 81.

[62] Vgl. Wiendahl (1997) Fertigungsregelung, S. 13.

[63] Vgl. Schuh (2007) Produktionsplanung und -steuerung, S. 20 f.

[64] Vgl. Schuh (2007) Produktionsplanung und -steuerung, S. 37.

bestimmt.[65] Durch die Produktionsbedarfsplanung werden die zur Umsetzung des zuvor erstellten Produktionsplans benötigen Ressourcen in Form der Mittel- und Kapazitätsbetrachtung abgeleitet.[66] Ziel der Planung und Steuerung von Eigenfertigung und Fremdbezug ist die Umsetzung der Vorgaben der Produktionsplanung, welche aus den zuvor beschriebenen Tätigkeiten resultieren.

Der Aufgabenbereich der Eigenfertigungsplanung und -steuerung gliedert sich in die Aufgaben der Auftragserzeugung, Auftragsfreigabe, Reihenfolgebildung und Kapazitätssteuerung.[67] Während letztere drei Aufgaben klassischerweise der Produktionssteuerung zugeordnet werden, stellt die Auftragserzeugung im engeren Sinne eine Aufgabe der Produktionsplanung dar. Aus Gründen der engen Wirkungsverflechtung, etwa zu Steuerungsaufgaben der Auftragsfreigabe und Reihenfolgebildung, wird für die vorliegende Arbeit die Aufgabe der Auftragserzeugung in den Fokus der Produktionssteuerung einbezogen.[68] Die Spezifikation der Aufgaben der Produktionssteuerung sowie deren Wechselwirkungen werden nachfolgend anhand des in Abbildung 2-2 dargestellten Modells nach LÖDDING vorgenommen.[69]

---

[65] Vgl. Schuh (2007) Produktionsplanung und -steuerung, S. 37.

[66] Vgl. Schuh (2007) Produktionsplanung und -steuerung, S. 42.

[67] Vgl. Lödding (2016) Verfahren der Fertigungssteuerung, S. 7; Lödding (2016) Verfahren der Fertigungssteuerung, S. 165 ff.

[68] Vgl. Lödding (2016) Verfahren der Fertigungssteuerung, S. 165.

[69] Vgl. Lödding (2016) Verfahren der Fertigungssteuerung, S. 8.

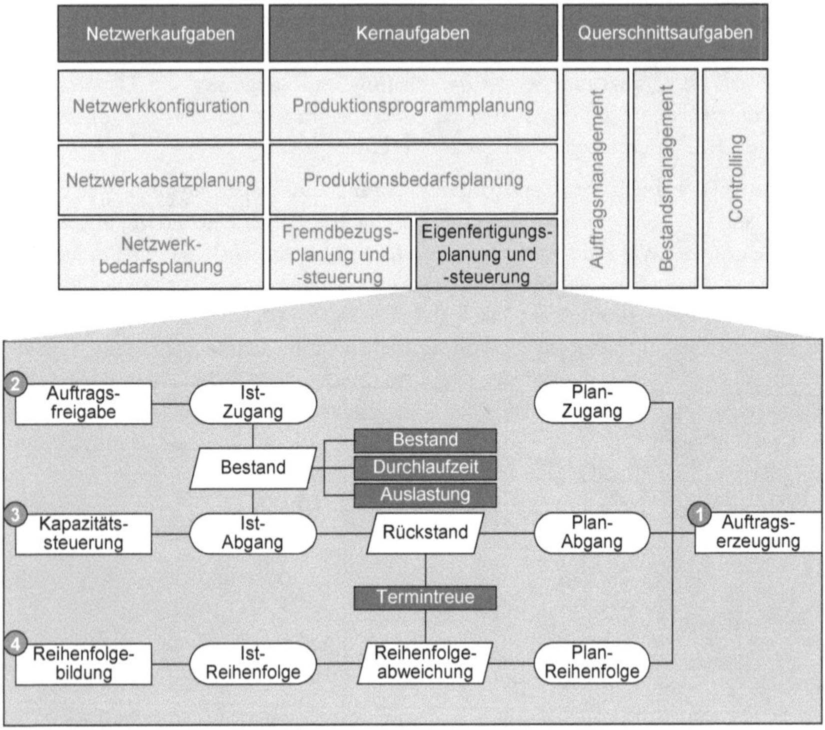

Abbildung 2-2: Aufgaben der PPS[70]

Auftragserzeugung

Gegenstand der Auftragserzeugung, in Schnittstellenfunktion zwischen Planung und Steuerung, ist die Generierung von Fertigungsaufträgen als Resultat auf Planungsvorgaben aus dem bestehenden Produktionsprogramm. Die Auftragserzeugung wird etwa durch den Eingang von Kundenaufträgen sowie durch die Entnahme von Material aus dem Fertigwarenlager angestoßen. Gemäß dem Modell nach LÖDDING nimmt die Auftragserzeugung Einfluss auf die Stellgrößen des Plan-Zugangs, des Plan-Abgangs so-

[70] i.A.a. Lödding (2016) Verfahren der Fertigungssteuerung, S. 8; Schuh (2007) Produktionsplanung und -steuerung, S. 37.

wie, unter Berücksichtigung der Ergebnisse der Feinterminierung, der Plan-Reihenfolge.[71] Die unternehmensindividuelle Parametrisierung der Auftragserzeugung erfolgt über die betriebstyplogischen Merkmale der Auftragsauslösungsart, der Erzeugnisstruktur (-umfang) sowie der dispositiven Auslösung (Auslösungslogik).[72]

Auftragsfreigabe

Ziel der Auftragsfreigabe ist die Bestimmung des Zeitpunkts, ab welchem Fertigungsaufträge im Produktionsbereich bearbeitet werden dürfen.[73] Der Start der Auftragsfreigabe ist somit an die Sicherstellung der Verfügbarkeit der benötigten Ressourcen hinsichtlich Menge und Qualität gebunden.[74] In Konsequenz der erfolgten Auftragsfreigabe findet die Reservierung und Bereitstellung der zur Bearbeitung der Fertigungsaufträge benötigten Ressourcen sowie die Weitergabe der Auftragsbelege in die Produktion in analoger (Laufkarten, Materialscheine, Auftragspapiere etc.) oder digitaler Form (Betriebsdatenerfassung, Informationsleitsysteme etc.) statt.[75] Durch die Freigabe von Fertigungsaufträgen wirkt die Auftragsfreigabe auf die Stellgröße des Ist-Zugangs und somit auf die logistischen Zielgrößen Bestand, Durchlaufzeit und Auslastung ein.[76] Die Ausgestaltung der Auftragsfreigabe ist anhand der drei Merkmale des Kriteriums, des Detaillierungsgrades und der Auslösungslogik möglich. Das Kriterium spezifiziert, wann Aufträge für die Produktion freigegeben werden. Eine Unterscheidung findet zwischen sofortiger Freigabe (kein Kriterium), Plan-Starttermin, Bestand der Fertigung und Belastung der Arbeitssysteme statt. Der Detaillierungsgrad spezifiziert, ob der Auftrag als Ganzes oder lediglich einzelne Arbeitsgänge freigegeben werden. Die Auslösungslogik spezifiziert die Logik, nach der die Entscheidung zur Freigabe von Fertigungsaufträgen ausgelöst wird. Entsprechend der Auslösungslogik kann zwischen einer periodischen und ereignisorientierten Auftragsfreigabe differenziert werden.[77]

[71] Vgl. Lödding (2016) Verfahren der Fertigungssteuerung, S. 8.

[72] Vgl. Lödding (2016) Verfahren der Fertigungssteuerung, S. 8; Schuh/Schmidt (2014) Produktionsmanagement, S. 22 ff.

[73] Vgl. Lödding (2016) Verfahren der Fertigungssteuerung, S. 339.

[74] Vgl. Schuh/Schmidt (2014) Produktionsmanagement, S. 206.

[75] Vgl. Schuh/Schmidt (2014) Produktionsmanagement, S. 206; Lödding (2016) Verfahren der Fertigungssteuerung, S. 339.

[76] Eine nähere Erläuterung der logistischen Zielgrößen erfolgt in Unterkapitel 2.2.2.

[77] Vgl. Lödding (2016) Verfahren der Fertigungssteuerung, S. 339.

Reihenfolgebildung

Aufgabe der Reihenfolgebildung ist die Erstellung einer Sequenz, gemäß der die vor einem Arbeitssystem wartenden Fertigungsaufträge nacheinander bearbeitet werden.[78] Die Bildung einer Sequenz erfolgt durch Zuweisung von Prioritäten je Fertigungsauftrag, demnach die Aufträge mit der höchsten Priorität als nächstes bearbeitet werden.[79] Die Verteilung von Prioritäten wird über Reihenfolgeregeln erreicht. Ziel der Reihenfolgebildung ist es, die Ist-Reihenfolge der Plan-Reihenfolge anzugleichen und somit eine hohe Termintreue sicherzustellen. In Abhängigkeit der gewählten Reihenfolgeregel kann auch Einfluss auf den Ist-Abgang sowie die Auslastung von Arbeitssystemen gewirkt werden.[80] Die Bedeutung der Reihenfolgebildung auf die logistische Zielgrößen wächst mit zunehmendem Bestand und im Resultat wachsenden Warteschlangen. Eine Unterscheidung entwickelter Reihenfolgeregeln kann gemäß der angestrebten Verbesserungsabsicht mit Fokus auf Termintreue (First-In – First Out, frühester Plan-Starttermin, frühester Plan-Endtermin, geringster Restschlupf[81]), Servicegrad (Zeitdauer bis zur Lagerunterschreitung des Servicegrades[82]) und Leistung (rüstoptimierende Reihenfolgebildung, kürzeste Operationszeit[83]) vorgenommen werden.

Kapazitätssteuerung

Gegenstand der Kapazitätssteuerung sind Entscheidungen über kurzfristige Anpassungen der eingesetzten Kapazitäten in der Produktion.[84] Innerhalb der verfügbaren Maßnahmen zur Ausnutzung der vorhandenen Kapazitätsflexibilität wird etwa über die Veranlassung verlängerter oder verkürzter Arbeitszeiten oder die Fremdvergabe von Aufträgen entschieden.[85] Die unternehmensindividuelle Ausgestaltung der Kapazitätssteuerung kann anhand der drei Merkmale des Kriteriums, Detaillierungsgrades sowie der Auslösungslogik erfolgen. So bedingen die sozialen und finanziellen Auswirkungen der Kapazitätssteuerung die Definition von Kriterien, welche eine Kapazitätsbeeinflussung erfordern. Eine Unterscheidung findet zwischen Kriterien bezogen auf die Erfüllung von Kundenbedarfen oder Planvorgaben und Kriterien zum Zweck der Kapazitätsabstimmung zwischen Arbeitssystemen der Fertigung statt.[86] Abhängig

[78] Vgl. Lödding (2016) Verfahren der Fertigungssteuerung, S. 507.

[79] Vgl. Lödding (2016) Verfahren der Fertigungssteuerung, S. 507.

[80] Vgl. Schuh/Schmidt (2014) Produktionsmanagement, S. 204.

[81] Vgl. Lödding (2016) Verfahren der Fertigungssteuerung, S. 509 ff.

[82] Vgl. Lödding (2016) Verfahren der Fertigungssteuerung, S. 512 ff.

[83] Vgl. Lödding (2016) Verfahren der Fertigungssteuerung, S. 514 ff.

[84] Vgl. Lödding (2016) Verfahren der Fertigungssteuerung, S. 531; Schuh/Schmidt (2014) Produktionsmanagement, S. 203.

[85] Vgl. Schuh/Schmidt (2014) Produktionsmanagement, S. 203 f.

[86] Vgl. Lödding (2016) Verfahren der Fertigungssteuerung, S. 532 ff.

von der Ursache der Kapazitätsbeeinflussung können Maßnahmen der Kapazitätssteuerung in variierendem Detaillierungsgrad die gesamte Produktion (grober Detaillierungsgrad) oder lediglich einzelne Arbeitssysteme (hoher Detaillierungsgrad) betreffen.[87] Abschließend kann die Kapazitätssteuerung gemäß der Auslösungslogik in zeitlich wiederkehrenden Intervallen periodisch oder nach Eintritt definierter Zustände ereignisorientiert erfolgen.[88] Durch ihren unmittelbaren Einfluss auf den Ist-Abgang stellt die Kapazitätssteuerung einen wesentlichen Stellhebel zur Beeinflussung der logistischen Zielgröße der Termintreue dar.[89] Gemäß dem Modell der Produktionssteuerung wirkt sich die Kapazitätsteuerung zudem auf die logistischen Zielgrößen des Bestands, der Durchlaufzeit und der Auslastung aus.

2.2.2 Logistische Zielgrößen der Produktionssteuerung

Die grundlegende Aufgabe der Produktionssteuerung entspricht der wirtschaftlichen Umsetzung des aus der Planung resultierenden Produktionsprogramms unter Berücksichtigung auftretender Störeinflüsse.[90] Wesentliche Einflussfaktoren auf die hohe Entscheidungskomplexität stellen die Zielkonflikte der logistischen Zielgrößen innerhalb des Zielsystems der Produktionssteuerung dar. Nicht zuletzt aufgrund dieser bestehenden Komplexität benötigt es jedoch einer stringenten logistischen Positionierung als Orientierung für eine erfolgreiche Auslegung der Steuerungsparameter.[91]

2.2.2.1 Zielsystem der Produktionssteuerung

Das Zielsystem der Produktionssteuerung lässt sich in die durch Kunden wahrgenommene Logistikleistung und in die für das produzierende Unternehmen verursachten Logistikkosten unterteilen. Die wahrgenommene Logistikleistung setzt sich aus der Liefertreue, bedingt durch die logistische Zielgröße einer hohen Termintreue, sowie durch die Lieferzeit, bedingt durch die logistische Zielgröße einer kurzen Durchlaufzeit, zusammen. Die Logistikkosten bestimmen sich hingegen aus Kapitalbindungskosten, positiv bedingt durch die logistische Zielgröße niedriger (Umlauf-)Bestände, und aus Prozesskosten, positiv bedingt durch die logistische Zielgröße einer hohen Auslastung. Die Bedeutung und Gewichtung der vier logistischen Zielgrößen ist in Abhängigkeit der Unternehmensbranche sowie Betriebstypologie zu betrachten. An-

---

87 Vgl. Lödding (2016) Verfahren der Fertigungssteuerung, S. 535 f.

88 Vgl. Lödding (2016) Verfahren der Fertigungssteuerung, S. 536 f.

89 Vgl. Lödding (2016) Verfahren der Fertigungssteuerung, S. 531.

90 Vgl. Wiendahl (2014) Betriebsorganisation für Ingenieure, S. 249.

91 Vgl. Buzacott et al. (2010) Produktionssteuerung, S. 135; Schuh/Schmidt (2014) Produktionsmanagement, S. 21.

gesichts der intensivierenden Wettbewerbssituation in vielen Branchen lässt sich jedoch über die vergangenen Jahre eine Verschiebung der Relevanz zugunsten der kundenorientierten Zielgrößen beobachten.[92]

Bestand

Bestand wird aus Sicht der Produktionslogistik in Lager- und Fertigungsbestand unterteilt.[93] Der Lagerbestand umfasst Lagerware in Form von Rohmaterial, Halbfabrikaten, Fertigware etc. und wird kontextabhängig in Mengen- oder Währungseinheiten erfasst.[94] Der Fertigungsbestand beschreibt hingegen den kumulierten Arbeitsinhalt, der für die Fertigung freigegebenen oder bereits in Bearbeitung befindlichen Fertigungsaufträge. Als Maßeinheit des Fertigungsbestands werden gemeinhin Vorgabestunden oder seltener die Anzahl freigegebener Fertigungsaufträge genutzt.[95]

Fertigungsbestand wird als Funktion in Abhängigkeit von Zu- und Abgängen an einzelnen Arbeitsstationen oder über die Gesamtheit dieser im Fertigungsbereich ausgedrückt. Abbildung 2-3 stellt Bestand als logistische Regelgröße anhand des Durchlaufdiagramms einer Arbeitsstation dar, wobei über einen Bezugszeitraum die entsprechende Zu- sowie Abgangskurve als idealisierte Geraden aufgetragen werden. Über die vertikale Differenz der idealisierten Zu- und Abgangskurven wird der mittlere Bestand und über die horizontale Differenz die mittlere Reichweite ermittelt.[96] Der mittlere Fertigungsbestand wird als Quotient aus der Summe an Einzelbeständen je Zeitabschnitt und der Anzahl betrachteter Zeitabschnitte im Betrachtungszeitraum ermittelt.[97]

[92] Vgl. Wiendahl (2014) Betriebsorganisation für Ingenieure, S. 250; Schuh/Schmidt (2014) Produktionsmanagement, S. 20

[93] Vgl. Lödding (2016) Verfahren der Fertigungssteuerung, S. 36.

[94] Vgl. Lödding (2016) Verfahren der Fertigungssteuerung, S. 36.

[95] Vgl. Wiendahl (2014) Betriebsorganisation für Ingenieure, S. 256.

[96] Vgl. Wiendahl (2014) Betriebsorganisation für Ingenieure, S. 256 f.

[97] Vgl. Nyhuis/Wiendahl (2012) Logistische Kennlinien, S. 28.

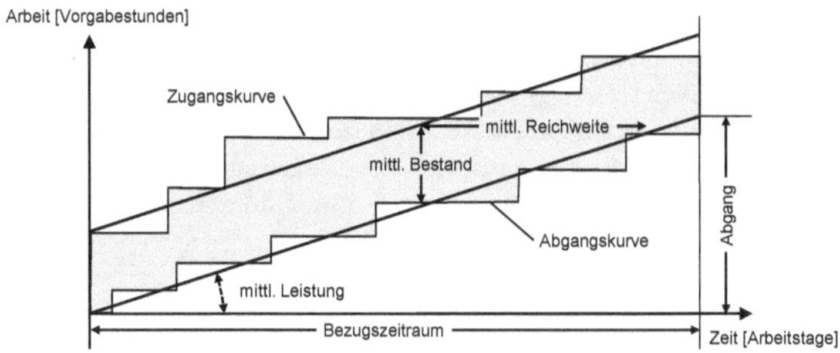

Abbildung 2-3: Bestand im Durchlaufdiagramm[98]

Aus finanzieller Perspektive wird Bestand durch den Einsatz von Rohmaterial sowie hieran verrichteter Wertschöpfung bedeutsam.[99] Ein steigendes Bestandsniveau wird somit als direkte Kapitalbindung sowie durch die hiermit verbundenen Kosten im Sinne von Zinsbelastung und Lagerhaltung kostenrelevant. Ebenfalls trägt die Höhe des Bestands zum Bestandsrisiko bei, welches das Risiko einer unvollständigen wirtschaftlichen Verwertung des vorhandenen Bestands beschreibt.[100] Die aus einem hohen Bestand resultierende Kapitalbildung und finanzielle Belastung verringert somit den Investitionsrahmen eines Unternehmens.[101]

Auslastung

Die Darstellung der Auslastung als zweite Zielgröße der Logistikkosten erfolgt in Abhängigkeit der Leistung betrachteter Arbeitssysteme. Wie im Durchlaufdiagramm in Abbildung 2-3 dargestellt, ergibt sich die Leistung eines Systems über den Quotienten aus der Summe der über einen Betrachtungszeitraum zurückgemeldeten Arbeitsinhalte und der Länge des Betrachtungszeitraums. Dieser Darstellung liegt die Annahme zugrunde, dass pro Arbeitsvorgang jeweils nur eine Rückmeldung erfolgt.[102] Die Auslastung eines Systems ergibt sich aus dem Verhältnis der tatsächlich erbrachten Leistung zu der maximal möglichen Leistung.[103] Entspricht die vermeintliche Anlagenverfügbarkeit 24 Stunden pro Tag, so müssen für die Bestimmung der tatsächlich maximal möglichen Leistung vorherrschend restriktive Kapazitätsfaktoren in Form der Betriebsmittel- und Personalkapazität berücksichtigt werden.[104]

98 i.A.a. Nyhuis/Wiendahl (2012) Logistische Kennlinien, S. 26.
99 Vgl. Wiendahl (2014) Betriebsorganisation für Ingenieure, S. 257.
100 Vgl. Lödding (2016) Verfahren der Fertigungssteuerung, S. 37.
101 Vgl. Lödding (2016) Verfahren der Fertigungssteuerung, S. 36.
102 Vgl. Nyhuis/Wiendahl (2012) Logistische Kennlinien, S. 26.
103 Vgl. Nyhuis/Wiendahl (2012) Logistische Kennlinien, S. 27.
104 Vgl. Nyhuis/Wiendahl (2012) Logistische Kennlinien, S. 66.

Die Realisierung einer hohen Auslastung, insb. kostenintensiver Anlagen, stellt für viele Unternehmen eines der vordergründigen Ziele dar. Während eine hohe Auslastung einen positiven Deckungsbeitrag begünstigt, ist die Priorisierung insb. neuer und hochpreisiger Anlagen aus Gründen der Refinanzierung wirtschaftlich nicht begründet. Entsprechende Finanzierungskosten von Anlagen sind nach der Anschaffung als sunk costs zu verzeichnen und sollten aus gesamtunternehmerischer Perspektive nicht in den Entscheidungsfindungsprozess der Produktionssteuerung einfließen.[105]

Durchlaufzeit

Die Realisierung kurzer Durchlaufzeiten von Produktionsaufträgen ist eine der wesentlichen Einflussgrößen auf die Dimension der Logistikleistung. Wie in Abbildung 2-4 dargestellt, setzt sich die Durchlaufzeit von Produktionsaufträgen aus der Durchlaufzeit einzelner Fertigungsaufträge ergänzt um zusammenführende Montageaufträge zusammen.[106] Die Durchlaufzeit eines einzelnen Arbeitsvorgangs erstreckt sich über den Zeitraum von Bearbeitungsende des vorherigen Arbeitsvorgangs bis Bearbeitungsende des betrachteten Arbeitsvorgangs.[107] In diesen Zeitraum fallen neben der eigentlichen Durchführungszeit, bestehend aus Rüsten und wertschöpfender Bearbeitung, weitere Zeitaufwände wie die Liegezeit nach der Bearbeitung, der Transport zur nächsten Arbeitsstation sowie die Liegezeit vor der Bearbeitung.[108] Die positive Bedeutung kurzer Durchlaufzeiten wird durch die für den Kunden ersichtliche Lieferzeit deutlich. So stellt für Auftragsfertiger die Länge der Durchlaufzeit das Mindestmaß der realisierbaren Lieferzeit dar. Kurze Durchlaufzeiten bieten zudem die Möglichkeit, Aufträge bei festem Lieferdatum später für die Produktion freizugeben und somit die Sensibilität gegenüber nachträglicher Auftragsänderungen zu reduzieren.[109] Ebenfalls relevant für Auftragsfertiger gestaltet sich der Einfluss der Streuung der Durchlaufzeit auf die mögliche Termin- und Liefertreue.[110]

[105] Vgl. Lödding (2016) Verfahren der Fertigungssteuerung, S. 40.
[106] Vgl. Nyhuis/Wiendahl (2012) Logistische Kennlinien, S. 21.
[107] Vgl. Nyhuis/Wiendahl (2012) Logistische Kennlinien, S. 21.
[108] Vgl. Nyhuis/Wiendahl (2012) Logistische Kennlinien, S. 22.
[109] Vgl. Lödding (2016) Verfahren der Fertigungssteuerung, S. 32..
[110] Vgl. Lödding (2016) Verfahren der Fertigungssteuerung, S. 32.

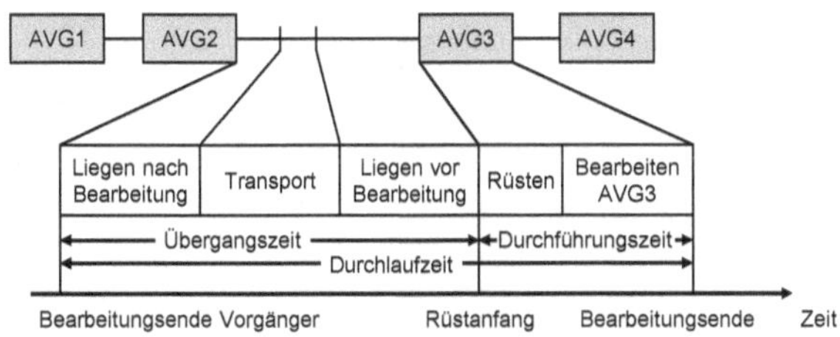

Abbildung 2-4: Bestandteile der Durchlaufzeit[111]

Termintreue

Die Zielgröße der Termintreue erfasst für die Gesamtheit an Produktionsaufträgen über einen gegebenen Zeitraum die prozentuale Abweichung zwischen Ist- und Plantermin. Die Termintreue basiert somit auf der Terminabweichung einzelner Aufträge, welche als zeitlicher Abgleich zwischen Ist- und Soll-Wert sowohl im Auftragsabgang, im -zugang als auch als relative Größe erfasst wird.[112] Aufgrund der für die Produktionssteuerung hohen Relevanz wird nachfolgend der Auftragsabgang als Referenz für die Termintreue und -abweichung bestimmt.[113] Formal wird die relative Terminabweichung eines Auftrags über die Differenz aus der Ist- zur Soll-Durchlaufzeit dargestellt.[114] Die prozentuale Termintreue ergibt sich aus dem Quotienten aus der Anzahl an Aufträgen mit Terminabweichungen außerhalb der Grenzen zulässiger Abgangsterminabweichungen und der Gesamtanzahl betrachteter Aufträge.[115]

Einer hohen Termintreue als logistische Zielgröße wird aufgrund des positiven Einflusses auf das Vertrauensverhältnis zwischen Unternehmen und Kunde ein wichtiger Stellenwert beigemessen.[116] Die Vermeidung einer verfrühten oder verspäteten Fertigstellung von Aufträgen sorgt für Planungssicherheit sowohl im eigenen Unternehmen als auch für den Kunden.[117] Über das Kundenverhältnis hinaus drückt sich die Bedeutung von Planungssicherheit in der Vermeidung von Kosten, etwa für die Lagerhaltung verfrüht fertiggestellter Aufträge, sowie Strafzahlungen oder Kosten für Expressversand im Falle verspätet fertiggestellter Aufträge aus.[118]

[111] i.A.a. Nyhuis/Wiendahl (2012) Logistische Kennlinien, S. 22.
[112] Vgl. Lödding (2016) Verfahren der Fertigungssteuerung, S. 34.
[113] Vgl. Lödding (2016) Verfahren der Fertigungssteuerung, S. 34.
[114] Vgl. Lödding (2016) Verfahren der Fertigungssteuerung, S. 34.
[115] Vgl. Lödding (2016) Verfahren der Fertigungssteuerung, S. 34.
[116] Vgl. Begemann (2005) Terminorientierte Kapazitätssteuerung in der Fertigung, S. 3.
[117] Vgl. Wiendahl (2011) Auftragsmanagement der industriellen Produktion, S. 136.
[118] Vgl. Begemann (2005) Terminorientierte Kapazitätssteuerung in der Fertigung, S. 4.

2.2.2.2 Polylemma der Produktionssteuerung

Wie anhand des Zielsystems der Produktionssteuerung dargestellt wurde, verfügen die logistischen Zielgrößen für sich genommen über eine klare Zielausprägung. Aus kosten- und leistungsorientierter Perspektive resultieren aus kurzen Durchlaufzeiten, einer hohe Termintreue, niedrigen Beständen und einer hohen Auslastung jeweilige Vorteile. Ein wesentlicher Komplexitätstreiber in der Produktionssteuerung resultiert jedoch aus der konträren Abhängigkeit der logistischen Zielgrößen zueinander.[119] Das logistische Zielsystem wird demnach auch als Polylemma beschrieben, da sich mehr als zwei Konstellationen an logistischen Ausprägungen indifferent gegenüberstehen.[120] Vor diesem Hintergrund ist es die Aufgabe der Produktionssteuerung, einen geeigneten Betriebspunkt im Positionierungsbereich des logistischen Zielsystems sicherzustellen.[121] Die Abhängigkeiten der logistischen Zielgrößen werden anhand der in Abbildung 2-5 dargestellten logistischen Kennlinien veranschaulicht.[122] In der Abbildung werden als Wert der Ordinate die Zielgrößen Durchlaufzeit (DLZ), Termintreue (TT) und Leistung (L), als Referenz der Auslastung, gegenüber dem Bestand (B) aufgetragen.

[119] Vgl. Nyhuis/Wiendahl (2012) Logistische Kennlinien, S. 10 f.
[120] Vgl. Nyhuis/Wiendahl (2012) Logistische Kennlinien, S. 4.
[121] Vgl. Nyhuis/Wiendahl (2012) Logistische Kennlinien, S. 37 f.
[122] Vgl. Nyhuis/Wiendahl (2012) Logistische Kennlinien, S. 178.

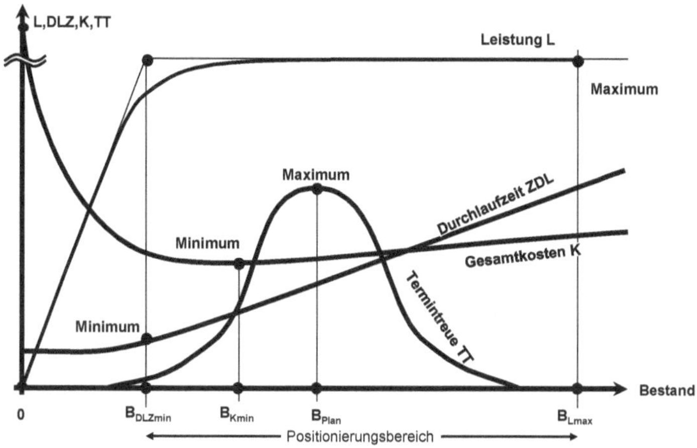

Abbildung 2-5: Polylemma der Produktionssteuerung[123]

Mit Blick auf die Logistikkosten wird ersichtlich, dass mit zunehmendem Fertigungsbestand die Leistung des betrachteten Arbeitssystems steigt und das Plateau der maximal möglichen Leistung und somit Auslastung erreicht wird. Die Durchlaufzeit, als Einflussgröße der Logistikleistung, befindet sich ebenfalls in Abhängigkeit zu Bestand und Leistung. Ausgehend von einem niedrigen Bestandsniveau wird zunächst die minimal mögliche Durchlaufzeit aufgrund fehlender Warteschlangen vor den Arbeitsstationen und somit unmittelbarer Bearbeitung erzielt. Nähert sich bei steigendem Bestand die Leistung ihrer Kapazitätsgrenze, so bilden sich Warteschlangen vor den Arbeitsstationen mit der Folge höherer Liegezeiten vor der eigentlichen Bearbeitung und in Konsequenz steigender Durchlaufzeiten. Die Termintreue befindet sich schließlich in Abhängigkeit zu Bestand und Durchlaufzeit und gleicht ihrem Verlauf nach einer Normalverteilung. Ausgehend von dem Betriebspunkt einer maximalen Termintreue werden bei Reduzierung des vorhandenen Fertigungsbestands im Verhältnis zur Kundennachfrage nicht ausreichend Aufträge für die Produktion freigegeben. Wird ein höherer Fertigungsbestand freigegeben, resultieren hieraus längere Durchlaufzeiten und einhergehend eine schlechtere Termintreue.

Die aus dem Polylemma der Produktionssteuerung resultierenden Abhängigkeiten sind von besonderer Relevanz angesichts der eingeschränkten Fähigkeiten menschlicher Entscheider im Umgang mit Komplexität.[124] Bestehende Modelle der Produktionssteuerung unterstellen ein rationales Verhalten in der Entscheidungsfindung und

[123] i.A.a. Wiendahl (2014) Betriebsorganisation für Ingenieure, S. 266.

[124] Vgl. Kahneman (2003) Maps of Bounded Rationality, S. 1449.

ein perfektes Verständnis der logistischen Interaktionen, vernachlässigt werden hingegen grundlegende Problematiken menschlichen Handelns in Form der kognitiven Verzerrung.[125] Kognitive Verzerrung fungiert als kognitionspsychologischer Sammelbegriff zur Beschreibung menschlichen Fehlverhaltens im Zusammenhang mit Wahrnehmen, Erinnern, Denken und Urteilen[126]. Ein klassisches Beispiel hierfür stellt der in Abbildung 2-6 dargestellte Fehlerkreislauf der PPS dar.

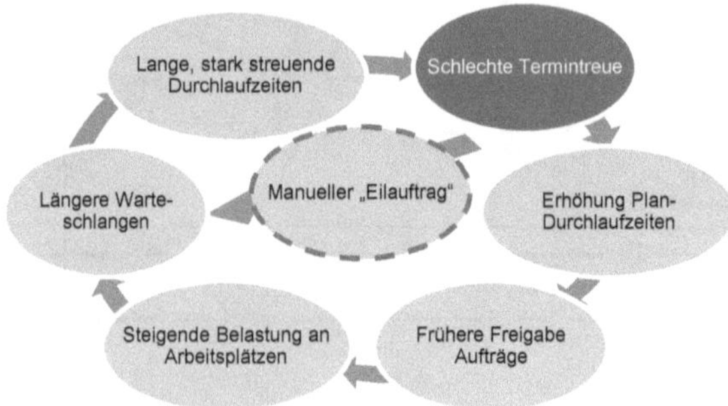

Abbildung 2-6: Fehlerkreislauf der PPS[127]

Angestoßen wird der Fehlerkreislauf der PPS durch eine schlechte Termintreue. Der Ursprung der verschlechterten Termintreue wird zumeist in der zu kurz bemessenen Zeit zur termingerechten Fertigstellung des Auftrages vermutet, weshalb als Reaktion die Plan-Durchlaufzeiten der Aufträge erhöht werden. In Auswirkung der erhöhten Plan-Durchlaufzeiten werden Aufträge künftig mit größerem zeitlichem Vorlauf für die Produktion freigegen, was in Folge eine Erhöhung der Fertigungsbestände und somit Belastungen an den einzelnen Arbeitsstationen nach sich zieht. In Konsequenz stellen sich längere Warteschlangen an Aufträgen vor den Arbeitsstationen ein, gefolgt von steigenden Durchlaufzeiten. Um entgegen der längeren Durchlaufzeiten wichtige Aufträge termingerecht fertigzustellen, werden diese als Eilaufträge in der Bearbeitungsfolge priorisiert, was zu einer erneuten Verlängerung und Streuung der Durchlaufzeiten führt.[128] Wie das Beispiel zeigt, sind ein unvollständiges Wissen um Wechselwirkungen oder unternehmensbezogene Ausrichtungen der logistischen Zielgrößen oftmals Grund für Fehlsuggestionen in der Entscheidungsfindung der Produktionssteuerung. Der Schulung und transparenten Darstellung des logistischen Zielsystems sind angesichts der wirtschaftlichen Aufgabenbewältigung der Produktionssteuerung ein hoher Stellenwert beizumessen.

---

[125] Vgl. Riezebos et al. (2011) Design of Scheduling Algorithms, S. 379.

[126] Vgl. Bendul/Knollman (2016) The human factor in production planning and control, S. 347.

[127] i.A.a.Mather/Plossl (1977) Priority fixation versus throughput planning, S. 47.

[128] Vgl. Mather/Plossl (1977) Priority fixation versus throughput planning, S. 47.

2.3 Betriebliche Informationssysteme der Produktionssteuerung

Im vorherigen Kapitel wurde das Aufgabenfeld der Produktionssteuerung als Betrachtungsbereich der vorliegenden Arbeit beschrieben. Verdeutlicht wurde die tägliche Entscheidungskomplexität der an der Produktionssteuerung beteiligten Arbeitspersonen. Als Gründe hierfür wurden die internen Komplexitäten, bedingt durch die Aufgabenstruktur (vgl. Unterkapitel 2.2.1) und das logistische Zielsystem (vgl. Unterkapitel 2.2.2) dargelegt. Zum Ziel der Bewältigung dieser Komplexitäten kommen in produzierenden Unternehmen eine Vielzahl unterstützender Informationssysteme zum Einsatz. Für die weitere Spezifikation dieser Informationssysteme wird im nachfolgenden Unterkapitel 2.3.1 zunächst der Informationsbegriff definiert, auf welchem aufbauend in Unterkapitel 2.3.2 technische Informations- und Kommunikationssysteme dargestellt werden. In Unterkapitel 2.3.3 werden anschließend übliche Informationssysteme der Produktionssteuerung in Form von PPS-Systemen beschrieben. Abschließend wird der Einsatz von Informationssystemen im Rahmen der Produktionssteuerung anhand der Problemlösungsfähigkeit in Unterkapitel 2.3.4 dargestellt.

2.3.1 Informationen im Kontext von Daten und Wissen

Die Verfügbarkeit von Informationen stellt die Grundlage der Bewältigung jeglicher Unternehmensprozesse dar, demnach sich auch der Leitsatz etabliert hat: „You can't manage what you can't measure“[129]. MALIK attestiert in diesem Zusammenhang vielen Unternehmen keinen Mangel an Daten, sondern an Informationen und fundamentaler an der Möglichkeit Informationen aus Daten zu gewinnen.[130] Wie das Beispiel verdeutlicht, fehlt es Unternehmen an einem einheitlichen Begriffsverständnis, wodurch Begrifflichkeiten wie Information, Daten und Wissen synonyme Verwendung finden.[131]

Etymologisch wird der Informationsbegriff aus dem lateinischen „informatio“ bzw. „informare“ abgeleitet und ins Deutsche übersetzt als „unterrichten, durch Unterweisung bilden, befähigen“[132]. Übertragen auf die aktuell allgemeinsprachliche Verwendung werden Beiträge dann als informativ eingeschätzt, wenn sie einen belehrenden bzw. unterrichtenden Charakter besitzen.[133] Aus wissenschaftlicher Perspektive bieten eine Vielzahl unterschiedlicher Disziplinen Formalisierungsversuche des Informationsbegriffs an. Nachfolgend wird auf die für den Betrachtungsbereich der vorlie-

---

129 Rosado/Relvas (2015) supply chain performance management system design, S. 788.
130 Vgl. Malik (2019) Führen Leisten Leben, S. 350.
131 Vgl. Leimeister (2015) Einführung in die Wirtschaftsinformatik, S. 24.
132 duden.de (2021) Abruf: 30.08.2021.
133 Vgl. Krapp (1997) Komplexität und Selbstorganisation, S. 99.

genden Arbeit relevanten Informationsbegriffe der Betriebswirtschaftslehre bzw. Produktionswirtschaft sowie Wirtschaftsinformatik eingegangen. Der Informationsbegriff wurde durch Verknüpfung mit dem jeweiligen Verwendungszweck erstmals als zweckgebundenes Wissen im Rahmen eines betriebswirtschaftlichen Kontexts formalisiert.[134] Wissen ist demnach eine nicht weiter definierte Umschreibung des Informationsbegriffes. Zweckgebundenheit wird hingegen definiert als „eine Entscheidung oder Handlung vorbereitend“[135].

Informationen stellen einen wesentlichen Bestandteil des Problemlösungsprozesses dar, welcher sich nach JAKOBY über die Phasen der 1) Problemanalyse, 2) Lösungsentwurf, 3) Realisierung und 4) Validierung erstreckt.[136] Zentrale Bedeutung nehmen Informationen bereits in der frühen Phase der Problemanalyse ein. Unter Verwendung des zweckgebundenen Informationsbegriffs wurden die klassischen Produktionsfaktoren nach GUTENBERG um den Produktionsfaktor Information ergänzt.[137] Informationen nach definitorischer Auslegung der Produktionsfaktoren werden demnach als Input der Produktion beschrieben, welche erforderlich für die Her- und Bereitstellung von Produkten und Leistungen sind.[138]

Eine Systematik zur Abgrenzung der Begrifflichkeiten Zeichen, Daten, Information und Wissen bietet der informationstechnische Ansatz der Wirtschaftsinformatik (siehe Abbildung 2-7). In Anlehnung an die Semiotik, als die sprachwissenschaftliche Lehre von Zeichen, werden zunächst einzelne Zeichen aus einem definierten Zeichenvorrat unter Anordnung in einer geordneten Struktur (Syntax) zu Daten zusammengeführt. Werden Daten mit entsprechender Bedeutung (Semantik) verknüpft und in einen Kontext eingebunden, so ergeben sich Informationen. Die Vernetzung von Informationen führt letztendlich zu Wissen.[139]

[134] Vgl. Wittmann (1959) Unternehmung und Unvollkommene Information, S. 14.
[135] Krcmar (2015) Informationsmanagement, S. 15.
[136] Vgl. Jakoby (2019) Projektmanagement für Ingenieure, S. 41.
[137] Vgl. Bode (1993) Betriebliche Produktion von Information, S. 95.
[138] Vgl. Dangelmaier (2009) Theorie der Produktionsplanung und -steuerung, S. 28.
[139] Vgl. Frey-Luxemburger (2014) Wissensmanagement, S. 17.

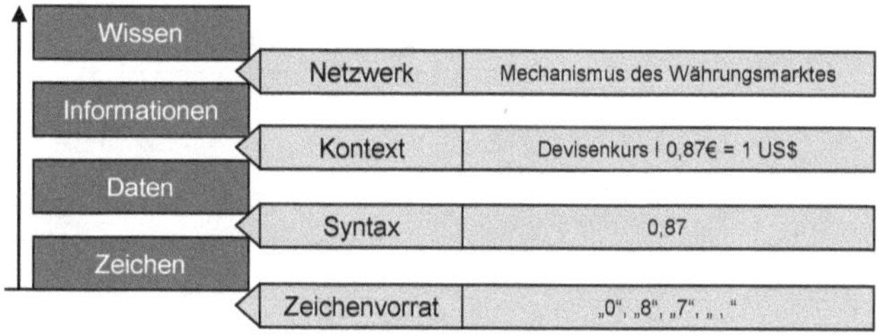

Abbildung 2-7: Begriffsrelationen Zeichen, Daten, Information und Wissen[140]

2.3.2 Informations- und Kommunikationssysteme

Der Betrachtungsgegenstand der Wirtschaftsinformatik umfasst den Umgang mit Informations- und Kommunikationssystemen in Wirtschaft und Verwaltung.[141] Kommunikation im erweiterten Begriff der „Informations- und Kommunikationssysteme“ bezieht sich auf den Austausch von Informationen zwischen Elementen technischer Systeme sowie dem System und seiner Umwelt.[142] Unter Berücksichtigung des Kommunikationsaspekts wird geläufig auch der reduzierende Begriff der „Informationssysteme“ (IS) synonym verwendet.

Nach Definition der Wirtschaftsinformatik können Informationssysteme als soziotechnische Systeme beschrieben werden, welche die „[...] Erfassung, Verarbeitung, Speicherung und Übertragung von Information“[143] unterstützen. Informationssysteme stellen im erweiterten Begriff einen Bestandteil der Organisation dar, welche sich aus einem menschlichen Benutzer sowie einem technischen Anwendungssystem zusammensetzen. In Anlehnung an die Konzeptionierung von Informationssystemen nach Teubner und Krcmar, werden Anwendungssysteme weiter in Software- und Hardwaresysteme, wie in Abbildung 2-8 dargestellt, unterteilt.[144] Das Hardwaresystem umfasst das für die eigentlichen Rechenoperationen zuständige Rechnersystem sowie die begleitende technische Peripherie (bspw. Tastaturen, Bildschirmen, Scanner). Das Softwaresystem wird in die Bestandteile der Systemsoftware (bspw. Windows Betriebssysteme) sowie der Anwendungssoftware (bspw. Nutzerapplikationen wie ERP- oder Office-Systeme) unterteilt.[145]

[140] i.A.a. Rehäuser/Krcmar (1996) Wissensmanagement im Unternehmen, S. 6.

[141] Vgl. Krcmar (2015) Informationsmanagement, S. 21.

[142] Vgl. Krcmar (2015) Informationsmanagement, S. 22.

[143] Gabriel (2021) Enzyklopädie der Wirtschaftsinformatik.

[144] Vgl. Teubner (1999) Organisations- und Informationssystemgestaltung, S. 22; Krcmar (2015) Informationsmanagement, S. 22.

[145] Vgl. Krcmar (2015) Informationsmanagement, S. 22; Teubner (1999) Organisations- und Informationssystemgestaltung, S. 22.

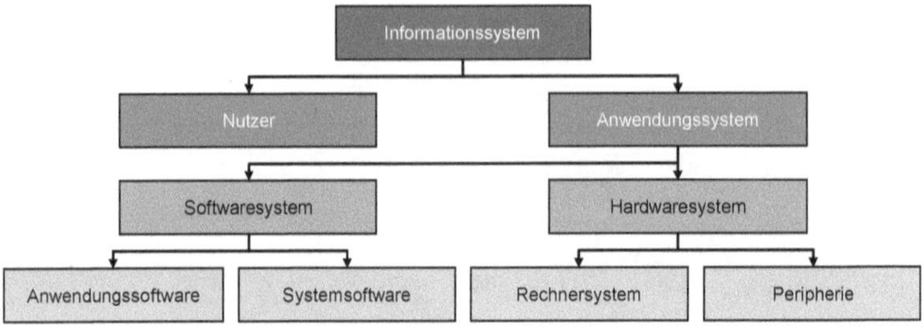

Abbildung 2-8: Aufbau Informationssysteme[146]

Anwendungssysteme, als Teilsystem eines übergreifenden Informationssystems, stellen die Gesamtheit aller Programme für ein konkretes betriebliches Anwendungsgebiet dar.[147] Der Einsatz von Anwendungssystemen erstreckt sich über Primärprozesse (bspw. Beschaffung, Produktion, Vertrieb) und Sekundärprozesse der Wertschöpfungskette (bspw. Finanzbuchhaltung, Controlling, Personalabrechnung).[148] Nach dem Prinzip der prozessorientierten Ausrichtung integrierter Informationssysteme, stellt das primäre Ziel betrieblicher Anwendungssysteme die Unterstützung von Geschäftsprozessen zur effizienteren und effektiveren Umsetzung dar.[149] Eine Übersicht der über den Wertschöpfungsprozess verteilten und verfügbaren Anwendungssysteme ist in Abbildung 2-9 dargestellt.

---

[146] i.A.a. Krcmar (2015) Informationsmanagement, S. 22; Teubner (1999) Organisations- und Informationssystemgestaltung, S. 22.

[147] Vgl. Leimeister (2015) Einführung in die Wirtschaftsinformatik, S. 136.

[148] Vgl. Leimeister (2015) Einführung in die Wirtschaftsinformatik, S. 136.

[149] Vgl. Leimeister (2015) Einführung in die Wirtschaftsinformatik, S. 136.

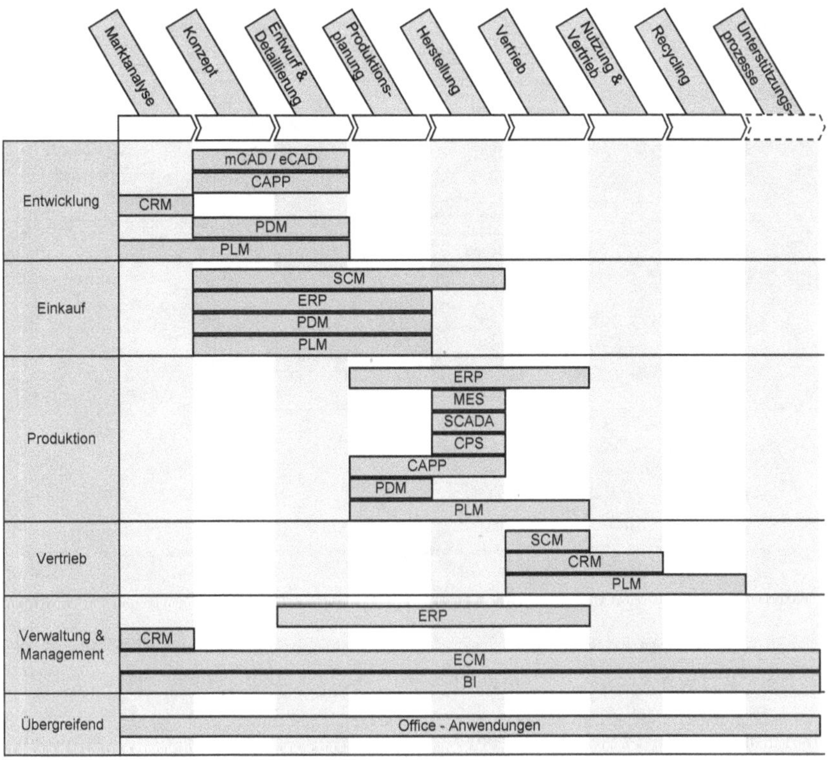

Abbildung 2-9: Übersicht betrieblicher Anwendungssysteme[150]

2.3.3 Betriebliche Informationssysteme der PPS

Ziel von Anwendungssystemen im Betrachtungsbereich der PPS, nachfolgend PPS-Systeme genannt, stellt die termin-, kapazitäts- und mengenbezogene Planung und Steuerung von Fertigungs- und Montageprozessen dar.[151] Eine Übersicht kommerziell verfügbarer PPS-Systeme sowie deren Beziehung zueinander ist in Abbildung 2-10 dargestellt. An dieser Stelle sei angemerkt, dass sowohl Systembezeichnungen wie auch -funktionalitäten in Abhängigkeit der Anbieter variieren können und die Übersicht daher lediglich einen Modellcharakter besitzt. Entsprechend der in Abbildung 2-10 dargestellten Übersicht an PPS-Systemen werden im nachfolgenden Unterkapitel 2.3.3.1 ERP-Systeme, im Unterkapitel 2.3.3.2 APS-Systeme und in Unterkapitel 2.3.3.3 ME-Systeme im Detail vorgestellt.

---

[150] i.A.a. Hoffmann (2018) Informationssystem-Architekturen produzierender Unternehmen, S. 30.

[151] Vgl. Schuh/Kampker (2011), S. 180.

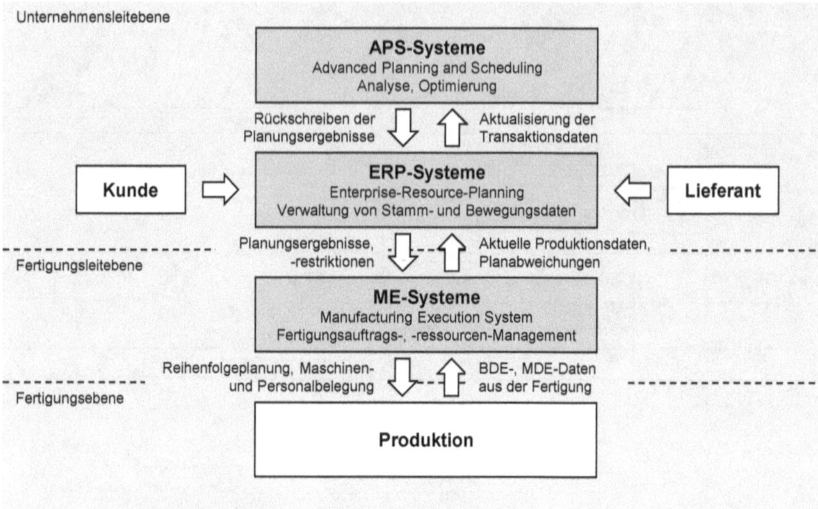

Abbildung 2-10: Übersicht betrieblicher PPS-Systeme[152]

2.3.3.1 Enterprise-Resource-Planning (ERP)-Systeme

Der Einsatz computergestützter Anwendungssysteme im Rahmen der PPS begann Anfang der 1960er-Jahre mit der Einführung von Material Requirement Planning (MRP) zur Unterstützung der Materialwirtschaft.[153] Mittels MRP wurde die automatisierte Ermittlung von Bruttosekundärbedarfen (Material) aus Stücklisten sowie Nettosekundärbedarfen durch Abgleich mit Lagerbeständen ermöglicht.[154] Durch die anschließende Weiterentwicklung zum sog. Manufacturing Ressource Planning (MRP II) konnten erstmals auch Fertigungsaufträge terminiert und somit Fertigungs- und Montagelose auf Kapazitäten eingeplant werden.[155] Im Zuge des Paradigmenwechsels von funktionsorientierter Aufbauorganisation zu prozessorientierter Ablauforganisation der 1990er-Jahre wurden ERP-Systeme für eine computergestützte Integration aller Unternehmensbereiche eingeführt.[156] Somit wurde die Möglichkeit geschaffen, unternehmensweite Prozesse wie die Beschaffung, Produktion, Vertrieb, Rechnungswesen und Personalwirtschaft über eine Datenbank abzubilden.[157] ERP-Systeme stellen bis

[152] i.A.a.Albert/Fuchs (2007) Durchblick im Begriffsdschungel der Business-Software, S. 9.
[153] Vgl. Schuh/Kampker (2011) Strategie und Management produzierender Unternehmen, S. 177.
[154] Vgl. Schuh (2007) Produktionsplanung und -steuerung, S. 164.
[155] Vgl. Schuh (2007) Produktionsplanung und -steuerung, S. 164.
[156] Vgl. Albert/Fuchs (2007) Durchblick im Begriffsdschungel der Business-Software, S. 1.
[157] Vgl. Abts/Mülder (2017) Wirtschaftsinformatik, S. 193.

heute mehrheitlich den Kern der betrieblichen IT-Landschaft produzierender Unternehmen dar.[158]

ERP-Systeme verfügen aufgrund ihres integrativen Charakters über einen modularen Aufbau. Eine Übersicht der grundlegenden Module und Funktionalitäten ist in Abbildung 2-11 dargestellt. Grundlegende Funktionalitäten des Moduls Produktionsplanung und -steuerung, als besonderer Betrachtungsfokus dieser Arbeit, umfassen die mengen-, termin- und kapazitätsmäßige Planung der Produktion sowie die Steuerung und Überwachung der eigentlichen Produktionsvorgänge.[159] Gegenstand der Funktion der Primärbedarfsplanung ist die Erstellung des Produktionsprogramms und somit die Bestimmung der in einem gegebenen Zeitintervall zu fertigenden Erzeugnisse nach Art, Menge und Termin. Grundlage dieser Planung stellen Absatzprognosen und/oder Kundenaufträge sowie als Restriktionen berücksichtigte personelle und maschinelle Ressourcen dar.[160] Mithilfe der Funktion der Materialbedarfsplanung werden auf Grundlage von Stücklisten sowie historischer Verbrauchswerte Sekundärbedarfe zur Realisierung des Produktionsprogramms ermittelt.[161] Über den Abgleich mit effektiv verfügbaren Lagerbeständen (Berücksichtigung von Reservierungen, Sicherheitsbestände etc.) werden Nettosekundärbedarfe als Bestellanforderungen für die Materialwirtschaft erzeugt.[162] Im Funktionsbereich der Termin- und Kapazitätsplanung werden mittels einer Durchlaufterminierung Start- und Endtermine von Arbeitsgängen zur termingerechten Fertigstellung von Produktionsaufträgen gegen zunächst unbegrenzte Kapazitäten geplant.[163] In Abhängigkeit des betrachteten Erzeugnisspektrums kann durch die Arbeitsvorbereitung eine ergänzende Aufbereitung der Fertigungsunterlagen im Sinne von individuellen Stücklisten und Arbeitsplänen erforderlich sein.[164] Die mittels Durchlaufterminierung abgeleiteten Start- und Endtermine werden unter Abgleich der benötigten sowie vorhandenen Ressourcen anschließend hinsichtlich ihrer Realisierbarkeit geprüft und im Falle einer Unter- bzw. Überauslastung ausgeglichen.[165] Im Rahmen der Auftragsfreigabe und -steuerung werden Aufträge unter Berücksichtigung und Auswahl verfügbarer Ressourcen entsprechend ihrer Produktionstermine zur Bearbeitung freigegeben.[166] Die

[158] Vgl. Abts/Mülder (2017) Wirtschaftsinformatik, S. 193; Schuh/Schmidt (2014) Produktionsmanagement, S. 282.

[159] Vgl. Abts/Mülder (2017) Wirtschaftsinformatik, S. 199.

[160] Vgl. Abts/Mülder (2017) Wirtschaftsinformatik, S. 199.

[161] Vgl. Abts/Mülder (2017) Wirtschaftsinformatik, S. 200; Schuh/Stich (2012) Produktionsplanung und -steuerung, S. 203.

[162] Vgl. Schuh/Stich (2012) Produktionsplanung und -steuerung, S. 205.

[163] Vgl. Abts/Mülder (2017) Wirtschaftsinformatik, S. 200; Schuh/Stich (2012) Produktionsplanung und -steuerung, S. 217.

[164] Vgl. Schuh/Stich (2012) Produktionsplanung und -steuerung, S. 208.

[165] Vgl. Abts/Mülder (2017) Wirtschaftsinformatik, S. 200.

[166] Vgl. Abts/Mülder (2017) Wirtschaftsinformatik, S. 200.

Steuerung von Aufträgen nach erfolgter Freigabe wird durch die Anpassung der Abarbeitungsreihenfolge von Aufträgen innerhalb des Arbeitsvorrats einzelner Ressourcen im Belegungsplan vorgenommen.[167] Zur Unterstützung der Auftragsüberwachung bieten ERP-Systeme Funktionalitäten zur Aufbereitung auftragsbezogener Ist- und Soll-Daten und erleichtern somit die terminliche und mengenmäßige Auftragsfortschrittskontrolle.[168]

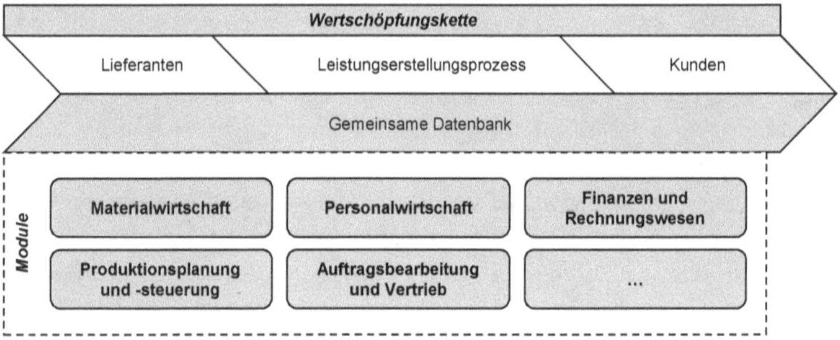

Abbildung 2-11: Prinzipieller Aufbau von ERP-Systemen[169]

2.3.3.2 Advanced Planning and Scheduling (APS)

In Reaktion auf die Kritik an bestehenden ERP-Systemen aufgrund des sukzessiven Planungsverhaltens sowie der eingeschränkten Verfügbarkeit von entscheidungsunterstützenden Optimierungsverfahren wurden sog. Advanced Planning and Scheduling (APS)-Systeme entwickelt.[170] In modularer Ergänzung der Funktionalitäten von ERP-Systemen werden APS-Systemen im Kern die drei nachfolgenden Funktionalitäten beigemessen:

- Planung und Steuerung unternehmensübergreifender Geschäftsprozesse über die gesamte Wertschöpfungskette[171]
- Einsatz exakter mathematischer Optimierungsverfahren und Heuristiken[172]

---

[167] Vgl. Schuh/Stich (2012) Produktionsplanung und -steuerung, S. 220.

[168] Vgl. Schuh/Stich (2012) Produktionsplanung und -steuerung, S. 223; Abts/Mülder (2017) Wirtschaftsinformatik, S. 201.

[169] i.A.a. Donath et al. (1999) Prozeßorientiertes Management mit SAP, S. 6.

[170] Vgl. Betge (2006) Koordination in APS-Systemen, S. 1 f.

[171] Vgl. Albert/Fuchs (2007) Durchblick im Begriffsdschungel der Business-Software, S. 6.

[172] Vgl. Albert/Fuchs (2007) Durchblick im Begriffsdschungel der Business-Software, S. 6.

- Kontinuierliche Aktualisierung der PPS unter simultaner Beachtung gegebener Restriktionen und verfügbarer Kapazitäten in Auflösung sukzessiver Planungsprozesse[173]

APS-Systeme stellen in der Regel keine eigenständigen Anwendungssysteme dar, sondern erweitern den Funktionsumfang bestehender betrieblicher Standardanwendungen wie von ERP-Systemen.[174] Unternehmen können nach Bedarf auch einzelne Funktionsmodule installieren und nutzen.[175] Der modulare Aufbau etablierter APS-Systeme orientiert sich an der in Abbildung 2-12 dargestellten Supply-Chain-Management (SCM)-Matrix. Nachfolgend wird näher auf den Funktionsbereich der Produktionsplanung und -steuerung eingegangen.

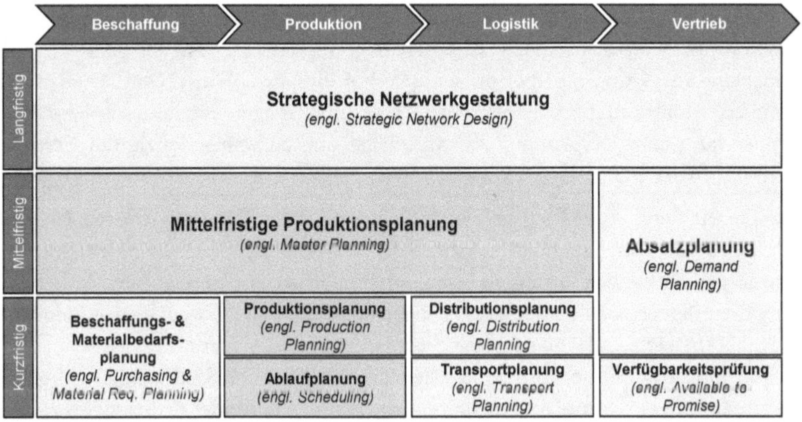

Abbildung 2-12: Aufbau APS-Systeme [176]

APS-Module des Master Planning befassen sich mit der mittelfristigen Produktionsplanung im Betrachtungshorizont von bis zu zwölf Monaten.[177] Übergeordnete Funktion des Moduls ist die Synchronisation des Materialflusses entlang des gesamten Wertstroms sowie die Sicherstellung einer effizienten Nutzung von Beschaffungs-, Produktions- und Distributionsressourcen.[178] In Betrachtung von ERP-Systemen findet eine Erweiterung der Funktionalitäten der Primärbedarfsplanung sowie der Termin- und Kapazitätsplanung statt. APS-Systeme verfügen in Erweiterung sukzessiver

[173] Vgl. Albert/Fuchs (2007) Durchblick im Begriffsdschungel der Business-Software, S. 7.
[174] Vgl. Betge (2006) Koordination in APS-Systemen, S. 4.
[175] Vgl. Stadtler et al. (2015) Supply Chain Management and Advanced Planning, S. 101.
[176] i.A.a. Stadtler et al. (2015) Supply Chain Management and Advanced Planning, S. 77.
[177] Vgl. Stadtler et al. (2015) Supply Chain Management and Advanced Planning, S. 158.
[178] Vgl. Busch/Dangelmaier (2004) Integriertes Supply Chain Management, S. 182.

Planungsverfahren der MRP II-Logik u.a. über optimierungsbasierte Planungsverfahren sowie aufwandsreduzierende Heuristiken zur Erstellung von Produktionsplänen.[179] Ziele der optimierungsbasierten Planungsverfahren stellen die Minimierung der Gesamtkosten eines Produktionsprogrammes unter Berücksichtigung gegebener Restriktionen, wie begrenzter Produktions-, Lager- und Transportrestriktionen, sowie festgelegter Sicherheitsbestände, minimaler- und maximaler Losgrößen und Stücklistenstrukturen dar.[180] Die Gesamtkosten können über Produktions-, Beschaffungs- und Transportkosten sowie über Strafkosten für Verletzungen von Kapazitätsrestriktionen und Sicherheitsbeständen sowie für Fehllieferungen modelliert werden.[181] Realisiert wird die Planung durch Verfahren der linearen (bspw. Simplex-Verfahren) oder gemischt-ganzzahligen Programmierung (bspw. Branch-and-Cut-Verfahren).[182] APS-Systeme verfügen weiterhin über vereinfachte Heuristiken zur Erstellung von Produktionsplänen. Ausgangspunkt dieser Heuristiken stellt die Erstellung erster Produktionspläne auf Grundlage über prozentuale Verteilungsschlüssel (Quotierungen) verknüpfter Bedarfe und Kapazitäten dar. Diese unzulässigen Produktionspläne dienen Anwender unter Umplanung als Grundlage zur aufwandsreduzierten Erstellung durchführbarer Pläne.[183]

Die Entwicklung von APS-Systemen ist u.a. auf die Kritik an sukzessiven Planungsverfahren von ERP-Systemen aufgrund der verwendeten MRP-Logik zurückzuführen. Demnach werden aus Ergebnissen der Primärbedarfsplanung, über Aufschlüsselung der Stückliste, Sekundärbedarfe abgeleitet ohne bzw. mit nachgelagertem kapazitivem Abgleich und ohne Realisierungsprüfung. Diese Trennung der Sekundärbedarfsermittlung und des Kapazitätsausgleichs wird in APS-Systemen aufgehoben.[184] Zur Reduzierung der hieraus resultierenden Komplexität findet in den meisten Ansätzen eine Konzentration auf die Kapazitätsauslastung von Engpassressourcen statt. Benötigte Zeitressourcen für Operationen zwischen Engpassressourcen werden über fixe Durchlaufzeiten berücksichtigt.[185] Nach erfolgter Terminierung der Engpass-Operationen werden nach gewohnter MRP-Logik die restlichen Operationen geplant.[186]

APS-Module des Production Planning and Scheduling befassen sich mit der Erstellung detaillierter Produktionspläne unter zeitlicher Einlastung von Produktionsaufträgen auf verfügbaren Kapazitäten der einzelnen Produktionsstufen.[187] Primäre Ziele des

[179] Vgl. Betge (2006) Koordination in APS-Systemen, S. 27.
[180] Vgl. Dickersbach (2009) Supply Chain Management with SAP APO, S. 188.
[181] Vgl. Dickersbach (2009) Supply Chain Management with SAP APO, S. 187.
[182] Vgl. Betge (2006) Koordination in APS-Systemen, S. 27.
[183] Vgl. Betge (2006) Koordination in APS-Systemen, S. 29.
[184] Vgl. Stadtler et al. (2015) Supply Chain Management and Advanced Planning, S. 214.
[185] Vgl. Stadtler et al. (2015) Supply Chain Management and Advanced Planning, S. 214.
[186] Vgl. Stadtler et al. (2015) Supply Chain Management and Advanced Planning, S. 214.
[187] Vgl. Betge (2006) Koordination in APS-Systemen, S. 34.

Moduls sind die bestmögliche Ausnutzung vorhandener Kapazitäten, die Ermittlung optimaler Auftragsreihenfolgen unter Abwägung reihenfolgeabhängiger Kosten und Terminrestriktionen sowie die Berücksichtigung unerwarteter Ereignisse, welche die Terminplanung innerhalb des Unternehmens beeinflussen.[188] Je Anwendungsfall wird zwischen den Funktionsmodulen des Production Planning, mit Ziel der Losgrößenermittlung, und des Scheduling, mit Ziel der Festlegung der Bearbeitungsreihenfolge von Aufträgen (Ablaufplanung), unterschieden.[189] Zur Verbesserung der Planungsqualität stehen in beiden Modulen sowohl Optimierungstechniken als auch Heuristiken wie etwa Constraint Propagation oder genetische Algorithmen zur Verfügung.[190] Aufgrund der hohen Abhängigkeit zwischen den zur Auswahl stehenden Heuristiken und der jeweilig vorliegenden Ablaufart der Teilefertigung wird für eine nähere Beschreibung verfügbarer Heuristiken auf GRAVES UND KOK verwiesen.[191] Der Einsatz strikter Optimierungsverfahren der Losgrößen- und Reihenfolgeplanung ist aufgrund des großen Lösungsraums (Beispiel n! Möglichkeiten) auch unter aktuellen Rechenleistung nicht möglich.[192] Neben dem Einsatz von Heuristiken werden auch interaktive Planungsfunktionen zur Unterstützung der manuellen Planung durch grafische Aufbereitung der Planungssituation zur Verfügung gestellt.[193] Für den Umgang mit Unsicherheiten, bspw. durch Störungen im Produktionsbetrieb oder kurzfristige Auftragsänderungen, bieten APS-Module zudem die Möglichkeit zur bedarfsgerechten Aktualisierung und Überwachung von Produktionsplänen.[194] So stehen Funktionalitäten des Monitoring zur Identifikationen von Abweichungen und Überwachung von Statusmeldungen einzelner Arbeitsfortschritte, bspw. über Alert Funktionen, zur Verfügung.[195] Simulationen bieten anschließend die Möglichkeit zur Bewertung, ob Optimierungen bzw. Aktualisierungen der aktuellen Planung erforderlich sind.[196] Basierend auf Simulationsergebnissen werden aktualisierte Auftragssequenzen in ERP-Transaktionssysteme zur Ausführung überführt.[197]

2.3.3.3 Manufacturing Execution (ME)-Systeme

Wie anhand der vorherigen Unterkapitel vorgestellt wurde, liegt der Fokus von ERP- und APS-Systemen auf der Unterstützung von Geschäftsprozessen administrativer

---

[188] Vgl. Kurbel (2013) Enterprise Resource Planning and Supply Chain Management, S. 290 f.

[189] Vgl. Betge (2006) Koordination in APS-Systemen, S. 34.

[190] Vgl. Kurbel (2013) Enterprise Resource Planning and Supply Chain Management, S. 293.

[191] Vgl. Supply Chain Management: Design, Coordination and Operation 2003, S. 26.

[192] Vgl. Stadtler et al. (2015) Supply Chain Management and Advanced Planning, S. 210.

[193] Vgl. Kurbel (2013) Enterprise Resource Planning and Supply Chain Management, S. 291.

[194] Vgl. Stadtler et al. (2015) Supply Chain Management and Advanced Planning, S. 204.

[195] Vgl. Busch/Dangelmaier (2004) Integriertes Supply Chain Management, S. 185.

[196] Vgl. Stadtler et al. (2015) Supply Chain Management and Advanced Planning, S. 204.

[197] Vgl. Kurbel (2013) Enterprise Resource Planning and Supply Chain Management, S. 293.

und dispositiver Natur.[198] Die Unterstützung der Steuerung operativer Produktionsbereiche ist durch ERP- und APS-Systeme aufgrund der fehlenden Transparenz über aktuelle Ist-Zustände nur eingeschränkt möglich.[199] Defizite zeigen sich hinsichtlich der Unterstützung im Übergang von Planungs- zu Steuerungsaufgaben.[200] In Anlehnung an frühere Computer Integrated Manufacturing (CIM)-Konzepte wurde mit der Entwicklung sog. Manufacturing Execution Systeme (MES) der Grundstein zur informationstechnischen Unterstützung der Planung und expliziten Steuerung von Produktionsprozessen gelegt.[201] ME-Systeme versinnbildlichen die Verknüpfung vereinzelter Datenerfassungs- und Auswertungssysteme aus den Disziplinen der Produktionssteuerung, Personalplanung sowie Qualitätssicherung zur Erhöhung der Synchronität von Informationen und Reduzierung des vormaligen Schnittstellenaufwands.

Zur Spezifikation von ME-Systemen wurden eine Vielzahl an technischen und prozessualen Normen und Richtlinien entwickelt.[202] In Anlehnung an die anwendungsorientierte VDI-Norm 5600 unterteilt KLETTI[203] die Module heutiger ME-Systeme in die drei Funktionsbereiche: Fertigung, Personal und Qualität. Mit Blick auf den Betrachtungsfokus der Arbeit wird nachfolgend auf die Funktionsmodule der Fertigung eingegangen (siehe Abbildung 2-13).

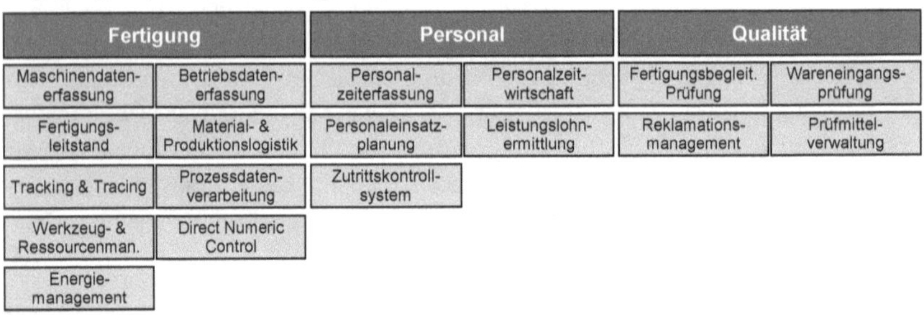

Abbildung 2-13: Aufbau ME-Systeme[204]

ME-Systeme adressieren die Verwaltung von Maschinen und weiteren betrieblichen Ressourcen mithilfe von Funktionalitäten der Maschinendatenerfassung (MDE). Funktionen der MDE ermöglichen die automatisierte und manuelle Erhebung von

---

[198] Vgl. Louis (2009) Manufacturing Execution Systems, S. 1.

[199] Vgl. Kletti (2015) Manufacturing Execution System, S. 103 f.

[200] Vgl. Albert/Fuchs (2007) Durchblick im Begriffsdschungel der Business-Software, S. 8.

[201] Vgl. Kletti (2015) Manufacturing Execution System, S. 21.

[202] Vgl. Verein Deutscher Ingenieure (2016) VDI 5600, S. 1 ff.; Manufacturing Execution Systems Association (MESA) (1997) MES Explained, S. 1 ff.; International Society of Automation (ISA) (2010), S. 1 ff.

[203] Vgl. Kletti (2015) Manufacturing Execution System, S. 21.

[204] i.A.a. Kletti (2015) Manufacturing Execution System, S. 23.

Daten zu aktuellen Systemzuständen sowie die Verwaltung der Informationen entsprechend konkreter Ressourcen bzw. Ressourcengruppen. Die Informationsbasis der MDE stellt die Grundlage für einen effektiven Einsatz von Maschinen und Ressourcen sowie die Gewährleistung einer hohen Zuverlässigkeit und Einsatzbereitschaft dieser dar.[205] MDE-Module verfügen zu diesem Zweck über Funktionalitäten, welche die Verwaltung von Maschinen-Stammdaten ermöglichen, gegen welche erhobene Daten ausgewertet werden können und als Indikation von Fehlverhalten dienen.[206]

Aufgabe von Funktionsmodulen der Betriebsdatenerfassung (BDE) ist die Erfassung von auftrags- und personenbezogenen Zeiten und Mengen sowie die Bereitstellung relevanter Informationen für Nutzer.[207] Über entsprechende Terminals werden dem Nutzer Erfassungsdialoge zur Steuerung der Produktionsabläufe sowie zur Aufnahme und Verwaltung auftragsbezogener Daten bereitgestellt. Hierbei kann die BDE mit ERP-Funktionalitäten etwa zum Generieren von Aufträgen sowie zum Splitten von Arbeitsvorgängen bzw. Auftragslosen ausgestattet sein.[208] Von wachsender Bedeutung gestaltet sich die ergonomische Informationsbereitstellung für Mitarbeiter in Shopfloor nahen Bereichen, insb. vor der Zielstellung der papierlosen Fertigung.[209] Als Reaktion auf die eingeschränkte Stammdatenqualität vieler ERP-Systeme verfügen moderne ME-Systeme oftmals über Funktionalitäten der automatisierten Aktualisierung von Stammdaten, etwa durch Abgleich der Vorgabezeiten in Arbeitsplänen mit tatsächlich gemessenen oder rückgemeldeten Ist-Zeiten aus dem Produktionsprozess.[210]

Fertigungsleitstände bieten Funktionalitäten zur Erstellung detaillierter Belegungspläne von Ressourcen mit konkreten Auftragsterminen und zur Überprüfung aktueller Stati verfügbarer Produktionsressourcen auf ihre Realisierbarkeit.[211] Zur Erhöhung der Planungsgüte werden neben den aus ERP- und APS-Systemen bestimmten frühest- und spätestmöglichen Start- und Endterminen von Produktionsaufträgen auch aktuelle Ist-Daten der Produktion aus BDE und MDE eingebunden.[212] Durch Fertigungsleitstände werden somit Auswirkungen von Störeinflüssen wie Maschinenstillstände oder Auftragsstornierungen auf den bestehenden Produktionsplan sichtbar ge-

---

[205] Vgl. Kletti (2015) Manufacturing Execution System, S. 82.

[206] Vgl. Kletti (2015) Manufacturing Execution System, S. 83.

[207] Vgl. Kletti (2015) Manufacturing Execution System, S. 23; Meyer et al. (2009) Manufacturing execution systems, S. 89.

[208] Vgl. Kletti (2015) Manufacturing Execution System, S. 75.

[209] Vgl. Kletti (2015) Manufacturing Execution System, S. 77.

[210] Vgl. Meyer et al. (2009) Manufacturing execution systems, S. 89.

[211] Vgl. Kletti (2015) Manufacturing Execution System, S. 23.

[212] Vgl. Kletti (2015) Manufacturing Execution System, S. 23.

macht und entsprechende Gegenmaßnahmen im Sinne einer aktualisierten Belegungsplanung eingesteuert.[213] Neben der manuellen Einlastung von Produktionsaufträgen besteht auch die Möglichkeit zum Einsatz von Heuristiken zur Optimierung initialer Belegungspläne.[214] ME-Systeme bieten Entscheidungsunterstützung bei der Auswahl automatisch oder manuell erzeugter Belegungsszenarien durch Simulation der Produktionsaufträge und Vergleich ausgewählter Key Performance Indicator (KPI) wie Auslastungsgrad, Leerzeiten oder Termineinhaltung.[215]

Ziel des Funktionsmoduls der Material- und Produktionslogistik ist die Erhöhung der Transparenz umlaufender oder in Zwischenlager gepufferter Materialien.[216] Im Gegensatz zur rückwirkenden Materialbuchung nach Abschluss von Produktionsaufträgen in ERP-Systemen bieten ME-Systeme die Möglichkeit, nach jedem Produktionsschritt Artikel oder Halbzeuge zu erfassen und Materialverbräuche zu verwalten.[217]

Zur Unterstützung der Pflege und Erstellung von Produktionsnachweisen bieten Funktionsmodule des Tracking and Tracing die Möglichkeit einer detaillierten Los- und Chargenverfolgung. Basierend auf der Definition relevanter Erfassungsgrößen sowie durch die automatisierte Erhebung dieser Erfassungsgrößen mittels MDE und BDE können unter Verwaltung dieser Informationen elektronische Herstellerberichte erstellt werden.[218]

Funktionsmodule der Prozessdatenverarbeitung unterstützen die Steuerung technisch anspruchsvoller Produktionsprozesse durch die automatisierte Erhebung und Verarbeitung von Prozessparametern.[219] Prozessparameter werden über eine Vielzahl an Schnittstellen zusammengeführt und für retrograde Analysen in einer zentralen Datenbank gespeichert. Über einen echtzeitnahen Online-Abgleich der Prozessparameter gegen definierte Toleranzbereiche wird ferner eine dezidierte Prozesssteuerung vorgenommen.[220]

MES-Module des Werkzeug-/Ressourcenmanagements unterstützen die Produktionssteuerung durch Verwaltung der Lebenszyklen und technischen Zustände betrieblicher Ressourcen sowie durch Organisation der Ressourcenbelegung in Abhängigkeit der aktuellen Belegungsplanung.[221]

---

[213] Vgl. Kletti (2015) Manufacturing Execution System, S. 107.
[214] Vgl. Meyer et al. (2009) Manufacturing execution systems, S. 85.
[215] Vgl. Kletti (2015) Manufacturing Execution System, S. 110; Meyer et al. (2009) Manufacturing execution systems, S. 85.
[216] Vgl. Kletti (2015) Manufacturing Execution System, S. 23.
[217] Vgl. Kletti (2015) Manufacturing Execution System, S. 98.
[218] Vgl. Kletti (2015) Manufacturing Execution System, S. 89.
[219] Vgl. Kletti (2015) Manufacturing Execution System, S. 115.
[220] Vgl. Kletti (2015) Manufacturing Execution System, S. 117.
[221] Vgl. Kletti (2015) Manufacturing Execution System, S. 120.

Direct Numeric Control (DNC)-Module stellen angesichts der zunehmenden Automatisierung in der Produktion den Datentransfer von und zu technischen Anlagen über Netzwerke bzw. Datenschnittstellen sicher. Der Vorteil einer zentralen Steuerung über ME-Systeme liegt in der automatisierten Auswahl und Bereitstellung benötigter Bearbeitungsprogramme sowie Einstellparameter je technischer Anlage auf Grundlage der aktuellen Belegungsplanung.[222]

Das ME-Modul des Energiemanagements ermöglicht die zentrale Erfassung und Analyse von Energiebedarfen und -verbräuchen im Produktionsbereich.[223] Energiedaten sind, mit zunehmender Bedeutung in Abhängigkeit der Branchenzugehörigkeit, insb. aus Perspektive der Nachhaltigkeit relevant in Betrachtung der PPS.

2.3.4 Problemlösungsfähigkeit betrieblicher PPS-Systeme

Vor der eigentlichen Betrachtung der Problemlösungsfähigkeit betrieblicher Informationssysteme muss der Problembegriff im Detail betrachtet werden. Problemstellungen, als Gegenstand des Lösungsprozesses, werden grundsätzlich hinsichtlich ihres Strukturierungsgrades unterschieden. Liegt für ein wiederholt auftretendes Problem ein klares Lösungsmuster vor, so wird das Problem als wohlstrukturiert bezeichnet und bietet sich im Problemlösungsprozess zur Automatisierung an. Probleme ohne klar erkennbares Lösungsmuster werden hingegen als unstrukturiert bezeichnet, wobei die Wahrnehmung des Strukturierungsgrades subjektiv ist. Über den Strukturierungsgrad hinaus werden Probleme entsprechend des Sicherheitsgrades in Entscheidungen unter Sicherheit oder Unsicherheit klassifiziert. Während bei Entscheidungen unter Sicherheit Informationen über das zu erwartende Entscheidungsresultat vorliegen, werden im Falle von Entscheidungen unter Unsicherheit Szenarien der Entscheidungsresultate mit subjektiven Wahrscheinlichkeiten versehen. Als Einflussdimensionen wirken sich die individuelle Zielerreichung sowie die persönliche Risikoaversion von Arbeitspersonen auf den Entscheidungsprozess aus. Über die individuelle Zielerreichung drückt sich aus, inwiefern der Entscheider nach der optimalen Lösung strebt oder diese bspw. zugunsten einer schnelleren Lösungsfindung gegen einen semioptimalen Lösungszustand eintauscht. Einhergehend beschreibt die Risikoaversion, inwiefern ein Entscheider in Erwartung einer hohen Zielerreichung etwa die Bereitschaft zu höherer Unsicherheit in Kauf nimmt.[224]

Aufgrund der beschriebenen Komplexitätszunahme im Tätigkeitsfeld der PPS (vgl. Unterkapitel 2.2) gewinnen Systemfunktionalitäten von PPS-Systemen zur Steigerung

[222] Vgl. Kletti (2015) Manufacturing Execution System, S. 94; Meyer et al. (2009) Manufacturing execution systems, S. 99 f.

[223] Vgl. Kletti (2015) Manufacturing Execution System, S. 24.

[224] Vgl. Alpar et al. (2014) Anwendungsorientierte Wirtschaftsinformatik, S. 11 f.

der Problemlösungsfähigkeit zunehmend an Bedeutung.[225] Die Problemlösungsfähigkeit lässt sich als die kollaborative Fähigkeit zwischen Arbeitspersonen und Anwendungssystemen zur Bewältigung des Problemlösungsprozesses, bestehend aus Problemanalyse, Lösungsentwurf, Realisierung und Validierung, beschreiben.[226] Eine Veranschaulichung der Problemlösungsfähigkeit unter Darstellung von Herausforderungen der Produktionssteuerung findet sich in Abbildung 2-14.

Wie die auszugsweise dargestellten Einflussdimensionen auf die Problemanalyse zeigen, bestimmt sich die erzielte Problemlösungsfähigkeit maßgeblich durch die Nutzerzentriertheit der Interaktion mit PPS-Systemen. Neben der technischen Funktionsfähigkeit, als zwingende Voraussetzung für den Systemeinsatz, stellt insb. die funktionale Ausgestaltung der PPS-Systeme entsprechend der Herausforderungen der vorliegenden Produktionsumgebung eine wesentliche Determinante einer erfolgreichen Problemlösungsfähigkeit dar.[227] Die unternehmensindividuelle Konfiguration der PPS-Systeme umfasst sowohl Prozessfaktoren, im Sinne operativer und technischer Unternehmensprozesse, als auch Humanfaktoren (engl. human factors), im Sinne individueller Anwenderprofile.[228]

---

[225] Vgl. Meyer et al. (2009) Manufacturing execution systems, S. 1; Kletti (2015) Manufacturing Execution System, S. 72; Kletti (2015) Manufacturing Execution System, S. 74.

[226] Vgl. Jakoby (2019) Projektmanagement für Ingenieure, S. 41.

[227] Vgl. Kletti (2015) Manufacturing Execution System, S. 205; Bendoly et al. (2006) Behavior in operations management, S. 737.

[228] Vgl. Kletti (2015) Manufacturing Execution System, S. 206.

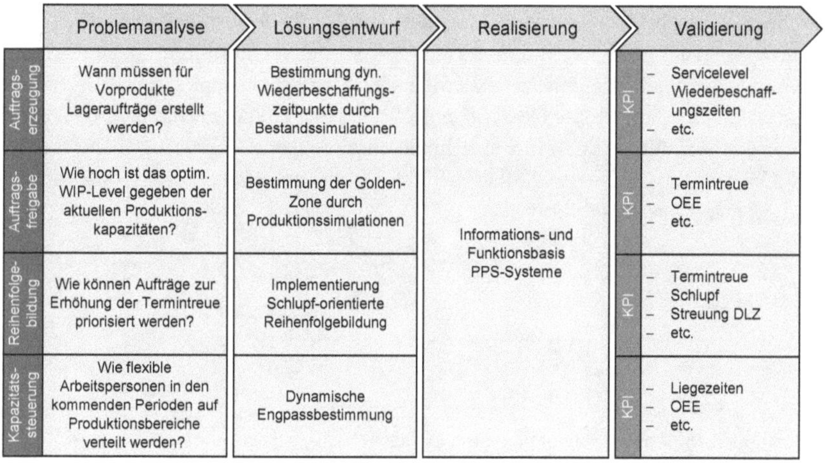

Abbildung 2-14: Beispielhafte Anwendungsfälle der Problemlösungsfähigkeit der Produktionssteuerung[229]

2.4 Sozio-technische Nutzungskriterien von PPS-Systemen

PPS-Systeme wurden in den vorherigen Kapiteln gemäß ihrem strukturellen Aufbau als Ausprägung betrieblicher Informationssysteme (Kapitel 2.3.2) sowie als konkrete Anwendungen im Kontext der PPS (Kapitel 2.3.3) vorgestellt. In Unterkapitel 2.3.4 wurden zudem die Problemlösungsfähigkeit als Zielstellung der Interaktion zwischen Arbeitspersonen und PPS-Systemen beschrieben sowie Einflussfaktoren auf diese Interaktion thematisiert. Hierauf aufbauend wird nachfolgend auf Aspekte der Nutzerakzeptanz (Unterkapitel 2.4.1) sowie der Lebenszyklusphasen betrieblicher Informationssysteme (Unterkapitel 2.4.2) in Verbindung mit organisationalen Veränderungsprozessen verursacht durch Systemeinführungen (Unterkapitel 2.4.3) eingegangen.

2.4.1 Typologisierung akzeptanzbasierten Nutzerverhaltens

Der Akzeptanzbegriff wird nach SCHEUER als „die aktive Bereitschaft, jemanden oder etwas anzunehmen, freiwillig hinzunehmen, anzuerkennen, zu billigen oder mit einem Subjekt einverstanden zu sein“[230] definiert. Aufgrund der Allgemeinheit dieser Definition muss der Akzeptanzbegriff entsprechend der jeweilig vorherrschenden Perspektive — bspw. im gesellschaftlichen, wirtschaftlichen oder technischen

[229] Die Anwendungsfälle stammen aus begleiteten Industrieprojekten des Autors.

[230] Scheuer (2020) Akzeptanz von Künstlicher Intelligenz, S. 26.

Diskurs — beschrieben werden. Akzeptanz aus der für die vorliegende Arbeit relevanten Perspektive der Technikinteraktion befasst sich mit der Intention zur Nutzung sowie der gefolgten tatsächlichen Nutzung von technischen Applikationen.[231] Akzeptanz stellt keine immanente Objekteigenschaft und somit keinen zeitlich unveränderlichen Zustand dar.[232] Eine ganzheitliche Beschreibung und Gestaltung vorherrschender Akzeptanzzustände erfolgt über die drei Akteure des Akzeptanzsubjekts, -objekts und -kontexts (siehe Abbildung 2-15).[233]

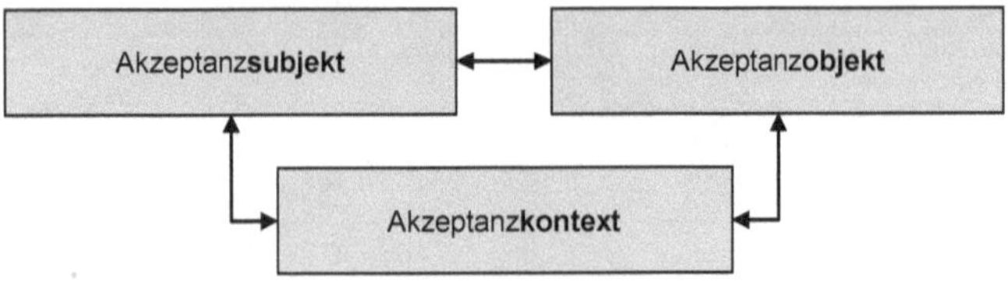

Abbildung 2-15: Akzeptanzrahmen nach LUCKE[234]

Als ***Akzeptanzsubjekt*** werden einzelne Personen oder Personengruppen beschrieben, welche Akzeptanz in Bezug auf ein zu definierendes Akzeptanzobjekt entwickeln. Der Akzeptanzzustand von Subjekten ist nicht invariant, sondern steht in relationaler Abhängigkeit zu aktuellen Eigenschaften des Akzeptanzobjekts sowie des Akzeptanzkontexts.[235] Im Betrachtungsbereich der vorliegenden Arbeit werden Akzeptanzsubjekte etwa durch unternehmensinterne Interessensgruppen im Zusammenhang mit PPS-Systemen beschrieben. Diese umfassen direkte Systemnutzer sowie die an der allgemeinen Nutzung durch Beschäftigte interessierte Interessensgruppen.

Das ***Akzeptanzobjekt*** stellt den Projektionsbereich der Akzeptanz durch Subjekte dar. Akzeptanzobjekte werden nicht nur durch technische Applikationen, sondern bspw. auch Entscheidungen oder Strategien repräsentiert.[236] Im vorliegenden Betrachtungsbereich lässt sich das Akzeptanzobjekt etwa auf geplante oder sich im Einsatz befindliche PPS-Systeme beziehen.

Durch den ***Akzeptanzkontext*** werden die Rahmenbedingungen beschrieben, unter welchen sich das Akzeptanzsubjekt und -objekt begegnen. Im Falle der technologie-

[231] Vgl. Simon (2001) E-Learning an Hochschulen, S. 88.
[232] Vgl. Müllerleile (2019) Prozessakzeptanz, S. 16.
[233] Vgl. Lucke (1995) Akzeptanz, S. 89.
[234] i.A.a. Lucke (1995) Akzeptanz, S. 89.
[235] Vgl. Lucke (1995) Akzeptanz, S. 90.
[236] Vgl. Lucke (1995) Akzeptanz, S. 89.

orientierten Akzeptanz nehmen etwa gesellschaftliche oder organisationale Überzeugungen bzw. Voreinstellung in Bezug auf konkrete Technologien einen Einfluss auf die Akzeptanzbildung betroffener Akzeptanzsubjekte.[237]

In Betrachtung bisheriger Ansätze der Akzeptanzforschung werden die beiden Dimensionen der *Einstellungs-*[238] und *Handlungs-* bzw. *Verhaltensdimension*[239] in teilweiser Ergänzung einer dritten Dimension, der *Wertedimension,* unterschieden.[240] So beschreibt etwa SIMON Akzeptanz aus Einstellungsdimension als „die positive Annahmeentscheidung einer Innovation durch die Anwender"[241] und somit das Vorhandensein von Akzeptanz als positive Haltung gegenüber oder Bewertung des Akzeptanzobjekts. Als Bestandteil der Einstellungsdimension kann eine Handlungsintention, jedoch nicht die eigentliche Handlung selbst, beschrieben werden.[242] Die oftmals mit der Akzeptanz einhergehende Handlungskomponente wird über die *Handlungs-* bzw. *Verhaltensdimension* beschrieben. So wird die technische Verhaltensakzeptanz als positive Einstellung einem Objekt gegenüber, gefolgt von einer Handlungskonsequenz, beschrieben. Die Handlungskonsequenz äußert sich entweder in Form einer aktiven oder unterlassenen Nutzung.[243] In Abgrenzung der Zustände von Akzeptanz und Nicht-Akzeptanz werden die Einstellungs- und Handlungsdimension entsprechend der Matrix in Abbildung 2-16 gegenübergestellt.

		Verhaltensakzeptanz	
		Aktive Nutzung	Unterlassene Nutzung
Einstellungsakzeptanz	positiv	1. überzeugter Nutzer	2. verhinderte Nutzer
	negativ	3. gezwungene Nutzer	4. überzeugte Nutzer

Abbildung 2-16: Akzeptanzbasierte Nutzertypen[244]

In stärkerer Ausdifferenzierung der bereits über die Handlungsdimension angedeuteten Konsequenzen von Akzeptanz werden unterschiedliche Ausdrucksformen von Situationen vorhandener sowie fehlender Akzeptanz beschrieben. So werden gemäß

[237] Vgl. Lucke (1995) Akzeptanz, S. 90.
[238] Vgl. Müller-Böling/Müller (1986) Akzeptanzfaktoren der Bürokommunikation, S. 25 ff.
[239] Vgl. Müller-Böling/Müller (1986) Akzeptanzfaktoren der Bürokommunikation, S. 26 f.
[240] Vgl. Lucke (1995) Akzeptanz, S. 82 f.
[241] Simon (2001) E-Learning an Hochschulen, S. 83.
[242] Vgl. Lucke (1995) Akzeptanz, S. 82 f.
[243] Vgl. Bach (2000) Dissertation Universität Gießen 1999, S. 103.
[244] i.A.a. Müller-Böling/Müller (1986) Akzeptanzfaktoren der Bürokommunikation, S. 28.

der Inakzeptanz-Akzeptanz-Skala nach SAUER ET AL. die nachfolgenden acht Ausdrucksformen von Akzeptanz unterschieden: (1) Aktive Gegnerschaft gegen das Akzeptanzobjekt; (2) Äußerung non- oder verbaler Ablehnung gegenüber dem Akzeptanzobjekt; (3) Zwiespalt (fehlende Priorisierung zwischen Akzeptanz und Inakzeptanz) einer Person oder einer Organisation gegenüber dem Akzeptanzobjekt; (4) Gleichgültigkeit gegenüber dem Akzeptanzobjekt aufgrund fehlendem persönlichem Bezug; (5) Duldung des Akzeptanzobjekts bewirkt durch Machteingriffe; (6) Konditionale Akzeptanz aufgrund rationaler Abwägungen oder verknüpfter Bedingungen (bspw. Ausgleichszahlungen); (7) Zustimmung aufgrund der positiven Bewertung des Akzeptanzobjekts durch das Akzeptanzsubjekt; (8) Durch innere Überzeugungen des Akzeptanzsubjekts bewirktes Engagement.[245]

Inakzeptanz			Akzeptanz				
Stufe 1	Stufe 2	Stufe 3	Stufe 4	Stufe 5	Stufe 6	Stufe 7	Stufe 8
Aktive Gegnerschaft	Ablehnung	Zwiespalt	Gleich-gültigkeit	Duldung	Konditionale Akzeptanz	Zustimmung & Wohlwollen	Engagement

Abbildung 2-17: Inakzeptanz-Akzeptanz-Skala[246]

Zum Ziel der aktiven Gestaltung von Zielzuständen der Akzeptanz werden Akzeptanzfaktoren beschrieben, bei deren Beeinflussung die Akzeptanz oder Inakzeptanz von Arbeitspersonen gefördert wird.[247] Akzeptanzfaktoren stellen die Grundlage für Interventionen zur positiven Beeinflussung der Akzeptanz dar und beziehen sich gemäß ihrem Einflussbereich auf Akzeptanzsubjekt, -objekt oder -kontext. Aufgrund der hohen Individualität von Akzeptanzzuständen, bedingt durch die individuelle Interaktion von Akzeptanzsubjekt, -objekt und -kontext, müssen beeinflussbare Akzeptanzfaktoren situationsspezifisch identifiziert und analysiert werden.[248] Eine Übersicht von Akzeptanzfaktoren im Zusammenhang mit PPS-Systemen wird als Bestandteil des Stands der Technik in Kapitel 3 vorgestellt. Akzeptanzfaktoren werden meist in Form aggregierter und empirisch getesteter Akzeptanzmodelle zur Prognose und Gestaltung von Akzeptanzzuständen genutzt.[249]

Die hohe Bedeutung einer gezielten Gestaltung von Akzeptanzzuständen wird angesichts der Ausprägungen akzeptanzbasierten Nutzerverhaltens im Umgang mit technischen Applikationen deutlich. Nach PARASURAMAN UND RILEY kann das Nutzerverhalten in die drei nachfolgenden Kategorien unterschieden werden:[250]

[245] Vgl. Sauer et al. (2005) Steigerung der Akzeptanz von FFH-Gebieten, I-3.
[246] i.Aa. Sauer et al. (2005) Steigerung der Akzeptanz von FFH-Gebieten, I-3.
[247] Vgl. Davis (1989) User Acceptance of Information Technology, S. 335.
[248] Vgl. Schäfer/Keppler (2013) Modelle der technikorientierten Akzeptanzforschung, S. 25.
[249] Vgl. Scheuer (2020) Akzeptanz von Künstlicher Intelligenz, S. 28.
[250] Vgl. Parasuraman/Riley (1997) Humans and Automation, S. 233 f.

Nutzung (engl. use): Die Nutzungsform *Use* beschreibt die im Sinne der Systemauslegung intentionale Nutzung betrieblicher Informationssysteme. *Use* beschreibt den Zielzustand einer hohen sozio-technischen Problemlösungsfähigkeit unter selbstreflektierter Kollaboration zwischen Nutzer und System.[251]

Missbrauch (engl. misuse): Die Nutzungsform *Misuse* beschreibt eine Überakzeptanz der Systemnutzer einhergehend mit einer nicht reflektierten Nutzung betrieblicher Informationssysteme. Zustände bestehender Überakzeptanz können zu einer bedingungslosen Nutzung oder Fehlnutzung betrieblicher Informationssysteme, auch bei offensichtlichen Fehlfunktionen des Systems, führen. Informationen und Ergebnisse des Systems werden durch den Nutzer nicht mehr infrage gestellt, wodurch die Problemlösungsfähigkeit zeitweise eine starke Beeinträchtigung erfahren kann.[252]

Nichtnutzung (engl. disuse): Die Nutzungsform *Disuse* kennzeichnet sich durch eine eingeschränkte oder nicht erfolgte Nutzung betrieblicher Informationssysteme aufgrund einer geringen Nutzerakzeptanz. Die sozio-technische Problemlösungsfähigkeit ist in diesen Fällen erheblich eingeschränkt, da aufgrund der geringen Akzeptanz bspw. nur vereinzelte Systemfunktionalitäten zum Einsatz kommen oder auf die Nutzung im Ganzen verzichtet wird.[253]

2.4.2 Lebenszyklusmodell betrieblicher Informationssysteme

Wie im vorherigen Kapitel angedeutet, stellt Akzeptanz keinen invarianten Zustand, sondern das Produkt wechselseitiger Beeinflussungen zwischen den Akzeptanzakteuren über einen konkreten Zeitraum dar. Im Rahmen der Technologieakzeptanz erfährt somit die Beleuchtung von Lebenszyklusmodellen betrachteter Informationssysteme besondere Bedeutung. Der Lebenszyklus betrieblicher Informationssysteme wird grundsätzlich in eine Pre- sowie eine Post-Implementierungsphase untergliedert.[254] In Zusammenführung geläufiger Lebenszyklusmodelle der Wirtschaftsinformatik wird die Pre-Implementierungsphase beschrieben über die Teilphasen der Einsatzentscheidung, Systemauswahl und der eigentlichen Implementierung.[255] Ergänzend wird die Post-Implementierungsphase über die Teilphasen des Ramp-Ups sowie

[251] Vgl. Parasuraman/Riley (1997) Humans and Automation, S. 233 f.

[252] Vgl. Parasuraman/Riley (1997) Humans and Automation, S. 233 f.

[253] Vgl. Parasuraman/Riley (1997) Humans and Automation, S. 233 f.

[254] Vgl. Venkatesh/Bala (2008) Technology Acceptance Model 3, S. 291.

[255] Vgl. Markus/Tanis (2000), S. 189; Cooper/Zmud (1990) Information Technology Implementation Research, S. 124; Esteves/Pastor (1999) An ERP Life-cycle-based Research Agenda, S. 3; Leimeister (2015) Einführung in die Wirtschaftsinformatik, S. 302; Krcmar (2015) Informationsmanagement, S. 228 f.; Heinrich (2002) Informationsmanagement, S. 234 ff.; Markus/Tanis (2000) The enterprise system experience, S. 189.

der Weiterentwicklung spezifiziert. Im Nachfolgenden wird eine detaillierte Beschreibung der einzelnen Lebenszyklusphasen vorgestellt.

Der Lebenszyklusabschnitt der **Einsatzentscheidung** beinhaltet im Rahmen einer Projektbegründung zunächst die Schritte von initialer Ideenfindung und -bewertung potenzieller Einsatzmöglichkeiten von IS über die Einsatzentscheidung unter Abwägung der Notwendigkeit bis hin zur Formulierung eines Projektauftrages.[256] Die Einsatzentscheidung sollte hierbei nicht aus einem isolierten und kurzfristigen Bedarf heraus, sondern in Einklang bzw. als Konsequenz eines übergreifenden Informationsmanagements entstehen.[257]

Basierend auf der getroffenen Einsatzentscheidung folgt im Lebenszyklusabschnitt der **Systemauswahl** die Anforderungsanalyse des zu entwerfenden oder beziehenden Systems, welche über die Auswahl eines Systemanbieters in einen begleiteten Systementwicklungs- oder -konfigurationsprozess (nachfolgend zu Systemkonfiguration vereinheitlicht) übergeht.[258] Abhängig von der Wahl des zu nutzenden Phasenmodells der Systemkonfiguration werden vorläufige Einsatzkonzepte des IS aufgestellt, welche anschließend iterativ unter Überprüfung der Umsetzung von Anforderungen modifiziert werden.[259]

Ziel der Lebenszyklusphase der **Implementierung** ist die Überführung des Anwendungssystems in den operativen Betrieb. Als Voraussetzung für den erfolgreichen operativen Betrieb gestalten sich sowohl technische als auch organisationale Vorbereitungen, welche während der Einführungsphase meist projektbasiert sichergestellt werden müssen. Zu den technischen Vorbereitungen in der Einführungsphase zählen bspw. die Installation und Konfiguration der Anwendungssoftware sowie die Integration bestehender Daten.[260] Organisatorische Maßnahmen im Rahmen der Einführungsphase können hingegen die Schulung von Mitarbeitern oder die Reorganisation von Geschäftsprozessen umfassen. Der operative Einführungsprozess wird darüber hinaus mit der formellen Abnahme des Informationssystems durch die Fachabteilungen und unter Abgleich der im Rahmen eines Pflichtenheftes spezifizierten Systemanforderungen initiiert. Aus zeitlicher und nutzungsorientierter Perspektive lässt sich die anschließende Systemeinführung über unterschiedliche Konzepte des Roll-Outs umsetzen.[261]

---

[256] Vgl. Krcmar (2015) Informationsmanagement, S. 230.

[257] Vgl. Leimeister (2015) Einführung in die Wirtschaftsinformatik, S. 263.

[258] Vgl. Leimeister (2015) Einführung in die Wirtschaftsinformatik, S. 301.

[259] Vgl. Krcmar (2015) Informationsmanagement, S. 230.

[260] Vgl. Leimeister (2015) Einführung in die Wirtschaftsinformatik, S. 302 f.

[261] Vgl. Leimeister (2015) Einführung in die Wirtschaftsinformatik, S. 304; Krcmar (2015) Informationsmanagement, S. 269.

Nach erfolgter technischer und organisatorischer Einführung befindet sich das IS im Rahmen des **Ramp-Ups**, als erste Phase der Post-Implementierung, erstmals im operativen Einsatz. Ziel des Ramp-Ups stellt der Abschluss sämtlicher Testbedingungen sowie die Sicherstellung und Aufrechterhaltung der operativen Einsatzbereitschaft des IS unter normalen Betriebsbedingungen dar.[262] Zu den Aktivitäten der Wachstumsphase gehören, basierend auf dem Feedback der Nutzer, bspw. die systemseitige Fehlerbehebung und Leistungsoptimierung sowie die Nachschulung von Personal und die aktive Ausweitung des Nutzerkreises.[263] Ebenfalls mit dem Ramp-Up verbunden findet sich in vielen Unternehmen ein Übergang der externen Verantwortung, bspw. in Form von Beratungen oder Systemanbietern, auf interne Funktionsbereiche wie Business Units oder zentrale IT-Verwaltungen. Die mit dem Ramp-Up verbundenen Aufwände stehen in hoher Abhängigkeit zur Qualität und Vollständigkeit der Prozesse vorheriger Lebenszyklusphasen. So werden im Rahmen des Ramp-Ups die Konsequenzen der Fehler und Versäumnisse des vorherigen Lebenszyklus erstmals transparent.[264]

In Fortführung des operativen Betriebs wird im Rahmen der Lebenszyklusphase der **Weiterentwicklung** durch Verstetigung und gezielte Systemanpassungen das höchste Leistungsniveau der Problemlösungsfähigkeit in Kollaboration mit dem IS angestrebt. Zu den charakteristischen Aufgaben der Lebenszyklusphase gehören bspw. die kontinuierliche Verbesserung des Unternehmensbetriebs durch Weiterentwicklung der Geschäfts- und Systemprozesse, der zusätzliche Aufbau von Fähigkeiten des Personals im Systemumgang sowie die quantitative Nutzenbewertung des eingeführten IS. In Abhängigkeit der Weiterentwicklung des Systems, etwa in Form von Workflowkonfigurationen oder der Ergänzung einzelner Systemfunktionalitäten, kann im Rahmen der Systemreife erneut ein verstärkter Einsatz externer Unterstützung erforderlich sein.[265] Den Abschluss sowie die potenzielle Initiierung eines neuen Lebenszyklus leitet die Sättigung der IS-Nutzung ein, welche sich durch einen konstanten Nutzerkreis sowie einen aufgrund eingeschränkter Konfigurationsmöglichkeiten stagnierenden Funktionsumfang äußert.[266] Zeichnen sich im Rahmen des kontinuierlichen Anforderungsmanagements, über die Stagnation an Systemfunktionalitäten hinaus, Defizite des Systemeinsatzes ab, so kann die Konsequenz in einer Software-Migration, verbunden mit dem Beginn eines erneuten Lebenszyklus, liegen.[267]

---

[262] Vgl. Leimeister (2015) Einführung in die Wirtschaftsinformatik, S. 301.
[263] Vgl. Leimeister (2015) Einführung in die Wirtschaftsinformatik, S. 301.
[264] Vgl. Markus/Tanis (2000) The enterprise system experience, S. 195.
[265] Vgl. Markus/Tanis (2000) The enterprise system experience, S. 195.
[266] Vgl. Leimeister (2015) Einführung in die Wirtschaftsinformatik, S. 301.
[267] Vgl. Esteves/Pastor (1999) An ERP Life-cycle-based Research Agenda, S. 5.

2.4.3 Gestaltung organisatorischer Veränderungsprozesse

Veränderungsprozesse stellen einen festen und unumgänglichen Bestandteil des täglichen Unternehmensalltags dar, woraus sich auch der gemeine Wortlaut ableitet: „Nichts ist so beständig wie der Wandel“[268]. Unternehmenswandel erfolgt proaktiv oder reaktionär und stellt die Konsequenz unternehmensinterner oder -externer Entwicklungen mit resultierender Notwendigkeit für Veränderung dar.[269] Gegenstände von Veränderungsprozessen umfassen bspw. Unternehmensübernahmen, Reorganisationen von Funktionsbereichen oder die Einführung neuer Technologien.[270] Im Zentrum eines erfolgreichen Unternehmenswandels steht der Faktor Mensch, welcher entsprechend seiner individuellen Erwartungen, Bedürfnisse und Erfahrungen am Wandel teilnehmen muss.[271] Die Bedeutung einer gezielten Steuerung von Veränderungsprozessen, wie sie sich die Managementlehre des Change Managements zur Aufgabe gemacht hat, wird ferner durch den beschriebenen Einfluss der Akzeptanz verdeutlicht.

Einen Erklärungsversuch für die Herausforderungen bei der Steuerung von Veränderungsprozessen bietet die Feldtheorie nach Lewin.[272] Hierin beschrieben wird das Grundprinzip einer Sozialpsychologie, in welcher sich, anlehnend an die Physik, akzelerierende (auf den Wandel drängende) und retardierende (dem Wandel entgegenstehende) Kräfte in diametraler Richtung gegenüberstehen. Eine hohe Funktionsfähigkeit von Organisationen ist lediglich im Gleichgewicht des Kräftepaares gegeben. Überwiegen retardierende Kräfte, so kann erforderlicher Wandel nicht bzw. nur in Ausprägung einer rückwärtsgerichteten Entwicklung initiiert werden. Überwiegen demgegenüber über längeren Zeitraum akzelerierende Kräfte, so kann die Vielzahl an Wandlungsprozessen zu Leistungsverlusten sowie einer Überforderung der Belegschaft führen. In Betrachtung des Einflusses akzelerierender und retardierender Kräfte werden Veränderungsprozesse in Unternehmen in Abhängigkeit der Produktivität dargestellt. So ist zu Beginn des Veränderungsprozesses zunächst ein Rückgang der Produktivität, verursacht durch retardierende Kräfte, etwa in Form von Widerstand einzelner Arbeitspersonen sowie die durch den Veränderungsprozess an sich gebundenen Kapazitäten, zu beobachten. Nach erfolgter Umsetzung des formalen Veränderungsprozesses sollte die Produktivität durch die Potenziale der Veränderungsmaßnahme sowie durch Effekte der mitarbeiterbezogenen Erfahrungskurve über das Ini-

[268] Lauer (2019) Change Management, S. 3.
[269] Vgl. Lauer (2019) Change Management, S. 6.
[270] Vgl. Lauer (2019) Change Management, S. 6.
[271] Vgl. Lauer (2019) Change Management, S. 3.
[272] Vgl. Lewin (2012) Feldtheorie in den Sozialwissenschaften, S. 74 ff.

tialmaß hinaus gesteigert und bei Kräfteausgleich verstetigt werden. Bei einem Übermaß akzelerierender Kräfte und somit Vernachlässigung der Verstetigung von Maßnahmen, führen erneute Veränderungsprozesse jedoch zu einem kontinuierlichen Verfall der Produktivität.[273]

Die Steuerung des Veränderungsprozesses aus Perspektive des Managements erfordert die gezielte Beeinflussung des Kräftegleichgewichts an akzelerierenden und retardierenden Kräften. Wesentliche Koordinationsmechanismen des Managements stellen Kommunikations- und Beteiligungsformate für Mitarbeiter dar.[274] In Anlehnung an die von STRAßBURGER UND RIEGER sowie BAUER UND MARRENBACH entwickelten Partizipationsmodelle werden nachfolgend die in Abbildung 2-18 dargestellten Beteiligungsformate beschrieben.[275] Die Ausprägungen reichen von einem Ausschluss der Beteiligung über eine einseitige Mitarbeiterbeteiligung durch Informationsangebote bis hin zur beidseitigen Mitarbeiterbeteiligung durch aktive Einbindung in Form von Konsultation und Kooperation. Die höchsten Ausprägungen der Beteiligungen stellen die teilweise oder gänzliche Übergabe der Verantwortung an Arbeitspersonen dar. Die Auswahl des jeweils geeigneten Beteiligungsformats muss in personeller Abhängigkeit der zu adressierenden Gruppen an Stakeholder sowie in inhaltlicher Abhängigkeit der zu bewältigenden Prozessschritte je Lebenszyklusphase erfolgen.

---

[273] Vgl. Lauer (2019) Change Management, S. 66 f.

[274] Vgl. Lauer (2019) Change Management, S. 149.

[275] Vgl. Straßburger/Rieger (2019) Partizipation kompakt, S. 12 ff.; Bauer/Marrenbach (2018) Migrationsunterstützung für Cyber-Physical Systems, S. 18.

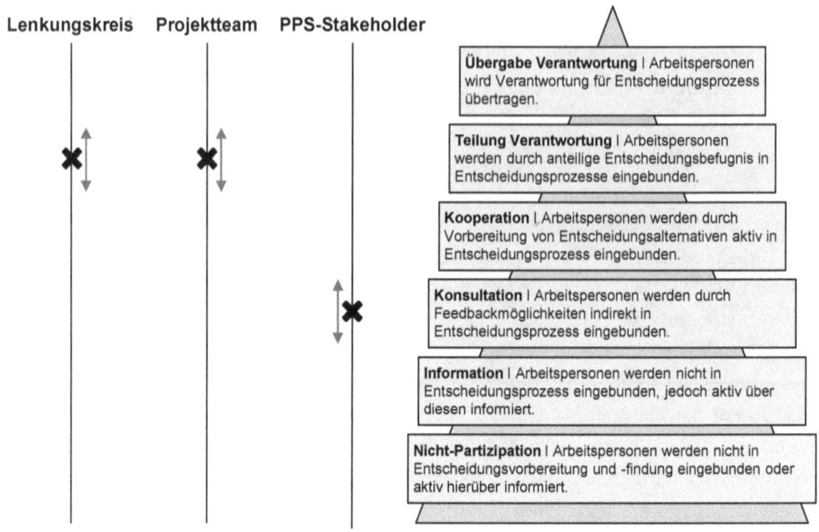

Abbildung 2-18: Beteiligungsformate der Partizipation [276]

2.5 Zwischenfazit: Handlungsbedarf aus der Praxis

In Kapitel 2 wurden die Herausforderungen der Produktionssteuerung vor dem Hintergrund der zunehmenden Bedeutung des Einsatzes entscheidungsunterstützender PPS-Systeme dargestellt. Als betriebstypologischer Betrachtungsbereich wurde in Unterkapitel 2.1 das Produktionsumfeld der variantenreichen Einzel- und Kleinserienfertigung mit seinen durch die Freiheitsgrade der vorherrschenden Werkstattfertigung bedingten komplexen Entscheidungssituationen spezifiziert.

In Unterkapitel 2.2 wurden die praxisrelevanten Gegebenheiten des Gesamtaufgabenkomplexes der PPS dargestellt. Mit Blick auf den praxisrelevanten Handlungsbedarf wurde der Fokus für die nachfolgenden Betrachtungen auf die Produktionssteuerung in Abgrenzung zu Planungsaufgaben gelegt. Gründe hierfür liegen u.a. in den erhöhten Bedarfen einer schnelllebigen Entscheidungsfindung sowie der unmittelbaren Beeinflussung der kundenseitig wahrgenommenen Leistungserfüllung, etwa in Form logistischer Zielgrößen wie der Durchlaufzeit und Termintreue. Die Herausforderungen der Produktionssteuerung aus Perspektive der Praxis äußern sich in Form der steigenden Anforderung an die Zielerreichung bei gleichzeitiger Komplexitätssteigerung der Aufgabenbewältigung. So führen bspw. Trends wie die anhaltende Globalisierung zu

[276] i.A.a. Straßburger/Rieger (2019) Partizipation kompakt, S. 12 ff.; Bauer/Marrenbach (2018) Migrationsunterstützung für Cyber-Physical Systems, S. 18.

einer Intensivierung der Wettbewerbssituation produzierender Unternehmen und zu einem stärkeren Differenzierungsdruck durch Steigerung der logistischen Zielerreichung.[277] Demgegenüber führen Entwicklungen wie die durch Produktindividualisierungen getriebene Steigerung der Variantenvielfalt und die zunehmende Varianz in der Nachfrageentwicklung zu komplexeren Entscheidungssituationen bei vorherrschender Unsicherheit.[278] Wie das in Unterkapitel 2.2.2.2 dargestellte Polylemma der logistischen Zielgrößen verdeutlicht, liegen Herausforderungen der Produktionsteuerung jedoch keineswegs nur in externen, sondern auch in internen Faktoren der Aufgabennatur begründet. In Anbetracht der limitierten Fähigkeiten menschlicher Entscheider im Umgang mit Komplexität und Unsicherheit sehen sich produzierende Unternehmen daher vor der Herausforderung des steigenden Bedarfs nach systematischer Entscheidungsunterstützung.[279] Während in Konsequenz des steigenden Bedarfs nach Entscheidungsunterstützung die Verbreitung von PPS-Systemen zugenommen hat, so häufen sich gleichsam auch Problemberichte im Zusammenhang mit der erfolgslosen Einführung und Verwertung von PPS-Systemen. Wie die Ergebnisse einer im Rahmen dieser Forschungsarbeit durchgeführten Studie unter Teilnahme produzierender Unternehmen im deutschsprachigen Raum zeigen, so geben lediglich 11 % der Unternehmen an, das Potenzial der von ihnen eingesetzten PPS-Systeme hinreichend auszuschöpfen. Weiterhin bestätigen nur 19 % der befragten Unternehmen, dass die Steuerung und Entscheidungsunterstützung ihrer PPS-Systeme von Mitarbeitern angenommen und keiner manuellen Übersteuerung unterzogen wird. Dementsprechend können einzig 17 % der Studienteilnehmer bestätigen, dass der Anteil behelfsmäßig eingesetzter IT-Lösungen zur eigentlichen Bewältigung der Produktionssteuerung, etwa im Sinne von Excel-Listen, gering oder sehr gering ist. Als wesentliche Ursache dieser Defizite geben die befragten Unternehmen neben fehlendem Verständnis der Mitarbeiter mit Blick auf Systemfunktionalitäten sowie grundlegende Abhängigkeiten der PPS die eingeschränkte Akzeptanz gegenüber den eingesetzten Systemen an.[280]

Die Nutzerakzeptanz, wie in Kapitel 2.4.1 dargestellt, wird aus sozialpsychologischer Sicht als wesentliche Grundvoraussetzung menschlicher Handlungsintentionen dargestellt. Die Handlungsabsicht von Mitarbeitern zur Nutzung von PPS-Systemen stellt das Produkt der Wechselwirkungen zwischen Akzeptanzsubjekt und -objekt im Rahmen eines konkreten Akzeptanzkontexts dar. Betrachtet wird somit ein subjektindividueller, veränderlicher Zustand. Eine der wesentlichen Herausforderungen im Zu-

---

[277] Vgl. Biffl et al. (2019) Security and Quality in Cyber-Physical Systems Engineering, S. 57.

[278] Vgl. Hofmann et al. (2020) Autonomous production control for matrix production, S. 25.

[279] Vgl. Kahneman (2003) Maps of Bounded Rationality, S. 1449; Bendul/Knollman (2016) The human factor in production planning and control, S. 347.

[280] Vgl. Mundt et al. (2019) PPS-Report 2019, S. 26 ff.

sammenhang mit der Steigerung der Problemlösungsfähigkeit von PPS-Systemen besteht entsprechend in der Entwicklung spezifischer Akzeptanzmodelle. Vorbereitend erforderlich ist hierzu die Identifikation der die Nutzerakzeptanz von PPS-Systemen bedingenden externen Einflussfaktoren. Aufgrund der individuellen Natur der Nutzerakzeptanz besteht eine weitere Herausforderung in der unternehmensindividuellen und situationsspezifischen Auslegung der identifizierten Einflussfaktoren. Die Frage stellt sich somit nach den sozio-technischen Merkmalen, anhand derer der Akzeptanzrahmen, bestehend aus Akzeptanzsubjekt, -objekt und -kontext, der jeweiligen Aufgaben- und Entscheidungssituationen hinreichend spezifiziert wird. Neben der beschreibenden und erklärenden Darstellung der akzeptanzrelevanten Wechselwirkungen sehen sich Unternehmen weiterhin vor der Herausforderung, die Akzeptanz als veränderlichen Zustand der Organisation und somit der Systemnutzer gezielt zu beeinflussen. Da die Nutzerakzeptanz keinem diskreten, sondern vielmehr einem kontinuierlichen Systemzustand entspricht, erfordern Managementansätze der Akzeptanzgestaltung einer gezielten Berücksichtigung einzelner Lebenszyklusphasen von PPS-Systemen. Wie in Kapitel 2.4.2 am Lebenszyklusmodell klassischer IS dargestellt, beginnt die Akzeptanzbildung vor der eigentlichen Systemnutzung bereits im Rahmen der anfänglichen Phasen der Einsatzentscheidung, Systemauswahl und Implementierung. Die einzelnen Lebenszyklusphasen zeichnen sich neben variierenden, technischen Zuständen der IS ebenfalls durch die an der Lebenszyklusphase involvierten Stakeholder sowie deren Aufgaben und Erwartungen aus. Aus organisationaler Perspektive des Unternehmens wird die Implementierung neuer betrieblicher IS als grundlegender Veränderungsprozess dargestellt. Zur Bewältigung des angestrebten Veränderungsprozesses müssen, wie in Kapitel 2.4.3 beschrieben, partizipative Maßnahmen zur Bewältigung des Unternehmenswandels gezielt genutzt werden. Unternehmen stehen somit im Rahmen der Akzeptanzgestaltung von PPS-Systemen vor der Herausforderung, einen gezielten Veränderungsprozess in Abhängigkeit der jeweiligen Lebenszyklusphase sowie beteiligten Gruppen an Stakeholder zu gestalten.

Herausforderungen aus Sicht der Praxis
Robuste Unterstützung der Problemlösungsfähigkeit der Produktionssteuerung
▪ Berücksichtigung steuerungsspezifischer Entscheidungssituationen und Stakeholder
Gestaltung IS-spezifischer Akzeptanzmodelle
▪ Systematische Identifikation von Akzeptanzfaktoren zur modellbasierten Prognose des Nutzerverhaltens bei Informationssystemen
Anwendungsspezifische Modellierung von Akzeptanzfaktoren
▪ Modellierung der Akzeptanzfaktoren in Abhängigkeit des sozio-technischen Akzeptanzrahmens ... – Akzeptanzsubjekt – Akzeptanzobjekt – Akzeptanzkontext
Maßnahmen zur zielgerichteten Beeinflussung von Akzeptanzfaktoren
▪ Spezifikation von Maßnahmen zur Beeinflussung der akzeptanzbasierten Nutzung von Informationssystemen
Berücksichtigung von IS-Lebenszyklusmodellen
▪ Beeinflussungsgerechte Verortung von Akzeptanzfaktoren und/oder Maßnahmen in den Lebenszyklusabschnitten der ... – Pre-Implementierungsphase – Post-Implementierungsphase

Abbildung 2-19: Herausforderungen der Problemlösungsfähigkeit von PPS-Systemen

Zusammenfassend kann festgehalten werden, dass die Implementierung und der Einsatz von PPS-Systemen mit Ziel der Steigerung der Problemlösungsfähigkeit von Mitarbeitern komplexe Vorhaben darstellen, welche über die rein technische und funktionale Betrachtung von IS hinausgehen. Die zuvor beschriebenen und aus dem praxisbezogenen Handlungsbedarf abgeleiteten Herausforderungen finden sich in aggregierter Darstellung in Abbildung 2-19. Weiterhin lässt sich der Handlungsbedarf der Praxis in die nachfolgende Forschungsfrage überführen:

> Wie kann die Akzeptanz von PPS-Systemen durch die Steigerung der sozio-technischen Problemlösungsfähigkeit erhöht werden?

Die Recherche und Analyse bestehender Lösungsansätze zur Beantwortung der formulierten Forschungsfrage stellen Gegenstand des nachfolgenden Kapitels 3 dar.

3 Ansätze zur Steigerung der Problemlösungsfähigkeit von PPS-Systemen

Nachdem in Kapitel 2 die Herausforderungen der Produktionssteuerung dargestellt wurden, erfolgt in Kapitel 3 die Identifikation und Analyse bestehender Ansätze mit Blick auf die Adressierung des praxisorientierten Handlungsbedarfs. Hierzu wird das in Anhang 9.1 dargestellte Vorgehen der systematischen Literaturrecherche zum Zweck der Identifikation und Analyse bestehender Lösungsansätze angewandt. Im Rahmen der Unterkapitel 3.1 und 3.2 werden die Ergebnisse der durchgeführten Literaturrecherche in Form bestehender Lösungsansätze aus den Bereichen der Akzeptanzforschung sowie des IT-Managements vorgestellt. Abschließend erfolgt die Bewertung der dargestellten Lösungsansätze anhand der in Unterkapitel 2.5 identifizierten Herausforderungen aus Sicht der Praxis.

3.1 Ansätze der Akzeptanzforschung

In diesem Unterkapitel werden Ansätze aus dem Bereich der Akzeptanzforschung vorgestellt und einer kritischen Betrachtung unterzogen. Ziel von Ansätzen der Akzeptanzforschung ist die Identifikation und Analyse ursächlicher Faktoren einer technikorientierten Annahme oder Ablehnung durch Nutzer.[281] Die Akzeptanzforschung stellt somit einen interdisziplinären Forschungsbereich an der Schnittstelle zwischen einerseits Sozialwissenschaften und Psychologie und andererseits Ingenieurs- und Betriebswissenschaften dar. In Gemeinsamkeit verfügen die nachfolgend vorgestellten Ansätze über jeweilige Akzeptanzmodelle, welche die Ergründung und Prognose von Nutzerverhalten ermöglichen und somit Einsicht in Determinanten der aktiven Nutzung oder Nicht-Nutzung von Akzeptanzobjekten bieten.[282] Im folgenden Unterkapitel wird zunächst mit dem *Technology Acceptance Model* (TAM) die theoretische Grundlage eines Großteils heutiger Akzeptanzmodell vorgestellt. In den anschließenden Unterkapiteln folgt die Darstellung der relevanten Ansätze unter jeweiliger Fokussierung von ERP-, APS- und ME-Systemen.

---

[281] Vgl. Scheuer (2020) Akzeptanz von Künstlicher Intelligenz, S. 25.

[282] Vgl. Scheuer (2020) Akzeptanz von Künstlicher Intelligenz, S. 28.

3.1.1 Grundmodelle der Akzeptanzforschung

Die Ursprünge der heutigen technikorientierten Akzeptanzmodelle sind vordergründig auf die Forschungsbestreben der *Theory of Reasoned Action* (TRA) sowie der *Innovation Diffusion Theory* (IDT) zurückzuführen.[283] Wie im Stammbaum in Abbildung 3-1 dargestellt, wurden mit dem Ziel eines erhöhten Erklärungsgehalts hieraus eine Vielzahl weiterer Akzeptanzmodelle abgeleitet. Der höchste Verbreitungsgrad in aktuellen Studien kommt dem TAM sowie seinen Ausbaustufen zu, welche nachfolgend näher im Detail dargestellt werden.[284]

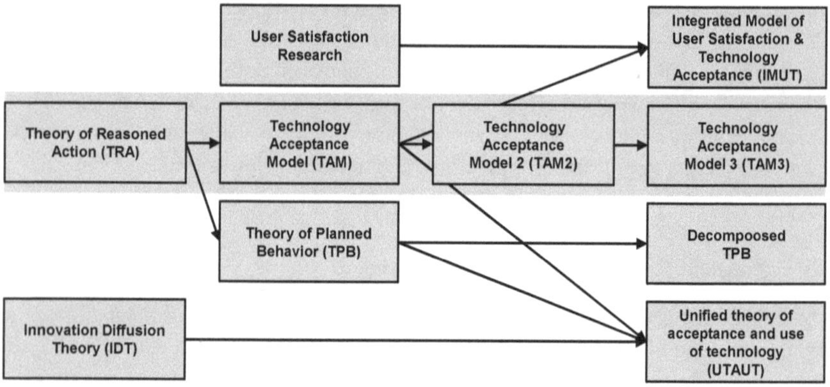

Abbildung 3-1: Stammbaum Akzeptanzmodelle[285]

Mit dem Ziel der Entwicklung eines Akzeptanzmodells zur Prognose der Adoption von IS wurde von Davis unter Modifikation des TRA Anfang der 1980er-Jahre das Grundmodell des heutigen TAM entwickelt.[286] Als erklärende Determinanten der Nutzungsabsicht (engl. Behavioral Intention to Use) von IS wurden hierbei die *wahrgenommene Nützlichkeit* (engl. perceived usefullness) und die *wahrgenommene Benutzerfreundlichkeit* (engl. perceived ease of use) identifiziert. Davis definiert die *wahrgenommene Nützlichkeit* als „das Glaubensmaß, zu dem eine Person denkt, dass

[283] Vgl. Kwak et al. (2012) Understanding End-Users' Acceptance of ERP System, S. 267; Schmaltz (2009) Messung und Steigerung der Akzeptanz von Informationslogistik, S. 40 f.; Al-Jabri/Roztocki (2015) Adoption of ERP systems, S. 301.

[284] Vgl. Schmaltz (2009) Messung und Steigerung der Akzeptanz von Informationslogistik, S. 41.

[285] i.A.a. Schmaltz (2009) Messung und Steigerung der Akzeptanz von Informationslogistik, S. 41.

[286] Vgl. Davis (1989) User Acceptance of Information Technology, S. 319 f.

die Verwendung einer Informationstechnologie die Jobperformance in einer bestimmten Aufgabe steigert“[287]. Die Determinante der wahrgenommenen Benutzerfreundlichkeit kann definiert werden als „der Grad zu dem eine Person denkt, dass die Nutzung einer Informationstechnologie ohne großen Aufwand, intuitiv und einfach möglich sein wird“[288]. Während sich durch die beiden zentralen Determinanten des TAM im Durschnitt 40 % der Varianz der Verhaltensabsicht erklären lassen, verhindert die Simplizität des Modells eine kontextspezifische Ableitung von Handlungsempfehlungen.[289] Zum Zweck eines erhöhten Erklärungsgehalts wurde das ursprüngliche TAM in fortführenden Studien um die Ausbaustufen TAM 2[290] und TAM 3[291] erweitert. Wie in Abbildung 3-2 dargestellt, wurden externe Variablen mit Einfluss auf die wahrgenommene Nützlichkeit (TAM 2), die wahrgenommene Benutzerfreundlichkeit (TAM 3) sowie moderierende Variablen identifiziert und empirisch validiert.

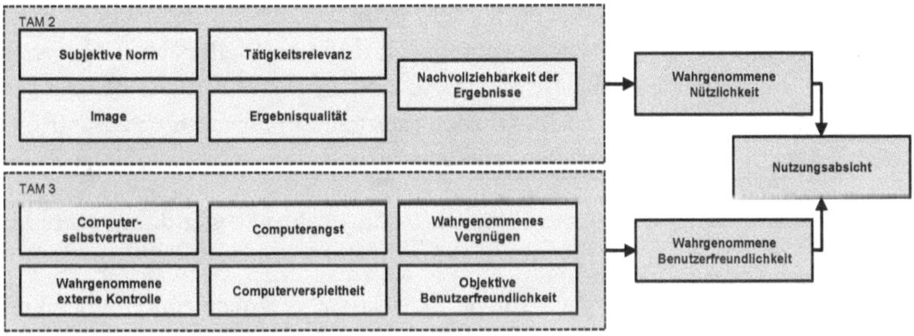

Abbildung 3-2: Einflussfaktoren des TAM 2 und 3[292]

Aufgrund der bestehenden Absicht zur Anwendung von Akzeptanzmodellen zum Ziel der Prognose von Nutzungsverhalten und Ableitung positiv beeinflussender Handlungsempfehlungen, findet das TAM vielfältige Anwendung in konkreten industriellen Anwendungsfällen. Nachfolgend werden im Detail relevante Ansätze der Auslegungen des TAM im Umfeld von PPS-Systemen vorgestellt.

---

287 Davis (1989) User Acceptance of Information Technology, S. 320; Scheuer (2020) Akzeptanz von Künstlicher Intelligenz, S. 38.

288 Davis (1989) User Acceptance of Information Technology, S. 320; Scheuer (2020) Akzeptanz von Künstlicher Intelligenz, S. 38.

289 Vgl. Venkatesh/Ramesh (2006) Web and Wireless Site Usability, p. 202; Venkatesh/Davis (2000) Extension of the Technology Acceptance Model, S. 186.

290 Vgl. Venkatesh/Davis (2000) Extension of the Technology Acceptance Model, S. 188.

291 Vgl. Venkatesh/Bala (2008) Technology Acceptance Model 3, S. 280.

292 i.A.a. Venkatesh/Bala (2008) Technology Acceptance Model 3, S. 280.

3.1.2 Systemspezifische Partialansätze der Akzeptanzforschung

3.1.2.1 Herzig et al. (2012)

HERZIG ET AL. analysieren in ihrem Beitrag das Potenzial von Ansätzen der Gamifizierung zur positiven Beeinflussung von Akzeptanzfaktoren auf die Nutzung von ERP-Systemen.[293] Als Gamifizierung wird die Nutzung von Spielmechaniken in Unternehmenssoftware zur Steigerung der Beteiligung und des Engagements von Softwareanwendern verstanden. In 65 % der amerikanischen Haushalte werden bereits regelmäßig Computer- oder Videospiele genutzt, wobei das Durchschnittsalter der häufigsten Spielekäufer bei 40 Jahren liegt. Die Entwicklung von Spielmechaniken zur Anwendung in Unternehmenssoftware steht daher ebenfalls im Fokus von Industriepraktikern. Zur wissenschaftlichen Analyse des Einflusses von Gamifizierung auf das Nutzungsverhalten von ERP-Systemen wurde im Forschungsbeitrag von HERZIG ET AL. ein entsprechendes Akzeptanzmodell entwickelt. Grundlage des Akzeptanzmodells stellt das TAM nach Davis[294], erweitert um das IS-Erfolgsmodell nach DELONE UND MCLEAN[295] sowie die Flow-Theorie nach CSIKSZENTMIHALYI[296] dar. Das finale Akzeptanzmodell setzt sich aus den nachfolgenden externen Einflussfaktoren zusammen:

Vergnügen: Wahrgenommenes Vergnügen bei der Systemnutzung

Flow: Wahrgenommener Flow-Zustand, gekennzeichnet durch hohe Konzentration bei absoluter Absorption durch eine Aktivität

Interaktivität: Wahrgenommene Interaktion, gekennzeichnet durch Variabilität der Interaktionspfade sowie Qualität und Reaktionszeit systemseitigen Feedbacks

Telepräsenz: Wahrgenommene Vereinnahmung und Immersion durch die Systemnutzung

Inhalt/Interface: Wahrgenommene Benutzerfreundlichkeit der Systemoberfläche und Nachvollziehbarkeit der Systeminhalte

Für die empirische Bewertung wurden 112 Probanden mit Aufgaben aus den Bereichen Materialmanagement, Verkauf und Vertrieb sowie Produktionsplanung unter Nutzung einer klassischen SAP-ERP-Umgebung sowie einer um Ansätze der Gamifizierung modifizierten SAP-ERP-Umgebung konfrontiert. Wie die Studienergebnisse unter Validierung des TAM als zulässigem Akzeptanzmodell zeigen, wurden im direkten Vergleich der beiden Anwendungen durch Ansätze der Gamifizierung bessere

[293] Vgl. Herzig et al. (2012) Gamification of ERP Systems, S. 1 ff.

[294] Vgl. Davis (1989) User Acceptance of Information Technology, S. 319 ff.

[295] Vgl. DeLone/McLean (1992) Information Systems Success, S. 60 ff.

[296] Vgl. Csikszentmihalyi (1990) Flow, S. 1 ff.

Ergebnisse in sämtlichen externen Einflussfaktoren erzielt. Der Forschungsbeitrag belegt somit den positiven Einfluss von Gamifizierung auf die Akzeptanzfaktoren des wahrgenommenen Nutzens sowie der Benutzerfreundlichkeit, bei jedoch bestehender Skepsis der Anwender zur technischen Umsetzbarkeit. Ferner zeigen die Studienergebnisse, dass aufgrund des vergleichsweise geringeren Erklärungsgehalts des Akzeptanzmodells bei betrachteter Gamifizierung wesentliche externe Einflussgrößen auf die Akzeptanzbildung nicht berücksichtigt wurden.[297]

3.1.2.2 Kwak et al. (2012)

KWAK ET AL.[298] untersuchen in ihrem Forschungsbeitrag die nutzerorientierte Akzeptanz für den Einsatz von ERP-Systemen im Umfeld projektorientierter Unternehmen. Das hierzu angewandte Akzeptanzmodell basiert auf dem Grundmodell des TAM, erweitert um die nachfolgend spezifizierten dargestellten externen Variablen:

Subjektive Norm: Einfluss der Überzeugung von Personen des direkten Arbeitsumfelds auf die eigene Überzeugung und Akzeptanz zur Nutzung von ERP-Systemen

Interner Support: Einfluss von Aufmerksamkeit der Geschäftsführung und interner Trainingsmaßnahmen während der Implementierungsphase auf die individuelle Akzeptanzbildung

Berater Support: Einfluss der Einbindung externer Berater auf die individuelle Akzeptanzbildung

Funktionalität: Einfluss der Grundfunktionalität des ERP-Systems sowie der Übereinstimmung von Unternehmens- und Systemprozessen auf die individuelle Akzeptanzbildung

Zur Analyse der nutzerorientierten Akzeptanz wurden die Umfrageergebnisse von 254 ERP-Nutzern mehrerer Unternehmen ausgewertet. Wie die Studienergebnisse zeigen, eignet sich das TAM als Akzeptanzmodell zur Beschreibung des ERP-orientierten Nutzerverhaltens. Darüber hinaus wurde auch für die externen Variablen *Subjektive Norm*, *Interner Support* und *Funktionalität* ein signifikanter Einfluss auf die Akzeptanzfaktoren des TAM nachgewiesen. Lediglich der Einfluss der Variable *Berater Support* konnte in den Studienergebnissen nicht als signifikant bestätigt werden.[299]

[297] Vgl. Herzig et al. (2012) Gamification of ERP Systems, S. 1 ff.

[298] Vgl. Kwak et al. (2012) Understanding End-Users' Acceptance of ERP System, S. 266 ff.

[299] Vgl. Kwak et al. (2012) Understanding End-Users' Acceptance of ERP System, S. 266 ff.

3.1.2.3 Mudaly et al. (2013)

MUDALY ET AL. widmen sich in ihrem Forschungsbeitrag der Analyse von Einflussfaktoren auf die Nutzerakzeptanz im Zusammenhang mit der Nutzung von ERP-Systemen in höheren Bildungseinrichtungen.[300] Aufgrund der kommunikativen und orchestrierenden Funktionen von ERP-Systemen sind die Nutzenerwartungen bei den durch einen hohen Dezentralisierungsgrad geprägten Bildungseinrichtungen hoch. Gleich branchenübergreifender Kritik zeichnet sich der Einsatz von ERP-Systemen oftmals durch einen geringen Durchdringungsgrad aus, weshalb viele Systemfunktionalitäten nicht oder nur eingeschränkt nachhaltigen Einzug in Arbeitsprozesse nehmen. Das im Forschungsbeitrag entwickelte Akzeptanzmodell basiert auf den Erkenntnissen des TAM 2 (siehe Unterkapitel 3.1.1), erweitert um zusätzliche externe Einflussgrößen auf die Nutzung von ERP-Systemen sowie weitere moderierende Variablen:

Subjektive Norm: Individuelle Wahrnehmung, dass die im nächsten Umfeld als wichtig eingeschätzten Menschen die Nutzung der Technologie befürworten oder ablehnen

Image: Grad, in welchem der Einsatz von ERP-Systemen als eine Verbesserung des eigenen Status im eigenen Sozialsystem wahrgenommen wird

Job-Relevanz: Individuelle Wahrnehmung, zu welchem Grad das vorhandene ERP-System auf die eigene Arbeit anwendbar ist

Ergebnisqualität: Qualität der für die eigene Arbeit eingesetzten Systemfunktionalitäten

Nachvollziehbarkeit von Ergebnissen: Nachvollziehbarkeit des Ergebnisprozesses eingesetzter Systemfunktionalitäten

Freiwilligkeit: Freiwilligkeit der Systemnutzung

Schulung: Verfügbarkeit und Qualität von Schulungsmaßnahmen und -unterlagen im Zusammenhang mit der Nutzung von ERP-Systemen

Wahrgenommene Kontrolle: Individuelle Kontrolle über Möglichkeiten zur Beschaffung von für die Nutzung von ERP-Systemen benötigten Ressourcen und zur Teilnahme von Schulungsmaßnahmen

Management-Unterstützung: Unterstützung und Ermutigung durch Führungspersonen im Zusammenhang mit der Nutzung von ERP-Systemen

Technische Unterstützung: Qualität und Zugänglichkeit der Unterstützung durch technisches Hilfspersonal bei der Nutzung von ERP-Systemen

---

[300] Vgl. Mudaly et al. (2013) Improved technology acceptance model for ERP usage, S. 782 ff.

Erfahrung: Individuelle Erfahrung des Nutzers im Umgang mit ERP-Systemen

Alter: Alter der Nutzer von ERP-Systemen

Geschlecht: Geschlecht der Nutzer von ERP-Systemen

Das entwickelte Akzeptanzmodell wurde von MUDALY ET AL. im Rahmen einer Studie getestet, an welcher 312 Nutzer von ERP-Systemen teilnahmen. Die Ergebnisse der Studie belegen, unter Ausnahme der *Management-Unterstützung*, den signifikanten Einfluss der externen Faktoren. Unter Betrachtung der moderierenden Variablen belegen die Studienergebnisse einen fehlenden Einfluss der Variablen *Geschlecht* auf den Einflussfaktor *Schulung*, *Erfahrung* auf die Einflussfaktoren *wahrgenommene Kontrolle* sowie *Alter* auf die Einflussfaktoren *Schulung*, *wahrgenommene Kontrolle* und *Management-Unterstützung*.[301]

3.1.2.4 Rajan und Baral (2015)

Wie begleitende Analysen von ERP-Einführungsprojekten verdeutlichen, können verfehlte Projektziele neben technischen Problemen auch auf nutzerbezogene Faktoren zurückgeführt werden.[302] Aus dieser Motivation heraus widmen sich RAJAN UND BARAL in ihrem Forschungsbeitrag der Identifikation von Einflussfaktoren auf die Akzeptanzbildung im Zusammenhang mit der Einführung von ERP-Systemen.[303] Ferner untersuchen die Autoren Auswirkungen des tatsächlichen Einsatzes von ERP-Systemen auf individuelle Nutzer. Das Akzeptanzmodell wurde unter Identifikation von externen Variablen basierend auf den Ergebnissen einer extensiven Literaturrecherche entwickelt. In Unterscheidung zwischen individuellen (I), organisationalen (O) und technologischen (T) Charakteristika beschreiben die Autoren die folgenden externen Variablen auf das Grundgerüst des TAM:

Computer Selbstwirksamkeit (I): Selbsteinschätzung des Nutzers zu persönlichen Fähigkeiten im Umgang mit ERP-Systemen

Technischer Support (O): Verfügbarkeit von technischer Unterstützung in Form persönlicher oder digitaler Assistenz bei der direkten Systemnutzung

Management Support (O): Bereitschaft des Managements zur Bereitstellung projektrelevanter Ressourcen und Autoritäten

Training (O): Schulung des Managements und von Anwendern in der Logik und Nutzung von ERP-Systemen

---

301 Vgl. Mudaly et al. (2013) Improved technology acceptance model for ERP usage, S. 782 ff.

302 Vgl. Skok/Döringer (2002) Impact of Cultural Differences on ERP Projects, S. 1.

303 Vgl. Rajan/Baral (2015) Adoption of ERP system, S. 105 ff.

Technologische Komplexität (T): Persönliche Einschätzung der Komplexität neuer Systeme im Vergleich zu vorherigen Anwendungen zur Durchführung von Tätigkeiten

Technologische Kompatibilität (T): Grad der Konsistenz zwischen ERP-System und Unternehmensprozessen, -daten, Arbeitsweisen und IT-Infrastrukturen

Die Autoren beschreiben in Ergänzung des klassischen Akzeptanzmodells ferner potenzielle Auswirkungen einer Nutzung von ERP-Systemen auf Nutzer aus sozialer und individueller Perspektive:

Panoptische Ermächtigung: Erhöhung der individuellen Entscheidungsgewalt bedingt durch die Zugänglichkeit von Informationen in ERP-Systemen

Individuelle Leistung: Einfluss der ERP-Nutzung auf die persönliche Effektivität und Produktivität von Beschäftigten

Das entwickelte Akzeptanzmodell wurde von den Autoren im Rahmen einer fragebogenbasierten Online-Erhebung unter Kontaktierung von Endnutzern von ERP-Systemen getestet. Wie die Studienergebnisse unter Auswertung einer effektiven Stichprobengröße von 154 Teilnehmer zeigen, konnten sowohl die Validität des TAM im Kontext von ERP-Systemen als auch sämtliche externe Einfluss- sowie Auswirkungsfaktoren validiert werden.[304]

3.1.2.5 Sternad et al. (2019)

Ein Großteil der heutigen Ansätze der Akzeptanzforschung fokussieren sich auf die initialen Phasen der Systemlebenszyklen bis einschließlich der Implementierung. Weniger beachtet bleibt die Untersuchung von Akzeptanzfaktoren in der Reife- und Nutzungsphase von Systemen nach erfolgter Einführung.[305] Als Reaktion auf dieses Forschungsdefizit wurde von STERNAD ET AL. ein Akzeptanzmodell mit Fokussierung der täglichen Nutzung von ERP-Systemen nach abgeschlossener Implementierungsphase abgeleitet.[306] Grundlage des von STERNAD ET AL. entwickelten Akzeptanzmodells bilden die Konstrukte des TAM, erweitert um direkte sowie externe Einflussgrößen auf die Nutzerakzeptanz. Als Konstrukt der Modellerweiterung mit direktem Einfluss auf die Einstellung der Nutzung von ERP-Systemen ergänzen die Autoren:

Arbeitskompatibilität: Kompatibilität des ERP-Systems mit betrieblichen Arbeitsabläufen im Sinne des Abdeckungsgrades täglicher Aufgaben

Weitere Ergänzung des klassischen TAM stellen die identifizierten Einflussfaktoren auf die direkten Konstrukte des Akzeptanzmodells dar:

---

304 Vgl. Rajan/Baral (2015) Adoption of ERP system, S. 105 ff.

305 Vgl. Huang/Yasuda (2016) Comprehensive review of literature survey articles on ERP, S. 21.

306 Vgl. Sternad et al. (2019) TAM-based research on differences of ERP systems, S. 326 ff.

Geschäftsprozesskompatibilität: Kompatibilität der Geschäftsprozesse mit den Prozessen des ERP-Systems

Organisationskultur: Kompatibilität der Organisationskultur mit den eingesetzten ERP-Systemen

ERP-Unterstützung: Durch die Organisation bereitgestellte Unterstützung bei der ERP-basierten Aufgabenbewältigung

ERP-Kommunikation: Organisationale Kommunikation mit Bezug auf den Status des ERP-Systems

ERP-Training: Angebot an Schulungsmaßnahmen mit Bezug auf die Nutzung des ERP-Systems

Datenqualität: Korrektheit und Relevanz der im ERP-System genutzten Daten

Systemleistung: Zuverlässigkeit und Reaktionsfähigkeit des ERP-Systems im Arbeitsalltag

Bedienungsanleitung: Verfügbarkeit und Qualität von Bedienungsanleitungen zur Unterstützung der Nutzer von ERP-Systemen

ERP-Funktionalität: Stabilität, Reaktionsfähigkeit, Benutzerfreundlichkeit und Flexibilität vorhandener ERP-Funktionen

Persönliche Innovationsfähigkeit: Grad der persönlichen Bereitschaft zur Nutzung neuartiger Anwendungen

Computerangst: Grad der individuellen Besorgnis oder Angst vor der erwarteten Nutzung von Computersystemen

Computer Selbstwirksamkeit: Selbsteinschätzung der Nutzer von ERP-Systemen zur Eigenständigkeit der Aufgabenbewältigung mittels Einsatzes von ERP-Systemen

Systemerfahrung: Individuelle Erfahrung der Nutzer im Umgang mit Computer- oder ERP-Systemen

Mit Ziel der Validierung des theoretisch abgeleiteten Akzeptanzmodells wurden von STERNAD ET AL. zwei Studien unter Beteiligung von 444 Nutzern von ERP-Systemen im europäischen sowie 577 im indischen Wirtschaftsraum durchgeführt. Wie die Studienergebnisse belegen, eignet sich das um das organisationale Konstrukt (1) Arbeitskompatibilität erweiterte TAM, unbeeinflusst der kulturellen Unterschiede in den jeweiligen Wirtschaftsräumen, zur Prognose der Nutzerakzeptanz. In Kontrast zu vormalig durchgeführten Studien konnten von STERNAD ET AL. die externen Einflussgrößen *ERP-Unterstützung*, *ERP-Kommunikation*, *ERP-Training*, *Bedienungsanleitung*,

ERP-Funktionalität, *Computer Selbstwirksamkeit* und *Systemerfahrung* unter Auswertung der europäischen Unternehmen nicht als signifikant nachgewiesen werden. Unter sonstiger Übereinstimmung zeigen die Ergebnisse der indischen Unternehmen einen signifikanten Einfluss der *Computer Selbstwirksamkeit* bei fehlender Signifikanz der *Computerangst*. Als die wichtigsten externen Einflussgrößen wurden in beiden Studien *Datenqualität* und *Systemleistung* identifiziert.[307]

3.1.2.6 CHENG (2020)

Cloudbasierte ERP-Lösungen gewinnen im Vergleich zu klassischen ERP-Lösungen aufgrund bestehender Vorteile bei der technischen Implementierung sowie Skalierbarkeit zunehmend an Bedeutung.[308] Trotz attestierter Vorzüge cloudbasierter Anwendungen prägen sich entsprechende Einführungsprojekte oftmals durch eine eingeschränkte Zielerreichung. Als wesentliche Ursache gescheiterter ERP-Einführungen führt CHENG in seinem Forschungsbeitrag vernachlässigte oder missverstandene Anforderungen organisationaler Nutzer auf.[309] Darüber hinaus sehen sich viele Unternehmen nicht in der Lage, das initiale Nutzungsbestreben der Anwender während der Implementierungsphase in Akzeptanz und somit in eine kontinuierliche Nutzung zu überführen. Auf Grundlage des beschriebenen Praxisdefizits präsentiert CHENG in seinem Forschungsbeitrag ein Akzeptanzmodell zur Untersuchung der Abhängigkeiten zwischen Technologie und Aufgabenprofilen sowie Kontinuitätsbestreben im Zusammenhang mit der Nutzung von ERP-Systemen. In Erweiterung des TAM als Grundmodell zur Prognose von Nutzungsabsichten umfasst das Akzeptanzmodell die folgenden Einfluss- und Zielfaktoren:

Aufgabe-Technologie-Fit: Nutzerbezogene Übereinstimmung des ERP-Systems mit persönlichen Arbeitszielen, -bedürfnissen und -abläufen

Erwartungsübereinstimmung: Übereinstimmung der Nutzererfahrung mit persönlichen Erwartungen an den Einsatz von ERP-Systemen

Zufriedenheit: Zufriedenheit mit verfügbaren Funktionen, Systemleistungen sowie der Gesamterfahrung bei der Nutzung von ERP-Systemen

Kontinuitätsbestreben: Einschätzung der persönlichen Absicht zur fortgeführten Nutzung von ERP-Systemen in Vorzug zu alternativen Lösungen

Individuelle Leistung: Einschätzung des Einflusses der Nutzung von ERP-Systemen auf die persönliche und aufgabenbezogene Effektivität und Produktivität

[307] Vgl. Sternad et al. (2019) TAM-based research on differences of ERP systems, S. 326 ff.

[308] Vgl. López/Ishizaka (2017) GAHPSort, S. 13.

[309] Vgl. Cheng (2020) Cloud ERP continuance intention and individual performance, S. 1591 ff.

Zur Analyse der auf Basis der Einflussfaktoren formulierten Hypothesen sowie zur Validierung des Akzeptanzmodells wurde im Rahmen des Forschungsbeitrags eine Umfrage unter Erhebung von 355 zulässigen Fragebögen von Endnutzern cloudbasierter ERP-Systeme durchgeführt. Im Rahmen der Umfrage wurden sämtliche Konstrukte des Akzeptanzmodells als signifikant getestet sowie der Erklärungsgehalt des erweiterten TAM zur Anwendung im Kontext von ERP-Systemen nachgewiesen. Als stärkster direkter Einfluss auf Kontinuitätsbestreben der Nutzung von ERP-Systemen wurden die Einflussfaktoren der *Benutzerfreundlichkeit* sowie der *Erwartungsübereinstimmung* identifiziert.

3.1.3 Dissertationen im Bereich der Akzeptanzforschung

3.1.3.1 Schmaltz (2009)

Der Dissertationsansatz von SCHMALTZ befasst sich mit der Entwicklung einer Methode zur Akzeptanzsteigerung der Informationslogistik (IL) in Unternehmen.[310] Der Akzeptanzbegriff wird hierbei als Grundvoraussetzung mit der Nutzung der die Informationslogistik gestaltenden IS gleichgesetzt. Wie in Abbildung 3-3 dargestellt, umfasst das Vorgehensmodell der entwickelten Methode die vier sequentiellen Phasen der Projektdefinition, Messung, Analyse und Implementierung, welche sich in jeweils weitere Aktivitäten ausdifferenzieren.

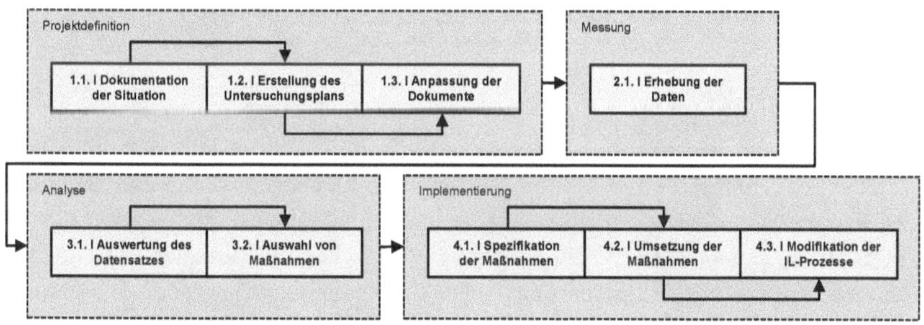

Abbildung 3-3: Dissertationsansatz nach SCHMALTZ[311]

Im Rahmen Projektdefinition erfolgt über die Aktivität der Dokumentation der Unternehmenssituation zunächst eine Klärung der bestehenden Rahmenbedingungen sowie der zu betrachtenden IS. Zu diesem Zweck werden eine Aufnahme der IL-Architektur und der Stakeholder als Bestandteil der IL-Organisation vorgesehen. Basierend hierauf wird in der nachfolgenden Aktivität ein Vorgehen zur Erstellung des Untersuchungsplans vorgestellt. In Vorbereitung der für die anschließende Phase vor-

[310] Vgl. Schmaltz (2009) Messung und Steigerung der Akzeptanz von Informationslogistik, S. 1 ff.

[311] i.A.a. Schmaltz (2009) Messung und Steigerung der Akzeptanz von Informationslogistik, S. 1 ff.

gesehenen empirischen Erhebung erfolgt die Festlegung der zu adressierenden Zielgruppen sowie der Modalitäten der operativen und technischen Umsetzung der Befragung. In der letzten Aktivität der ersten Phase erfolgt die Anpassung der Dokumente in Form der Adaption der grundlegenden Fragebogenkonstrukte auf die dokumentierte Unternehmenssituation. Als Grundlage der situationsspezifisch abzuleitenden Fragebögen wurde im Rahmen der Dissertation unter Reduzierung und Anpassung des TAM 3 ein IL-spezifisches Akzeptanzmodell entwickelt. Als Gegenstand der zweiten Phase erfolgt unter Umsetzung der gleichnamigen Aktivität die Erhebung der Daten unter Umsetzung des zuvor entwickelten Untersuchungsplans. Die Ergebnisse stellen ausgefüllte Fragenbögen zur nutzer- und organisationsspezifischen Abbildung der aktuellen Akzeptanzsituation dar. Die dritte Phase des Vorgehensmodells, namentlich Analyse, beschreibt über die Aktivität der Auswertung der Datensätze zunächst das Vorgehen zur statistischen Analyse der Fragebogenergebnisse mit Ziel eines eindimensionalen Wertes zur Bewertung der vorliegenden Akzeptanzsituation. Unter Nutzung der quantifizierten Akzeptanzsituation wird in der zweiten Aktivität ein Auswahlverfahren für Maßnahmenpatterns basierend auf der Betrachtung von Kosten und Nutzen zur positiven Beeinflussung der Akzeptanz beschrieben. Grundlage der auszuwählenden Maßnahmenpatterns stellen die Ergebnisse der über den Zeitraum der Dissertation begleiteten Fallstudien dar. Im Zuge der Implementierung, als letzte Phase, wird über die Aktivitäten der Spezifikation der Maßnahmen, Umsetzung der Maßnahmen und Modifikation der IL-Prozesse die Gestaltungsperspektive der Akzeptanz adressiert.[312]

3.1.3.2 Thim (2017)

Im Dissertationsansatz von Thim wurde der Einfluss der Organisation auf die Akzeptanz sowie das hierdurch bedingte Nutzerverhalten im Umgang mit neuen Technologien untersucht.[313] Das akzeptanzbasierte Nutzerverhalten wird hierbei von Thim definiert als das Ergebnis der Wechselwirkungen zwischen individuellen Entscheidungen und organisatorischer Steuerung.[314] Thim arbeitet im Rahmen der Arbeit unter deduktiver Ableitung vier wesentliche Gestaltungsfaktoren auf die Akzeptanzbildung heraus. Die individuelle Entscheidungsintention basiert demnach auf *organisatorischen Zielstellungen* und *der Bewertung der eigenen Leistung*, wodurch die organisationale Erwartungshaltung gegenüber Beschäftigten als ein Faktor der Akzeptanzbildung auftritt. Weiterhin wird der *soziale Kontext des Mitarbeiters*, Konkretisierung durch den Einfluss des Nutzungsverhaltens auf die Orientierung in der sozialen Gruppe, als zweiter Faktor in Form von Gruppendruck beschrieben. Als dritten Faktor

---

[312] Vgl. Schmaltz (2009) Messung und Steigerung der Akzeptanz von Informationslogistik, S. 1 ff.

[313] Vgl. Thim (2017) Technology acceptance in organisations, S. 1 ff.

[314] Vgl. Thim (2017) Technology acceptance in organisations, S. 367.

identifiziert THIM *bewusste Beeinflussungsversuche exponierter Akteure*, in Ausprägung von Befürwortern und Gegnern, welche durch Einsatz von Kommunikation aktiven Einfluss auf Nutzungsintentionen Dritter beabsichtigen. Als letzter Faktor wird im Dissertationsansatz die Arbeit bewusst steuernder Akteure im Zuge der Technologieimplementierung, repräsentiert durch Change Agents und Management, beschrieben.

Zum Ziel der Prognose von Akzeptanz in Abhängigkeit der Organisationsdynamik setzt THIM auf den Einsatz einer agentenbasierten sozialen Simulation. Für die Entwicklung der agentenbasierten Simulationsmodelle zur Abbildung der akzeptanzbildenden Wechselwirkungen kommt das sog. MAIA-Framework unter Ableitung konzeptueller sowie logischer Modelle zum Einsatz.[315] So werden im Rahmen der Modelle die Systemgrenzen sowie die grundlegende Architektur der Agenten (Mitarbeiter, Change Agents und Management) in Form von Typen, Attributen und Aktionen beschrieben. Durch den Einsatz von logischen Modellen werden die bis dato statisch deskriptiven Elemente und Zusammenhänge in Variablen, Parameter und Gleichungen zur Abbildung eines dynamischen Modellverhaltens überführt. Zur Beantwortung der Forschungsfrage nach dem Einfluss variierender Organisationstypen auf die Akzeptanzbildung untersucht THIM abschließend Modellsensitivitäten unter gezielter Variation von Modellkonstellationen. Im Detail wird der Einfluss struktureller Variationen der Interaktion zwischen Agenten sowie der Einfluss der Variation von inhärenten Parametern der Agenten auf Akzeptanzzustände betrachtet. Die somit nachgebildeten Konfigurationsformen der Organisation werden durch Simulation, wie in Abbildung 3-4 dargestellt, auf ihren Einfluss der Akzeptanzwirkung, -schwankung und ihren Nutzungseffekt untersucht.[316]

[315] Vgl. Thim (2017) Technology acceptance in organisations, S. 7.

[316] Vgl. Thim (2017) Technology acceptance in organisations, S. 1 ff.

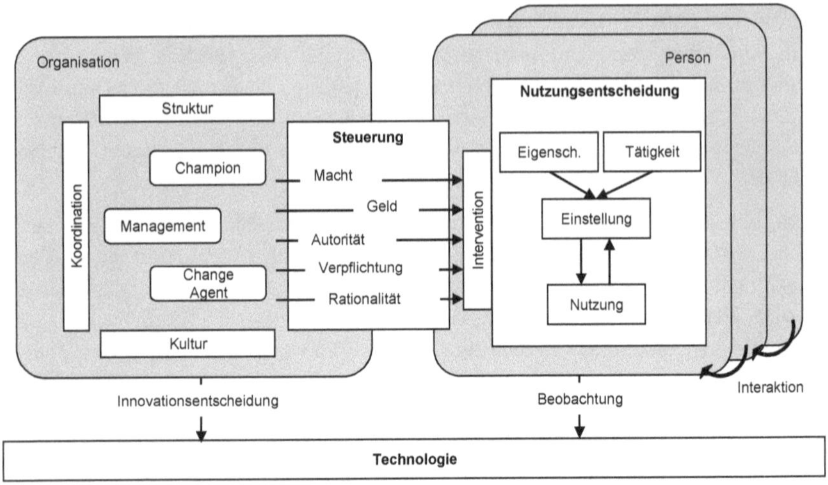

Abbildung 3-4: Dissertationsansatz THIM[317]

3.1.3.3 Hansen-Casteel (2020)

Der Dissertationsansatz von HANSEN-CASTEEL[318] befasst sich mit der Entwicklung eines indikatorenbasierten Modells für die prospektive Technologieakzeptanz-Abschätzung. Unter der indikatorenbasierten Eigenschaft des Modells wird die Berücksichtigung konstituierender sozio-technischer Faktoren der Akzeptanz verstanden. Als weitere Anforderungen an das Modell werden die Technologieunabhängigkeit sowie ein fokussierter Einsatz im Rahmen von Entwicklungsphasen technologischer Applikationen beschrieben. Der Modellansatz von HANSEN-CASTEEL erstreckt sich, wie in Abbildung 3-5 dargestellt, in Anwendung über die nachfolgenden fünf sequentiellen Prozessschritte: Auswahl relevanter Indikatoren, Individualisierte Erstellung des Fragebogens, Individualisierte Erstellung des Workshopkonzepts, Anwendung der Akzeptanzformel sowie Prospektive Akzeptanzabschätzung.

Als vorbereitendes Instrument des ersten Prozessschrittes wurde ein in die Dimensionen Nutzer, Technologie und Organisation untergliederter Indikatorenkatalog entwickelt. Grundlage der identifizierten Indikatoren stellen die Ergebnisse einer Literaturrecherche sowie Experteninterviews dar. Im weiteren Vorgehen wurde eine Systematik zur situationsspezifischen Auswahl relevanter Indikatoren aus dem zuvor dargestellten Katalog abgeleitet. Grundlage der Auswahlsystematik stellen an Indikatoren geknüpfte Einzeltaxonomien in den Bereichen Technologie, Nutzer und Umfeld dar. Unter Verortung des Anwendungsfalls der betrachteten technologischen Applikation

[317] i.A.a. Thim (2017) Technology acceptance in organisations, S. 1 ff.

[318] Vgl. Hansen-Casteel (2020) Prospective Technology Acceptance Estimation, S. 1 ff.

in den Einzeltaxonomien kann auf die den Indikatoren hinterlegten Fragebogenelemente zugegriffen und somit das Fragebogendesign gestaltet werden. Um basierend auf dem abgeleiteten Fragebogendesign die prospektive Akzeptanz der zu entwickelnden Technologie abschätzen zu können, sieht HANSEN-CASTEEL den zwingenden Einsatz von Informationskonzepten unter Vorstellung und prototypischer Erfahrung der neuen Anwendung vor. Die wesentlichen Bestandteile des Informationskonzepts bestehen aus einer Einleitungs-, Informations-, Klärungs- und Demonstrationsphase. Abschließend findet auf Grundlage der Auswertung der Fragebogenergebnisse die Bestimmung der Akzeptanz unter Anwendung einer hierfür entwickelten Akzeptanzformel statt. Grundlage der im Dissertationsansatz vorgestellten Akzeptanzformel stellt das individuelle Produkt aus Erfüllungsgrad des Akzeptanzindikators, basierend auf einer 5-Likert-Skala, sowie einer durch den Clusterprozess und auf Experteneinschätzungen beruhenden Indikatorengewichtung dar.[319]

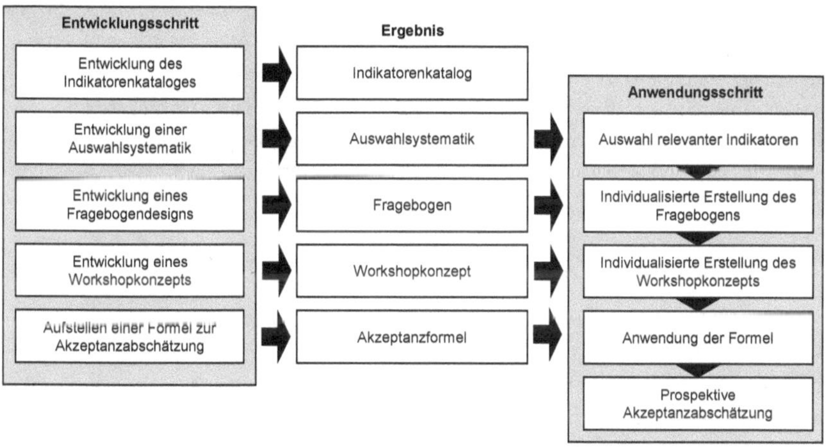

Abbildung 3-5: Dissertationsansatz HANSEN-CASTEEL[320]

3.1.4 Zwischenfazit: Kritische Würdigung der Ansätze der Akzeptanzforschung

Sämtliche der im Rahmen von Unterkapitel 3.1 aufgeführten Ansätze befassen sich mit Modellen zur Prognose der Technologieakzeptanz. Ausgehend von den in Unterkapitel 3.1.1 identifizierten Grundmodellen der Technologieakzeptanz wurden in Unterkapitel 3.1.2 die unter Einsatz von Datenbanken recherchierten Akzeptanzansätze mit Bezug auf spezifische PPS-Systeme vorgestellt. Die Ergebnisse der Literaturrecherche verdeutlichen hierbei eine Unterrepräsentation steuerungsspezifischer IS

[319] Vgl. Hansen-Casteel (2020) Prospective Technology Acceptance Estimation, S. 1 ff.
[320] i.A.a.Hansen-Casteel (2020) Prospective Technology Acceptance Estimation, S. 83.

in Form von ME- sowie APS-Systemen. So ergab die über das vorgestellte Verfahren durchgeführte Literaturrecherche mit Bezug auf ERP-Systemen 118 Beiträge, wohingegen für ME-Systeme lediglich 3 Beiträge und für APS-Systeme 7 Beiträge identifiziert wurden. Ferner mussten sämtliche Beiträge der über die ME- und APS-Systeme recherchierten Suchkriterien aus dem Review aufgrund der In- sowie Exklusionskriterien ausgeschlossen werden. Die in Unterkapitel 3.1.3 identifizierten Dissertationsansätze befassen sich, gleich den Grundmodellen aus Unterkapitel 3.1.1, mit Modellen der Technologieakzeptanz im Betrachtungsbereich betrieblicher Informationssysteme, ohne jedoch hierbei eine weitere Spezifikation vorzunehmen. Die Gegenüberstellung der Ansätze in Unterkapitel 3.1 verdeutlicht, dass trotz gemeinsamer Grundlage der entwickelten Akzeptanzmodelle in Form des TAM eine hohe Varianz mit Bezug der als relevant erachteten externen Einflussfaktoren besteht. Aufgrund der wiederholt partiellen Überschneidung berücksichtigter Einflussfaktoren liegt der Schluss einer bestehenden Grundgesamtheit bereits identifizierter Einflussfaktoren nahe, wobei jedoch die explizite Auswahl im Rahmen der individuellen Modellkonstruktion in keinem der Ansätze einer beschriebenen Systematik folgt. Ferner modellieren sämtliche Ansätze ihre jeweiligen Akzeptanzmodelle unter primärer Fokussierung der technologischen Applikation bzw. Domäne, bei fehlender oder eingeschränkter Berücksichtigung der Perspektive konkreter Nutzer oder des Nutzerkontexts.

3.2 Ansätze des IT-Managements

In diesem Unterkapitel werden die Ansätze des IT-Managements mit Bezug auf die Einführung und Nutzung betrieblicher IS vorgestellt und einer kritischen Prüfung unterzogen. Gleich dem Aufbau der vorherigen Kapitelstruktur werden in Unterkapitel 3.2.1 zunächst systemspezifische Partialansätze unter Bezug auf ERP-, ME- und APS-Systeme als Ergebnis der systematischen Literaturrecherche beleuchtet. In Unterkapitel 3.2.2 werden anschließend Dissertationsansätze aus dem Bereich des IT-Managements betrachtet und in Unterkapitel 3.2.3 gemeinsam mit den Partialansätzen einer kritischen Würdigung unterzogen.

3.2.1 Systemspezifische Partialansätze aus dem IT-Management

Eine wesentliche Bedeutung im Forschungsbestreben des IT-Managements von PPS-Systemen kommt der Identifikation und Berücksichtigung sog. kritischer Erfolgsfaktoren (CSF – engl. critical success factors) zu. CSF wurden nach der ursprünglichen Auslegung der Managementlehre definiert als „die begrenzte Anzahl von Bereichen je Unternehmen, in denen Ergebnisse, wenn sie zufriedenstellend sind, eine erfolgreiche

Wettbewerbsleistung für die Organisation gewährleisten“[321]. Übertragen auf Anwendungsfälle der Implementierung von IS werden CSF heute weitreichend mit nachfolgender Definition im Forschungskontext verwendet: „Bedingungen, die erfüllt sein müssen, damit der Implementierungsprozess erfolgreich ablaufen kann“[322]. Die nachfolgend vorgestellten Ansätze befassen sich demnach mit Voraussetzungen eines erfolgreichen Einsatzes von PPS-Systemen.

3.2.1.1 Lee et al. (2012)

LEE ET AL. widmen sich in ihrem Forschungsbeitrag der Identifizierung von CSF für die erfolgreiche Implementierung von ME-Systemen unter Betrachtung der besonderen Herausforderungen von KMU.[323] Als Grundlage ihres Forschungsmodells verwenden die Autoren das IS-Erfolgsmodell nach DELONE AND MCLEAN, welches als Determinanten der Systemnutzung und Nutzerzufriedenheit die Faktoren *System-* und *Informationsqualität* identifiziert.[324] Basierend auf den Ergebnissen einer durchgeführten Literaturrecherche erweitern die Autoren das Grundmodell um ergänzende CSF:

Top-Management Unterstützung: Interesse, Unterstützung und Beteiligung der Geschäftsführung an der Entwicklung und dem Betrieb von MES

Hinreichender Investitionsumfang: Hinreichender Investitionsumfang für die Entwicklung von MES sowie den Kauf von Hard- und Software

Fähigkeiten Systementwickler: Kenntnisse und Erfahrungen des Entwicklungspartners hinsichtlich MES-Entwicklung und -Betrieb

Nutzerbeteiligung: Interesse und Beteiligung der Nutzer sowie Bereitschaft zur Kommunikation von Anforderungen im Rahmen der Entwicklung und des Betriebs von MES

MES-Qualität: Benutzerfreundlichkeit und Reaktionszeit des MES

Informationsqualität: Bereitstellung relevanter und vollständiger Informationen zum Zeitpunkt des Bedarfs

Die Validierung des entwickelten Erfolgsmodells wurde anhand einer Online-Umfrage unter Erhebung 163 verwertbarer Umfragebögen, ausgefüllt von Unternehmensvertretern von KMU mit maximal 300 Mitarbeitern. Ausgenommen des Einflusses der *Nutzerbeteiligung* auf die *MES-Qualität* konnte in der Studie für sämtliche CSF ein signifikanter Einfluss auf den Erfolg des MES-Einsatzes nachgewiesen werden.[325]

---

321 Rockart (1978) A new approach to defining the chief executive's information needs, S. 13.

322 Panayiotou et al. (2015) A BPM-enabled RE framework for ERP implementation, S. 634.

323 Vgl. Lee et al. (2012) implementations of MES in Korean manufacturing SMEs, S. 1942 ff.

324 Vgl. DeLone/McLean (1992) Information Systems Success, S. 60 ff.

325 Vgl. Lee et al. (2012) implementations of MES in Korean manufacturing SMEs, S. 1942 ff.

3.2.1.2 Ahmad et al. (2013)

AHMAD ET AL. widmen sich in ihrem Forschungsbeitrag der Identifikation und Analyse von CSF im Zusammenhang mit der Implementierung von ERP-Systemen in kleinen und mittleren Unternehmen (KMU).[326] Die Autoren nehmen hierbei an, dass der Implementierungserfolg von ERP-Systemen gleichsame Berücksichtigung von operationalen und organisationalen Faktoren erfordert, insb. aus Industrieperspektive jedoch vordergründig operationale CSF in Betracht genommen werden. Im Rahmen des Forschungsbeitrags von AHMAD ET AL. wurden daher auf Grundlage einer Literaturrecherche 33 CSF identifiziert und in organisationale (Organisation und Kultur), operationale (Betrieb und Technik) und neutrale CSF klassifiziert. Anschließend wurden die identifizierten CSF unter Einbindung von ERP-Experten gemäß ihrer Erfolgskritizität eingestuft sowie für die zehn erfolgskritischsten CSF wechselseitige Abhängigkeiten inklusive der je CSF relevanten Lebenszyklusphasen während der Implementierung bestimmt. Wie die Ergebnisse zeigen, lassen sich vier Basisfaktoren, gekennzeichnet durch ihren primär beeinflussenden Charakter, identifizieren und der initialen, mit der Einsatzentscheidung befassten Lebenszyklusphase der ERP-Implementierung zuordnen: *Datenanalyse*, *Erfahrung Projektmanager*, *Fähigkeiten Team* und *Ressourcen*. Weiterhin identifizieren die Autoren drei kritische Faktoren, gekennzeichnet durch Ihre Abhängigkeit von den Basisfaktoren, welche sie den Implementierungsphasen Einführung, Adoption sowie Akzeptanzbildung zuordnen: *Kulturwandel*, *Einsatz von Beratern* und *Management-Unterstützung*. Abschließend werden in den Ergebnissen drei Faktoren, gekennzeichnet durch ihre Abhängigkeit sowohl von Basis- als auch kritischen Faktoren, spezifiziert und den finalen Implementierungsphasen der Routinierung und Infusion zugeordnet: *Abteilungsübergreifende Koordination*, *Abteilungsübergreifende Kommunikation* und *Evaluationsfortschritt*.[327]

3.2.1.3 Ram et al. (2013)

RAM ET AL. kritisieren als wesentliche Schwachstelle vieler Implementierungsansätze die Gleichsetzung des Implementierungserfolgs mit der organisatorischen Leistung der Nutzung entsprechender ERP-Systeme.[328] Weiter hinterfragen die Autoren, ob gemeinhin als CSF der ERP-Implementierung identifizierte Faktoren dem angenommenen operativen Einsatz von ERP-Systemen oder fälschlicherweise lediglich der Implementierungsphase als eigenständiges Projekt zur Förderung dienen. Antwort hierauf versuchen RAM ET AL. mit der in ihrem Forschungsbeitrag durchgeführten Studie zur Analyse der Wirkbeziehungen von CSF zu geben. Unter Durchführung einer Literaturrecherche wurden die nachfolgenden Faktoren als meistvalidierte CSF identifiziert:

---

[326] Vgl. Ahmad/Pinedo Cuenca (2013) Critical success factors for ERP implementation, S. 104.
[327] Vgl. Ahmad/Pinedo Cuenca (2013) Critical success factors for ERP implementation, S. 104.
[328] Vgl. Ram et al. (2013) Implementation CSFs for ERP, S. 157 ff.

Projektmanagement: Einsatz von Methoden des Projektmanagements im Sinne formaler Projektpläne, Projektteams, kontinuierlicher Statustreffen, realistischer Fristen und Projektziele sowie Monitoring der Ziel- und Kosteneinhaltung

Geschäftsprozess Re-Engineering: Gezielte Überarbeitung von Geschäftsprozessen zur Minimierung benötigter Konfigurationen oder zur Nutzung standardisierter Prozesse von ERP-Systemen

Training und Weiterbildung: Einsatz von Schulungsmaßnahmen angemessener Länge und Detailgrades, durchgeführt von kompetentem Schulungspersonal und Erreichung eines höheren Selbstvertrauens und Wissensgrades der Anwender

Systemintegration: Erfolgreiche Integration des eingeführten ERP-Systems mit bestehenden IS des eigenen Unternehmens oder IS der Supply-Chain-Partner

Zur Identifikation der Wirkbeziehung beschriebener CSF wurden zudem die beiden nachfolgenden Zielzustände beschrieben:

Implementierung: Mit Abschluss der Implementierungsphase wurden zeit-, kosten- und prozessrelevante Projektanforderungen erfüllt und Nutzer sind zufrieden mit dem eingeführten System

Organisationale Leistung: Durch den Einsatz des ERP-Systems konnten Zielgrößen der Durchlaufzeit, Termintreue und Produktivität verbessert sowie Kundenbedürfnisse besser verstanden werden

Die Gültigkeit der CSF wurde von den Autoren anhand einer eigens durchgeführten Studie unter Teilnahme von 217 ERP-Anwendern analysiert. Wie die Ergebnisse der Studie belegen, zeigen sich deutliche Unterschiede in der Einflussnahme von CSF auf entweder den initialen Implementierungserfolg oder die anschließende organisationale Leistung. *Projektmanagement* als CSF des Forschungsmodells zeigt demnach keinen signifikanten Einfluss auf die abhängige Variable der *organisationalen Leistung*, weist jedoch einen signifikanten Einfluss auf die *Implementierung* auf. Der Einsatz von *Geschäftsprozess Re-Engineering* wurde in dem betrachteten Forschungsmodell weder signifikant auf *Implementierung* noch *organisationale Leistung* getestet. *Training und Weiterbildung* zeigt entgegen früherer Forschungsergebnisse einen signifikanten Einfluss sowohl auf den *Implementierungsprozess* als auch die anschließende *organisationale Leistung*. *Systemintegration* als abschließender CSF weist einen signifikanten Einfluss auf *organisationale Leistung* jedoch nicht auf Erfolgseinschätzung der *Implementierung* auf.[329]

[329] Vgl. Ram et al. (2013) Implementation CSFs for ERP, S. 157 ff.

3.2.1.4 LEYH (2014)

Den hohen Kostenaufwänden einer Systemeinführung zur Folge wurden ERP-Systeme zu Beginn ihres Aufkommens primär von Großunternehmen implementiert. Verbunden mit den zunehmend transparenten Nutzenpotenzialen von ERP-Systemen wurde in den vergangenen Jahren der Anbietermarkt von ERP-Systemen stark erweitert, wodurch Individuallösungen für KMU verstärkt in den Fokus rücken. Vor dem Hintergrund individueller Bedürfnisse von KMU widmet sich LEYH in seinem Forschungsbeitrag der Identifikation KMU-spezifischer CSF für Projekte der ERP-Implementierung.[330] Als Grundlage für anschließende Experteninterviews wurden im Forschungsbeitrag zunächst 31 CSF aus einer extensiven Literaturrecherche synthetisiert. Im Rahmen der Durchführung von neun Experteninterviews mit ERP-Verantwortlichen deutscher KMU wurden zunächst in freier Diskussion die 31 identifizierten CSF als relevant bestätigt. Anschließend konnten die nachfolgenden fünf CSF in absteigender Reihenfolge mit den Interviewbeteiligten als CSF der höchsten Relevanz identifiziert werden:

- **Schulung** der ERP-Nutzer (organisatorisch)
- ERP-**Systemtests** (technologisch)
- **Organisatorischer Fit** des ERP-Systems (technologisch)
- Klare **Ziele** und **Vorgaben** (organisatorisch)
- ERP-**Systemkonfiguration** (technologisch)

Unter Gegenüberstellung der Ergebnisse der Experteninterviews mit denen der extensiven Literaturrecherche attestiert LEYH KMU im Vergleich zu Großunternehmen eine stärkere Fokussierung auf technologische CSF. Während sich unter Befragung von KMU unterschiedliche Gewichtungen der Relevanz ergaben, konnten jedoch keine weiteren als die bereits von Großunternehmen in der Literaturrecherche genannten CSF identifiziert werden.

3.2.1.5 Zago und Mesquita (2015)

ZAGO UND MESQUITA untersuchen in ihrem Forschungsbeitrag den Einfluss ausgewählter CSF auf den Erfolg der Implementierung von APS-Systemen im Kontext der planerischen Koordination verteilter Supply-Chain-Standorte.[331] Von den Autoren wurden zu diesem Zweck sowohl Experteninterviews als auch eine Fallstudie im Umfeld eines Konzerns der Lebensmittelindustrie durchgeführt. In Vorbereitung der geplanten Experteninterviews konnten die nachfolgenden drei Gruppen an CSF basierend auf den Ergebnissen einer durchgeführten Literaturrecherche identifiziert werden:

---

[330] Vgl. Leyh (2014) CSF for ERP Projects in Small and Medium-sized Enterprises, S. 1181 ff.

[331] Vgl. Zago/Mesquita (2015) APS for supply chain planning, S. 280 ff.

Unternehmensanforderungen: Top-Management Unterstützung, Effizienz betrieblicher Prozesse, Kompetenz Projektteam, organisationale Bereitschaft

Anbieteranforderungen: Dauer Implementierungsprozess, Kompetenz Berater, Branchenerfahrung Berater, Unterstützung nach Abschluss Implementierungsphase

Projektanforderungen: Klarheit Definition Projektumfang, geringe Abweichung von Projektumfang, Einhaltung des zeitlichen Projektplans, angemessene Inhalte von Mitarbeiterschulungen, angemessener Umfang geschulter Mitarbeiter, Komplexität des Planungsproblems, Übereinstimmung Planungsproblem mit Funktionalität APS-System, einfache Parametrisierung des APS-Systems, zufriedenstellende Unterstützung Systemanbieter, Durchführung von Updates nach Implementierung

Als Ergebnis der durchgeführten Interviews wurden sämtliche der identifizierten CSF von den Experten der Systemanbieter sowie des Industrieunternehmens als relevant eingeschätzt. Der eingeschränkte Erfolg der begleiteten APS-Implementierung wurde nach retrospektiver Analyse auf Defizite bei der Berücksichtigung der folgenden CSF zurückgeführt: *Top-Management Unterstützung*, *Effizienz betrieblicher Prozesse*, *Dauer Implementierungsprozess*, *geringe Abweichung von Projektumfang*, *Einhaltung des zeitlichen Projektplans* sowie angemessener *Umfang geschulter Mitarbeiter*.[332]

3.2.1.6 Gupta und Misra (2016)

Cloudbasierte Anwendungen ermöglichen insb. KMU einen kostengünstigen und infrastrukturarmen Zugang zur ERP-Nutzung. KMU sind hierbei aufgrund der fehlenden Standardisierung und somit hoher Varianz cloudbasierter ERP-Lösungen darauf angewiesen, eine gezielte Auswahl benötigter Funktionalitäten zu treffen. Der Erfolg der Einführung cloudbasierter ERP-Systeme ist daher nach GUPTA UND MISRA neben internen Faktoren, in Form der Umsetzung von CSF, zusätzlich von externen, die Leistung der Cloudlösung beeinflussenden, Faktoren abhängig.[333] In ihrem Forschungsbeitrag untersuchen die Autoren daher moderierende Auswirkungen dieser externen Einflussfaktoren auf die Abhängigkeit zwischen CSF sowie Erfolgsgrößen der ERP-Einführung. Die wesentlichen externen Einflüsse auf die Leistung cloudbasierter ERP-Systeme fassen die Autoren über die drei nachfolgenden Faktoren zusammen:

[332] Vgl. Zago/Mesquita (2015) APS for supply chain planning, S. 280 ff.

[333] Vgl. Gupta/Misra (2016) Moderating Effects on CSF in the Implementation of Cloud ERP, S. 440.

Compliance: Compliance beschreibt die Nutzungsbedenken der Anwender aufgrund Unklarheiten zu Formalitäten der Datenspeicherung. Als wesentliche Aspekte von Compliance werden die cloudbasierte Datenarchivierung, Aufgabentrennung und globale Compliance-Standards aufgeführt.

Netzwerk: Unter Netzwerk werden technische Leistungsverluste der Cloudanwendung zusammengefasst. Als wesentliche Aspekte des Netzwerks werden die Netzwerklatenz, die Upload-Zeit, das Fehlen standardisierter Programmierschnittstellen, die Komplexität der Netzwerkschicht und das Drucken aus der Cloudanwendung dargestellt.

Informationssicherheit: In cloudbasierten ERP-Lösungen trägt der Systemanbieter die Verantwortung der Informationssicherheit sensibler Unternehmensdaten. Als wesentliche Aspekte der Informationssicherheit werden die Vertraulichkeit von Daten, Verschlüsselung, Rechenschaftspflicht und Wartung beschrieben.

Als die wesentlichen internen Faktoren einer erfolgreichen Implementierung cloudbasierter ERP-Systeme führen die Autoren die nachfolgend gruppierten CSF auf:

Organisationale Faktoren: Strategische Ziele und Vorgaben, Beseitigung organisatorischer Widerstände, Organisationskultur, Kommunikation, Arbeitserfahrung, Implementierungsstrategie, Projektbudget, Geschäftsprozess Re-engineering, Projektmanagement

Menschliche Faktoren: Einbindung der Nutzer in Einführungs- und Implementierungsprozesse, Benutzerfreundlichkeit der Anwendung, Schulung und Weiterbildung von Mitarbeitern, Vertrauen in Systemanbieter, Einsatz von ERP-Beratern, Kompetenz des Projektteams, Top-Management Unterstützung

Technische Faktoren: Übereinstimmung ERP-System mit Geschäftsprozess, Übereinstimmung technischer Bereitstellungsmodelle mit Geschäftsmodell, Datenintegration, Individualisierungsgrad technischer Lösung

Die Erfolgsgrößen der ERP-Einführung beschreiben die Autoren gemäß der Balanced-Scorecard-Terminologie als geringere Implementierungskosten, Benutzerfreundlichkeit und Berichtswesen, geringere Wartezeiten für Anwender, Erhöhung der Kundenbindung, bessere Erfüllung der Nutzeranforderungen sowie die erhöhte Flexibilität im Umgang mit variablen Nutzeranforderungen.

Zum Ziel der Analyse der Abhängigkeiten zwischen den beschriebenen internen und externen Einflussfaktoren auf die Erfolgsgrößen der ERP-Einführung wurde von den Autoren eine Onlinestudie durchgeführt. Wie die Auswertungsergebnisse der nach Ausschluss verbleibenden 208 Studienteilnehmer zeigen, lassen sich auf die menschlichen und technologischen Faktoren keine moderierenden Einflüsse der externen

Einflussfaktoren nachweisen. Lediglich für die unter organisationalen Faktoren gruppierten CSF wurde ein moderierender Effekt durch Aspekte des *Compliance*, des *Netzwerks* sowie der *Informationssicherheit* dargestellt. Ferner zeigen lediglich die Aspekte der *Compliance* zudem einen direkten Einfluss auf die Erfolgsgrößen der ERP-Einführung. Die Studienergebnisse bestätigen somit die Bedeutung nicht beeinflussbarer externer Einflussfaktoren in Form von Aspekten der *Compliance*, des *Netzwerks* sowie der *Datensicherheit* auf interne Faktoren der ERP-Einführung.[334]

3.2.1.7 Barth und Koch (2018)

Als bestehendes Forschungsdefizit bemängeln BARTH UND KOCH, dass CSF der Lebenszyklusphasen Wartung, Weiterentwicklung und Erneuerung von ERP-Systemen im Gegensatz zu vorherigen Lebenszyklusphasen, wie der Implementierung und initialen Nutzung, nur unzureichend untersucht werden.[335] Die Autoren unterstreichen jedoch die Bedeutung insb. dieser Lebenszyklusphasen vor dem Hintergrund der zunehmend geforderten Anpassungsfähigkeit von Unternehmen sowie der bereits heute im Schnitt alle drei Jahre benötigten Upgrades von ERP-Systemen. BARTH UND KOCH untersuchen in ihrem Forschungsbeitrag relevante CSF zur Bewältigung von ERP-Upgrade-Projekten. Aufgrund der fehlenden Vorarbeiten im Betrachtungsfeld von Upgrade-Projekten, verfolgen die Autoren hierbei einen qualitativen und interviewbasierten Ansatz zur Identifikation von relevanten CSF. Unter Durchführung semistrukturierter Experteninterviews mit sachkundigen Industrie- und Forschungsvertretern (Geschäftsführer, ERP-Berater etc.) wurden im Ergebnis die folgenden CSF identifiziert:

Projektmanagement: Implementierung eines Projektmanagements inklusive Projektcharta, detailliertem Zeitplan, Projektleiter, -team, -strukturplan und -controlling

Externe Unterstützung: Einsatz externer Berater, Implementierungspartner und ERP-Systemanbieter für prozessuale und technische Unterstützung

ERP-Team: Konfiguration eines diversen Projektteams unter Inkludierung organisationaler, prozessualer und technischer Kompetenzen sowie einer Mentorfunktion

Mehrsystemlandschaft: Nutzung einer Mehrsystemlandschaft, bestehend aus Entwicklungs-, Qualitätssicherungs-, Sandbox- und Produktivsystem

Systemprüfung: Gründung einer Abteilung für Qualitätssicherung und Einbindung von Systemnutzern variierender Abteilungen zur Bearbeitung von Testplänen und -szenarien

---

[334] Vgl. Gupta/Misra (2016) Moderating Effects on CSF in the Implementation of Cloud ERP, S. 440 ff.

[335] Vgl. Barth/Koch (2018) Critical success factors in ERP upgrade projects, S. 656.

Kommunikation: Gestaltung einer bereichsübergreifenden Kommunikationskultur mit dem Ziel eines realistischen Erwartungsmanagements sowie eines transparenten Reportings

Integration Systemnutzer: Integration und Partizipation ausgewählter Systemnutzer an Upgrade-Projekten zum Ziel des Wissenstransfers, der Akzeptanzbildung sowie der Erhöhung der Projektaufmerksamkeit

Gewonnene Erkenntnisse: Implementierung eines kontinuierlichen Prozesses zur Dokumentation und Diskussion gewonnener Erkenntnisse aus vergangenen Upgrade-Projekten

Festhalten an Standards: Vermeidung individueller Modifikationen der Programmierung aufgrund fehlender Gewährleistung der Systemfunktionalität und -sicherheit im Falle folgender Upgrades

Top-Management Unterstützung: Sicherstellung der Top-Management Unterstützung zur Bereitstellung benötigter Projektressourcen und Kommunikation der Projektrelevanz

Ressourcen und Fokussierung: Identifikation und Bereitstellung der projektrelevanten Ressourcen in Form interner und externer Personalkapazitäten

Veränderungsmanagement: Vorbereitung und Anpassung der Organisations- und Personalstrukturen an die mit Upgrades einhergehenden arbeitsrelevanten Veränderungen

Daten- und Programmbereinigung: Bereinigung der Systemdaten und des Quellcodes vorab der Umsetzung von Upgrades

Potenzialnutzung neuer Funktionen: Analyse der Potenziale neuer Funktionalitäten auf die Anwendbarkeit im eigenen Geschäftsprozess

Mit den Ergebnissen Ihres Forschungsbeitrags verdeutlichen die Autoren den Bedarf nach einer differenzierten Betrachtung von CSF in Abhängigkeit der relevanten Lebenszyklusphasen. Aufgrund der geringen Stichprobe verweisen die Autoren jedoch auf weiteren Forschungsbedarf nach quantitativen Untersuchungen der jeweiligen Lebenszyklusphasen.[336]

3.2.1.8 Seres et al. (2019)

SERES ET AL. untersuchen in ihrem Forschungsbeitrag privat- und gemeinwirtschaftliche Institutionen in Bezug auf den jeweiligen Umgang mit CSF im Rahmen der Einführung von ERP-Systemen.[337] Den Bedarf ihres Vorhabens begründen die Autoren

[336] Vgl. Barth/Koch (2018) Critical success factors in ERP upgrade projects, S. 656.
[337] Vgl. Seres et al. (2019) CSF in ERP System Adoption, S. 203 ff.

mit der bis dato fehlenden Gegenüberstellung von Branchen zur Identifikation struktureller Unterschiede in der Relevanz und Realisierung von CSF. Zum Zweck der Gestaltung einer entsprechenden Studie wurden von den Autoren unter Durchführung einer Literaturrecherche die in Abbildung 3-6 30 CSF identifiziert.

Kritische Erfolgsfaktoren Seres et al.		
Abgeschlossene Machbarkeitsstudie	Mitarbeiterschulung zu den umgestalteten Geschäftsprozessen	Informationsinfrastruktur & Kompetenz für Nutzung von Informationstechnolog.
Klar definierte(s) Ziel(e) der Einführung und Umfang des Umsetzungsprojekts	Anpassung von Softwarelösungen an Geschäftsprozesse	Abschluss der Systemtests und der Umstellung
Übereinstimmung von Geschäfts- und Informationsvisionen und -zielen	Änderungsbereitschaft der Organisation und Individuen	Darstellung & Auswahl der wichtigsten Merkmale von ERP-Systemen
Kompetenzniveau des Projektkoordinators oder -managers	Wirksames Management struktureller Veränderungen in der Organisation	Integration der ERP-Lösung mit anderen Softwarelösungen im Unternehmen
Existenz und Kompetenzen des Projektsponsors	Effiz. Kommunikation zwischen Einzelpersonen & Gruppen in der Organisation	Benutzerfreundlichkeit von ERP-Lösungen und Akzeptanz der Benutzer
Struktur und Kompetenzen des Projektteams	Unterstützung, Beteiligung & Engagement der obersten Führungsebene	Anzahl der ERP-Module und Dynamik ihrer Einführung
Anwesenheit von Vollzeitmitarbeitern im Projekt	Einsatz eines Lenkungsausschusses zur Kontrolle der Projektaktivitäten	Auswahl des ERP-Anbieters
Methodik des Projekts	Struktur und Kompetenz des Implementierungsteams	Umfang und Qualität der Benutzerschulung
Kontrolle und Messung von implementierten Leistungsindikatoren	Einbeziehung der Endnutzer in die Einführung und Umsetzung von ERP	Umfang des Einsatzes und Verantwortungsbereich von Beratern
Abgeschlossene Neugestaltung der Geschäftsprozesse	Abteilungsübergr. Zusammenarbeit zwischen Organisationssegmenten	Support-Level des Softwareanbieters

Abbildung 3-6: Kritische Erfolgsfaktoren nach SERES ET AL.[338]

Basierend hierauf wurden 77 Studienteilnehmer gemäß einer Likert-Skala nach ihrer individuellen Einschätzung der Bedeutung sowie der eigenen Umsetzung der jeweiligen CSF befragt. Wie die Ergebnisse der Relevanzbewertung zeigen, konnten alle 30 CSF sowohl im privat- als auch gemeinwirtschaftlichem Sektor als signifikant bestätigt werden. Der Einsatz eines *organisationalen Steuerungskreises* wurde hierbei mit der geringsten und die Unterstützung durch *Softwareanbieter* mit der höchsten Relevanz bewertet. Strukturelle Unterschiede im Antwortverhalten der beiden Sektoren konnten lediglich für die CSF des *Steuerungskreises*, mit höherer Priorisierung durch den gemeinwirtschaftlichen Sektor, sowie die *Anzahl eingesetzter ERP-Module*, mit höherer Priorisierung durch den privatwirtschaftlichen Sektor, nachgewiesen werden. Zur weiteren Untersuchung struktureller Unterschiede zwischen den Sektoren wurden die Studienteilnehmer unter Anwendung des K-means Algorithmus entsprechend ihrer Antworten in Cluster eingeteilt. Die homogene Verteilung der Teilnehmer sowohl des privat- als auch gemeinwirtschaftlichen Sektors widerlegen vermutete strukturelle Unterschiede. Während das Antwortverhalten hinsichtlich der eingeschätzten Relevanz nur geringe Unterschiede zwischen den Sektoren aufweist, zeigen sich im

338 i.A.a. Seres et al. (2019) CSF in ERP System Adoption, S. 203 ff.

erfragten Umsetzungsgrad stärkere strukturelle Abweichungen. So sind statistisch signifikante Unterschiede mit höherem Umsetzungsgrad im privatwirtschaftlichen Sektor für die CSF der *Einbindung von Endnutzern* ersichtlich. Höheren Umsetzungsgrad im gemeinwirtschaftlichen Sektor weisen die CSF des eingesetzten P*rojektkoordinators*, *Struktur und Kompetenzen des Projektteams*, *Vollzeit-Mitglieder in Projektteam*, *Systemintegration* und *Nutzerakzeptanz* auf. In Zusammenfassung legen die Studienergebnisse des Forschungsbeitrags ein einheitliches Problemverständnis über die beiden Sektoren hinweg dar, bei jedoch bestehendem Bedarf nach einer branchenspezifischen Betrachtung der Umsetzung von CSF im Zuge der ERP-Einführung.[339]

3.2.2 Dissertationen im Bereich des IT-Management

3.2.2.1 Kienegger (2015)

KIENEGGER befasst sich im Rahmen seines Dissertationsansatzes mit kritischen Erfolgsfaktoren bei Einführungsprojekten von ERP-Systemen im Umfeld von KMU.[340] Resultierend aus den Anforderungen von KMU wird ein gesonderter Fokus auf die Spezifikationen sog. Software-as-a-Service (SaaS) basierter ERP-Lösungen gelegt, welche in Unterscheidung zu klassischen On-Premise Ansätzen das Anmieten von Softwarefunktionalitäten ermöglicht. Zur Beantwortung der Forschungsfrage nach den relevanten Erfolgsfaktoren im Rahmen von Implementierungsprojekten SaaS-basierter ERP-Lösungen stellt KIENEGGER im Zuge seines Ansatzes die nachfolgenden Bausteine vor:

Marktrecherche: Spezifikation konstituierender Merkmale SaaS-basierter ERP-Lösungen

Extensive Literaturrecherche: Identifikation kritischer Erfolgsfaktoren klassischer ERP-Implementierungsprojekte (extensive Literaturrecherche)

Explorative Studie: Validierung und Spezifikation kritischer Erfolgsfaktoren am Praxisbeispiel SAP Business ByDesign

Die beiden wesentlichen Ergebnisse des Dissertationsansatzes von KIENEGGER stellen die Identifikation und Bewertung kritischer Erfolgsfaktoren mit Bezug auf SaaS-basierte ERP-Lösungen sowie hieraus abgeleiteter Handlungsempfehlungen für KMU dar. So wurden im Zuge des zweiten Bausteins zunächst 44 relevante Forschungsarbeiten zu Erfolgsfaktoren und 26 Forschungsarbeiten zu Risikofaktoren mit in Zusammenschluss insgesamt 42 unterschiedlichen Einflussfaktoren identifiziert. Unter Aggregation der Erfolgs- und Risikofaktoren und in Abgleich mit den konstituierenden Merkmalen von SaaS-Lösungen wurden von KIENEGGER 13 erfolgskritische Faktoren

339 Vgl. Seres et al. (2019) CSF in ERP System Adoption, S. 203 ff.

340 Vgl. Kienegger (2015) CSF von SaaS basierten ERP Einführungsprojekten, S. 1 ff.

spezifiziert und gemäß der Häufigkeit ihrer Zitation gewichtet. Wie in Abbildung 3-7 dargestellt, wurden die Faktoren weiterhin zum Zweck der besseren Operationalisierung über die strategische, taktische und operative Ebene im Lebenszyklus von Implementierungsprojekten verortet. Als weiteres Ergebnis des Dissertationsansatzes wurden von KIENEGGER unter induktiver Ableitung, basierend auf den Ergebnissen geführter Experteninterviews mit externen Systemberatern sowie internen Projektbeteiligten, 28 allgemeine Handlungsempfehlungen mit Bezug auf die Implementierungsaspekte der Teamkonstellation, Projektvorbereitung, Implementierung, Kommunikation und SAP Business ByDesign formuliert.[341]

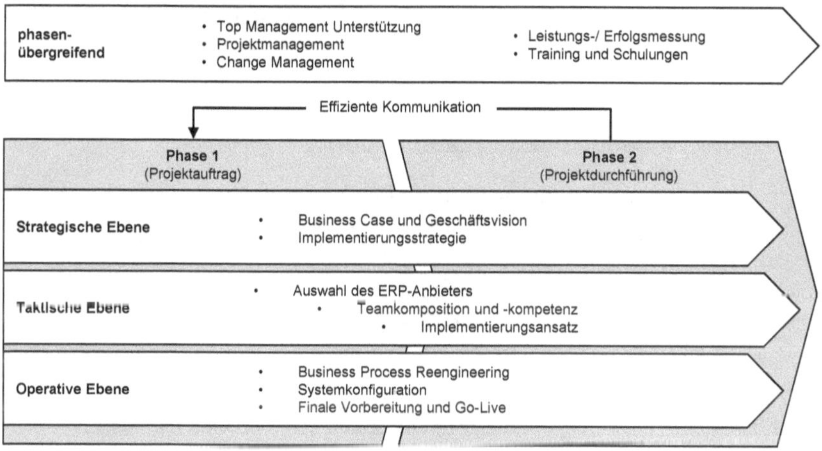

Abbildung 3-7: Dissertationsansatz KIENEGGER[342]

3.2.3 Zwischenfazit: Kritische Würdigung der Ansätze des IT-Managements

Die in Unterkapitel 3.2 identifizierten Ansätze des IT-Managements befassen sich mit Voraussetzungen der erfolgreichen Implementierung und Nutzung von IS in Form kritischer Erfolgsfaktoren. In Kontrast zu den Modellen der Akzeptanzforschung finden hierunter auch steuerungsspezifische ME- und APS-Systeme Berücksichtigung. Die Ergebnisse der Literaturrecherche zeigen jedoch eine weiterhin bestehende Unterrepräsentation steuerungsspezifischer IS. So wurde nach Berücksichtigung der In- und Exklusionskriterien lediglich jeweils nur ein Forschungsbeitrag unter Betrachtung von ME- und APS-Systemen identifiziert. Die Forschungsansätze des IT-Managements weisen im Unterschied zu den Ansätzen der Akzeptanzforschung eine

[341] Vgl. Kienegger (2015) CSF von SaaS basierten ERP Einführungsprojekten, S. 1 ff.
[342] i.A.a.Kienegger (2015) CSF von SaaS basierten ERP Einführungsprojekten, S. 91.

höhere Operationalisierbarkeit sowie einen detaillierteren Bezug auf konkrete Systemspezifika, etwa in Form von Lebenszyklusmodellen, auf. In kritischer Würdigung muss jedoch festgehalten werden, dass Ansätze, sofern eine Berücksichtigung des Lebenszyklus vorgenommen wird, ihren Betrachtungsfokus lediglich auf die Pre- oder Post-Implementierungsphase limitieren sowie diese Phasen nicht näher über konkrete Aufgaben oder Verantwortlichkeiten spezifizieren. Ferner werden die betrachteten IS in Bezug auf die abgeleiteten Erfolgsfaktoren nicht näher in ihrem Funktionsumfang spezifiziert und verbleiben somit auf abstrakter Ebene des Gesamtsystems. Wie in Unterkapitel 2.3.3.1 dargestellt, finden jedoch insb. ERP-Systeme, als meist adressiertes IS im Zuge der identifizierten Ansätze, über sämtliche Unternehmensbereiche und unter Nutzung unterschiedlichster Funktionalitäten Anwendung in Unternehmen.

3.3 Forschungsdefizit und Handlungsbedarf

Die in den beiden vorangegangenen Unterkapiteln vorgestellten Ansätze der Akzeptanzforschung sowie des IT-Managements im Zusammenhang mit der akzeptanzbasierten Problemlösungsfähigkeit von PPS-Systemen werden im nachfolgenden anhand der in Unterkapitel 2.5 beschriebenen Herausforderungen bewertet (siehe Abbildung 2-19). Unter Detaillierung des Forschungsdefizites sowie Ableitung der Forschungsfragen wird zu Abschluss des Unterkapitels die weitere Forschungsagenda vorgestellt.

Berücksichtigung steuerungsspezifischer Entscheidungssituationen und Stakeholder

Die Anforderungen nach Berücksichtigung steuerungsspezifischer Entscheidungssituationen und Stakeholder zum Ziel der Gewährleistung einer Unterstützung der Problemlösungsfähigkeit in der Produktionssteuerung wird von keinem der identifizierten Ansätze hinreichend adressiert. In Gegenüberstellung lässt sich festhalten, dass Ansätze der Akzeptanzforschung fokussiert die Nutzerperspektive betrachten und eine stärkere Anwender- und Aufgabenorientierung aufweisen, wohingegen Beiträge des IT-Managements vordergründig eine organisationale und technische Perspektive einnehmen. Ansätze der Akzeptanzforschung eignen sich Natur ihres grundlegenden Betrachtungsbereichs zur Analyse und Prognose des Verhaltens von Techniknutzern, während Ansätze des IT-Managements zwecks ihres anwendungsbezogenen Charakters organisationale Maßnahmen hoher Operationalisierbarkeit in den Fokus stellen.

Die Ergebnisse der durchgeführten Literaturrecherche zeigen, dass unter Anwendung der in Anhang 9.1 aufgeführten Suchstrategie keine Ansätze aus der Akzeptanzforschung mit Bezug auf steuerungsspezifische ME- oder APS-Systeme gefunden werden konnten. Gleich der Akzeptanzforschung zeigen auch die Ansätze des IT-Managements einen thematischen Schwerpunkt bei der Betrachtung von ERP-Systemen. So resultiert aus der Anwendung der Suchkriterien je nur ein Beitrag unter

Fokussierung von ME-Systemen, untersucht von LEE ET AL.[343], sowie APS-Systemen, untersucht von ZAGO UND MESQUITA[344]. Die vergleichsweise hohe Anzahl identifizierter Beiträge zum Betrachtungsbereich von ERP-Systemen verdeutlicht jedoch die grundsätzliche Relevanz beider Forschungsmethoden. Es zeichnet sich somit ein klares Forschungsdefizit in Bezug auf die Untersuchung von ME- und APS-Systemen und somit den Aufgabenbereich der PPS im Allgemeinen und Produktionssteuerung im Speziellen ab.

Ein weiteres Forschungsdefizit stellt die eingeschränkte Analyse des Einflusses variierender Stakeholder auf das individuelle Nutzerverhalten dar. So wird etwa im Ansatz nach THIM zwischen den Rollen Management, Change Agent und Nutzer differenziert.[345] Unterschiedliche Nutzertypen des Systems finden jedoch keine weitere Berücksichtigung. Angesichts der Vielzahl angebotener Funktionalitäten von ERP-Systemen und der sich über sämtliche Funktionsbereiche der Auftragsabwicklung hinweg verbreiteten Anwendung bedarf es zur Operationalisierung von Ergebnissen einer detaillierteren Betrachtung unterschiedlicher Nutzergruppen.

Systematische Identifikation von Akzeptanzfaktoren zur modellbasierten Prognose des Nutzerverhaltens bei Informationssystemen

In sämtlichen identifizierten Ansätzen der Akzeptanzforschung werden explizite Akzeptanzfaktoren mit Einfluss auf Nutzerverhalten thematisiert. Die Anforderung nach Berücksichtigung eines vollumfänglichen Akzeptanzmodells erfüllen die Ansätze jedoch nur eingeschränkt. So werden bspw. im Rahmen des Ansatzes von HERZIG ET AL.[346] lediglich Einflüsse von Prinzipien der Gamifizierung sowie im Rahmen des Ansatzes von KWAK ET AL.[347] des Einflusses variierender Support Funktionen auf die Akzeptanzbildung betrachtet. Ferner wurde in keinem der identifizierten Ansätze ein systematisches Vorgehen zur Synthese der relevanten Akzeptanzfaktoren expliziert. Lediglich im Dissertationsansatz von HANSEN-CASTEEL wird die angewandte Suchstrategie vorgestellt, jedoch fungiert hierbei die reine Häufigkeit der Nennung von Faktoren in Forschungsbeiträgen als Auswahlkriterium, ungeachtet potenzieller Signifikanzergebnisse der jeweiligen Beiträge.[348]

Die Ansätze des IT-Managements adressieren nur eingeschränkt die Anforderung nach der Berücksichtigung von Akzeptanzfaktoren zur Prognose des Nutzerverhaltens

[343] Vgl. Lee et al. (2012) implementations of MES in Korean manufacturing SMEs, S. 1942 ff.
[344] Vgl. Zago/Mesquita (2015) APS for supply chain planning, S. 280 ff.
[345] Vgl. Thim (2017) Technology acceptance in organisations, S. 6.
[346] Vgl. Herzig et al. (2012) Gamification of ERP Systems, S. 4.
[347] Vgl. Kwak et al. (2012) Understanding End-Users' Acceptance of ERP System, S. 273.
[348] Vgl. Hansen-Casteel (2020) Prospective Technology Acceptance Estimation, S. 35 ff.

von IS. So werden bspw. in den Ansätzen von AHMAD ET AL.[349], LEE ET AL.[350] und KIENEGGER[351] vereinzelt Maßnahmen zur gezielten Beeinflussung der Akzeptanzbildung, etwa in Form von Change Management oder partizipativen Entwicklungsansätzen, adressiert. Angesichts der im Rahmen der Akzeptanzforschung dargestellten Akzeptanzfaktoren, wie bspw. Tätigkeitsrelevanz oder Informationsqualität, beschreiben zwar auch die restlichen Ansätze des IT-Managements Maßnahmen mit entsprechendem Einfluss hierauf, der konkrete Einfluss auf die Akzeptanzbildung wird jedoch nicht expliziert.

Modellierung der Akzeptanzfaktoren in Abhängigkeit des sozio-technischen Akzeptanzrahmens

Geläufige Akzeptanzfaktoren, wie die wahrgenommene Nützlichkeit oder Benutzerfreundlichkeit des TAM, geben aufgrund ihres hohen Abstraktionsgrades noch keinen Aufschluss über mögliche Beeinflussungsmöglichkeiten. Es bedarf somit zunächst der Übertragung entwickelter Akzeptanzmodelle auf die eigene Unternehmenssituation. Zum Ziel der Operationalisierung von Akzeptanzmodellen bietet sich die Auslegung einzelner Akzeptanzfaktoren mit Blick auf die in Unterkapitel 2.4.1 beschriebenen Akteure der Akzeptanzbildung, namentlich Akzeptanzsubjekt, -objekt und -kontext, an. Die Anforderung nach einer derart differenzierten Auslegung einzelner Akzeptanzfaktoren wird insb. von den Dissertationsansätzen der Akzeptanzforschung, wenn auch nicht vollumfänglich, adressiert.

Eine ausführliche Modellierung des Akzeptanzsubjekts, in Form des Technologieanwenders, unter Darstellung der konstituierenden Merkmale, findet sich in den Dissertationsansätzen der Akzeptanzforschung nach THIM[352] sowie HANSEN-CASTEEL[353]. THIM beschreibt über den eigentlichen Technologieanwender hinweg zusätzlich weitere Stakeholder des Akzeptanzprozesses in Form des Managements sowie der Change Agents. Weitaus abstrakter wird das Akzeptanzsubjekt im Zuge der Journalansätze spezifiziert, wobei wiederholt adressierte Merkmale die Nutzungsdauer sowie das Alter des Akzeptanzsubjekts darstellen. Keine explizite Adressierung findet der Technologienutzer im Rahmen der Ansätze des IT-Managements.

Aus Perspektive des Akzeptanzobjekts kann eine Unterteilung der identifizierten Ansätze in solche unter Fokussierung konkreter PPS-Systeme, etwa in Form von ERP- oder ME-Systemen, allgemeiner Informationssysteme oder in Ansätze mit allgemeinem Technologiefokus vorgenommen werden. Während die Ansätze mit direktem

349 Vgl. Ahmad/Pinedo Cuenca (2013) Critical success factors for ERP implementation, S. 109.
350 Vgl. Lee et al. (2012) implementations of MES in Korean manufacturing SMEs, S. 1947.
351 Vgl. Kienegger (2015) CSF von SaaS basierten ERP Einführungsprojekten, S. 190 ff.
352 Vgl. Thim (2017) Technology acceptance in organisations, S. 214 ff.
353 Vgl. Hansen-Casteel (2020) Prospective Technology Acceptance Estimation, S. 53.

Systembezug eine unmittelbare Modellierung des Akzeptanzobjekts beinhalten, so verfügen die Ansätze von SCHMALTZ[354] und HANSEN-CASTEEL[355] über explizite Taxonomien zur Technologiebeschreibung. Lediglich der Ansatz von THIM vernachlässigt im Bereich der Akzeptanzforschung den Aspekt des Akzeptanzobjekts.

Die Anforderung nach der Modellierung des Akzeptanzkontexts findet unter den identifizierten Ansätzen die größtmögliche Berücksichtigung in den Dissertationsansätzen der Akzeptanzforschung nach THIM[356] und HANSEN-CASTEEL[357] sowie dem Journal Ansatz nach STERNAD ET AL.[358]. So werden in den genannten Ansätzen etwa der Einfluss variierender Organisationstypen sowie deren Steuerungsmechanismen, der Einfluss der Freiwilligkeit der Nutzung oder der Einfluss variierender Kulturen auf die individuelle Akzeptanzbildung untersucht.

Spezifikation von Maßnahmen zur Beeinflussung der akzeptanzbasierten Nutzung von Informationssystemen

Eine umfängliche Darstellung und Spezifikation von Maßnahmen zur Beeinflussung der akzeptanzbasierten Nutzung von Informationssystemen wird im Rahmen des Dissertationsansatzes nach SCHMALTZ vorgestellt.[359] Unter Aggregation von 29 verschiedenen Einzelmaßnahmen beschreibt der Autor zehn sog. Maßnahmen-Patterns zur Steigerung der IS-Akzeptanz. Die Maßnahmen-Patterns orientieren sich an expliziten Faktoren des Akzeptanzmodells und lassen sich bei Identifikation konkreter Akzeptanzmängel einsetzen. Einen ebenfalls hohen Erfüllungsgrad der Anforderungen zeigt sich über die Ansätze des IT-Managements hinweg. Insb. die Ansätze von SERES ET AL.[360], mit Ziel der Identifikation von Maßnahmen zur Sicherstellung der organisationalen Adoption neuer Systeme, und AHMAD ET AL.[361], mit Ziel der aktiven Gestaltung einzelner Lebenszyklusphasen wie der Akzeptanzphase, zeigen einen hohen Erfüllungsgrad der beschriebenen Anforderungen. Der Großteil der im Rahmen des IT-Managements beschriebenen Ansätze betrachtet Maßnahmen zur Sicherstellung des Erfolgs von Implementierungsprojekten oder der organisationalen Leistung unter Einsatz der beschriebenen Systeme und adressieren die Nutzerakzeptanz als indirektes Mittel.

---

354 Vgl. Schmaltz (2009) Messung und Steigerung der Akzeptanz von Informationslogistik, S. 15.

355 Vgl. Hansen-Casteel (2020) Prospective Technology Acceptance Estimation, S. 47 ff.

356 Vgl. Thim (2017) Technology acceptance in organisations, S. 88 ff.

357 Vgl. Hansen-Casteel (2020) Prospective Technology Acceptance Estimation, S. 63 ff.

358 Vgl. Sternad et al. (2019) TAM-based research on differences of ERP systems, S. 328.

359 Vgl. Schmaltz (2009) Messung und Steigerung der Akzeptanz von Informationslogistik, S. 155 ff.

360 Vgl. Seres et al. (2019) CSF in ERP System Adoption, S. 206 ff.

361 Vgl. Ahmad/Pinedo Cuenca (2013) Critical success factors for ERP implementation, S. 107 ff.

Beeinflussungsgerechte Verortung von Akzeptanzfaktoren und/oder Maßnahmen in IS Lebenszyklusmodellen

Die Anforderung nach der Betrachtung expliziter Lebenszyklusphasen betroffener Systeme findet größtenteils Anwendung im Rahmen der Ansätze des IT-Managements. Insb. die Ansätze nach KIENEGGER[362] und AHMAD ET AL.[363] bieten eine explizierte Darstellung der Lebenszyklusabschnitte der Pre- sowie der Post-Implementierungsphase. Gemäß der Verteilung der identifizierten Ansätze wird jedoch ein erheblicher Forschungsschwerpunkt im Bereich der Pre-Implementierungsphase erkannt. Im Rahmen der Ansätze der Akzeptanzforschung finden Merkmale unterschiedlicher Lebenszyklusabschnitte nur rudimentär Berücksichtigung. So beschreiben zwar die Ansätze von RAJAN UND BARAL[364], KWAK ET AL.[365] und HANSEN-CASTEEL[366] die Pre-Implementierungsphase als den von ihnen fokussierten Betrachtungsbereich, konkretisieren diesen sowie dessen Einfluss auf das Vorgehen jedoch nicht näher.

---

362 Vgl. Kienegger (2015) CSF von SaaS basierten ERP Einführungsprojekten, S. 39 ff.

363 Vgl. Ahmad/Pinedo Cuenca (2013) Critical success factors for ERP implementation, S. 105.

364 Vgl. Rajan/Baral (2015), S. 106 ff.

365 Vgl. Kwak et al. (2012) Understanding End-Users' Acceptance of ERP System, S. 266 ff.

366 Vgl. Hansen-Casteel (2020) Prospective Technology Acceptance Estimation, S. 7 ff.

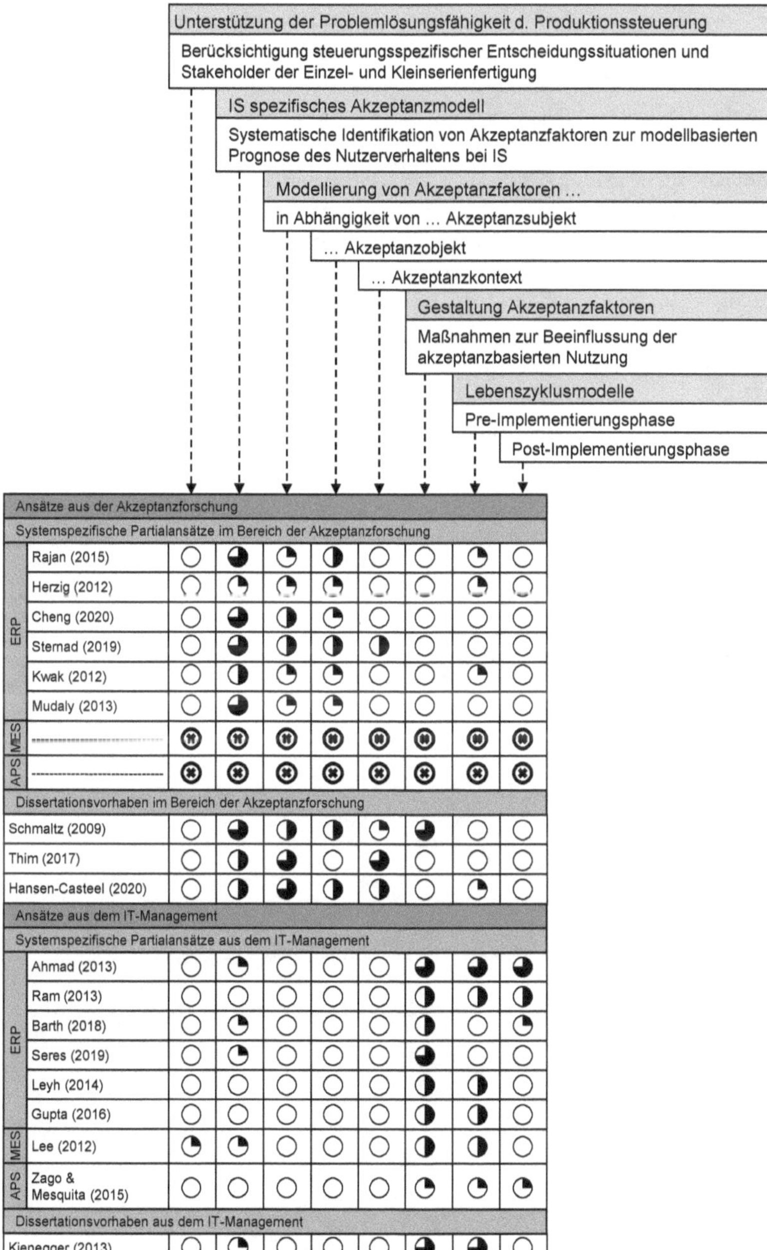

Abbildung 3-8: Bewertung des Stands der Technik

Aus der vorgestellten Analyse des Stands der Technik geht hervor, dass mit Blick auf den in Unterkapitel 2.5 formulierten Handlungsbedarf nach Ansätzen zur Steigerung der Akzeptanz von PPS-Systemen Forschungsdefizite bestehen. So konnten zwar in den Forschungsbereichen der Akzeptanzforschung sowie des IT-Managements Partialansätze mit Ergebnissen zu entwickelten Akzeptanzmodellen sowie operativen Maßnahmen zur Steuerung des IS-Einsatzes identifiziert werden. Defizite zeigen sich jedoch bei der fehlenden oder nicht beschriebenen Systematik der Akzeptanzmodellentwicklung und der fehlenden Gewährleistung einer hinreichenden Faktoridentifikation. Darüber hinaus zeigen die Ansätze des IT-Managements Defizite in Bezug auf einen verursachungsgerechten Einsatz der beschriebenen Maßnahmen. Aus Kosten-Nutzen-Perspektive fehlt es an einer Verknüpfung von Maßnahmen zu potenziellen Auslösern bspw. in Form einer situativen Akzeptanzbewertung. Zusammenfassend ergeben sich Forschungsdefizite der Ganzheitlichkeit betrachteter Ansätze mit Aufgabenbezug der Produktionssteuerung von der akzeptanzbasierten Zustandserfassung bis hin zur anwendungsgerechten Gestaltung der Akzeptanzzustände.

4 Konzeption der Methodik

Basierend auf den zuvor explizierten Handlungsbedarfen aus der Praxis sowie den resultierenden Forschungsdefiziten wird im nachfolgenden das Grobkonzept für ein akzeptanzbasiertes Verfahren zur Steigerung der Problemlösungsfähigkeit von PPS-Systemen vorgestellt. Dazu werden zunächst in Unterkapitel 4.1 die inhaltlichen sowie formalen Anforderungen an das zu entwickelnde Grobkonzept abgeleitet. In Unterkapitel 4.2 wird anschließend die Kernidee der angestrebten Lösung inklusive der angenommenen Lösungshypothesen skizziert. Die Darstellung des eigentlichen Lösungskonzepts unter Beschreibung des methodischen Vorgehens erfolgt in Unterkapitel 4.3. In Unterkapitel 4.4 wird abschließend eine Zusammenfassung der wesentlichen Lösungselemente und -potenziale in Form eines Zwischenfazits dargestellt.

4.1 Anforderungen an die Methodik

Für die Sicherstellung einer zielgerichteten Entwicklung werden im nachfolgenden Unterkapitel 4.1.1 zunächst die inhaltlichen sowie in Unterkapitel 4.1.2 die formalen Anforderungen an die Methodik abgeleitet. Der Begriff der Methodik verknüpft, wie in Abbildung 4-1 dargestellt, den Einsatz von Modellen, Methoden und Hilfsmitteln.[367]

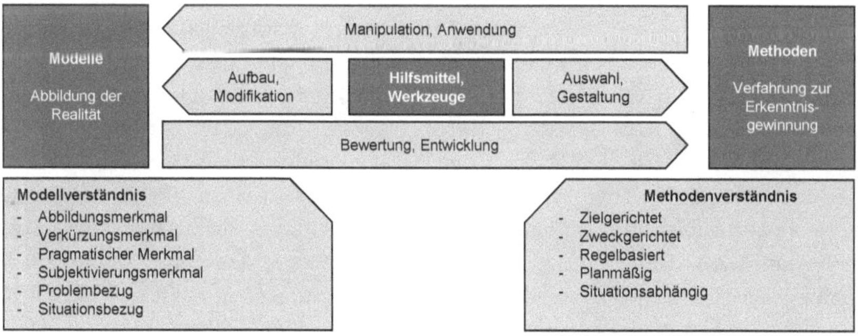

Abbildung 4-1: Bestandteile einer Methodik[368]

Eine Methodik beschreibt die gezielte Nutzung von Methoden, Modellen und Hilfsmitteln zum Ziel einer konkreten Problemlösung. Modelle dienen dem Zweck der Vorhersage des Verhaltens von Realsystemen durch abstrahierte und simplifizierte

---

[367] Vgl. Laufenberg (1996) Integrierte Projektgestaltung für simultaneous engineering, S. 6 f.

[368] i.A.a. Laufenberg (1996) Integrierte Projektgestaltung für simultaneous engineering, S. 6 f.

Repräsentation realer Sachverhalte.[369] Zur Wahrung der inhaltlichen und formalen Anforderungen dient sich der Einsatz der folgenden vier Modelltypen an:

Beschreibungsmodelle dienen der Dokumentation der abgebildeten Systeme, sodass diese in ihren wesentlichen Eigenschaften nachvollziehbar und kommunizierbar werden.

Erklärungsmodelle stellen explizite Annahmen über die abgebildeten Systeme dar, mit denen Phänomene der Systeme, deren Gründe nicht direkt ermittelbar sind, erklärt werden sollen.

Vorhersagemodelle ermöglichen basierend auf Erklärungsmodellen die Vorhersage zukünftiger Systemzustände.

Entscheidungsmodelle dienen der Auswahl der Vorzugslösung aus der entwickelten Variantenvielfalt zum Ziel der Systemgestaltung.[370]

4.1.1 Inhaltliche Anforderungen

Die Zielsetzung der vorliegenden Arbeit besteht in der Entwicklung einer akzeptanzbasierten Methodik zur Steigerung der sozio-technischen Problemlösungsfähigkeit von PPS-Systemen. Die inhaltlichen Anforderungen hieran lassen sich entsprechend der bisherigen Kapitelstruktur aus den in Kapitel 2 explizierten Herausforderungen der Praxis sowie dem in Kapitel 3 dargestellten Theoriezusammenhang und -defizit ableiten.

Die Bewältigung der in ihrer Komplexität gestiegenen Produktionssteuerung erfordert den verstärkten Einsatz von PPS-Systemen als wesentlichen Beitrag zur Problemlösungsfähigkeit von Beschäftigten. Die Technologieakzeptanz als konstituierender Faktor menschlichen Nutzerverhaltens rückt aufgrund zunehmend sozio-technischer Tätigkeitsbilder stärker in den Fokus. Zum Ziel der Analyse des Nutzerverhaltens im Umgang mit PPS-Systemen besteht die Anforderung nach einem auf die Merkmale betrieblicher Informationssysteme ausgelegten Akzeptanzmodell. Akzeptanz als direkter Einflussfaktor der Verhaltensabsicht potenzieller Systemnutzer stellt das Ergebnis wechselseitiger Einflussnahme zwischen dem Nutzer (Akzeptanzsubjekt), dem zu nutzenden System (Akzeptanzobjekt) und der situativen Nutzungsumgebung (Akzeptanzkontext) dar.[371] Die gezielte Beeinflussung der Akzeptanz zum Ziel der Steigerung der Problemlösungsfähigkeit führt zur Anforderung nach einer Modellierung identifizierter Akzeptanzfaktoren im Betrachtungsfeld des Akzeptanzsubjekts, -objekts sowie -kontexts. Die Gewährleistung einer robusten und systemgestützten Entscheidungsfindung im Rahmen der operativen Produktionssteuerung stellt ferner die

[369] Vgl. Patzak (1982) Systemtechnik - Planung komplexer innovativer Systeme, S. 307.

[370] Vgl. Patzak (1982) Systemtechnik - Planung komplexer innovativer Systeme, S. 313 ff.

[371] Vgl. Davis (1989) User Acceptance of Information Technology, S. 329.

Anforderung nach Maßnahmen zur zielgerichteten Beeinflussung von Akzeptanzzuständen. Akzeptanzzustände stellen keinen zeitdiskreten Zustand, sondern das Ergebnis kontinuierlicher Wechselwirkungen dar. Unter Fokussierung der kontinuierlichen Veränderungszustände des Akzeptanzobjekts ergibt sich somit die Anforderung nach der Berücksichtigung variierender Lebenszyklusphasen der betrachteten PPS-Systeme. Weitere inhaltliche Anforderungen an die zu entwickelnde Methodik resultieren aus dem in Kapitel 3 dargestellten Theoriezusammenhang und -defizit. Während Methoden der Akzeptanzmodellierung, bspw. im Rahmen der Unterhaltungselektronik oder auch im Bereich von Applikationen der Medizintechnik, bereits gelebte Praxis darstellen, so bleibt der Einsatz im industriellen Umfeld noch hinter seinen Möglichkeiten zurück.[372] Der fehlende Anwendungsbezug bestehender Forschungsansätze erfordert eine individualisierte Betrachtung der Produktionssteuerung unter Berücksichtigung von Entscheidungssituationen der Produktionssteuerung sowie des hiermit verbundenen Einsatzes steuerungsspezifischer PPS-Systeme in Form von ERP- oder ME-Systemen. Die Heterogenität der Merkmale, Erwartungen und Umgangsformen variierender Nutzer mit PPS-Systemen im Umfeld der Produktionssteuerung erfordert die Abkehr der einheitlichen Nutzerbetrachtung hin zur Typisierung einzelner Nutzergruppen von PPS-Systemen. Abschließend stellt der isolierte Betrachtungsfokus bestehender Ansätze die Anforderung nach einer ganzheitlichen Identifizierung und Modellierung von Akzeptanzfaktoren unter Einschluss sämtlicher Lebenszyklusphasen, angefangen bei der Pre- bis zur Post-Implementierungsphase. Die Zusammenfassung der inhaltlichen Anforderungsperspektive ist in Abbildung 4-2 dargestellt.

[372] Vgl. Sun/Zhang (2006) Moderating factors in user technology acceptance, S. 67.

Inhaltliche Anforderungen an die zu entwickelnde Methodik

Kapitel 1 Anforderungen aus der Zielsetzung der Arbeit

- Konzeption einer akzeptanzbasierten Methodik zur Steigerung der sozio-technischen Problemlösungsfähigkeit von PPS-Systemen

Kapitel 2 Anforderungen aus der Praxis

- Robuste Unterstützung der Problemlösungsfähigkeit in der Produktionssteuerung
  - Berücksichtigung steuerungsspezifischer Entscheidungssituationen und Stakeholder
- Spezifisches Akzeptanzmodell zur Prognose der Nutzerakzeptanz im Umgang mit PPS-Systemen
  - Systematische Identifikation von Akzeptanzfaktoren zur modellbasierten Prognose des Nutzerverhaltens bei PPS-Systemen
- Anwendungsspezifische Modellierung von Akzeptanzfaktoren in Abhängigkeit sozio-technischer Wechselwirkungen zwischen ...
  - ... Akzeptanzsubjekt
  - ... Akzeptanzobjekt
  - ... Akzeptanzkontext
- Maßnahmen zur zielgerichteten Beeinflussung von Akzeptanzfaktoren mit Ziel der akzeptanzbasierten Nutzung von Informationssystemen
- Beeinflussungsgerechte Verortung von Akzeptanzfaktoren und/oder Maßnahmen in den Lebenszyklusabschnitten der ...
  - Pre-Implementierungsphase
  - Post-Implementierungsphase

Kapitel 3 Anforderungen aus dem Theoriezusammenhang und dem Theoriedefizit

- Identifikation und Modellierung von operationalisierbaren Akzeptanzfaktoren unter individualisiertem Bezug auf ...
  - ... Entscheidungssituationen der Produktionssteuerung
  - ... steuerungsspezifische PPS-Systeme
- Explikation unterschiedlicher Nutzertypen im Rahmen der Modellierung von Akzeptanzfaktoren
- Entwicklung eines ganzheitlichen Ansatzes unter Inkludierung der ...
  - ... Identifikation bis Modellierung von Akzeptanzfaktoren
  - ... Lebenszyklusphasen der Pre- bis Post-Implementierungsphase

Abbildung 4-2: Inhaltliche Anforderungen an die zu entwickelnde Methodik

4.1.2 Formale Anforderungen

Über die inhaltlichen Anforderungen hinweg gilt es auch formale Anforderungen an die zu entwickelnde Methodik abzuleiten. Die Einhaltung formaler Anforderungen stellt die optimale Wirksamkeit der als Bausteine der Methodik entwickelten und genutzten Modelle sicher.[373] Aus systemtheoretischer Perspektive können nach PATZAK die nachfolgenden formaltheoretischen Anforderungen spezifiziert werden:[374]

[373] Vgl. Patzak (1982) Systemtechnik - Planung komplexer innovativer Systeme, S. 309.
[374] Vgl. Patzak (1982) Systemtechnik - Planung komplexer innovativer Systeme, S. 309 f.

Die **empirische Richtigkeit** beschreibt die hinreichend genaue Übereinstimmung des Modellverhaltens mit den Beobachtungen des zu repräsentierenden Systems. Adressiert wird ein möglichst hoher Realitätsbezug. Die **formale Richtigkeit** sichert den widerspruchsfreien Charakter des Modells, wobei Bedeutung auf die Wiederholbarkeit und Überprüfbarkeit erzielter Ergebnisse gelegt wird. Die **Produktivität** beschreibt die zweckbezogene Einsatzmöglichkeit des Modells. Produktivität ist gegeben, wenn das Modell die Erzeugung von inhaltlich und formal verwertbaren Antworten auf spezifische Fragestellungen ermöglicht. Die **Handhabbarkeit** adressiert die Anforderung nach einer leichten Anwendung des Modells sowie Interpretation der Modellergebnisse. Die Anforderung nach **geringem Aufwand** adressiert das Aufwand-Nutzen-Verhältnis im Gleichgewicht zwischen dem Nutzen erzielbarer Modellergebnisse und dem Modellierungsaufwand.

In Gegenüberstellung der formalen Anforderungen zeigt sich die konfliktäre Ausrichtung der qualitätsbezogenen ersten drei Anforderungen sowie der letzten beiden nutzungsbezogenen Anforderungen. Im Zuge der Entwicklung der Methodik muss demnach ein Kompromiss bei der Erfüllung formaler Anforderungen in Abhängigkeit des gewählten Einsatzzweckes getroffen werden.[375]

4.2 Kernidee der Arbeit

Entsprechend der inhaltlichen und formalen Anforderungen werden die nachfolgenden Hypothesen zur Spezifikation der Kernidee der Arbeit sowie des hierzu entwickelten Grobkonzepts formuliert:

(1) Die Kollaboration zwischen PPS-Systemen und menschlichen Entscheidungsträgern der Produktionssteuerung bestimmt die Problemlösungsfähigkeit zur Erfüllung aktueller Leistungsanforderungen.

(2) Grundvoraussetzung der zielgerichteten Nutzung von technischen Systemen stellt die Technologieakzeptanz als konstituierendes Merkmal menschlicher Verhaltensintentionen dar.

(3) Die Identifikation von Auslösern eingeschränkter Technologieakzeptanz erfordert die Analyse externer Einflussfaktoren auf situationsspezifische Akzeptanzzustände. Akzeptanzzustände lassen sich in Abhängigkeit der Akzeptanzakteure in Form des Nutzers (Akzeptanzsubjekt), des genutzten PPS-Systems (Akzeptanzobjekt) sowie der Nutzungsumgebung (Akzeptanzkontext) beschreiben.

(4) Die gezielte Modellierung der Technologieakzeptanz bedarf einer Beeinflussung des Akzeptanzsubjekts, -objekts und -kontexts unter Berücksichtigung variierender Nutzertypen sowie PPS-systembezogener Lebenszyklusabschnitte.

---

[375] Vgl. Patzak (1982) Systemtechnik - Planung komplexer innovativer Systeme, S. 310.

4.3 Grobkonzept der Methodik

Im Rahmen von Kapitel 4.3 wird das Grobkonzept zur akzeptanzbasierten Steigerung der sozio-technischen Problemlösungsfähigkeit von PPS-Systemen vorgestellt. Das Grobkonzept wird in fünf Module untergliedert (siehe Abbildung 4-3).[376]

In Modul I wird zunächst die inhaltliche Anforderung nach der Beschreibung und Prognose der Nutzerakzeptanz im Umgang mit PPS-Systemen adressiert. Hierzu müssen in Form eines Erklärungsmodells die zur Prognose des Nutzerverhaltens im Zusammenhang mit PPS-Systemen relevanten Akzeptanzfaktoren identifiziert und in Form eines Akzeptanzmodells in Relation gesetzt werden. Entsprechend den Anforderungen nach einer ganzheitlichen Repräsentation relevanter Akzeptanzfaktoren wird ein strukturiertes und quantitatives Vorgehen der Identifikation und Selektion von Akzeptanzfaktoren benötigt (siehe Unterkapitel 4.3.1).

In Vorbereitung der weiteren Operationalisierung der abgeleiteten Akzeptanzfaktoren wird in Modul II die Spezifikation eines sozio-technischen Akzeptanzrahmens entwickelt. Hierzu muss der Funktionsbereich der Produktionssteuerung aus sozio-technischer Akzeptanzbetrachtung – unter Modellierung des Akzeptanzsubjekts, -objekts sowie des -kontexts – analysiert werden. Die Ergebnisse werden in Form eines Beschreibungsmodells festgehalten (siehe Unterkapitel 4.3.2).

In Kombination des entwickelten Akzeptanzmodells sowie des sozio-technischen Akzeptanzrahmens wird in Modul III ein erweitertes Erklärungsmodell zur fortführenden Detaillierung der Akzeptanzfaktoren abgeleitet. Hierzu wird die Erfüllung der einzelnen Akzeptanzfaktoren in jeweiliger Abhängigkeit der Ausgestaltung des Akzeptanzrahmens, in Form des Akzeptanzsubjekts, -objekts und -kontexts, modelliert (siehe Unterkapitel 4.3.3).

Basierend auf der Analyse der Abhängigkeiten zwischen den Akzeptanzfaktoren und den Elementen des Akzeptanzrahmens erfolgt in Modul IV anschließend die Entwicklung eines Vorhersagemodells zur Steigerung der sozio-technischen Problemlösungsfähigkeit. Das Vorhersagemodell umfasst die prozessuale und akzeptanzorientierte Ausgestaltung der einzelnen Lebenszyklusphasen von PPS-Systemen. Das Modell muss demnach die Spezifikation der aus organisationaler Perspektive erforderlichen Prozessschritte zur Bewältigung der einzelnen Lebenszyklusphasen unter Zuordnung

---

[376] Folgende Vorarbeiten des Autors bilden die Grundlage der dargestellten Forschungsergebnisse: Vgl. Schuh et al. (2021) Factors Influencing Production Planning and Control System Acceptance, S. 321 ff.; Mundt et al. (2019) PPS-Report 2019, S. 1 ff.; Schuh et al. (2020) Socio-technical requirements for production planning and control systems, S. 167 ff.; Schuh et al. (2019) Effects of the update frequency of production plans on the logistical performance, S. 421 ff.; Schuh et al. (2021) Erhöhung der Akzeptanz von Produktionssimulationen, S. 222 ff.

und Integration der jeweils in den einzelnen Prozessschritten zu adressierenden Akzeptanzfaktoren beinhalten (siehe Unterkapitel 4.3.4).

Das abschließende Modul V des Grobkonzepts stellt ein Entscheidungsmodell zur Operationalisierung des zuvor abgeleiteten Vorhersagemodells dar. Wie in Unterkapitel 4.3.5 beschrieben, stellt das Ziel des Erklärungsmodells die Ableitung eines Vorgehens zur Anwendung eines spezifizierten Prozessmodells sowie der zugewiesenen Akzeptanzfaktoren dar. Durch das hierbei entwickelte mehrstufige Vorgehen wird sowohl die Analyse vorherrschender Akzeptanzzustände als auch die Ableitung geeigneter Gestaltungsmaßnahmen ermöglicht.

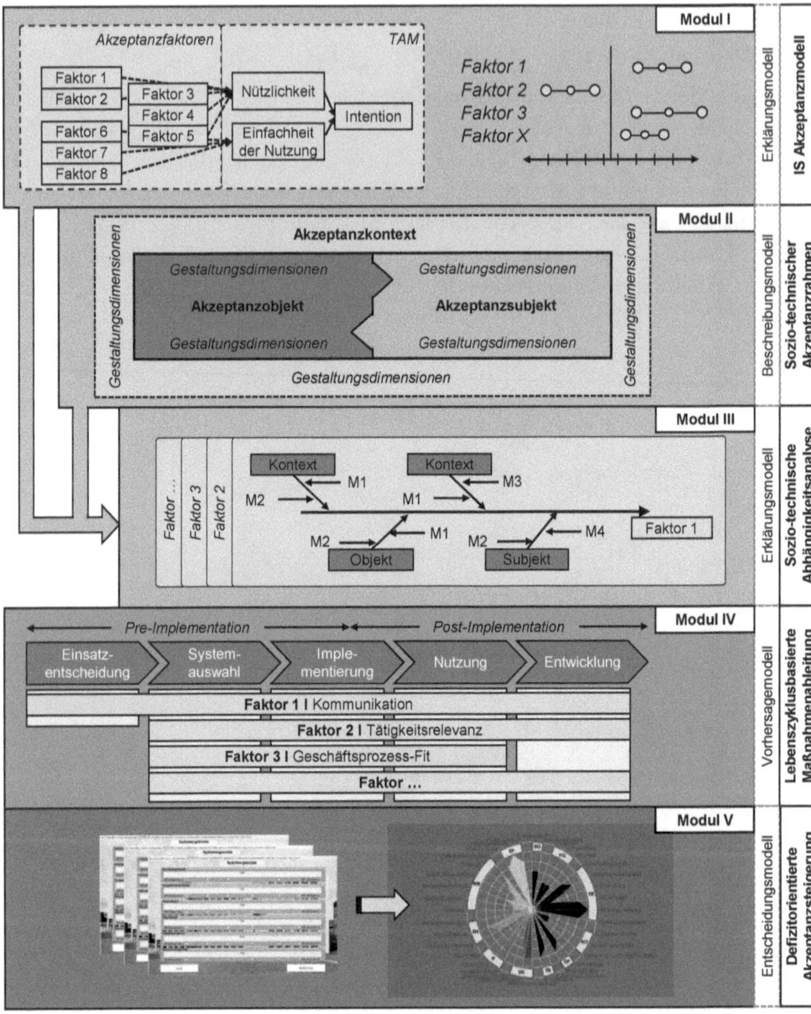

Abbildung 4-3: Grobkonzept zur akzeptanzbasierten Steigerung der sozio-technischen Problemlösungsfähigkeit von PPS-Systemen

4.3.1 Modul I: Informationstechnisches Akzeptanzmodell

Ziel

Ziel von Modul I des Grobkonzepts ist die Entwicklung eines Akzeptanzmodells als Erklärungsmodell der Akzeptanzbildung im Zuge der steuerungsspezifischen Nutzung von PPS-Systemen. Wesentliche Herausforderungen von Modul I stellen die Wahl eines geeigneten verhaltenspsychologischen Grundmodells der Akzeptanzmodellierung sowie die Identifikation und Gewichtung anwendungs- und situationsspezifischer externer Einflussfaktoren auf die Akzeptanzbildung dar. Das in Modul I zu entwickelnde Akzeptanzmodell entspricht somit dem sinnbildlichen Zielsystem der Gesamtmethodik, anhand dessen Zustände und Defizite der Technologieakzeptanz beteiligter Stakeholder erfasst werden können.

Methodisches Vorgehen

Der initiale Schritt im methodischen Vorgehen zur Entwicklung des Akzeptanzmodells besteht in der Bestimmung eines geeigneten Grundmodells der Verhaltenspsychologie zur Modellierung der Akzeptanzbildung (siehe Unterkapitel 5.1.1). Einflusskriterien bei der Auswahl eines Grundmodells stellen der wissenschaftliche Validierungsgrad, die adressierte Dimensionierung der Akzeptanz (Einstellungs-, Handlungs- oder Wertedimension) sowie die Beschaffenheit des Akzeptanzobjekts (Technik-, Entscheidungsakzeptanz etc.) dar.

Im zweiten Schritt erfolgt die empirisch induktive Identifikation relevanter Einflussfaktoren auf die Technologieakzeptanz im Rahmen der Produktionssteuerung (siehe Unterkapitel 5.1.2). Auf Grundlage der Ergebnisse einer extensiven Literaturrecherche wird hierbei die Grundgesamtheit der im Rahmen der Akzeptanzforschung thematisierten Einflussfaktoren der Akzeptanzbildung identifiziert. In Kontrast zu dem vergleichsweise allgemeingültigen Charakter des in Unterkapitel 5.1.1 bestimmten Grundmodells der Akzeptanz erfolgt die Identifikation der externen Einflussfaktoren unter strikter Berücksichtigung des Betrachtungsbereichs von PPS-Systemen.

Zum Ziel der Entwicklung eines praxistauglichen Akzeptanzmodells erfolgt im dritten Schritt die gezielte Auswahl von Einflussfaktoren zur Berücksichtigung im Akzeptanzmodell auf Grundlage ihrer Validitäten (siehe Unterkapitel 5.1.3 und 5.1.4). Hierzu werden die im vorherigen Unterkapitel identifizierten Einflussfaktoren einer quantitativen Meta-Analyse unterzogen. Der zweckdienliche Einsatz der Meta-Analyse liegt in der Aggregation primärer Untersuchungsdaten variierender Forschungsbeiträge zu Metadaten sowie der statistischen Auswertung dieser. Anhand statistischer Prüfverfahren ermöglichen Meta-Analysen die Untersuchung der Validität von Aussagen unter Einschluss auch gegensätzlicher Forschungsergebnisse.[377] Ziel der Meta-Analyse stellt somit der Ausschluss nicht validierter sowie die Gewichtung der validierten Einflussfaktoren auf das gewählte Grundmodell der Akzeptanzbildung dar.

Auf Grundlage der im Rahmen der Meta-Analyse identifizierten Einflussfaktoren der Akzeptanzbildung erfolgt im letzten Schritt die Ableitung und transparente Darstellung des finalen Akzeptanzmodells (siehe Unterkapitel 5.1.5).

---

[377] Vgl. Glass (1976) Meta-Analysis of Research, S. 3.

Adressierung inhaltlicher Anforderungen

Durch die gezielte Identifikation anwendungsorientierter Einflussfaktoren zur Berücksichtigung im Akzeptanzmodell erfüllt Modul I die inhaltlichen Anforderungen der Adressierung des sozio-technischen Charakters von Informationssystemen. Weiterhin werden durch den Einsatz der Meta-Analyse auch der empirischen Richtigkeit sowie der Handhabbarkeit Rechnung getragen. Das Akzeptanzmodell, als Kernergebnis von Modul I, folgt demnach dem MECE-Prinzip, wobei die finalen Einflussfaktoren dem Prinzip des gegenseitigen Ausschlusses (ME = mutually exclusive) folgen und mit Blick auf das Ziel der Akzeptanzmodellierung gemeinsam erschöpfend wirken (CE = collectively exhaustive).[378]

4.3.2 Modul II: Sozio-technischer Akzeptanzrahmen

Ziel

Das in Modul I entwickelte Akzeptanzmodell stellt die konstituierenden Grundfaktoren der Akzeptanzbildung dar, gibt jedoch noch keinen Aufschluss über eventuelle situationsspezifische Ursachen der (Nicht-)Erfüllung einzelner Akzeptanzfaktoren. Zur Ergründung der Ursachen untererfüllter Akzeptanzfaktoren wird als **Ziel** von Modul II ein Beschreibungsmodell zur transparenten Darstellung des sozio-technischen Akzeptanzrahmens entwickelt. Der Akzeptanzrahmen verkörpert die im Zuge der gezielten Beeinflussung von Akzeptanzzuständen zu berücksichtigenden sozio-technischen Gestaltungsmerkmale.

Methodisches Vorgehen

Die Grundlage für die Entwicklung des sozio-technischen Akzeptanzrahmens stellt die Systematisierung der Akzeptanz nach LUCKE[379] dar, gemäß welcher die Akzeptanzbildung im Dreiklang der Wechselwirkungen zwischen Akzeptanzsubjekt, -objekt und -kontext erfolgt. In den Schritten eins bis drei des Moduls II erfolgt die Übertragung des Akzeptanzsystems nach Lucke auf den Betrachtungsbereich der Produktionssteuerung:

Akzeptanzsubjekt: Das Akzeptanzsubjekt beschreibt die Stakeholder der Produktionssteuerung mit Kontakt zu PPS-Systemen. Der Kontakt zu PPS-Systemen liegt in der direkten Nutzung der Systeme zum Zweck der Informationsgewinnung oder aktiven Planung und Steuerung. Der Kontakt kann ferner auch indirekter Natur sein, etwa unter Betrachtung von Informationslieferanten für das System bspw. in Form von Auftragsrückmeldungen (siehe Unterkapitel 5.2.1).

---

[378] Vgl. Chrisman et al. (1988) System for Classifying Business Strategies, S. 416.

[379] Vgl. Lucke (1995) Akzeptanz, S. 89.

Akzeptanzobjekt: Das Akzeptanzobjekt umfasst die im Rahmen der Produktionssteuerung eingesetzten PPS-Systeme, zu Abstraktionszwecken repräsentiert durch ERP-, APS- und ME-Systeme. Ein akzeptanzorientiertes Management von PPS-Systemen, als funktionsspezifische IS, erfordert die Analyse vorliegender Systemstrukturen (siehe Unterkapitel 5.2.2).

Akzeptanzkontext: Der Akzeptanzkontext umfasst das im Einzelnen beeinflussende Umfeld von Akzeptanzsubjekt und -objekt sowie das direkte Umfeld der Interaktion zwischen Akzeptanzsubjekt und -objekt, welches im industriellen Kontext durch organisationale Faktoren beschrieben wird (siehe Unterkapitel 5.2.3).

Als Grundlage der Ordnungsrahmen zur Modellierung der Gestaltungsmerkmale von Akzeptanzsubjekt, -objekt und -kontext dienen Arbeitssystemmodelle der Ergonomie orientierten Arbeitswissenschaften.

Adressierung inhaltlicher Anforderungen

Die Entwicklung des sozio-technischen Akzeptanzrahmens in Form eines Beschreibungsmodels stellt voraussetzende Grundlage für die gezielte Beeinflussung von Akzeptanzzuständen in den anschließenden Modulen dar. Der Akzeptanzrahmen expliziert die Grundgesamtheit an Gestaltungsmerkmalen des Akzeptanzsubjekts, -objekts und -kontexts und spannt den Lösungsraum organisationalen Handelns zum Ziel der Akzeptanzbeeinflussung auf. Modul II adressiert somit die inhaltliche Anforderung nach der Sicherstellung einer robusten Entscheidungsunterstützung.

4.3.3 Modul III: Sozio-technische Abhängigkeitsanalyse

Ziel

Ziel von Modul III ist die Entwicklung eines Erklärungsmodells zur sozio-technischen Abhängigkeitsanalyse defizitärer Akzeptanzzustände im Zuge der Nutzung von PPS-Systemen. Grundlage des Erklärungsmodells stellen die Akzeptanzfaktoren des in Modul I entwickelten Akzeptanzmodells als Untersuchungsgegenstände sowie die Gestaltungsmerkmale des sozio-technischen Akzeptanzrahmens in Modul II als Ursachendimensionen dar. Während durch Anwendung des Akzeptanzmodells lediglich Akzeptanzdefizite auf dem hohen Abstraktionsniveau der externen Akzeptanzfaktoren (bspw. Datenqualität oder Tätigkeitsrelevanz) identifiziert werden können, bedarf die Einleitung von Verbesserungsmaßnahmen einer grundlegenden Analyse der Ursachen untererfüllter Akzeptanzfaktoren. Aufgrund nutzerindividueller Akzeptanzzustände muss eine Ursachenanalyse je Faktor und unter perspektivischer Betrachtung variierender Nutzungssituationen erfolgen. Ziel von Modul III umfasst somit die Entwicklung eines Erklärungsmodells zur faktor- und situationsspezifischen Analyse von Ursachen detektierter Akzeptanzdefizite.

Methodisches Vorgehen

Der initiale Schritt des methodischen Vorgehens von Modul III stellt die Verknüpfung der identifizierten Akzeptanzfaktoren mit den jeweils relevanten Gestaltungsmerkmalen des sozio-technischen Akzeptanzrahmens dar (siehe Unterkapitel 5.3). In Anlehnung an die im Rahmen des Qualitätsmanagements geläufige Ursache-Wirkungs-Modellierung wird hierbei auf den Einsatz von Ishikawa-Diagrammen gesetzt. Ungleich den zumeist im Rahmen der Ishikawa-Diagramme verwendeten Ursachendimensionen in Form von 6M (Material, Maschine etc.) werden als Ursachendimensionen die Gestaltungsmerkmale des gewählten Akzeptanzrahmens verwendet.

Adressierung Anforderungen

Modul III umfasst mit Blick auf die formulierten Anforderungen die gezielte Adressierung spezifischer Nutzergruppen der Produktionssteuerung sowie der jeweils eingesetzten Systeme und Systemfunktionalitäten bei der Beeinflussung individueller Akzeptanzzustände. Durch die Anwendung der Ursache-Wirkungs-Modellierungen werden zudem die Grundvoraussetzungen der anschließenden Generierung von Maßnahmen geschaffen.

4.3.4 Modul IV: Akzeptanzbasierte Lebenszyklusgestaltung

Ziel

Im Rahmen von Modul IV erfolgt die Entwicklung eines Gestaltungsmodells zum Ziel der aktiven Beeinflussung von Akzeptanzzuständen. Der Einsatz der auf dem Akzeptanzmodell basierenden Ursache-Wirkungs-Beziehungen ermöglicht zunächst lediglich die Messung von Akzeptanzzuständen und die Identifikation von Akzeptanzdefiziten auf Granularität der einzelnen Akzeptanzfaktoren. Als Anforderung an das in Modul IV zu entwickelnde Vorhersagemodell lässt sich die Adressierung und Gestaltung einzelner Akzeptanzfaktoren definieren.

Methodisches Vorgehen

Um dem Phänomen der kontinuierlichen Akzeptanzentwicklung von Nutzergruppen Rechnung zu tragen, sieht das Modell im ersten Schritt die verursachungsgerechte Verortung von Einflussfaktoren der Akzeptanz auf die jeweiligen Lebenszyklusabschnitte der eingesetzten PPS-Systeme vor. Die Bedeutung dieser Verortung liegt im Umstand begründet, dass etwa Handlungen und Entscheidungen mit Einfluss auf akzeptanzrelevante Einflussfaktoren zeitlich von der akzeptanzbildenden Wahrnehmung durch potenzielle Endnutzer abweichen können. Beispielhaft lässt sich dies an der Auswahl und Spezifikation benötigter Systemfunktionalitäten veranschaulichen, welche bereits in der Phase der Einsatzentscheidung geprägt, durch den Endnutzer jedoch oftmals erst in der Implementierungs- oder Nutzungsphase wahrgenommen werden. Die somit verursachungsgerecht verorteten Einflussfaktoren auf die Akzeptanzbildung dienen anschließend der akzeptanzförderlichen Ausgestaltung der einzelnen Prozessschritte der jeweiligen Lebenszyklusphasen (siehe Unterkapitel 5.4).

Adressierung Anforderungen

Durch das in Modul IV zu entwickelnde Vorhersagemodell stellt die Methodik die Anforderung nach einem ganzheitlichen Ansatz sicher. In Reaktion auf die Kritik an bestehenden Ansätzen, bzgl. der isolierten Betrachtung einzelner Lebenszyklusphasen, wird im Rahmen von Modul IV eine End-to-End Betrachtung, von der anfänglichen Post- bis zur abschließenden Pre-Implementierungsphase, gewährleistet.

4.3.5 Modul V: Vorgehen zur defizitorientierten Akzeptanzsteigerung

Ziel

Ziel von Modul V stellt die Entwicklung eines ganzheitlichen Vorgehens zur Steigerung der Nutzerakzeptanz im Umgang mit PPS-Systemen zur eigenständigen Anwendung durch Unternehmen dar. Das zu entwickelnde Vorgehen in Form eines Entscheidungsmodells ermöglicht Unternehmen in seinen einzelnen Bestandteilen die transparente Aufnahme von Akzeptanzzuständen, die verursachungsgerechte Spezifikation von Akzeptanzdefiziten sowie die handlungsorientierte Verknüpfung von Maßnahmen zur Steigerung der Akzeptanz.

Methodisches Vorgehen

Das in Modul V zu entwickelnde Erklärungsmodell erfordert zunächst die Ableitung eines Studiendesigns basierend auf den im Rahmen des Akzeptanzmodells identifizierten Akzeptanzfaktoren sowie deren Spezifikation entsprechend der vorliegenden Lebenszyklusphase. Das methodische Vorgehen des Modells erstreckt sich anschließend über die drei Schritte (siehe Unterkapitel 5.5): Aufnahme allgemeiner Akzeptanzzustände, Aufnahme lebenszyklusspezifischer Akzeptanzzustände und Ableitung situationsspezifischer Gestaltungsmaßnahmen. So ermöglicht die Anwendung des auf dem rudimentären Akzeptanzmodell basierenden Studiendesigns (siehe Unterkapitel 5.1) die Identifikation grundlegender Akzeptanzdefizite der einzelnen Stakeholder der PPS. In Übertragung dieser Erkenntnisse auf das entwickelte Vorhersagemodell der einzelnen Lebenszyklusphasen (siehe Unterkapitel 5.4) sowie der hierin verorteten Akzeptanzfaktoren wird die Identifikation der relevanten Prozessschritte des Lebenszyklus ermöglicht. Basierend auf der somit erfolgten Spezifikation potenziell kritischer Prozessschritte der einzelnen Lebenszyklusphasen erfolgt im zweiten Schritt des Entscheidungsmodells die Aufnahme lebenszyklusspezifischer Akzeptanzzustände. Als Ergebnis werden je PPS-Stakeholder die kritischen Prozessschritte sowie die jeweilig defizitären Akzeptanzfaktoren bestimmt. Basierend auf der somit gewonnenen Transparenz werden im dritten Schritt des Vorgehens unter Analyse der Ursache-Wirkungs-Beziehungen je Akzeptanzfaktor (siehe Unterkapitel 5.3) die jeweiligen Maßnahmenschwerpunkte je Prozessschritt zur positiven Beeinflussung der Akzeptanzzustände hervorgehoben.

Adressierung Anforderungen

Das in Modul V zu entwickelnde Entscheidungsmodell adressiert die Anforderungen nach einem ganzheitlichen Gestaltungsansatz der Akzeptanz. So ermöglicht die Überführung der Akzeptanzfaktoren in ein lebenszyklusspezifisches Studiendesign die Einbindung variierender Stakeholder der PPS unter Abbildung sämtlicher Lebenszyklusphasen. Durch das interaktive Format der Akzeptanzbewertung können zudem situationsspezifische Entscheidungssituationen einzelner Stakeholder sowohl in der Akzeptanzbewertung als auch -gestaltung berücksichtigt werden. Zur Adressierung der formalen Anforderungen nach Ansätzen hoher Handhabbarkeit und geringen Aufwänden wird das Vorgehen aus Modul V abschließend in ein graphisches Feedback-Tool zur Unterstützung der Akzeptanzbewertung und -modellierung überführt.

4.4 Zwischenfazit: Grobkonzept zur Steigerung der sozio-technischen Problemlösungsfähigkeit von PPS-Systemen

In Kapitel 4.3 wurde das Grobkonzept zur Steigerung der sozio-technischen Problemlösungsfähigkeit von PPS-Systemen hergeleitet. Als Grundlage wurden hierfür die Erkenntnisse aus Kapitel 1 bis 4 genutzt, unter gesonderter Hervorhebung der in Kapitel 1 synthetisierten Forschungsfragen sowie den in Unterkapitel 4.1.1 und 4.1.2 abgeleiteten inhaltlichen und formalen Anforderungen an das Grobkonzept.

Die Kernidee des Grobkonzepts wurde in Unterkapitel 4.2 mittels vier Hypothesen beschrieben, welche anhand der einzelnen Module des Grobkonzepts adressiert werden. So bestimmt sich die sozio-technische Problemlösungsfähigkeit über die Kollaboration zwischen PPS-Systemen und menschlichen Entscheidungsträgern der Produktionssteuerung, welche im Wesentlichen durch die Technologieakzeptanz als konstituierendes Merkmal menschlicher Verhaltensintentionen bestimmt wird. Adressierung finden diese Anforderungen im Rahmen des in Modul I zu entwickelnden Akzeptanzmodells sowie der hierin vereinten und das individuelle Akzeptanzniveau von Mitarbeitern bestimmenden Akzeptanzfaktoren. Als weitere Hypothese der Kernidee erfüllt das Grobkonzept mithilfe der Module II und III die Anforderung nach der Identifikation potenzieller Auslöser einer eingeschränkten Technologieakzeptanz. So erfolgt in Modul II die Modellierung eines sozio-technischen Akzeptanzrahmens und in Modul III die Analyse der Erfüllung einzelner Akzeptanzfaktoren unter Betrachtung der Gestaltungsdimensionen von Akzeptanzsubjekt, -objekt und -kontext. Anhand der Module I bis III wird der ersten Teilforschungsfrage nach den maßgeblichen Auslösern für die fehlende Akzeptanz von PPS-Systemen Rechnung getragen.

Zur Adressierung der vierten Lösungshypothese mit Ziel der aktiven Gestaltung der Technologieakzeptanz wurden in Modul IV und V Vorgehen zur beeinflussungsgerechten Verortung der Akzeptanzfaktoren entlang der einzelnen Lebenszyklusphasen sowie der akzeptanzorientierten Auslegung der verorteten Prozessschritte beschrieben. Module IV und V des Grobkonzepts adressieren somit die zweite Teilforschungsfrage nach einem Vorgehen zur Steigerung der individuellen Akzeptanz durch die gezielte Analyse und Erfüllung von Nutzerbedürfnissen. Die Detaillierung der einzelnen Module des Grobkonzepts erfolgt nachfolgend im Rahmen von Kapitel 5.

5 Detaillierung der Methodik

5.1 IS Akzeptanzmodell

Ziel von Modul I der zu entwickelnden Methodik stellt, wie in Unterkapitel 4.3.1 beschrieben, die Ableitung eines Akzeptanzmodells als Erklärungsmodell der Akzeptanzbildung im Zuge der steuerungsspezifischen Nutzung von PPS-Systemen dar. Im Bereich der Verhaltensforschung wurden in den vergangenen Perioden eine Vielzahl variierender Grundmodelle der Akzeptanz unter Betrachtung verschiedener Einsatzgebiete entwickelt und validiert. Zu den am weitest verbreiteten und weiterentwickelten Akzeptanzmodellen, mit Bezug auf den Einsatz von Informationssystemen, gehört das initial von DAVIS formulierte Technology Acceptance Model[380]. Wie in Abbildung 5-1 dargestellt, kann der Aufbau von Akzeptanzmodellen über eine grundlegende Akzeptanzmodellierung, bspw. verkörpert durch das TAM, ergänzt um externe Einflussfaktoren sowie moderierende Variablen beschrieben werden. Insb. externe Einflussfaktoren ermöglichen die Analyse situationsspezifischer Anwendungsfälle. Erkenntnisse über externe Einflussfaktoren stellen das Ergebnis zahlreicher Forschungsstudien variierender Untersuchungsgegenstände und Forschungsdesigns dar. Über die tatsächliche Aussagekraft einzelner Variablen in Form externer Einflussfaktoren herrscht über einzelne Studien hinweg Unstimmigkeit.

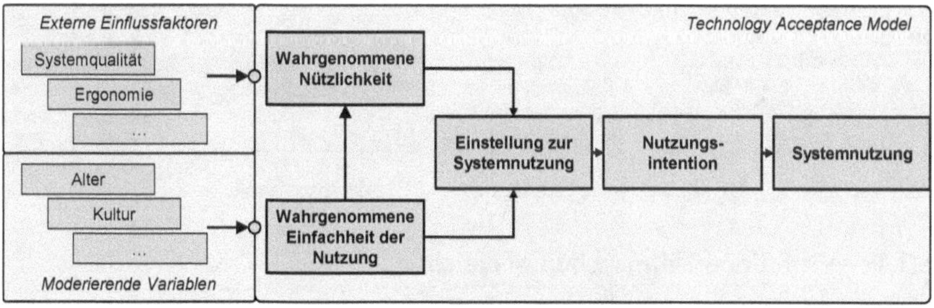

Abbildung 5-1: Konzeption Akzeptanzmodelle nach DAVIS[381]

Als Verfahren der angewandten Statistik ermöglichen Meta-Analysen die Untersuchung der Effektgröße von Studienergebnissen. Die Effektgröße als Währungseinheit der Meta-Analyse repräsentiert den Wert der Stärke einer Beziehung zwischen zwei

[380] Vgl. Davis (1989) User Acceptance of Information Technology, S. 320.

[381] i.A.a. Davis (1989) User Acceptance of Information Technology, S. 320.

Variablen.[382] Die wesentliche Leistung der Meta-Analyse liegt in der Standardisierung von Studienergebnissen, wodurch Metadaten variierender Studien aggregiert und für einen gesamtheitlichen Erkenntnisgewinn analysiert werden können. So wurde das Verfahren der Meta-Analyse von GLASS[383] geprägt als: „Die statistische Auswertung einer großen Sammlung von Analyseergebnissen aus Einzelstudien zum Zweck der Integration von Erkenntnissen. Als grundlegende Voraussetzungen der Durchführung quantitativer Meta-Analysen lassen sich die ausschließliche Verwertbarkeit empirischer, quantitativer Forschungsergebnisse als Untersuchungsgegenstand (keine Verwertbarkeit ausschließlich qualitativer Studien) sowie die Vergleichbarkeit der Studiendesigns zugrundeliegender Studien festhalten.[384] Das grundlegende Vorgehen bei der Durchführung von Meta-Analysen lässt sich, wie in Abbildung 5-2 dargestellt, in die folgenden fünf Teilschritte untergliedern: (1) Definition des Untersuchungsbereichs, (2) Identifikation und Auswahl der Forschungsstudien, (3) Kodierung der Studienergebnisse, (4) Analyse der Effektgrößen und (5) Modellierung der Forschungsergebnisse.

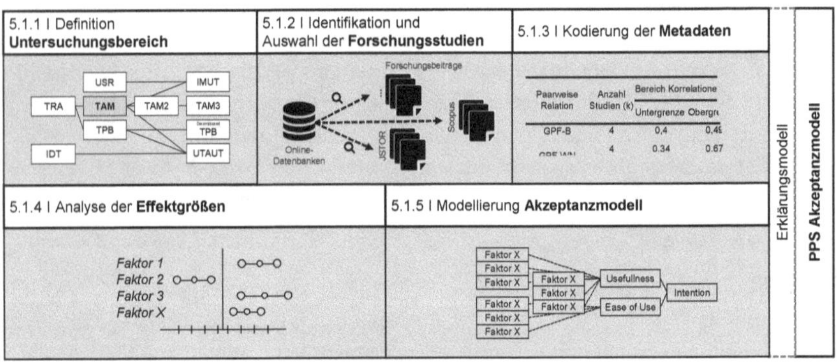

Abbildung 5-2: Detailkonzept zur Ableitung des PPS Akzeptanzmodells

5.1.1 Definition Untersuchungsbereich

Der initiale Schritt im Zuge einer Meta-Analyse sieht die Eingrenzung des Untersuchungsbereichs sowie die Beschreibung der zu untersuchenden Problemstellung vor.[385] Die Problemformulierung dient als maßgebliche Orientierung für die anschließenden Schritte der Studienauswahl, Kodierung der Metadaten und Analyse der Effektgrößen. Zweck der Meta-Analyse im Rahmen der vorliegenden Methodik ist die Entwicklung eines Akzeptanzmodells zur Beschreibung des Nutzungsverhaltens von

[382] Vgl. Field (2001) Meta-analysis of correlation coefficients, S. 161.

[383] Vgl. Cheung (2015) Meta-analysis, S. 1; Glass (1976) Meta-Analysis of Research, S. 3.

[384] Vgl. Lipsey/Wilson (2009) Practical meta-analysis, S. 2.

[385] Vgl. Lipsey/Wilson (2009) Practical meta-analysis, S. 12.

PPS-Systemen im Umfeld der Produktionssteuerung. Voraussetzung der Durchführung von Meta-Analysen stellt die Vergleichbarkeit der zugrundeliegenden Studien dar. Die Beschreibung des akzeptanzbasierten Nutzungsverhalten von Technologie ist über eine Vielzahl unterschiedlicher Grundmodelle (vgl. Unterkapitel 2.4.1) möglich. Aufgrund der individuellen und voneinander variierenden Modellierung der Variablen mit Einfluss auf das Nutzungsverhalten ist ein statistischer Vergleich von externen Einflussfaktoren über die unterschiedlichen Grundmodelle hinweg nicht möglich. Zum Ziel der Eingrenzung des Untersuchungsbereichs muss daher eine Auswahl des im Weiteren zu nutzenden Grundmodells der Akzeptanz getroffen werden. Als Auswahlkriterium eignet sich aufgrund der methodischen Limitation von Meta-Analysen auf empirische Studienergebnisse der Verbreitungsgrad des jeweiligen Grundmodells. Als weiteres Auswahlkriterium wird der Technologiebezug der jeweiligen Grundmodelle genutzt.

Der *IDT*-Ansatz basiert auf einem allgemeinen Technologiebezug und betrachtet explizit die Einführung neuartiger und innovativer Applikationen, wodurch eine eingeschränkte Anwendbarkeit auf bestehende Lösungen an PPS-Systemen gewährleistet ist. Die Modelle des *TAM* und *UTAUT* richten sich in ihrer Auslegung explizit auf die Betrachtung von Informationssystemen, wobei das *TAM* den höheren Verbreitungsgrad aufweist. Die Modelle *TRA* und *TPB* verfügen über keinen konkretisierten Technologiebezug. In Anlehnung an den bereits dargestellten Stammbaum der Akzeptanzmodelle (siehe Abbildung 3-1) verfügen auch die Akzeptanzmodelle des *IS Erfolgsmodells*, *Decomposed TPB* sowie *IMUT* über einen konkreten Bezug auf Informationssysteme, bleiben jedoch in ihrem Verbreitungsgrad hinter dem *TAM* zurück. Gegeben der Kriterien der Verbreitungshäufigkeit sowie der technologiespezifischen Anwendbarkeit bei IS eignet sich demnach das *TAM* am besten zur weiteren Nutzung in der Meta-Analyse.

Ebenfalls erforderlich für die weitere Durchführung der Meta-Analyse ist die Beschreibung der zu untersuchenden Problemstellung. In Anlehnung an die erste Teilforschungsfrage der übergeordneten Methodik (siehe Unterkapitel 1.3) – „Was sind die maßgeblichen Auslöser für die fehlende Akzeptanz von PPS-Systemen?“ – kann die Problembeschreibung für die Meta-Analyse formuliert werden als: „Welche externen Einflussfaktoren wirken auf die Variablen (1) Wahrgenommene Nützlichkeit, (2) Wahrgenommene Benutzerfreundlichkeit sowie (3) Verhaltensabsicht des TAM im Zusammenhang mit dem Einsatz von ERP-, APS- oder ME-Systemen?“

5.1.2 Auswahl von Forschungsstudien zur Identifikation empirisch validierter Einflussfaktoren

Der angewandte Prozess zur Auswahl geeigneter Forschungsstudien orientiert sich an dem aus vier Schritten bestehenden Vorgehen der extensiven Literaturrecherche nach VOM BROCKE ET AL. (siehe Anhang 9.1).[386]

Schritt 1: Identifikation geeigneter Journals

Zur Identifikation geeigneter Journals für den weiteren Prozess der Recherche kommt der *SCImago Journal Rank* (SJR) zum Einsatz. Der SJR gewichtet Journals entsprechend des gleichnamigen SJR-Indikators. Der SJR-Indikator eines Journals entspricht einem numerischen Wert, welcher die durchschnittliche Anzahl der gewichteten Zitate pro in dieser Zeitschrift veröffentlichtem Dokument in den letzten drei Jahren angibt.[387] Der SJR-Indikator stellt somit einen von der Größe des jeweiligen Journals unabhängigen Qualitätsindikator dar, welcher mit steigendem Wert einen höheren Anteil an vielzitierten Artikeln im Verhältnis zur Gesamtzahl an Veröffentlichungen attestiert. Die gleichnamige *SCImago*-Datenbank ermöglicht die thematische Vorauswahl von Journals anhand einer Verschlagwortung.[388] Mit Bezug auf die in Unterkapitel 5.1.1 definierte Problemstellung wurde folgende thematische Vorauswahl an Journal-Kategorien getroffen: a) Information Systems and Management, b) Management Science and Operation Research, c) Human-Computer Interaction, d) Information System, e) Control and Information Systems Engineering, f) Industrial and Manufacturing Engineering, g) Management of Technology and Innovation, h) Management Information Systems.

Die Auswahl der letztendlich in die Recherche einzubindenden Journals basiert in den jeweiligen Journal-Kategorien auf dem SJR-Indikator, wobei in absteigender Reihenfolge Journals bis zu einem SJR-Wert >1 eingebunden wurden. Im Ergebnis wurden 246 inhaltlich relevante sowie wissenschaftlich renommierte Journals identifiziert.

Schritt 2: Identifikation geeigneter Datenbanken

Ziel des zweiten Schrittes umfasst die Identifikation von Datenbanken wissenschaftlicher Veröffentlichungen, mit deren Nutzung die Suche und der Zugriff auf Artikel der im vorherigen Schritt spezifizierten Journals ermöglicht wird. Gleich dem Vorge-

---

[386] Vgl. Vom Brocke et al. (2009) Reconstructing the giant, S. 2213.

[387] Vgl. Guerrero-Bote/Moya-Anegón (2012) The SJR2 indicator, S. 676.

[388] https://www.scimagojr.com/

hen der extensiven Literaturrecherche aus Kapitel 3 wurden aufgrund der Zugriffsrechte sowie Suchfunktionalitäten die nachfolgenden Datenbanken genutzt: *Scopus*[389], *Ebscohost*[390], *IEEEexplore*[391], *Web of Science*[392] und *JSTOR*[393].

Schritt 3: Formulierung von Inklusions- und Exklusionskriterien

Für die Suche und Auswahl der relevanten Forschungsstudien werden im nächsten Schritt Inklusions- und Exklusionskriterien definiert. Inklusionskriterien stellen Suchzeichenfolgen (engl. search strings) dar und bilden die Grundlage der Abfrage in den vorab spezifizierten Datenbanken. Exklusionskriterien repräsentieren inhaltliche Anforderungen, welche trotz Übereinstimmung der Suchzeichenfolge zum Ausschluss gefundener Beiträge führen. Als Inklusionskriterium wird die nachfolgende Suchzeichenfolge zur Anwendung gebracht: “ERP" OR “enterprise resource planning" OR “MES” OR “manufacturing execution system” OR “APS” OR “advance planning and scheduling system” AND "tam" OR "technology acceptance" OR “acceptance model". Die Suchzeichenfolge wird auf Übereinstimmung in Titel und Abstract (TITLE -ABS) geprüft. Als Exklusionskriterien werden ein nicht empirischer Studiencharakter sowie die unvollständige Repräsentation der statistischen Studienergebnisse, wie in Kapitel 5.1.3 näher ausgeführt, festgelegt.

Schritt 4: Suche und Bewertung von Forschungsstudien

Im abschließenden Schritt der Literaturrecherche werden die spezifizierten Inklusionskriterien in Form der Suchzeichenfolge in den Suchdatenbanken zur Anwendung gebracht sowie die daraufhin gefundenen Artikel einer Prüfung der Exklusionskriterien unterzogen. Im Ergebnis wurden unter Anwendung der Inklusionskriterien in den 249 zuvor als relevant identifizierten Journals (SR>1) vier den Suchkriterien entsprechende Forschungsbeiträge gefunden werden. Durch Ausweitung der Anzahl in die Suche einbezogenen Journals (SR>0,2) wurde die Zahl der identifizierten Forschungsbeiträge auf zwölf Studien erhöht.

Zur Ausweitung des Suchradius wurde für das weitere Vorgehen die Beschränkung des Begrenzungskriteriums auf Journalbeiträge relaxiert, demnach die Inklusions- und Exklusionskriterien in den Datenbanken zur direkten Anwendung gebracht werden können. Grund hierfür stellt die hohe Bedeutung der Einbindung einer hinreichend großen Anzahl an Studienergebnissen zu wiederholt untersuchten Relationen zwischen relevanten Variablen an die Ergebnisqualität von Meta-Analysen dar. Durch

---

389 Vgl. https://www.scopus.com/search/form.uri?display=basic#basic (2020).

390 http://web.a.ebscohost.com/ehost/search/advanced?vid=1&sid=6483f657-ec3c-4a1d-b065-7c49220c1109%40sessionmgr4006 (2020).

391 https://ieeexplore.ieee.org/Xplore/home.jsp (2020).

392 https://www.webofscience.com/wos/woscc/basic-search (2020).

393 https://www.jstor.org/action/showAdvancedSearch?refreqid=search%3A6d48d30162a3db22060172166c1a435d (2020).

diese Anpassung der Suchstrategie konnten 691 Forschungsbeiträge mit übereinstimmenden Inklusionskriterien in den Datenbanken identifiziert werden. Nach Entfernung von Duplikaten sowie Anwendung der Exklusionskriterien verbleiben in Konsequenz die in Anhang 9.2 aufgeführten 51 Forschungsbeiträge als Datengrundlage der weiteren Meta-Analyse. Über die Analyse der Gesamtheit aller in der Datengrundlage untersuchten Akzeptanzmodelle wurden zunächst 198 voneinander unterscheidbare externe Einflussfaktoren aufgenommen. Unter Vereinheitlichung variierender Schriftformen sowie unter Zusammenfassung von Einflussfaktoren bei inhaltlicher Übereinstimmung reduziert sich die Anzahl unterschiedlicher Akzeptanzfaktoren auf 94.[394]

5.1.3 Kodierung der Studienergebnisse

Meta-Analysen repräsentieren die Forschungsergebnisse unter Auswertung der eingebundenen Studien in Form von Effektgrößen. Effektgrößen verkörpern die verwendeten Statistiken, anhand derer die entscheidenden, quantitativen Informationen aus den Studienergebnissen kodiert werden.[395] In Abhängigkeit des zugrundeliegenden Untersuchungsgegenstands werden unterschiedliche Statistiken der Effektgröße zum Einsatz gebracht, so bspw. Effektgrößen der r-Familie zur Erfassung von Korrelationen oder Effektgrößen der d-Familie zur Beschreibung von Ergebnissen von Experimenten.[396] Wie in der Definition des Untersuchungsbereichs (siehe Unterkapitel 5.1.1) festgehalten, stellt der Gegenstand der vorliegenden Analyse die Relation zwischen externen Variablen und Akzeptanzfaktoren des TAM-Modells dar. Die relevante Effektgröße der eingebundenen Studien äußert sich somit in Form von Korrelationskoeffizienten, wobei der Korrelationskoeffizient r nach PEARSON-BRAVAIS den geläufigsten Einsatz erfährt.[397] Über die eigentliche Effektgröße hinweg müssen zur Durchführung der Meta-Analyse die nachfolgenden Metadaten aus den Einzelstudien extrahiert werden:

Stichprobenumfang: Anzahl an Beobachtungswerten einer bspw. im Rahmen von Studien erhobenen Stichprobe (Teilmenge einer untersuchten Grundgesamtheit).[398]

Korrelationskoeffizient: „Zusammenhangsmaß für Daten eines bivariaten Merkmals (X, Y), dessen Komponenten X und Y auf metrischem Niveau gemessen werden“[399].

---

[394] Vgl. Schuh et al. (2021) Factors Influencing Production Planning and Control System Acceptance, S. 325.

[395] Vgl. Lipsey/Wilson (2009) Practical meta-analysis, S. 3.

[396] Vgl. Hunter/Schmidt (2007) Methods of meta-analysis, S. 275.

[397] Vgl. Hunter/Schmidt (2007) Methods of meta-analysis, S. 275.

[398] Vgl. Cramer/Kamps (2020) Grundlagen der Wahrscheinlichkeitsrechnung und Statistik, S. 16.

[399] Cramer/Kamps (2020) Grundlagen der Wahrscheinlichkeitsrechnung und Statistik, S. 105.

Cronbachs Alpha: Reliabilitätskoeffizient zur Maßbestimmung der internen Konsistenz von Skalen.[400]

Die zum Zweck der Durchführung der Meta-Analyse kodierten und entsprechend der jeweils wechselseitigen Abhängigkeiten zwischen Akzeptanzfaktor und externem Einflussfaktor aggregierten Metadaten sind in Tabelle 5-1 dargestellt. So werden in den Metadaten in sequentieller Form die Korrelationen zwischen sämtlichen externen Einflussfaktoren und den drei TAM Variablen (1) Nutzungsabsicht, (2) wahrgenommene Nützlichkeit und (3) wahrgenommene Benutzerfreundlichkeit aufgeführt. Meta-Analysen können grundsätzlich bereits zur Zusammenfassung zweier Studienergebnisse eingesetzt werden. Aus Gründen der Ergebnisvalidität sowie Relevanz zu berücksichtigender Faktoren wurden Einflussfaktoren erst ab einer Nennhäufigkeit von vier in die weitere Analyse eingebunden.

Tabelle 5-1: Kodierung der Studienergebnisse

Paarweise Relation	Anzahl Studien (k)	Bereich Korrelationen		Bereich Stichprobengrößen		Ø N	Σ N
		Untergrenze	Obergrenze	Untergrenze	Obergrenze		
GPF-B	4	0,4	0,49	161	293	239	955
GPF-WN	4	0,34	0,67	161	293	239	955
KOM-B	4	0,288	0,664	104	231	159	634
K-N	4	0,34	0,652	138	339	228	912
K-B	8	0,307	0,715	138	395	250	2001
K-WN	8	0,366	0,77	138	395	250	2001
IQ-B	5	0,41	0,55	161	480	280	1399
IQ-WN	4	0,49	0,73	161	293	230	919
S-N	16	-0,1	0,64	59	339	203	3248
S-B	20	-0,16	0,733	59	339	197	3940
S-WN	17	-0,04	0,86	59	339	205	3485
TR-N	7	0,3	0,68	84	312	225	1573
TR-B	8	0,2	0,73	84	355	228	1827
TR-WN	7	0,233	0,8	84	355	246	1723
V-N	11	-0,51	0,487	71	339	184	2019
V-B	20	-0,17	0,87	84	395	226	4524
V-WN	19	0,02	0,59	84	395	233	4423
PI-B	6	0,19	0,61	101	293	217	1303
PI-WN	6	0,11	0,74	101	293	217	1303
SN-N	12	-0,08	0,666	71	339	214	2567
SN-B	20	0,02	0,84	115	1590	293	5857
SN-WN	20	0,04	0,857	115	1590	306	6125
SK-B	4	-0,568	0,669	112	208	147	589
SK-WN	4	-0,56	0,685	112	208	147	589
SQ-N	6	-0,03	0,689	155	312	219	1313
SQ-B	10	0,1	0,75	155	395	244	2442
SQ-WN	10	0,119	0,75	155	395	244	2442

WN: Wahrgenommene Nützlichkeit; B: Wahrgenommene Benutzerfreundlichkeit ; N: Nutzungsabsicht; SN: Subjektive Norm; SQ: System Qualität; K: Kompatibilität; TR: Tätigkeitsrelevanz; V: Verhaltenskontrolle; S: Support; PI: persönliche Innovationsbereitschaft; GPF: Geschäftsprozess-Fit; IQ: Informations- & Funktionsqualität; KOM: Kommunikation; SK: Systemkomplexität

[400] Vgl. Hunter/Schmidt (2007) Methods of meta-analysis, S. 100.

5.1.4 Analyse der Effektgrößen

Entscheidend für das jeweilige Vorgehen im Rahmen einer Meta-Analyse ist die Modellwahl fester (engl. fixed-effects model) oder zufälliger Effektgrößen (engl. random-effects model). Die grundlegende Annahme des Modells zufälliger Effektgrößen ist, dass die Stichproben der jeweils zugrundeliegenden Studien aus variierenden Populationen mit eigener Effektgröße entstammen. Die Modellannahme fester Effektgrößen geht hingegen davon aus, dass sämtliche Stichproben einer Super-Population mit einer wahren Effektgröße entstammen.[401] Angesichts der hohen Wahrscheinlichkeit vorliegender Moderatoren in den zuvor aufgeführten Studien – bspw. bedingt durch die Natur der Systemnutzung, variierende Systemplattformen etc. – empfiehlt sich in Einklang mit dem Vorgehen vergleichbarer Meta-Analysen die Nutzung des Modells zufälliger Effektgrößen.[402] Weiterhin stehen für die Durchführung einer Meta-Analyse verschiedene etablierte Standardverfahren, etwa nach HEDGES-OLKIN[403], SCHMIDT-HUNTER[404] oder ROSENTHAL-RUBIN[405], zur Auswahl, mit jeweils vergleichbaren zu erwartendem Erkenntnisgewinn. Aufgrund des hohen Verbreitungsgrades im Bereich der Verhaltenswissenschaften sowie der Eignung für Modelle zufälliger Effektgrößen wird nachfolgend das Verfahren nach SCHMIDT-HUNTER angewandt.

Wesentliches Ziel von Meta-Analysen stellt, neben der einheitlichen Kodierung von Effektgrößen, die Korrektur der Studienergebnisse um Imperfektionen, sog. Artefakte, dar. Artefakte verkörpern Bedingungen einer Studie, denen zur Folge die ermittelte Effektgröße von dem eigentlich zugrundeliegenden Effekt abweicht und demnach einer Korrektur bedarf.[406] Artefakte können systematischer oder unsystematischer (zufälliger) Natur sein, wobei systematische Artefakte aufgrund ihrer Konsistenz und Vorhersehbarkeit bereits in den individuellen Studienergebnissen korrigiert werden können. Die Auswirkungen unsystematischer Artefakte können hingegen nur nach erfolgter Aggregation der Studienergebnisse abgeschwächt werden.[407] Bei den wesentlichen Artefakten, welche mit dem gewählten Verfahren nach SCHMIDT-HUNTER adressiert werden, handelt es sich wie nachfolgend dargestellt um den Stichproben- sowie den Messfehler.

---

[401] Vgl. Hunter/Schmidt (2007) Methods of meta-analysis, S. 201.

[402] Vgl. King/He (2006) A meta-analysis of the technology acceptance model, S. 743.

[403] Vgl. Hedges/Olkin (1985) Statistical Method for Meta-Analysis, S. 1 ff.

[404] Vgl. Hunter/Schmidt (2007) Methods of meta-analysis, S. 1 ff.

[405] Vgl. Rosenthal/Rubin (1979) Comparing significance levels of independent studies, S. 1 ff.

[406] Vgl. Hunter/Schmidt (2007) Methods of meta-analysis, S. 33.

[407] Vgl. Cooper et al. (2019) Handbook of research synthesis and meta-analysis, S. 317.

Eine größtmögliche Validität von Studienergebnissen lässt sich mit einer fiktiven, unendlich großen Stichprobe erzielen. Der **Stichprobenfehler** beschreibt die Abweichung zwischen den Studienergebnissen und dem Verhalten der Grundgesamtheit aufgrund der unvollständigen Repräsentation der Grundgesamtheit durch die ausgewählte Stichprobe. Der Stichprobenfehler stellt somit ein unsystematisches Artefakt dar, welches Berücksichtigung bei der Aggregation der Studienergebnisse finden muss.[408]

Ein jeder Studie eigenes systematisches Artefakt stellt der **Messfehler** der abhängigen sowie unabhängigen Variablen dar. Als Messfehler werden die Abweichungen zwischen den über die Messkonstrukte erhobenen Studienergebnisse zum real zugrundeliegenden Effekt beschrieben, welche zu einer systematischen Verringerung (Dämpfung, engl. attenuation) der gemessenen Korrelation führen.[409]

Nach Zusammenführung der Studienergebnisse unter Korrektur und Abschwächung der zuvor genannten Artefakte kann die Ergebnisvalidität der Meta-Analyse durch Überprüfung der vorliegenden Verzerrungen (engl. biases) überprüft werden. Eine insb. im Zuge von Meta-Analysen geläufige Verzerrung stellt der Publikationsbias dar. Der Publikationsbias (engl. file-drawer-problem) ist eine der Meta-Analyse immanente Verzerrung und beschreibt die Kritik an den mittels einer Meta-Analyse aggregierten und als signifikant eingestuften Studienergebnissen.[410] Grundlage der Kritik stellt der Umstand dar, dass im Rahmen von Forschungsbestreben erzielte nicht-signifikante Ergebnisse mit höherer Wahrscheinlichkeit nicht veröffentlicht werden.[411] Die im Rahmen einer Meta-Analyse identifizierte Grundgesamtheit an Studien entspricht somit nur eingeschränkt der realen Grundgesamtheit an durchgeführten Studien und muss demnach in Verhältnis zu den durchgeführten, jedoch nicht veröffentlichten Studien betrachtet werden. Abschließend wird die Ergebnisqualität der Meta-Analyse durch eine Homogenitätsbetrachtung der eingebundenen Studienergebnisse sowie eine Signifikanzüberprüfung der Aggregationsergebnisse ergänzt.

Unter Adressierung der zuvor genannten Artefakte gestaltet sich das mathematische Vorgehen der Meta-Analyse nach SCHMIDT-HUNTER anhand der nachfolgenden Formeln:

---

[408] Vgl. Hunter/Schmidt (2007) Methods of meta-analysis, S. 34.
[409] Vgl. Hunter/Schmidt (2007) Methods of meta-analysis, S. 34.
[410] Vgl. Hunter/Schmidt (2007) Methods of meta-analysis, S. 499.
[411] Vgl. Hunter/Schmidt (2007) Methods of meta-analysis, S. 448.

Attenuationskorrigierte Effektgröße

Formel 5-1: Attenuationskorrigierter Korrelationskoeffizient[412]

$$r_{c_i} = \frac{r_{xy}}{\sqrt{r_{xx}} * \sqrt{r_{yy}}}$$

Mit: r_{c_i} Attenuationskorrigierter Korrelationskoeffizient

r_{xy} Unkorrigierter Korrelationskoeffizient

r_{xx} & r_{yy} Reliabilität

Formel 5-2: Attenuationskoeffizient[413]

$$A = \frac{r_c}{r_i}$$

Mit: A Attenuationskoeffizient

r_c Attenuationskorrigierter Korrelationskoeffizient

r_i Unkorrigierter Korrelationskoeffizient

Formel 5-3: Gewichtungsfaktor[414]

$$w_i = N_i * {A_i}^2$$

Mit: w_i Gewichtungsfaktor

N_i Stichprobengröße

${A_i}^2$ Attenuationskoeffizient der Einzelstudien

Formel 5-4: Korrigierte und gewichtete mittlere tatsächliche Korrelation[415]

$$\bar{r}_c = \frac{\sum w_i * r_{c_i}}{\sum w_i}$$

Mit: $\bar{r}_c$ Korrigierte und gewichtete mittlere tatsächliche Korrelation

w_i Gewichtungsfaktor

r_{c_i} Attenuationskorrigierter Korrelationskoeffizient

---

412 Vgl. Hunter/Schmidt (2007) Methods of meta-analysis, S. 96.
413 Vgl. Hunter/Schmidt (2007) Methods of meta-analysis, S. 121.
414 Vgl. Hunter/Schmidt (2007) Methods of meta-analysis, S. 124.
415 Vgl. Hunter/Schmidt (2007) Methods of meta-analysis, S. 125.

Konfidenzintervall

Formel 5-5: Varianz Standardfehler für beobachtete Korrelation[416]

$$\sigma_{e_i}{}^2 = \frac{\left(1 - r_{xy}{}^2\right)^2}{N - 1}$$

Mit: $\sigma_{e_i}{}^2$ Varianz Standardfehler für beobachtete Korrelation

r_{xy} Unkorrigierter Korrelationskoeffizient

N Stichprobengröße

Formel 5-6: Korrigierte Varianz des Standardfehlers[417]

$$\sigma_{ec_i}{}^2 = \frac{\sigma_{e_i}{}^2}{\sqrt{r_{xx}} * \sqrt{r_{yy}}}$$

Mit: $\sigma_{ec_i}{}^2$ Korrigierte Varianz des Standardfehlers

$\sigma_{e_i}{}^2$ Varianz Standardfehler für beobachtete Korrelation

r_{xx} & $r_{\gamma\gamma}$ Reliabilität

Formel 5-7: Korrigierter und gewichteter Mittelwert der tatsächlichen Varianz des Standardfehlers[418]

$$\bar{\sigma}_{ec}{}^2 = \frac{\sum w_i * \sigma_{ec_i}{}^2}{\sum w_i}$$

Mit: $\bar{\sigma}_{ec}{}^2$ Korrigierter und gewichteter Mittelwert der tatsächlichen Varianz des Standardfehlers

w_i Gewichtungsfaktor

$\sigma_{ec_i}{}^2$ Korrigierte Varianz des Standardfehlers

[416] Vgl. Hunter/Schmidt (2007) Methods of meta-analysis, S. 86.

[417] Vgl. Hunter/Schmidt (2007) Methods of meta-analysis, S. 96.

[418] Vgl. Hunter/Schmidt (2007) Methods of meta-analysis, S. 126.

Formel 5-8: Korrigiertes Konfidenzintervall[419]

$$\bar{r}_{l,\mathrm{h}} = \bar{r}_c \pm 1{,}96 * \bar{\sigma}_{ec}$$

Mit: $\bar{r}_{l,\mathrm{h}}$ Korrigiertes Konfidenzintervall

$\bar{r}_c$ Korrigierte und gewichtete mittlere tatsächliche Korrelation

$\bar{\sigma}_{ec}$ Korrigierte Varianz des Standardfehlers

Formel 5-9: Z-Wert[420]

$$\mathrm{Z} = \frac{\bar{r}_c}{\bar{\sigma}_{ec}}$$

Mit: Z Z-Wert

$\bar{r}_c$ Korrigierte und gewichtete mittlere tatsächliche Korrelation

$\bar{\sigma}_{ec}$ Korrigierter und gewichteter Mittelwert der Standardabweichung des Standardfehlers

Publikationsbias

Formel 5-10: Mittlerer r-Wert[421]

$$\bar{r}_k = \frac{\sum r_k}{k}$$

Mit: $\bar{r}_k$ Mittlerer r-Wert

r_k Korrelationswert der Einzelstudie

k Anzahl Studien

Formel 5-11: Kritischer r-Wert[422]

$$\bar{r}_c = \frac{\bar{r}_k}{k}$$

Mit: $\bar{r}_c$ Kritischer r-Wert

$\bar{r}_k$ Mittlerer r-Wert

k Anzahl Studien

---

419 Vgl. Hunter/Schmidt (2007) Methods of meta-analysis, S. 98.
420 Vgl. Field (2001) Meta-analysis of correlation coefficients, S. 166.
421 Vgl. Hunter/Schmidt (2007) Methods of meta-analysis, S. 500.
422 Vgl. Hunter/Schmidt (2007) Methods of meta-analysis, S. 501.

Formel 5-12: Berechnete Anzahl verlorener Studien[423]

$$N = k(\frac{\bar{r}_k}{\bar{r}_c - 1})$$

Mit:

N	Anzahl verlorener Studien
$\bar{r}_k$	Mittlerer r-Wert
k	Anzahl Studien
$\bar{r}_c$	Kritischer r-Wert

Homogenitätsbewertung

Formel 5-13: Homogenitätskriterium[424]

$$Q_r = \sum w_i^r * (r_{xy} - \bar{r}_c)^2$$

Mit:

Q_r	Homogenitätskriterium
w_i^r	Gewichtungsfaktor Homogenitätsbewertung
r_{xy}	Korrelationswert der Einzelstudien
$\bar{r}_c$	Korrigierte und gewichtete mittlere tatsächliche Korrelation

Formel 5-14: Gewichtungsfaktor Homogenitätsbewertung[425]

$$w_i^r = \frac{n - 1}{\left(1 - {r_{xy}}^2\right)^2}$$

Mit:

w_i^r	Gewichtungsfaktor Homogenitätsbewertung
n	Stichprobe
${r_{xy}}^2$	Quadrierter Korrelationswert der Einzelstudien

Die Ergebnisse der Auswertung der in Unterkapitel 5.1.3 dargestellten Datengrundlage mithilfe des zuvor beschriebenen mathematischen Vorgehens der Meta-Analyse findet sich in tabellarischer Form dargestellt in nachfolgender Tabelle 5-2.

---

[423] Vgl. Hunter/Schmidt (2007) Methods of meta-analysis, S. 501.

[424] Vgl. Sánchez-Meca/Marín-Martínez (1997) Homogeneity tests in meta-analysis, S. 390.

[425] Vgl. Sánchez-Meca/Marín-Martínez (1997) Homogeneity tests in meta-analysis, S. 390.

Tabelle 5-2: Analyse der Effektgrößen

Paarweise Relation	$\bar{r}_c$	$\bar{\sigma}_{ec}$	Konfidenzintervall (95%)		Z-Wert	Verlorene Studien	Q	Chi-Quadrat
			Untergrenze	Obergrenze				
GPF-B	0,40	0,06	0,28	0,52	6,65	12	4,60	9,49
GPF-WN	0,64	0,05	0,54	0,73	13,07	12	25,70	9,49
KOM-B	0,37	0,07	0,23	0,51	5,09	12	4,67	9,49
SK-N	0,46	0,06	0,35	0,57	8,29	12	4,53	9,49
SK-B	0,48	0,05	0,38	0,58	9,49	56	8,95	15,51
SK-WN	0,63	0,05	0,54	0,72	13,64	56	121,85	15,51
IQ-B	0,46	0,05	0,35	0,56	8,85	20	5,67	11,07
IQ-WN	0,64	0,05	0,55	0,73	13,81	12	17,27	9,49
S-N	0,32	0,07	0,18	0,45	4,46	240	19,13	26,30
S-B	0,36	0,07	0,23	0,49	5,41	380	22,16	31,41
S-WN	0,46	0,06	0,33	0,58	7,19	272	725,81	27,59
TR-N	0,40	0,06	0,28	0,52	6,34	42	8,09	14,07
TR-B	0,38	0,06	0,26	0,50	6,25	56	8,98	15,51
TR-WN	0,53	0,06	0,42	0,64	9,59	42	303,94	14,07
V-N	0,17	0,11	-0,04	0,38	1,57	110	13,75	19,68
V-B	0,23	0,08	0,06	0,39	2,74	380	24,00	31,41
V-WN	0,25	0,09	0,08	0,42	2,92	342	215,11	30,14
PI-B	0,26	0,07	0,12	0,40	3,64	30	6,95	12,59
PI-WN	0,36	0,07	0,23	0,49	5,40	30	234,18	12,59
SN-N	0,27	0,07	0,14	0,40	4,07	132	13,85	21,03
SN-B	0,32	0,06	0,21	0,43	5,52	380	21,91	31,41
SN-WN	0,48	0,05	0,38	0,58	9,12	380	580,51	31,41
SK-B	-0,23	0,07	-0,36	-0,09	-3,19	12	4,70	9,49
SK-WN	-0,29	0,07	-0,42	-0,15	-4,23	12	416,54	9,49
SQ-N	0,34	0,06	0,23	0,46	5,78	30	6,84	12,59
SQ-B	0,40	0,05	0,30	0,51	7,57	90	11,42	18,31
SQ-WN	0,56	0,05	0,46	0,65	11,47	90	240,75	18,31

WN: Wahrgenommene Nützlichkeit; B: Wahrgenommene Benutzerfreundlichkeit ; N: Nutzungsabsicht; SN: Subjektive Norm; SQ: System Qualität; K: Kompatibilität; TR: Tätigkeitsrelevanz; V: Verhaltenskontrolle; S: Support; PI: persönliche Innovationsbereitschaft; GPF: Geschäftsprozess-Fit; IQ: Informations- & Funktionsqualität; KOM: Kommunikation; SK: Systemkomplexität

Wie die Ergebnisse in Tabelle 5-2 verdeutlichen, können als Einflussfaktoren mit der höchsten Korrelation zur wahrgenommenen Nützlichkeit (WN) die Faktoren der Informations- und Funktionsqualität (IQ) ($\bar{r}_c$ = 0,64) sowie des Geschäftsprozessfits (GPF) ($\bar{r}_c$ = 0,64) ausgewiesen werden. Die stärkste Korrelation auf die wahrgenommene Benutzerfreundlichkeit (B) ergibt sich für den Einflussfaktor der Kompatibilität (K) ($\bar{r}_c$ = 0,64). Die korrigierten und gewichteten Korrelationskoeffizienten des Einflussfaktors Systemkomplexität (SK) bewegen sich wie erwartet im negativen Wertebereich. Eine steigende Systemkomplexität wird demnach mit einer verringerten Wahrnehmung der Benutzerfreundlichkeit sowie Nützlichkeit des genutzten Systems assoziiert. Als Bestandteil der Signifikanzbewertung wurden zudem die 95 % Signifikanzintervalle der Einzelkorrelationen und somit die Indikation des Effektbereichs der wahren Population unter Einschluss von Stichprobeneffekten berechnet. Probleme bei der Ergebnissignifikanz werden hierbei durch Signifikanzintervalle unter Einschluss des Null-Bereichs angedeutet.[426] Ein entsprechender Fall zeichnet sich in den Analyseergebnissen für die Korrelation zwischen (V) Verhaltenskontrolle und (N)

[426] Vgl. Schepers/Wetzels (2007) A meta-analysis of the TAM, S. 96.

Nutzungsabsicht mit einer Untergrenze des Konfidenzintervalls von -0,04 ab. Bestätigt wird diese Auffälligkeit durch Betrachtung des Z-Tests, wobei eine Prüfung der Z-Werte gegen den Grenzwert ±1,96 (im jeweils positiven oder negativen Wertebereich) erfolgt.[427] Auffälligkeiten bei der Analyse kalkulierter Z-Werte zeigen sich lediglich für die Korrelation zwischen (V) Verhaltenskontrolle und (N) Nutzungsabsicht. Als weiterer Schritt der Ergebnisvalidierung erfordert die Überprüfung eines möglicherweise vorliegenden Publikationsbias den Vergleich der Anzahl identifizierter Studien je Korrelation mit der kalkulierten Anzahl potenziell verlorener Studien. Der Vergleich unter Einbezug der Analyseergebnisse zeigt, dass selbst für vergleichsweise selten untersuchte Korrelationen, wie (SK) Systemkomplexität und (B) Benutzerfreundlichkeit (k=4), die berechnete Anzahl verlorener Studien (x=12) diesen Wert deutlich übersteigt. In Interpretation dieser Ergebnisse müssten zwölf nicht veröffentlichte Studien mit nachgewiesener fehlender Signifikanz entsprechender Korrelation existieren, um Anlass zu berechtigtem Zweifel an der Signifikanz der Ergebnisse zu begründen.[428]

Die abschließende Homogenitätsbewertung der Meta-Analyse erfordert die Gegenüberstellung der aus den Metadaten kalkulierten Q-Werte mit den aus der Chi-Quadrat-Verteilung abgeleiteten Vergleichswerten. Die in Tabelle 5-2 dargestellten Ergebnisdaten weisen in wiederholten Fällen ein Unterschreiten der Werte der Chi-Quadrat-Verteilung durch die Q-Werte auf. Die Interpretation dieser Ergebnisse bestätigt einerseits die anfängliche Wahl des Modells zufälliger Effektgrößen. Andererseits verdeutlichen die Ergebnisse die hohe Wahrscheinlichkeit vorliegender und nicht berücksichtigter Einflüsse von Moderatorvariablen – wie bspw. Alter, Bildungsniveau etc. – auf die untersuchten Korrelationen.[429]

5.1.5 Modellierung des Akzeptanzmodells

Die in Unterkapitel 5.1.4 hergeleiteten Ergebnisse der Meta-Analyse werden zu nachfolgend dargestelltem Akzeptanzmodell zusammengeführt (siehe Abbildung 5-3). Das Akzeptanzmodell repräsentiert die angestrebte Erweiterung des klassischen TAM mit Bezug auf die Bedürfnisse im Umgang mit PPS-Systemen.

---

[427] Vgl. Field (2001) Meta-analysis of correlation coefficients, S. 166.
[428] Vgl. Hunter/Schmidt (2007) Methods of meta-analysis, S. 501.
[429] Vgl. Hunter/Schmidt (2007) Methods of meta-analysis, S. 202.

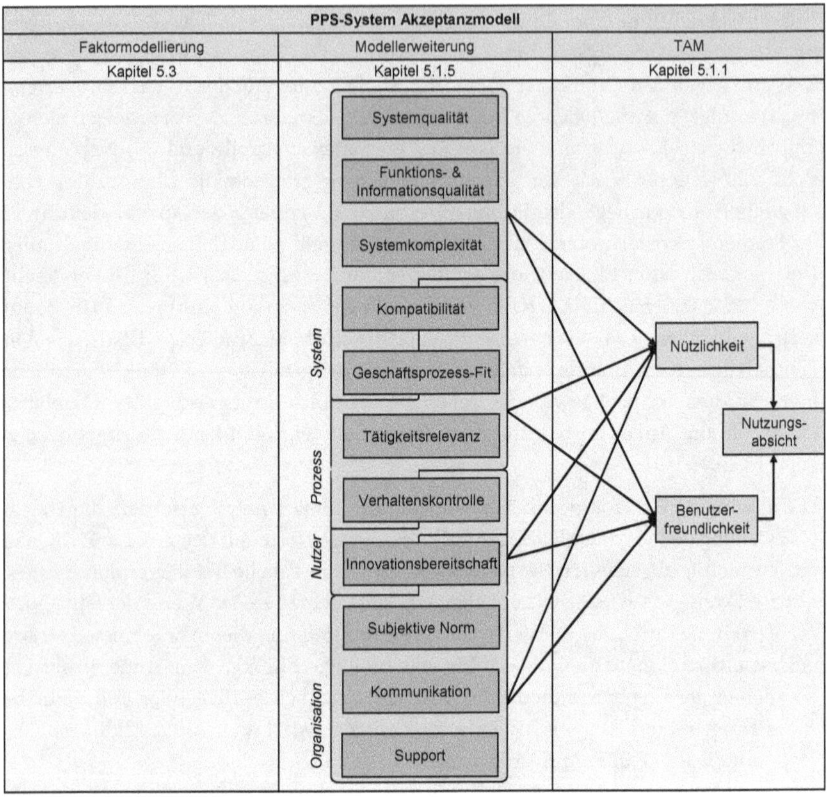

Abbildung 5-3: Modellierung des PPS-Akzeptanzmodells

Die externen Einflussfaktoren in Ihrer ursprünglichen und somit ausgehend von der Forschungsquelle nicht weiter spezifizierten Form sind wie folgt beschrieben:

(1) **Systemqualität:** ... beschreibt die Leistungsmerkmale von Informationssystemen etwa in Form von Zuverlässigkeit und Reaktionsfähigkeit des Systems im Zuge des normalen Betriebslaufes.[430]

(2) **Informations- und Funktionsqualität:** ... beschreibt Qualitätsmerkmale der durch das PPS-System zugänglichen Informationen und Funktionalitäten etwa in Form von Korrektheit und Vollständigkeit.[431]

---

[430] Vgl. Liu/Ma (2006) Perceived system performance, S. 59; Sternad et al. (2011) External factors on routine ERP usage, S. 1516.

[431] Vgl. Venkatesh/Davis (2000) Extension of the Technology Acceptance Model, S. 191.

(3) ***Subjektive Norm***: … beschreibt den Einfluss der Wahrnehmung eines Individuums hinsichtlich der Meinungen von wichtigen sozialen Bezugspersonen darüber, ob ein Verhalten ausgeführt werden sollte oder nicht.[432]

(4) ***Kommunikation***: … beschreibt den Einfluss der wahrgenommenen Informationspolitik auf die Befriedigung der individuellen Informationsbedürfnisse zum Ziel eines gestärkten Bewusstseins für Anwendungen, Entscheidungen etc. in der Organisation.[433]

(5) ***Persönliche Innovationsfähigkeit gegenüber IT***: … beschreibt die Bereitschaft eines Individuums eine neue IT-Anwendung auszuprobieren. Innovationsfähigkeit kann als Eigenschaft oder Zustand konzeptualisiert werden. Bei der Zustandsmodellierung stellt die Innovationsfähigkeit eine Funktion der Persönlichkeit sowie der wahrgenommenen Umwelt dar.[434]

(6) **Tätigkeitsrelevanz**: … beschreibt die wahrgenommene Übereinstimmung zwischen den eingesetzten PPS-Systemen und dem Tätigkeitsprofil potenzieller Nutzer.[435]

(7) **Geschäftsprozess-Fit**: … beschreibt die wahrgenommene Übereinstimmung zwischen den eingesetzten Informationssystemen und organisationalen sowie weiteren unternehmensspezifischen Anforderungen.[436]

(8) **Kompatibilität**: … beschreibt die wahrgenommene Übereinstimmung betrachteter Informationssysteme mit weiteren IS der bestehenden Softwareumgebung.[437]

(9) **Systemkomplexität**: … beschreibt die wahrgenommene Schwierigkeit der verwendeten Systeme und ihre Verständlichkeit und Handhabung.[438]

(10) **Support**: … beschreibt den Grad der Unterstützung durch eine organisatorische und technische Infrastruktur bei der Nutzung von Informationssystemen.[439]

(11) **Verhaltenskontrolle**: … beschreibt die Wahrnehmung eines Individuums über die Verfügbarkeit der für die erfolgreiche Nutzung von PPS-Systemen notwendigen Ressourcen, Fähigkeiten und Gelegenheiten.[440]

---

[432] Vgl. Venkatesh/Davis (2000) Extension of the Technology Acceptance Model, S. 187.
[433] Vgl. Mayeh et al. (2016) The role of absorptive capacity, communication and trust in ERP adoption, S. 60.
[434] Vgl. Thatcher et al. (2003) Culture, Overload and Personal Innovativeness, S. 74.
[435] Vgl. Venkatesh/Davis (2000) Extension of the Technology Acceptance Model, S. 191.
[436] Vgl. Nah et al. (2004) End-Users' Acceptance of Enterprise Systems, S. 41.
[437] Vgl. Rajan/Baral (2015) Adoption of ERP system, S. 107 f.
[438] Vgl. Rajan/Baral (2015) Adoption of ERP system, S. 107.
[439] Vgl. Venkatesh et al. (2003) User Acceptance of Information Technology, S. 453.
[440] Vgl. Chau/Hu (2001) IT Acceptance by Individual Professionals, S. 702.

5.2 Sozio-technischer Akzeptanzrahmen

Im vorherigen Unterkapitel 5.1 wurden die für den Umgang mit PPS-Systemen erforderlichen Akzeptanzfaktoren abgeleitet. Die Akzeptanzfaktoren entstammen vornehmlich aus dem Forschungsbereich von ERP-Systemen und weisen einen generischen Tätigkeits- und Unternehmensbezug auf. Die Operationalisierung der Akzeptanzfaktoren in Form einer erweiterten Faktormodellierung erfordert folglich eine Analyse der situationsspezifischen Ursachen der Akzeptanzbildung und des -verlustes (siehe Unterkapitel 5.3). Als erforderliche Vorarbeit dieser Abhängigkeitsanalyse wird im nachfolgenden Unterkapitel ein sozio-technischer Akzeptanzrahmen zur Modellierung potenzieller, akzeptanzrelevanter Gestaltungsmerkmale erarbeitet. Grundlage der Gestaltungsmerkmale stellt der Forschungsbereich der Arbeitsgestaltung dar, welcher die Gewährleistung von Arbeitssystemen unter günstigem Verhältnis von Input (Material etc.) und Output (Fertigerzeugnisse etc.) unter Berücksichtigung von Humanfaktoren anstrebt.[441] Grundgerüst des Akzeptanzrahmens stellt die Modellierung der Akzeptanzbildung nach LUCKE[442] dar, basierend auf welcher Akzeptanz als Einstellungs- und Handlungsdimension das Ergebnis von wechselseitigen Beziehungen zwischen Akzeptanzsubjekt, -objekt- und -kontext darstellt (vgl. Unterkapitel 4.3.2). Wie in Abbildung 5-4 skizziert, werden im nachfolgenden die Gestaltungsdimensionen des Akzeptanzsubjekts in Unterkapitel 5.2.1, die des Akzeptanzobjekts in Unterkapitel 5.2.2 und die des Akzeptanzkontexts in 5.2.3 modelliert.

[441] Vgl. Schlick et al. (2018) Arbeitswissenschaft, S. 53.
[442] Vgl. Lucke (1995) Akzeptanz, S. 89.

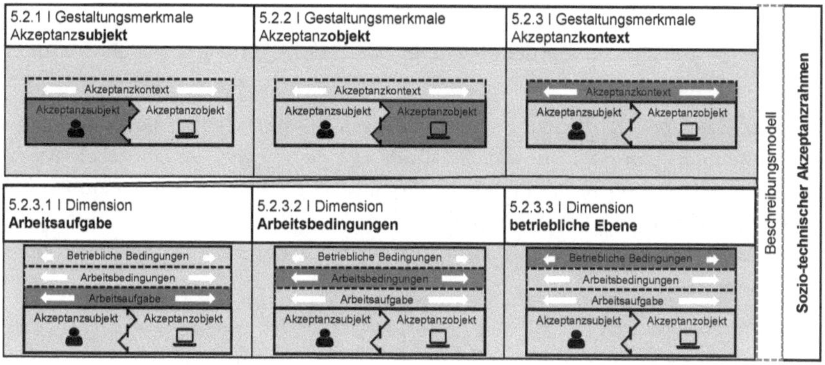

Abbildung 5-4: Detailkonzept zur Ableitung des sozio-technischen Akzeptanzrahmes

5.2.1 Gestaltungsmerkmale Akzeptanzsubjekt

Das Phänomen der Akzeptanz aus Handlungsperspektive wird als positive Haltung einer Arbeitsperson gegenüber einem Objekt beschrieben, wobei diese positive Haltung mit Konsequenzen der Handlung (auch durch Unterlassung) verbunden ist.[443] Bezogen auf den vorliegenden Betrachtungsbereich der Arbeit werden als relevante Arbeitspersonen die Stakeholder der PPS mit Kontakt zu PPS-Systemen umschrieben. Die Bezeichnung Stakeholder umfasst in diesem Zusammenhang sämtliche Personen oder Organisationen, die ein Recht, einen Anteil, einen Anspruch oder ein Interesse an einem System oder an dessen Eigenschaften haben.[444] Als direkte Akteure der PPS und nach dieser Auslegung Stakeholder von PPS-Systemen werden nachfolgende Persona (für nähere Aufgabenbeschreibung vgl. Unterkapitel 2.2.1) beschrieben. Der personelle IT-Bereich produzierender Unternehmen wird im Rahmen dieser Arbeit nicht näher betrachtet, da ihm vordergründig eine administrative Rolle im Sinne der technischen Systempflege zuteilwird:

Bereichs- bzw. Produktionsleitung: Informativer Nutzer von PPS-Systemen, bspw. betraut mit Querschnittsaufgaben des Controllings sowie der längerfristigen Kapazitätsplanung

Produktionsplaner und -steurer: Funktionaler Nutzer von PPS-Systemen, bspw. betraut mit Aufgaben der Auftragserzeugung, -freigabe, Kapazitätssteuerung sowie Reihenfolgeplanung

Meister: Funktionaler Nutzer von PPS-Systemen, bspw. betraut mit der operativen Auftragsfreigabe, Kapazitätssteuerung sowie Reihenfolgebildung

---

[443] Vgl. Schäfer/Keppler (2013) Modelle der technikorientierten Akzeptanzforschung, S. 5.
[444] Vgl. DIN EN ISO 9241-210, 3-11.

Produktionsmitarbeiter: Informativer und teilweise funktionaler Nutzer von PPS-Systemen, bspw. betraut mit der operativen Reihenfolgebildung sowie der Rückmeldung von Produktionsprozessen

Kern eines nutzer- und demnach menschzentrierten Systems stellen die Arbeitsperson als solche und somit die Eigenschaften dieser dar, gemäß welcher ein Arbeitssystem ausgelegt werden sollte. Die inhärenten Eigenschaften einer Arbeitsperson zur Berücksichtigung bei der Gestaltung von Arbeitssystemen werden nachfolgend über *Konstitutions-*, *Dispositions-*, *Qualifikations-* und *Kompetenz-* sowie *Anpassungsmerkmale* beschrieben.

Konstitutionsmerkmale

Als Konstitutionsmerkmale einer Arbeitsperson werden solche Merkmale definiert, welche über den zeitlichen Verlauf keine Änderung erfahren. So finden sich hierunter Merkmale wie Geschlecht, Kulturkreis, Nationalität oder auch der Körperbau.[445] Während Konstitutionsmerkmale wie der Körperbau und verbunden das Geschlecht im Wesentlichen Anwendung bei der ergonomischen Auslegung von physischen Arbeitstätigkeiten erfahren, so zeigen Merkmale insb. des Kulturkreises und der Nationalität relevanten Einfluss im Zusammenhang mit der Nutzung von IS sowie der individuellen Problemlösungsfähigkeit im Zuge der PPS. Gründe für die zunehmende Bedeutung dieser Merkmale finden sich u.a. in der durch die anhaltende Globalisierung bedingte internationale Fragmentierung von Wertströmen und Lieferketten produzierender Unternehmen. Bezogen auf die Aufgaben der Produktionssteuerung als koordinierende Funktion der Auftragsabwicklung wirkt sich die Nationalität bspw. über sprachliche oder formative (SI-Einheiten, Währungen etc.) Merkmale aus. Kulturkreise üben darüber hinaus nachhaltigen Einfluss auf Aspekte der Compliance bspw. bedingt durch kulturelle Ausprägungen des Individualismus oder Kollektivismus.

Dispositionsmerkmale

Dispositionsmerkmale von Arbeitspersonen zeigen im Gegensatz zu Konstitutionsmerkmalen eine zeitliche Veränderlichkeit bei limitierter Möglichkeit der aktiven Einflussnahme auf. Als klassische Dispositionsmerkmale sind etwa Merkmale wie Persönlichkeit, Alter oder Intelligenz von Relevanz für die Akzeptanzgestaltung.[446] Die zeitliche Veränderlichkeit zeigt sich bspw. in Betrachtung der Persönlichkeitsentwicklung in Abhängigkeit des Alters von Arbeitspersonen. Demnach prägen sich Persönlichkeitszüge wie die Gewissenhaftigkeit mit zunehmendem Alter aus, wohingegen Züge wie die Offenheit oder die Extraversion mit zunehmendem Alter abnehmen.[447] Dispositionsmerkmale bieten neben der zeitlichen Veränderlichkeit auch

[445] Vgl. Schlick et al. (2018) Arbeitswissenschaft, S. 64.
[446] Vgl. Schlick et al. (2018) Arbeitswissenschaft, S. 79 f.
[447] Vgl. Srivastava et al. (2003) Development of personality in early and middle adulthood, S. 1047.

Möglichkeit der aktiven Einflussnahme. Kenntnisse über Persönlichkeitszüge von Arbeitspersonen sind daher insb. für Fragen der Organisations- und Tätigkeitsgestaltung relevant.

Qualifikations- und Kompetenzmerkmale

Qualifikations- und Kompetenzmerkmale weisen einen konkreten Tätigkeitsbezug auf und beschreiben Merkmale, welche es Arbeitspersonen ermöglichen im Rahmen der Problemlösungsfähigkeit mit spezifischen Verhaltensweisen zu agieren. Sowohl Qualifikations- als auch Kompetenzmerkmale sind aktiv durch Lernprozesse beeinflussbar. Als Begriff der Bildungsökonomie wird unter Qualifikation die Vermittlung von Wissen, relevant für die zielführende Durchführung von Arbeitstätigkeiten definiert.[448] Infolge erhaltener Qualifikation erlangen Arbeitspersonen als mögliches Resultat Kompetenzen in Bezug auf Tätigkeitsprofile. Unter dem Begriff der Kompetenz werden zeitlich stabilere Elemente wie Wissen und Fähigkeiten zur Bewältigung von Tätigkeitsanforderungen beschrieben.[449] Während sich für die anfangs charakterisierten Persona der Produktionssteuerung ein zunehmender formeller Qualifizierungsgrad von Produktionsmitarbeiter zu Bereichs-/Produktionsleitung annehmen lässt, so bedarf der Vergleich von Kompetenzen einer stärkeren Differenzierung der individuellen Arbeitsaufgabe (siehe Unterkapitel 5.2.3.1). Grundsätzlich wird auf Ebene der Produktionsmitarbeiter und Meister eine Fokussierung der Kompetenzen auf den lokalen Betrachtungsbereich unter Verfügbarkeit eines hohen Detaillierungsgrades für Prozesse und Produkte beobachtet. Arbeitspersonen der Steuerungs- und Leitungsfunktionen werden hingegen Kompetenzen eines globalen Prozessverständnisses mit abnehmendem Detaillierungsgrad zugeschrieben. Wesentlicher Bestandteil der Kompetenz stellt die individuelle Erfahrung von Arbeitspersonen im Zuge der von ihr ausgeübten Tätigkeiten dar. Trotz der dargestellten theoretischen Unterscheidung zwischen Qualifikation und Kompetenz wird im nachfolgenden Zuge der Arbeit vereinfacht von Kompetenz gesprochen.

Anpassungsmerkmale

Unter dem Begriff der Anpassungsmerkmale werden regulative Aspekte auf das individuelle Handlungsverhalten von Arbeitspersonen, wie die Arbeitsmotivation oder die -zufriedenheit verstanden. Während die Arbeitszufriedenheit, in Abhängigkeit der betrachteten Definition, die positive Einstellung der eigenen Tätigkeit gegenüber beschreibt, so untergliedert sich die Arbeitsmotivation weiter in intrinsische und extrinsische Aspekte.[450] Intrinsische Aspekte der Arbeitsmotivation umfassen etwa Bedürfnisse der Arbeitspersonen wie Achtungsbedürfnisse und Selbstverwirklichung,

[448] Vgl. Schlick et al. (2018) Arbeitswissenschaft, S. 114.
[449] Vgl. Schlick et al. (2018) Arbeitswissenschaft, S. 119.
[450] Vgl. Ryan/Deci (2000) Self-determination theory, S. 69; Schlick et al. (2018) Arbeitswissenschaft, S. 124.

extrinsische Aspekte umfassen hingegen materielle und immaterielle Anreizstrukturen wie Entgelte und organisationale Vorteile.

5.2.2 Gestaltungsmerkmale Akzeptanzobjekt

Informationssysteme werden (vgl. Unterkapitel 2.3) als sozio-technisches-Systeme, repräsentiert durch Nutzer und technische Anwendungssysteme, verstanden. Akzeptanzobjekte, als Bestandteil der Problemlösungsfähigkeit der PPS, verkörpern demnach die eingesetzten Anwendungssysteme. Der Aufbau von Anwendungssystemen wird zur Ableitung relevanter Gestaltungsmerkmale gemäß Abbildung 5-5 weiter in Hardwaresysteme, bestehend aus Rechnersystemen sowie technische Peripherie, und Softwaresysteme, bestehend aus System- und Anwendungssoftware, untergliedert.[451]

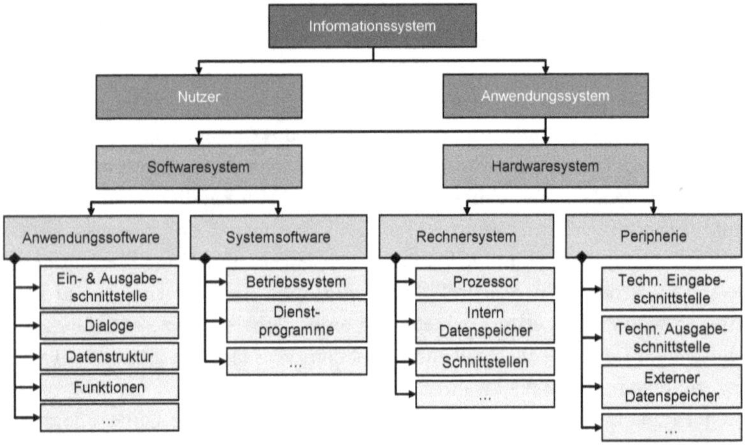

Abbildung 5-5: Modellierung Akzeptanzobjekt[452]

Anwendungssoftware

Anwendungssysteme untergliedern sich in Abhängigkeit der zu adressierenden Aufgaben in Administrations-, Planungs-, Dispositions- und Kontrollsysteme.[453] Die entsprechende Anwendungssoftware wird im betrieblichen Kontext in Form individuell entwickelter Systeme oder kommerzieller Standardsoftware bereitgestellt. Standardisierte Softwareapplikationen im Einsatzgebiet der PPS stellen bspw. ERP-, ME- oder

[451] Vgl. Teubner (1999) Organisations- und Informationssystemgestaltung, S. 22; Krcmar (2015) Informationsmanagement, S. 22.

[452] i.A.a.Krcmar (2015) Informationsmanagement, S. 22; Teubner (1999) Organisations- und Informationssystemgestaltung, S. 22.

[453] Vgl. Leimeister (2015) Einführung in die Wirtschaftsinformatik, S. 158.

APS-Systeme dar (vgl. Unterkapitel 2.3). Relevant für die Modellierung des Akzeptanzobjekts sind Gestaltungsmerkmale, welche von Nutzern aktiv wahrgenommen werden können und somit Einfluss auf die individuelle Akzeptanz haben. In Betrachtung der Anwendungssoftware werden hierunter Elemente der direkten Nutzerinteraktion in Form von Ein- und Ausgabeschnittstellen sowie Dialog- und Funktionsschnittstellen aufgeführt.

Durch die Gestaltung der Ein- und Ausgabeschnittstellen von Anwendungssoftware wird sowohl die grafische und formative Eingabe als auch die Darstellung von Informationen spezifiziert. Dialoge verkörpern demgegenüber Steuerungselemente der allgemeinen System- und Funktionsnavigation. Weiterhin wird die Anwendungssoftware durch Funktionen, als Werkzeuge der Software, sowie die hierfür genutzten Datenstrukturen durch Nutzer wahrgenommen.[454] So stellen relevante Funktionen von Anwendungssoftware zur Nutzung durch Arbeitspersonen der PPS etwa die Materialbedarfsplanung oder die Auftragsterminierung und -priorisierung dar. Für eine ausführliche Betrachtung geläufiger Funktionalitäten von PPS-Systemen sei auf die Forschungsarbeit von WETZCHEWALD verwiesen.[455] Grundlage der Ausführung von Funktionen stellen Datenstrukturen dar, gemäß welchen sämtlichen Objekten der Anwendungssoftware Daten und somit Informationen zugeordnet werden. Datenstrukturen untergliedern sich im Kontext betrieblicher Anwendungssoftware allgemeinhin in Stamm-, Bestands-, Bewegungs- und Änderungsdaten. Stammdaten repräsentieren Daten zur grundlegenden Spezifikation von Objekten, welche in Folge von Änderungen bspw. an Produkten oder Produktionsprozessen aktualisiert werden müssen. Relevante Stammdaten der PPS umfassen etwa Stücklisten, Vorgabezeiten als Bestandteile von Arbeitsplänen oder auf Produktionsressourcen bezogene Informationen. Anpassungen der ansonsten statischen Stammdaten können gesondert als Änderungsdaten in der Softwarehistorie geführt werden. Bewegungsdaten umfassen zustandsabhängige Informationen von Objekten. Relevante Bewegungsdaten der PPS umfassen bspw. Produktions- und Lageraufträge inkl. durch Buchungen erzeugte Zeitstempel der Auftragsfortschritte. Bewegungsdaten mit Informationen zur Quantität von Objekten werden als Bestandsdaten geläufig für Lager- oder Produktionsbestände geführt.[456] Der anfängliche Objektbegriff als Bezugspunkt für Datenstrukturen bezieht sich bspw. auf Produktionsaufträge oder Produktstrukturen, wobei sich in Abhängigkeiten der jeweiligen Datenmodelle die für Nutzer zugängliche Datengrundlage spezifiziert.[457]

---

[454] Vgl. Heinecke (2012) Mensch-Computer-Interaktion, S. 19.

[455] Vgl. Wetzchewald (2020) Gestaltungsmodell zur Steigerung der Regelbarkeit von PPS-Systemen, S. 187.

[456] Vgl. Leimeister (2015) Einführung in die Wirtschaftsinformatik, S. 76; Kurbel (2016), S. 443 ff.

[457] Vgl. Kletti (2015) Manufacturing Execution System, S. 204.

Systemsoftware

Funktionen der Systemsoftware stellen die grundsätzliche Betriebsbereitschaft eingesetzter Hardware für die anschließende Ausführung von Anwendungssoftware sicher. Klassische Vertreter an Systemsoftware repräsentieren bspw. Betriebssystemsoftware zur Hardwaresteuerung und -überwachung oder Dienstprogramme etwa zur Absicherung des Datenschutzes gegen unerlaubte Systemzugriffe.[458] In der direkten Wahrnehmung der Endnutzer spielt die Systemsoftware eine vergleichsweise untergeordnete Rolle, da sich die Interaktion meist auf die Anwendungssoftware reduziert. Beeinflusst wird die Wahrnehmung lediglich im Falle gestörter Funktionalitäten der Systemsoftware, da sich dies unmittelbar auf die Nutzung der Anwendungssoftware ausschlägt.

Rechnersystem

Rechnersysteme stellen unter Betrachtung der Hardware die Grundlage eines jeden Softwarebetriebs dar. Grundsätzlich bestehend aus verarbeitenden Prozessoreinheiten und Einheiten der Datenspeicherung werden Rechnersysteme gemäß der Nutzeranzahl im zeitgleichen Zugriff in Großrechner, mittlere Systeme und persönliche Computer (PC) unterschieden.[459] Aufgrund der verteilten und parallelen Nutzung von Anwendungssoftware durch eine Vielzahl unterschiedlicher Arbeitspersonen basiert die betriebliche IT-Infrastruktur meist auf Technikbündeln in Form von Server-Client-Architekturen.[460] Hierbei lassen sich verschiedene Anwendungssoftwares, etwa das ME- und ERP-System, auf eigens hierfür vorgesehenen Rechenservern verteilen, auf deren Einzelfunktionen wiederum über das Unternehmen verteilte Client-PC mittels bspw. LAN-/WAN-Kommunikation zugreifen.[461] In Erweiterung klassischer Server-Client-Architekturen mit physischen Rechnersystemen im Unternehmensumfeld bieten viele Softwareanbieter zwischenzeitlich zusätzliche cloudbasierte Dienstleistungen an. Bei diesen als everything as a service (XaaS) bekannten Geschäftsmodellen werden unter Einsatz von Cloud Computing Leistungen wie die Datenspeicherung oder der gesamte Softwarebetrieb als Online-Dienste bereitgestellt. Client-Systeme im Unternehmen beziehen in diesem Falle Softwarefunktionalitäten nicht über zentrale Rechensysteme innerhalb des Unternehmens, sondern als Online-Applikation, bereitgestellt durch den Softwareanbieter.[462] Die Wahrnehmung der Rechnersysteme durch Endnutzer bestimmt sich primär durch Leistungsmerkmale der Hardware, welche sich wiederum auf die Ausführung der Anwendungssoftware auswirkt.

---

[458] Vgl. Leimeister (2015) Einführung in die Wirtschaftsinformatik, S. 67 f.

[459] Vgl. Leimeister (2015) Einführung in die Wirtschaftsinformatik, S. 39.

[460] Vgl. Krcmar (2015) Informationsmanagement, S. 377.

[461] Vgl. Krcmar (2015) Informationsmanagement, S. 378.

[462] Vgl. Krcmar (2015) Informationsmanagement, S. 723.

Technische Peripherie

Zur Gestaltung der Nutzerinteraktion verfügen Anwendungssysteme über eine technische Peripherie in Form hardwareseitiger Ein- und Ausgabeschnittstellen. Die technische Peripherie stellt das physische Gegenstück der bereits in der Anwendungssoftware spezifizierten Ein- und Ausgabeschnittstellen dar. Zu den klassischen Eingabeschnittstellen zählen bspw. Steuerungselemente wie Maus, Tastatur oder Touchscreens. Unter konkreterem Produktionsbezug fallen bspw. auch sensorbasierte Lösungen wie Scanner oder RFID-Sensorik, etwa zur Auftragserfassung an Terminals der Betriebs- oder Maschinendatenerfassung (vgl. Unterkapitel 2.3.3.3), in den Bereich der technischen Peripherie. Technische Ausgabeschnittstellen ermöglichen die Informationsausgabe von Anwendungssystemen an Nutzer bspw. in Form von displaybasierten Terminals oder Mobillösungen.

5.2.3 Gestaltungsmerkmale Akzeptanzkontext

Der Akzeptanzkontext als letzter Bestandteil des sozio-technischen Akzeptanzrahmens umfasst sämtliche Gestaltungsmerkmale, welche die Interaktion zwischen Akzeptanzsubjekt und -objekt aus organisationaler Perspektive beeinflussen. In Anlehnung an Mütze-Niewöhner und Nitsch wird der Akzeptanzkontext weiter untergliedert in die Betrachtung der Arbeitsaufgabe (siehe Unterkapitel 5.2.3.1), Arbeitsbedingungen (siehe Unterkapitel 5.2.3.2) sowie die betrieblichen Bedingungen (siehe Unterkapitel 5.2.3.3).[463]

5.2.3.1 Dimension Arbeitsaufgabe

Als Gestaltungsmerkmal des Akzeptanzkontexts müssen die Arbeitsaufgaben, zu deren Erfüllung die Kollaboration mit PPS-Systemen erforderlich ist, spezifiziert werden. Die Arbeitsaufgaben im Umfeld der Produktionssteuerung werden nachfolgend in Formal-, Kompensations- und Administrationsaufgaben untergliedert. Formale Aufgaben umfassen die den Arbeitspersonen gemäß Soll-Zustand der Auftragsabwicklung inhärenten Tätigkeiten. So stellt Ziel der Produktionssteuerung die Sicherstellung einer zielgerechten Umsetzung zuvor erstellter Produktionspläne dar (siehe Abbildung 5-6). Als Schnittstelle zwischen dem Tätigkeitsbereich der Produktionsplanung und dem der Produktionssteuerung fungiert die Auftragseinlastung in Form der Auftragserzeugung (vgl. Unterkapitel 2.2.1). Die hierdurch erzeugte Systemlast in Form von Produktionsbedarfen wird durch die Produktionssteuerung mittels Kapazitätsabgleichen sowie die resultierende Priorisierung, Terminierung und Freigabe (systemisch) von Aufträgen zur Umsetzung vorbereitet. Nach abgeschlossener systemischer Auftragsfreigabe durch die Produktionssteuerung erfolgt die operative Auftrags-

[463] Vgl. Mütze-Niewöhner/Nitsch (2020) Arbeitswelt 4.0, S. 1198.

freigabe sowie Ressourcenzuordnung etwa durch die Funktion der Meister. Die Bearbeitung und Umsetzung der Produktionsaufträge erfolgen in Konsequenz durch die Funktion der Produktionsmitarbeiter. Neben den formalen Aufgaben werden sämtlichen Akteuren der Produktionssteuerung zusätzliche Kompensationsaufgaben zuteil. Wie in Abbildung 5-6 angedeutet, umfassen Kompensationsaufgaben die Kontrolle der planmäßigen Auftragsbearbeitung sowie die Initiierung und Umsetzung von Maßnahmen zur Reaktion bei Abweichungen von Zielzuständen. Auslöser für Kompensationsaufgaben finden sich in Form fehlerhafter Annahmen oder Ungenauigkeiten entlang der Grob- und Feinplanung (bspw. fehlerhafte Vorgabezeiten oder Kapazitätsannahmen) sowie in Form ungeplanter Störungen (bspw. Maschinenausfälle oder Versorgungsausfälle). Beispielhafte Tätigkeiten stellen etwa die Umplanung von Auftragsreihenfolgen durch Produktionsmitarbeiter, die Aufteilung von Auftragslosen durch Meister zum Zweck der Auftragsbeschleunigung oder die Initiierung von Sonderschichten zur Kapazitätsregulierung dar. Abschließend kommen den Akteuren der Produktionssteuerung weitere Administrations- und Wartungsaufgaben zu. Hierunter werden Aufgaben zur realitätsgetreuen Abbildung der Produktionssituation in den begleitenden PPS-Systemen beschrieben. Administrationsaufgaben umfassen etwa die zeitliche und mengenmäßige Erfassung von Produktionsaktivitäten in Form von Auftragsstart-, Auftragsend- und Auftragsfortschrittsbuchungen. Unter Wartungsaufgaben werden im weiteren Sinne die Pflege der eingesetzten PPS-Systeme bspw. durch Stammdatenmanagement, etwa in Form der Aktualisierung von Stücklisten und Arbeitsplänen oder der Korrektur von Vorgabezeiten, verstanden.

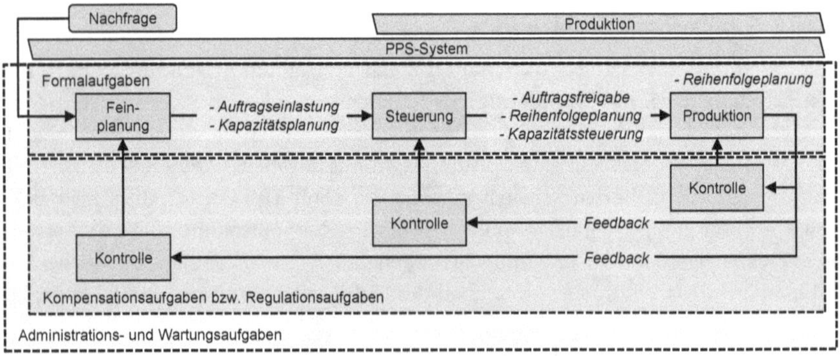

Abbildung 5-6: Übersicht Arbeitsaufgaben Produktionssteuerung

Arbeitsaufgaben werden neben der inhaltlichen und steuerungsspezifischen Auslegung weiterhin, wie nachfolgend dargestellt, anhand der Gestaltungsmerkmale Tätigkeitsstruktur, Rückmeldung, eingesetzte Objekte und Ressourcen, Lern- und Entwicklungsmöglichkeiten, Handlungsspielräume sowie Ziele spezifiziert.

Tätigkeitsstruktur

Die Tätigkeitsstruktur der Arbeitsaufgabe beschreibt die auf das jeweilige Akzeptanzsubjekt heruntergebrochene Ablauforganisation in Form von Arbeitsprozessen. Arbeitsprozesse unterteilen sich, als Ausprägung von Geschäftsprozessen auf Mikroebene, in die Bestandteile der Kern- und Supportprozesse werden und verkörpern planbare, vollziehbare, koordinierbare und optimierbare Tätigkeiten von Arbeitspersonen.[464] Der Prozessdefinition nach RÜEGG-STÜRM folgend, charakterisieren sich Prozesse über eine „Menge (oder ein System) von Aufgaben, die in einer mehr oder weniger standardmäßig vorgegebenen Abfolge zu erledigen sind (Aufgabenkette) und deren Bewältigung durch den Einsatz von Informationssystemen maßgeblich unterstützt werden kann“[465].

Feedback

Weiteres Gestaltungsmerkmal der Arbeitsaufgabe stellt das durch Arbeitspersonen erfahrene Feedback zur Reflexion des eigenen Handelns dar. Gegenstand von Feedback umfassen etwa Statusmeldungen zu aktuellen oder zukünftigen Systemzuständen sowie der Grad der Zielerreichung zu bereits durchgeführten Tätigkeiten. Bezogen auf das Tätigkeitsprofil der Produktionssteuerung kann Feedback etwa Auswirkungen vollzogener Steuerungsentscheidungen auf die logistische Zielerreichung beinhalten. Systemzustände betreffend, kann sich Feedback bspw. auf Prognosen der Auftragslast oder Transparenz über momentane Umlaufbestände zur gezielten Priorisierung von Aufträgen oder Kapazitätssteuerung beziehen.

Objekte & Ressourcen

Als weitere Gestaltungsmerkmale müssen die an der Durchführung von Arbeitsaufgaben beteiligten bzw. hierfür erforderlichen Objekte und Ressourcen beschrieben werden. Gemäß von Kollaborationskriterien sind Objekte und Ressourcen den Zwecken der Tätigkeitserfassung, Entscheidungsunterstützung sowie Durchführung von Tätigkeiten dienlich. Beispiele der im Rahmen der Produktionssteuerung eingesetzten Objekte und Ressourcen stellen die eingesetzten PPS-Systeme, etwa in Form von ERP-, ME- oder APS-Systemen (vgl. Unterkapitel 2.3.3), dar. Diese werden abhängig von der jeweiligen Arbeitsaufgabe in Funktion von Assistenzsystemen (bspw. Entscheidungsunterstützung durch optimierende Heuristiken der Reihenfolgeplanung) oder als Transaktionssysteme (bspw. Scan-basierte Erfassung von Arbeitsinhalten von Fertigungsaufträgen) eingesetzt.

---

[464] Vgl. Schlick et al. (2018) Arbeitswissenschaft, S. 651.

[465] Rüegg-Stürm (2002) St. Galler Management-Modell, S. 66.

Handlungsspielräume

Die Spezifikation der Handlungsspielräume bei der Bewältigung von Arbeitsaufgaben erfordert eine vollständige Betrachtung der Aufgabenbestandteile. So werden Arbeitsaufgaben in Vorbereitungsfunktionen, Organisationsfunktionen (bspw. Koordination mit beteiligten Arbeitspersonen), Ausführung und Kontrollfunktionen unterteilt. In Anlehnung an diese Aufgabenbestandteile differenziert sich die Ausprägung der Handlungsspielräume von Arbeitspersonen zwischen der verfügbaren Planungs-, Entscheidungs- und Methodenautonomie.[466] Die Planungsautonomie beschreibt die Möglichkeit von Arbeitspersonen zur freien zeitlichen, prozessualen und planerischen Gestaltung ihrer Arbeitsinhalte. Mittels der Entscheidungsautonomie werden die Freiheitsgrade der Arbeitspersonen hinsichtlich der Inhalte sowie der tatsächlichen Ausführung von Arbeitsaufgaben beschrieben. Die Methodenautonomie umfasst abschließend den Grad der freien Wahl von Hilfsmitteln (bspw. Assistenzsysteme) und Methoden (bspw. Steuerungsverfahren) zur Bewältigung der Arbeitsaufgaben.

Ziele

Die vollständige Gestaltung von Arbeitsaufgaben bedarf zur Erfüllung von Kontroll-, Bewertungs- und Steuerungsaspekten der Festlegung von Zielen. Das Zielsystem produktionsorientierter Planungs- und Steuerungsaufgaben unterteilt sich in kosten- und leistungsbezogene Zielgrößen (vgl. Unterkapitel 2.2.2.1). Die konkreten Zielgrößen der Arbeitsaufgaben der Produktionssteuerung entsprechen den logistischen Zielgrößen des übergeordneten Steuerungssystems und lassen sich unterteilen in: Auslastung, Bestand, Durchlaufzeit und Termintreue.

5.2.3.2 Dimension Arbeitsbedingungen

Als weitere Dimension des Akzeptanzkontexts müssen die vorherrschenden Arbeitsbedingungen spezifiziert werden. Mithilfe der Arbeitsbedingungen werden organisational geprägte Gestaltungsmerkmale des direkten Arbeitsumfelds von Arbeitspersonen zur Bewältigung der Arbeitsaufgaben abgebildet.

Führung

Nach Auslegung der organisationalen Personalführung wird der Führungsbegriff beschrieben als aktive Einflussnahme auf das Handeln von Personen der Organisation zum Zweck einer spezifizierten Zielerreichung durch die Erbringung von Arbeitsleistung.[467] In Abhängigkeit des Adressatenkreises der Unternehmensführung wird demnach in die drei Ebenen des konstituierenden, des strategischen und des operativen Managements unterteilt. Führung als Gestaltungsdimension der Arbeitsbedingungen

---

[466] Vgl. Morgeson/Humphrey (2006) The Work Design Questionnaire, S. 1326.

[467] Vgl. Kaehler (2020) Komplementäre Führung, VIII.

der Produktionssteuerung fällt in den Bereich des operativen Managements und somit in den Aufgabenbereich der Personalführung zur Steuerung des Tagesgeschäfts.[468] Als Gestaltungsdimensionen der Führung lassen sich Motivation, Kommunikation und Konfliktbereinigung unterscheiden. Die Gestaltungsdimension der Führung gilt es im Rahmen des Akzeptanzrahmens in zweierlei Richtung zu betrachten, sowohl im Sinne der erfahrenen Führung als auch der zu erteilenden Führung.

Kontrolle

Als Bestandteil des operativen Managements stellen Kontrollfunktionalitäten ein weiteres Gestaltungsmerkmal der Arbeitsbedingungen dar. Kontrollfunktionalitäten beschreiben bestehende Prozesse des Soll-Ist-Vergleichs zum Zweck der Durchführungskontrolle, Prämissenkontrolle und operativen Überwachung. Gegenstand der Durchführungs- und Prämissenkontrolle sind die Überprüfung der Einhaltung vorgegebener Prozessmodalitäten sowie die Validierung der in diesem Zuge getroffenen Annahmen. Die operative Überwachung betrachtet auf Grundlage eines höheren Abstraktionsgrades die prognostische Kontrolle von Handlungsbedarfen. Entsprechend werden die einzelnen Kontrollfunktionalitäten den Zwecken der Feedback- und Adaptions-Kontrolle zugeteilt.[469]

Partizipation

Die Partizipation beschreibt im Sinne der betrieblichen Mitbestimmung die Einbindung von Arbeitspersonen an der Ausrichtung von Arbeitsbedingungen. Mit variierendem Grad der Einbindung, des individuellen Einflusses sowie der Verantwortung werden Beteiligungsformate wie Information, Konsultation, geleitete Mitwirkung, Partnerschaft und Abgabe von Verantwortung unterschieden (vgl. Unterkapitel 2.4.3).[470] Bei der informationsbasierten Beteiligung werden Entscheidungen eigenständig durch Entscheidungsträger getroffen sowie Informationen zu Ergebnissen und Hintergründen der Entscheidung anschließend an betroffene Arbeitspersonen kommuniziert. Im Rahmen der Konsultation werden Meinungen einzelner Arbeitspersonen zu Beginn des Entscheidungsprozesses eingeholt und in der Entscheidungsfindung berücksichtigt. Die Beteiligung des geleiteten Mitwirkens beschreibt einen im Vergleich zur Konsultation ausgeweiteten Austausch zwischen Arbeitspersonen und Entscheidungsträgern vorab Entscheidungssituationen. Mit erstem unmittelbarem Einfluss auf die Entscheidungsfindung sieht die partnerschaftliche Kooperation Stimmrechte von Arbeitspersonen in Entscheidungssituationen vor. Höchste Ausbaustufe der Partizipation stellt die Abgabe von Verantwortung an Arbeitspersonen dar, in welchem Fall den Arbeitspersonen Verantwortung zum eigenständigen Treffen von Entscheidungen übertragen werden.

---

[468] Vgl. Kaehler (2020) Komplementäre Führung, IX.
[469] Vgl. Schreyögg/Koch (2020) Management, S. 304.
[470] Vgl. Bauer/Marrenbach (2018) Migrationsunterstützung für Cyber-Physical Systems, S. 18.

Arbeitszeit und -ort

Die Arbeitszeit als Gestaltungsdimension der Arbeitsbedingungen beschreibt nach arbeitswissenschaftlicher Auslegung die produktive Arbeitszeit von Arbeitspersonen abzüglich der Pausenzeiten. Hiervon ist die Betriebszeit, welche als die betrieblich verfügbare Zeit zur Nutzung von Betriebsmitteln definiert ist, zu unterscheiden. Klassische Arbeitszeitmodelle produzierender Unternehmen stellen bspw. Modelle der Schichtarbeit, Gleitzeit, Arbeitszeitkorridor oder variable Arbeitszeit dar. Zum Ziel der Ausweitung der Betriebszeit werden im Rahmen der Schichtarbeit die zur Verfügung stehenden Tagesstunden in anteilige Schichten aufgeteilt und konstant oder rotierend durch einzelne Arbeitspersonen bedient. Modelle der Gleitzeit geben hingegen einen täglichen Zeitraum mit verpflichtender Arbeitszeit, welcher von Arbeitspersonen beliebig zur Erfüllung der arbeitsvertraglich festgelegten Soll-Stunden erweitert werden kann. Ähnlich hierzu geben Arbeitszeitkorridore einen ausgeweiteten Zeitraum vor, in welchem die vertraglich geregelte Arbeitszeit verpflichtend erbracht werden muss. Im Falle variabler Arbeitszeiten können Arbeitspersonen die persönliche Arbeitszeit frei sonstiger Vorgaben erbringen. Die Wahl von Arbeitszeitmodellen stellt aufgrund der Anforderung nach einer Flexibilisierung von Arbeitszeiten durch die Entkopplung von starren Betriebszeiten ein Gestaltungsmerkmal von Arbeitsbedingungen mit zunehmender Bedeutung dar.[471] Einhergehend zur Arbeitszeit lässt sich ebenfalls für die Wahl des Arbeitsortes ein wachsender Flexibilisierungsdruck feststellen. So etablieren sich in Unternehmen zunehmend auch Modelle der Heimarbeit im Kontrast zur eigentlichen Arbeit in der Betriebsstätte.[472]

Arbeitsvertrag

Das Arbeitsverhältnis zwischen Arbeitsperson und Organisation wird rechtsverbindlich über den Arbeitsvertrag definiert. Der Arbeitsvertrag stellt eine Sonderform des Dienstvertrags dar, wobei die spezifizierten Leistungen zwischen Arbeitsperson und Organisation in Form des zeitlich erbrachten Wirkens und einem entsprechenden Entgelt erbracht werden. In Abgrenzung zu werksvertraglichen Regelungen wird über den Arbeitsvertrag kein Erfolg von Tätigkeiten als Schuldverhältnis beschrieben. Grundbestandteile von Arbeitsverträgen stellen sog. Haupt- und Nebenpflichten der jeweiligen Vertragspartner dar. Gegenstand der Hauptpflicht ist die Spezifikation der durch die Arbeitsperson zu erbringenden Arbeitsleistung sowie der durch die Organisation zu erbringenden entgeltlichen Gegenleistung. Gegenstände der Nebenpflicht umfassen bspw. Gehorsams-, Anzeige- und Auskunftspflicht auf Seiten der Arbeits-

---

[471] Vgl. Schlick et al. (2018) Arbeitswissenschaft, S. 603.

[472] Vgl. Schlick et al. (2018) Arbeitswissenschaft, S. 627.

person sowie das Weisungsrecht und die Fürsorgepflicht auf Seiten der Organisation.[473] Mit dem Arbeitsvertrag als juristischem Mittel geht ein psychologischer Vertrag einher, welcher, wenn auch nicht rechtsverbindlich, die Erwartungen der Arbeitsperson sowie der Organisation an Leistungen des Arbeitsverhältnisses beschreibt. Grundlage dieses psychologischen Vertrags können Stellenbeschreibungen (engl. job descriptions) und hierin beschriebene Aufgaben, Ziele und Kompetenzen darstellen.[474]

Betriebliches Anreizsystem und Anerkennung

Ein wesentliches Steuerungselement von Organisationen für die unternehmerische Zielerreichung stellen betriebliche Anreizsysteme zur Ausgestaltung der materiellen (Entgelte) und immateriellen Leistungen dar. Die individuelle Spezifikation des Anreizsystems je Organisation verfolgt das Ziel der Sicherstellung von personenbezogener Arbeitsleistung und Motivation, strategiekonformen Verhaltens und Entgeltgerechtigkeit. Zur Gestaltung des Anreizsystems muss eine Unterteilung in fixe und variable Bestandteile der Anreize vorgenommen werden. So unterteilen sich die materiellen Leistungen in fixe und variable Entgeltanteile sowie variable Zusatzleistungen, wobei fixe Entgeltanteile oftmals tarifvertraglichen Regelungen unterliegen und Organisationen somit keinen Gestaltungsspielraum bieten. Eine Flexibilisierung der materiellen und immateriellen variablen Leistungen wird bspw. über anforderungsabhängige, leistungsabhängige, erfolgsabhängige oder qualifikationsabhängige Anreize ermöglicht. Bestandteil der anforderungsabhängigen Gestaltung von Anreizen ist die Bewertung der an eine Arbeitsaufgabe gerichteten Anforderungen (z.B. in Form von körperlichen, geistigen, sozialen oder verantwortungsbezogenen Anforderungen) und die hierauf basierende Ermittlung zustehender Anreize. Ein Beispiel anforderungsabhängiger Anreize stellt die Gewährung von Gefahrenzulagen dar. Im Rahmen der leistungsabhängigen Gestaltung werden Anreize in Abhängigkeit der von Arbeitspersonen erzielten Leistung zugesprochen. Der Leistungsbegriff umfasst hierbei, in Erweiterung des fixen Entgelts, ergebnisorientierte Zielgrößen etwa in Form erzielter Stückzahlen. Bei einer erfolgsabhängigen Gestaltung von Anreizen profitieren Arbeitspersonen am betriebswirtschaftlichen Unternehmenserfolg, bspw. durch eine Gewinn- oder Kapitalwertbeteiligung. Qualifikationsabhängige Anreizstrukturen verknüpfen meist konstante Entgeltbestandteile an zusätzlich erreichte formale Qualifikationsgrade, etwa in Form eines Meister- oder Bachelorabschlusses.[475]

---

[473] Vgl. Holtbrügge (2018) Personalmanagement, S. 77.
[474] Vgl. Stock-Homburg/Groß (2019) Personalmanagement, S. 147.
[475] Vgl. Huf (2020) Personalmanagement, S. 67.

Arbeitsumgebung

Mithilfe des Gestaltungsmerkmals der Arbeitsumgebung finden physische Einflüsse auf die Arbeitsbewältigung Beschreibung. Als physische Umgebungseinflüsse werden Lärm bzw. Schall, mechanische Schwingungen, Strahlung, Klima, Beleuchtung und Arbeitsstoffe zusammengefasst.[476] Relevant für die Betrachtung als Gestaltungsmerkmal ist der Einfluss der physikalischen Arbeitsumgebung auf die Arbeitsperson direkt sowie auf die Modalität einer Arbeitsaufgabe. So wirken sich Umgebungseinflüsse wie Lärm in Form von Arbeitsbelastung direkt auf die Leistung der Arbeitsperson aus. Erweitert können Umgebungseinflüsse, wie der Umgang mit Arbeitsstoffen, auch Anforderungen an Arbeitsaufgaben, etwa in Form von Schutzkleidung, zur Folge haben, welche sich wiederum auf den Umgang mit etwaigen PPS-Systemen auswirken.

Bildungs- und Fördermöglichkeiten

Das Gestaltungsmerkmal der Bildungs- und Fördermöglichkeiten befasst sich mit der Vermittlung von Kompetenzen zur Steigerung der Leistung sowie mit Angeboten von Maßnahmenpaketen zur Unterstützung der beruflichen Entwicklung von Arbeitspersonen. Ziele der Personalentwicklung stellen je organisationaler Auslegung die Steigerung der Leistungs- und Wettbewerbsfähigkeit, der Einsatzflexibilität oder der Zufriedenheit von Arbeitspersonen dar. Zur Ausgestaltung der Personalentwicklung stehen die bildungstechnischen Maßnahmen der Ausbildung und Weiterbildung sowie die fördertechnischen Maßnahmen der Karriereplanung und Nachfolgeplanung zur Verfügung.

5.2.3.3 Gestaltungsmerkmale der betrieblichen Bedingungen

Als abschließende Dimension des Akzeptanzkontexts müssen die betrieblichen Bedingungen mit Einfluss auf die Problemlösungsfähigkeit von Arbeitspersonen spezifiziert werden. In Erweiterung der zuvor beschriebenen personengebundenen Arbeitsbedingungen umfassen die betrieblichen Bedingungen Gestaltungsmerkmale unter Betrachtung übergreifender Unternehmensbereiche sowie des Unternehmens als organisationale Einheit.

Technologie

In Erweiterung des Akzeptanzobjekts als technologische Einzelanwendung werden über die Gestaltungsdimension der Technologie Informationssysteme auf übergreifender, betrieblicher Ebene betrachtet. Die wesentlichen Gestaltungsmerkmale der Technologie-Dimension stellen hierbei die organisationale Komponente des ***IT-Managements*** sowie die technische Komponente der ***IT-Infrastruktur*** dar.

Das IT-Management unterteilt sich in Abhängigkeit des zeitlichen Betrachtungsbereichs in strategische und operative Aufgabenbereiche. Kernaufgabe des strategischen

---

[476] Vgl. Schlick et al. (2018) Arbeitswissenschaft, S. 280.

IT-Managements stellt die Entwicklung einer auf das Geschäftsmodell und die Unternehmensziele ausgerichteten IT-Strategie sowie deren technische Umsetzung dar. Bestandteile der IT-Strategie bilden funktionale und kostenrelevante Aspekte des längerfristigen Einsatzes von Informationstechnik. In den Entscheidungsbereich fallen bspw. Fragen der System- und Funktionsauswahl, Datenmanagement- und -sicherheitskonzepte und des In- und Outsourcing von IT-Infrastruktur und -Leistungen.[477] Das operative IT-Management befasst sich demgegenüber mit der Sicherstellung der Verfügbarkeit der durch die IT-Infrastruktur bereitzustellenden Funktionalitäten und unterteilt sich in die Bereiche des IT-Betriebs und der IT-Planung. Aufgabe des IT-Betriebs ist die Sicherstellung der laufenden IT-Einsatzbereitschaft im Rahmen von Wartungs- (Datenpflege) und Reparaturtätigkeiten (Bug-Fixing). Aufgaben der IT-Planung umfassen die laufende Kontrolle der Nutzung vorhandener Informationstechnologie zum Zweck der Systemweiterentwicklung.[478]

Die IT-Infrastruktur, als technische Perspektive der Dimension Technologie, beschreibt die Gesamtheit der in der Unternehmung eingesetzten Informationstechnik sowie die wechselseitigen Abhängigkeiten der Einzelsysteme. Das Akzeptanzobjekt stellt in der Regel einen Bestandteil der IT-Infrastruktur dar. Die Konzeption einer entsprechenden IT-Infrastruktur sowie deren Bestandteile lassen sich, wie in Abbildung 5-7 dargestellt, am Beispiel des Internet of Production darstellen. Auf initialer (unterster) Ebene des Konzepts abgebildet finden sich Quellen an Rohdaten des Produktionsprozesses (bspw. CAD-, Prozess- oder Maschinendaten), welche in einer 1:n Kardinalität in proprietären, betrieblichen Anwendungssystemen (bspw. ERP-, PLM- oder ME-Systeme) der Organisation gespeichert werden. Diese Umsysteme können über uni- oder bidirektionale Schnittstellen miteinander sowie mit einer systemübergreifenden Middleware zur Ermöglichung eines einheitlichen Datenzugriffs verknüpft sein. Durch Aggregation, Synchronisation und Weiterverarbeitung der mittels Middleware erhobenen Daten können sog. Digitale Schatten entwickelt werden, welche der Zusammenfassung von Datenspuren und -modellen zur Bereitstellung der für eine Aufgabe benötigten Informationen entsprechen.[479] Die Datenebene digitaler Schatten dient in letzter Instanz als Informationsgrundlage für Entscheidungssysteme als zweite Klasse an Umsystemen produzierender Unternehmen.

[477] Vgl. Leimeister (2015) Einführung in die Wirtschaftsinformatik, S. 181.
[478] Vgl. Leimeister (2015) Einführung in die Wirtschaftsinformatik, S. 208 ff.
[479] Vgl. Schuh et al. (2020) Digital Shadows as an Enabler for the Internet of Production, S. 181.

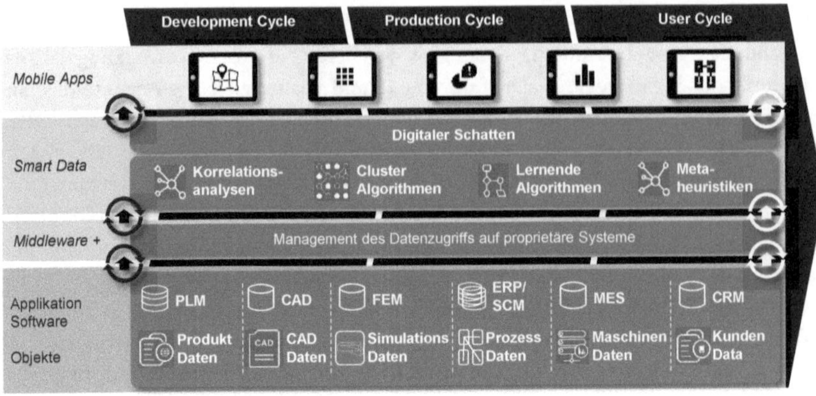

Abbildung 5-7: IT-Infrastruktur am Beispiel des Internet of Production[480]

Organisation

Der Organisationsbegriff wird in betriebswirtschaftlicher Auslegung als koordinierendes Regelwerk arbeitsteiliger Systeme beschrieben.[481] Auf betrieblicher Ebene des Akzeptanzkontexts unterteilt sich die Organisation in die beiden wesentlichen Strukturen der ***Aufbau-*** und der ***Ablauforganisation***. Die Aufbauorganisation gibt Aufschluss über die Strukturierung der Unternehmung in arbeitsteilige Organisationseinheiten sowie deren Beziehungen zueinander. Als Grundlage der Strukturierung dienen sowohl funktions- (bspw. Einkauf oder Produktion) als auch objektorientierte Kriterien (bspw. Produkte oder Regionen). Die Spezifikation der arbeitsteiligen Organisationseinheiten erfolgt über die Verteilung von Aufgaben und Verantwortung inkl. hierarchisch ausgelegter Weisungs- und Entscheidungsrechte. Geläufige Merkmale, anhand derer die Aufbauorganisation von Unternehmen beschrieben wird, sind die Spezialisierung (Funktionsdiversität je Organisationseinheit), Standardisierung (Grad an Prozessstandardisierung), Formalisierung (schriftliche Fixierung der Aufbauorganisation), Konfiguration (Leitungsspanne und -tiefe) und Delegation (Zentralisierungsgrad Entscheidungsstruktur). Die Ablauforganisation umfasst hingegen die Gestaltung von Prozessen und untergliedert die Definition der zeitlichen Abfolge und somit der Koordination von Aufgaben zum Ziel der Synchronisation von Unternehmensaktivitäten. Prozesse der Ablauforganisation unterscheiden sich grundsätzlich in Geschäfts-, Unterstützungs- und Managementprozesse.[482]

480 Vgl. Schuh et al. (2017) Internet of Production, S. 5.

481 Vgl. Schewe (2021) Gabler online Wirtschaftslexikon.

482 Vgl. Schuh/Kampker (2011) Strategie und Management produzierender Unternehmen, S. 135 f.

Strategie

Die Strategie, als Gestaltungsdimension der Organisation, gibt Antwort auf die drei grundsätzlichen Fragen: 1) Welche Geschäftsfelder werden bedient, 2) Wie wird der Wettbewerb in den Geschäftsfeldern bestritten, 3) Über welche langfristigen Kompetenzen soll die Unternehmung verfügen? Zur Beantwortung dieser Fragestellungen wird die Strategie in die aufeinanderfolgenden Bestandteile der Vision, Mission, Geschäftsziele und strategischen Programme untergliedert. Mithilfe der Unternehmensvision wird die langfristig angestrebte Position beschrieben, zu deren Erreichung eine gezielte Ausrichtung der Unternehmensaktivitäten erforderlich ist. Die Vision dient somit auch der normativen Zielformulierung. Über die Mission werden die eigenen Wertevorstellungen und somit die Zweckmäßigkeit einer Organisation zum Ausdruck gebracht. Die Mission verfügt hierbei sowohl über einen Gegenwarts- als auch Zukunftsbezug. Auf Vision und Mission basierend, werden zur gesamtheitlichen Steuerung eines Unternehmens zunächst strategische und aufbauend hierauf operative Unternehmensziele abgeleitet. Die Formulierung strategischer Programme dient der Koordination von Einzelaktivitäten in den Bereichen Produkt, Aktivitäten/Wertschöpfungsgestaltung, Wettbewerbsverhalten und Ressourcen zum Ziel der Erreichung formulierter Unternehmensziele.[483]

Kultur

Der Kulturbegriff in seiner ursprünglichen Form entstammt aus der Völkerkunde und dient der Beschreibung geteilter und prägender Merkmale von Volksgruppen. Übertragen auf den Anwendungsbereich von Organisation wird unter dem Begriff der Organisationskultur die Gesamtheit an Orientierungsmustern, Denkhaltungen und Symbolen mit prägendem Einfluss auf das Handeln von Mitgliedern beschrieben. Die Bedeutung der Organisationskultur als Gestaltungsmerkmal des Akzeptanzkontexts liegt in ihrer Rolle als symbolisches Führungsinstrument begründet. Führung im Sinne der Beeinflussung des Handelns und Denkens von Arbeitspersonen findet nicht nur über Kommunikation und Interaktion vorgesetzter Instanzen statt, sondern wird ebenfalls durch symbolisches Handeln und hierdurch initiiertes Anschlusshandeln der Arbeitspersonen erreicht.[484] Die Unternehmenskultur setzt sich gemäß dem Kulturmodell von SCHEIN zusammen aus den Ebenen der Basisannahmen, Normen und Standards sowie Symbolsystemen.[485] Auf Ebene der Basisannahmen finden sich meist nicht einsehbare und unbewusste Überzeugungen und Vorstellungsmuster von Arbeitspersonen zu Faktoren wie Umwelt, menschliches Handeln und zwischenmenschliche Be-

[483] Vgl. Schuh/Kampker (2011) Strategie und Management produzierender Unternehmen, S. 66 ff.
[484] Vgl. Holtbrügge (2018) Personalmanagement, S. 262.
[485] Vgl. Schein (2010) Organizational culture and leadership, S. 24.

ziehungen. Normen und Standards als zweite Ebene des Kulturmodells beinhalten sowohl formalisierte als auch implizierte und somit nicht einsehbare Unternehmensgrundsätze sowie Verhaltensrichtlinien. Das Symbolsystem als dritte Ebene des Kulturmodells umfasst sichtbare, wenn auch interpretationsbedürftige Aspekte wie etwa Firmenzeichen, Statussymbole, Kleidung, Sprache oder Umgangsformen.[486]

Produkt- und Produktionsstruktur

Die Gestaltungsmerkmale der Produkt- und Produktionsstruktur werden gemäß der in Unterkapitel 2.1 spezifizierten Betriebstypologie beschrieben. Entsprechende Gestaltungsmerkmale zur Berücksichtigung stellen Fertigungs-, Initial-, Erzeugnis- sowie Dispositionsmerkmale dar.

5.2.4 Zusammenfassung des sozio-technischen Akzeptanzrahmens

Der sozio-technische Akzeptanzrahmen setzt sich, wie in Unterkapitel 5.2 hergeleitet, aus den Dimensionen des Akzeptanzobjekts, -subjekts sowie des -kontexts zusammen. Zur weiteren Detaillierung wird der Akzeptanzkontext weiter in die Dimensionen der Arbeitsaufgabe, Arbeitsbedingungen sowie betrieblichen Bedingungen untergliedert. In Vorbereitung der situationsspezifischen Analyse der in Unterkapitel 5.1 identifizierten Akzeptanzfaktoren wurden im Rahmen von Unterkapitel 5.2 die relevanten Gestaltungsmerkmale der jeweiligen Dimensionen des sozio-technischen Akzeptanzrahmens analysiert und spezifiziert. Die Übersicht des sozio-technischen Akzeptanzrahmens inklusive entsprechender Gestaltungsmerkmale ist in Abbildung 5-8 dargestellt.

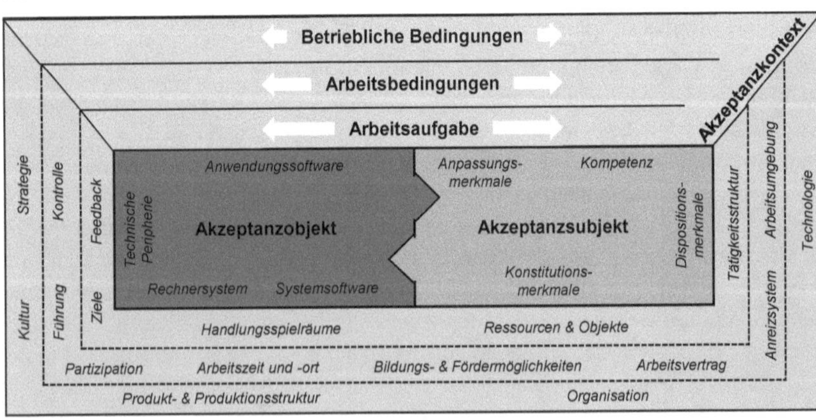

Abbildung 5-8: Sozio-technischer Akzeptanzrahmen[487]

[486] Vgl. Schein (2010) Organizational culture and leadership, S. 24.

[487] i.A.a. Mütze-Niewöhner/Nitsch (2020) Arbeitswelt 4.0, S. 1198.

5.3 Sozio-technische Abhängigkeitsanalyse

Wie in Unterkapitel 4.3.2 ausgeführt, handelt es sich bei Akzeptanz um eine durch ein Akzeptanzsubjekt auf ein Akzeptanzobjekt projizierte Einstellung, wobei diese Einstellung sowie die hierdurch beeinflusste Interkation durch den wahrgenommenen Akzeptanzkontext geprägt wird. Gestaltungsdimensionen mit Einfluss auf die individuelle Wahrnehmung von Akzeptanzfaktoren entstammen demnach dem Betrachtungsbereich des Akzeptanzsubjekts, -objekts oder -kontexts. Basierend auf dem in Unterkapitel 5.1 hergeleiteten Akzeptanzmodell für PPS-Systeme sowie den in Unterkapitel 5.2 beschriebenen Gestaltungsdimensionen des sozio-technischen Akzeptanzrahmens wird nachfolgend eine sozio-technische Abhängigkeitsanalyse der einzelnen Akzeptanzfaktoren durchgeführt. Zur Ergründung der Teilforschungsfrage nach dem Auslöser fehlender Akzeptanz im Rahmen des Einsatzes von PPS-Systemen stellt das Ziel von Unterkapitel 5.3 die Verknüpfung der einzelnen Akzeptanzfaktoren mit den Gestaltungsdimensionen des Akzeptanzrahmens zur Identifikation möglicher Ursachen von Akzeptanzdefiziten dar. Hierzu wird in wiederholendem Muster zunächst eine Modellierung der Bestandteile der jeweiligen Akzeptanzfaktoren, gefolgt von der eigentlichen Untersuchung der Abhängigkeiten zu den in Unterkapitel 5.2 beschriebenen Gestaltungsdimensionen vorgenommen. Die modellierten Abhängigkeiten zwischen den Akzeptanzfaktoren und den sozio-technischen Gestaltungsdimensionen resultieren, sofern nicht weiter spezifiziert, aus der industriellen sowie forschungsseitigen Projekterfahrung des Autors. Zum Ziel der grafischen Repräsentation identifizierter Abhängigkeiten werden Ishikawa-Diagramme eingesetzt. Gegenstand der modellierten Abhängigkeiten stellen sowohl verzerrende Einflüsse auf die persönliche Wahrnehmung von Akzeptanzfaktoren als auch mögliche Ursachen der mangelhaften Ausprägung von Akzeptanzfaktoren dar (siehe Abbildung 5-9).

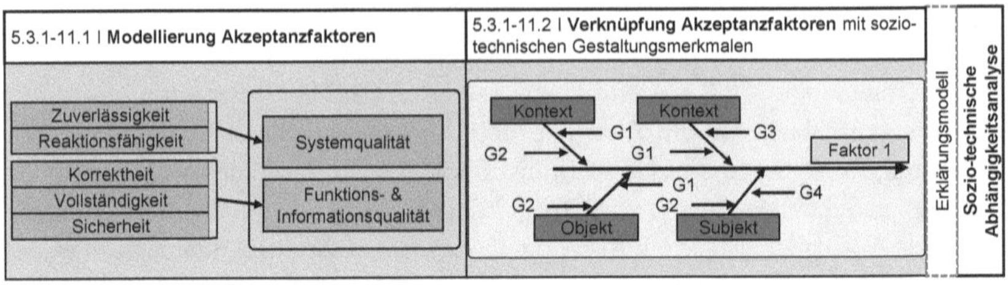

Abbildung 5-9: Detailkonzept der sozio-technischen Abhängigkeitsanalyse

5.3.1 Systemqualität

5.3.1.1 Modellierung der Systemqualität

Die Systemqualität bezieht sich (vgl. Unterkapitel 5.1.5) auf interaktionsbasierte Leistungsmerkmale der eingesetzten PPS-Systeme. Hiervon zu unterscheiden sind inhaltliche Leistungsmerkmale in Form der Informations- und Funktionsqualität, welche im anschließenden Unterkapitel 5.3.2 erläutert werden. Die Systemqualität wird demnach gemäß den beiden Leistungsmerkmalen der Zuverlässigkeit und Reaktionsfähigkeit modelliert.[488]

Die ***Zuverlässigkeit*** von PPS-Systemen beschreibt als Leistungsmerkmal die Verfügbarkeit von Systemen und Funktionen zur Nutzung im Rahmen der ihnen zugedachten Aufgabenbereiche. Die Zuverlässigkeit drückt sich etwa quantitativ über die zeitliche Gesamtverfügbarkeit sowie die Häufigkeit der Zeitpunkte eingeschränkter Verfügbarkeit aus.

Die ***Reaktionsfähigkeit***, als zweites Leistungsmerkmal der Systemqualität, bewertet die Reaktionsgeschwindigkeit des PPS-Systems im Rahmen der Interaktion mit dem Nutzer. Die Reaktionsfähigkeit umfasst die zeitliche Dauer zwischen Impulsen der Interaktion eines Nutzers und der entsprechenden Reaktion des IS.

Die Bewertung der Leistungsmerkmale der Zuverlässigkeit und Reaktionsfähigkeit erfordern eine differenzierte Analyse in Abhängigkeit der jeweils betrachteten Komponente des IS. So können sich beide Faktoren sowohl auf die allgemeine Navigation über Dialoge in den PPS-Systemen als auch auf die Ausführung konkreter Funktionen, etwa einer simulationsbasierten Feinplanung, beziehen und somit auch Zeiten für Rechenoperationen und Datentransfers inkludieren.

In relativer Betrachtung der Systemqualität als Bestandteil des Akzeptanzmodells kann festgehalten werden: Die positive Ausprägung der Systemqualität wirkt sich positiv auf die wahrgenommene Nützlichkeit sowie Benutzerfreundlichkeit von PPS-Systemen aus.

[488] Vgl. Liu/Ma (2006) Perceived system performance, S. 54.

Die Bewertung der Systemqualität kann anhand der folgenden Erhebungselemente aufgenommen werden:

Systemqualität 1: Ich schätze die Zuverlässigkeit, im Sinne der Verfügbarkeit, des eingesetzten PPS-Systems sowie seiner Funktionen als hoch ein.

Systemqualität 2: Ich schätze die Reaktionsfähigkeit, im Sinne der zeitlichen Interaktionsgeschwindigkeit, des eingesetzten PPS-Systems sowie seiner Funktionen als hoch ein.

5.3.1.2 Sozio-technische Abhängigkeitsanalyse der Systemqualität

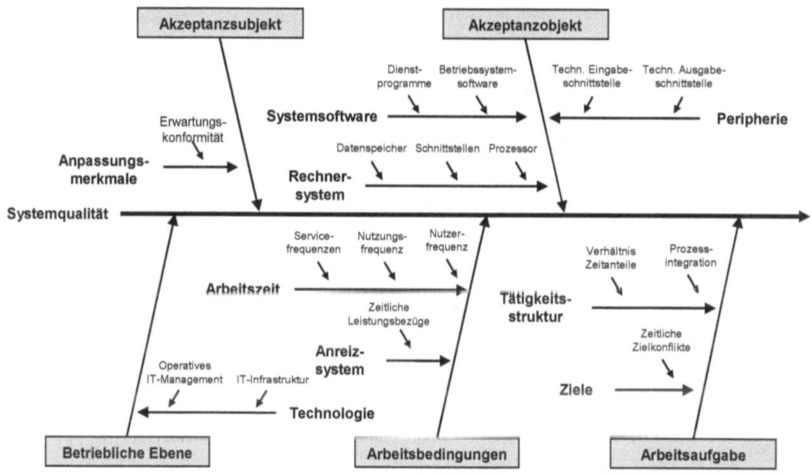

Abbildung 5-10: Abhängigkeitsanalyse der Systemqualität[489]

Einfluss auf die Wahrnehmung der Systemqualität weisen unter Betrachtung des ***Akzeptanzsubjekts*** insb. Anpassungsmerkmale in Form persönlicher Erwartungen der Arbeitsperson an den Einsatz von PPS-Systemen auf. Als Gestaltungsdimensionen von Arbeitspersonen entstammen Erwartungen sowohl einem internen als auch externen Erwartungsmanagement. Die Einflussbereiche des Erwartungsmanagements sind vielfältig und resultieren aus unternehmensinterner Perspektive, etwa aus der Kommunikation mit anderen Arbeitspersonen und Vorgesetzen, Informationen aus offiziellen Kommunikationskanälen sowie dem Umgang mit anderweitigen, unternehmensinternen IS. Externe Einflüsse auf die individuelle Erwartung im Umgang mit PPS-Systemen ergeben sich aus dem privaten Umgang mit Technik, u.a. im Zusammenhang mit genutzter Unterhaltungselektronik. Verzerrend auf die Wahrnehmung der

---

489 Eigene Darstellung auf Grundlage durchgeführter Industrieprojekte

Reaktionsfähigkeit, als Leistungsmerkmal der Systemqualität, wirkt insb. die unterschiedliche Auslegung zwischen funktionsorientierten Anwendungssystemen und vergnügungsorientierter Unterhaltungselektronik.

Unter Betrachtung des ***Akzeptanzobjekts*** stellen insb. die Gestaltungsdimensionen der Systemsoftware, der Rechnersysteme sowie der Peripherie eine Abhängigkeit zur Wahrnehmung der Systemqualität dar. Im Bereich der Hardware gestalten sich Leistungsmerkmale der Rechnersysteme, bestimmt durch Prozessoren und Formate der Datenspeicherung, sowie der eingesetzten Peripherie ausschlaggebend für die Wahrnehmung der Zuverlässigkeit und Reaktionsfähigkeit der Anwendungssysteme. In Abhängigkeit der vorliegenden IT-Infrastruktur, etwa im Falle von Server-Client-Architekturen, müssen sowohl die Leistungsfähigkeit zentraler Server als auch der Client-Computer betrachtet werden. Bei Nutzung cloudbasierter *XaaS*-Lösungen sowie drahtloser Endgeräte im Bereich technischer Ein- und Ausgabeschnittstellen ist zudem die Qualität der Online-Konnektivität bspw. in Form der WLAN-Abdeckung im Produktionsbereich entscheidend. Die Wahrnehmung des betrachteten Akzeptanzobjekts wird angesichts der Vielzahl an Schnittstellen zwischen betrieblichen Anwendungssystemen ebenfalls durch Leistungsmerkmale verknüpfter Systeme beeinflusst. So wird bspw. die Zuverlässigkeit von ME-Systemen durch den gestörten Datenzugriff aus verknüpften MDE- oder ERP-Systemen beeinflusst. Im Bereich der Software wirken sich insb. Einschränkungen der Aktualität bzw. des Wartungsstands der eingesetzten Systemsoftware nachteilig auf die wahrgenommene Systemqualität aus. Veraltete oder nicht-synchronisierte Stände der Betriebssystemsoftware zwischen Client- und Serversystemen führen demnach zu kompatibilitätsbedingten Fehlern und eingeschränkter Zugänglichkeit von PPS-Systemen.

Im Bereich der ***Arbeitsaufgabe,*** als Bestandteil des ***Akzeptanzkontexts,*** weisen die Gestaltungsdimensionen der Tätigkeitsstruktur und der Ziele eine Abhängigkeit zur Wahrnehmung der Systemqualität auf. Die Abhängigkeit zwischen Tätigkeitsstruktur und wahrgenommener Systemqualität verdeutlicht sich bspw. anhand des Grades der Prozessintegration sowie der Verhältnismäßigkeit aufzuwendender Zeitanteile. So werden im Aufgabenbereich der Produktionssteuerung erhöhte Reaktionszeiten der Produktionssimulation aufgrund verhältnismäßig zeitaufwändiger Planungsprozesse und geringen Wiederholungsfrequenzen als akzeptabel eingeschätzt. Demgegenüber unterliegt die Auftragspriorisierung im Rahmen der täglichen operativen Auftragsfreigabe durch Meister aufgrund wartender Produktionskapazitäten einer höheren Sensibilität gegenüber Reaktionszeiten. Einfluss auf die wahrgenommene Zuverlässigkeit von PPS-Systemen nimmt die Tätigkeitsstruktur mit Blick auf die Flexibilität von Prozessabfolgen. So wirken sich Unzugänglichkeiten von PPS-Systemen bei entscheidungsunterstützenden Funktionen weniger drastisch aus als im Falle für die Prozessfortsetzung zwingender Transaktionsschritte wie Material- oder Auftragsbuchungen. Relevant im Rahmen der Abhängigkeit zur Systemqualität gestaltet sich demnach die zeitliche und sequentielle Integration in vorherrschende Tätigkeitsstrukturen. Die Abhängigkeit der Systemqualität zu Zielen der Arbeitsaufgaben bezieht sich auf die Leistungsmerkmale der Verfügbarkeit und der Reaktionsfähigkeit. So hängt die Wahrnehmung der Verfügbarkeit von PPS-Systemen von deren Bedeutung für die Zielerreichung der jeweiligen Aufgaben ab. Weiterhin hängt die Wahrnehmung der Reaktionsfähigkeit von PPS-Systemen von der Zeitsensibilität der Zielanforderungen der zu bewältigenden Aufgaben ab. Als relevant gestaltet sich das Verhältnis von Zeitaufwänden der Nutzung von PPS-Systemen im Vergleich zu den zu erzielenden Zeitersparnissen durch optimierende und entscheidungsunterstützende Funktionalitäten.

Unter Betrachtung der ***Arbeitsbedingungen***, als Bestandteil des ***Akzeptanzkontexts***, weisen die Gestaltungsdimensionen des Anreizsystems sowie der Arbeitszeiten Einfluss auf die Wahrnehmung der Systemqualität auf. Wie in Unterkapitel 5.2.3.2 ausgeführt, können Anreizsysteme über variable und mitunter zeitsensible Vergütungsbestandteile, wie Akkordlohn, verfügen. Steht die Nutzung von PPS-Systemen, bspw. zur Optimierung der Reihenfolge- oder Losgrößenbildung, im Konflikt zu lokalen Anreizsystemen in Form der täglich erreichten Stückzahl, so resultiert ein negativer Einfluss auf die Wahrnehmung der Reaktionsfähigkeit. Der Einfluss der Arbeitszeit auf die wahrgenommene Reaktionsfähigkeit ergibt sich aus der Zahl aktiver Nutzer sowie aus den resultierenden Nutzer- und Zugriffsfrequenzen. Demgegenüber wird die Verfügbarkeit von PPS-Systemen durch Wartungs- und Servicearbeiten beeinträchtigt, welche meist außerhalb von Kernarbeitszeiten und somit im Wahrnehmungsbereich von Produktionsmitarbeitern und Meistern in Spät- oder Nachtschichten durchgeführt werden. Die Terminierung von Wartungs- und Servicearbeiten als Bestandteil des operativen IT-Managements auf ***betrieblicher Ebene*** kann demnach abhängig von konkreten Arbeitszeiten als Gestaltungsmerkmal einen zeitweise negativen Einfluss auf die wahrgenommene Verfügbarkeit und Reaktionsfähigkeiten von PPS-Systemen nehmen. Aus langfristiger Perspektive stellt die Durchführung von Wartungs- und Reparaturarbeiten im Rahmen des operativen IT-Managements jedoch eine zwingende Voraussetzung für die Sicherstellung einer hohen Systemqualität dar. Einen ebenfalls erheblichen Anteil an der wahrgenommenen Systemqualität macht im Rahmen der IT-Infrastruktur die Qualität der Schnittstellen selbst sowie der hierüber verbundenen Umsysteme und der potenziell verbundenen Middleware aus. Verdeutlicht wird dies am Beispiel erweiterter MRP-Läufe mit Schnittstellen zu PLM-Systemen zum Zweck der Synchronisation von bauteilbezogenen Release-Ständen. Wesentlich für die Wahrnehmung sowohl der Verfügbarkeit als auch der Reaktionsfähigkeit gestaltet sich hierbei die Qualität sowie der Automationsgrad der systemverbindenden Schnittstellen.

5.3.2 Informations- und Funktionsqualität

5.3.2.1 Modellierung der Informations- und Funktionsqualität

Weiteren Einfluss auf die Akzeptanzbildung im Umgang mit PPS-Systemen übt die wahrgenommene Informations- und Funktionsqualität aus. Im Gegensatz zu der zuvor beschriebenen Systemqualität liegt der Fokus hierbei auf inhaltlichen anstatt auf interaktionsorientierten Qualitätsaspekten. Entsprechend der Natur von PPS-Systemen bezieht sich die inhaltliche Qualität auf die reine Informationsbereitstellung, bspw. in Form von Reports, sowie auf transaktionale und entscheidungsunterstützende Funktionen, bspw. die Materialbedarfsplanung oder Losgrößenoptimierung. Während in beiden Fällen die Beschaffenheit der zugrundeliegenden Daten einen wesentlichen Anteil an der erzielten Qualität ausmacht, wird die Funktionsqualität überdies durch die Systemkonfiguration beeinflusst. Die Informations- und Funktionsqualität wird nachfolgend über die Merkmale der Korrektheit, Vollständigkeit und Sicherheit modelliert.[490]

Durch das Qualitätsmerkmal der ***Korrektheit*** wird zum Ausdruck gebracht, inwiefern die über das PPS-System bereitgestellten Informationen und Funktionsergebnisse einer tatsächlichen Repräsentation der realen Gegebenheiten entsprechen und somit frei von inhaltlichen Fehlern sind. Die ***Vollständigkeit*** im Rahmen der Informations- und Funktionsqualität gibt Auskunft darüber, inwiefern die zugrundeliegende Datenbasis komplett und somit ohne fehlende Datenpunkte ist. Mithilfe der ***Sicherheit*** als Qualitätsmerkmal werden sowohl persönliche Sicherheitsaspekte in Form des privaten Datenschutzes als auch technische Aspekte der Datensicherheit gegen ungewollte und unrechtliche Zugriffe beschrieben. Relevante Daten zur Bewertung durch Qualitätsmerkmale stellen im Rahmen der Nutzung von PPS-Systemen sowohl Stamm-, Bewegungs- als auch Funktionsergebnisdaten dar.

In relativer Betrachtung der Informations- und Funktionsqualität als Bestandteil des Akzeptanzmodells kann festgehalten werden: Die positive Ausprägung der Informations- und Funktionsqualität wirkt sich positiv auf die wahrgenommene Nützlichkeit von PPS-Systemen aus.

Die Bewertung der Informations- und Funktionsqualität kann anhand der folgenden Erhebungselemente aufgenommen werden:

Informations- und Funktionsqualität 1: Ich schätze die Korrektheit der über die PPS-Systeme einsehbaren Informationen sowie der Funktionsergebnisse als hoch ein.

---

[490] Vgl. DeLone/McLean (2003) Model of Information Systems Success, S. 15; NELSON et al. (2005) Information and System Quality, S. 203; Chang et al. (2019) Switching Intention to Cloud Enterprise Resource Planning, S. 50.

Informations- und Funktionsqualität 2: Ich schätze die Vollständigkeit der Datenbasis als Grundlage der eingesetzten PPS-Systeme als hoch ein. Die Stamm-, Bewegungs- und Funktionsdaten weisen keine fehlenden Datenpunkte auf.

Informations- und Funktionsqualität 3: Ich schätze die Sicherheit der genutzten PPS-Systeme gegen unerlaubten Zugriff auf Daten als hoch ein. Ich weiß welche Daten erhoben werden und welchem Zweck diese dienen sowie sehe ich hierbei keinen Konflikt zu eigenen Privatansprüchen.

5.3.2.2 Sozio-technische Abhängigkeitsanalyse der Informations- und Funktionsqualität

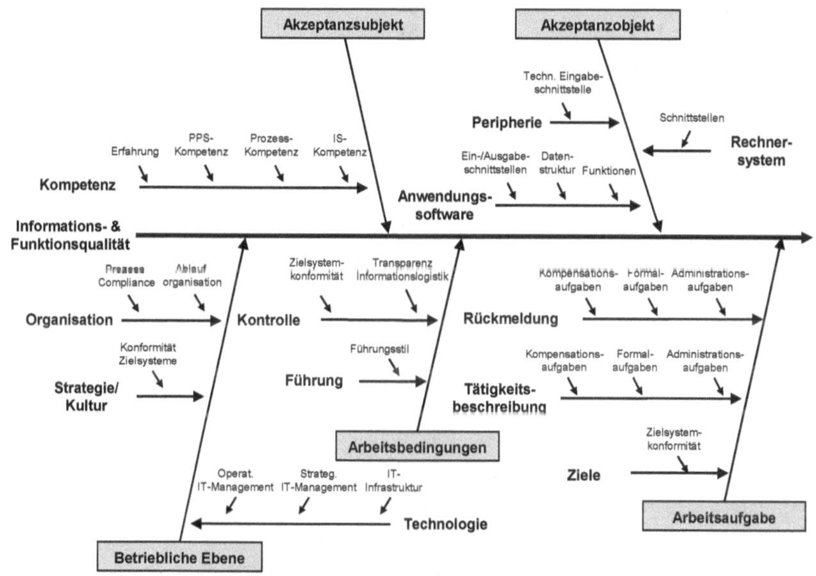

Abbildung 5-11: Abhängigkeitsanalyse Informations- und Funktionsqualität[491]

Einfluss auf die Wahrnehmung der Informations- und Funktionsqualität weisen im Gestaltungsbereich des ***Akzeptanzsubjekts*** insb. die Kompetenzen der Arbeitsperson auf. Ein wesentlicher Bestandteil der Kompetenzen von Arbeitspersonen resultiert aus der über die Dauer der Betriebszugehörigkeit erlangten Erfahrung. Die Bedeutung der praktischen Erfahrung äußert sich insb. im Zuge der Beurteilung ob der Korrektheit von Repräsentationen realer Prozesse durch Daten, bspw. bei der Bewertung von Vorgabezeiten. Weiteren Einfluss auf die Wahrnehmung der Informations- und Funktionsqualität üben IS- sowie PPS-bezogene Kompetenzen von Arbeitspersonen aus. IS-bezogene Kompetenzen bieten Arbeitspersonen weiterführende Kenntnis über den

[491] Eigene Darstellung auf Grundlage durchgeführter Industrieprojekte

Aufbau und die Funktionsweise genutzter Systeme sowie deren Funktionen, welche insb. bei der Beurteilung komplexer Systemfunktionalitäten der Optimierung Relevanz zeigen. PPS-bezogene Kompetenzen fördern darüber hinaus ein ganzheitliches Verständnis bestehender Wechselwirkungen im Auftragsabwicklungsprozess und beugen entsprechend Fehleinschätzungen von Systemfunktionalitäten aufgrund lokaler Betrachtungsweisen, wie oftmals bei der Überbewertung rüstoptimierter Auftragsreihenfolgen zu beobachten, vor. Neben potenziell verzerrenden Einflüssen auf die Wahrnehmung stellen IS- und PPS-Kompetenzen zudem eine Voraussetzung der korrekten Nutzung von PPS-Systemen dar und bedingen hierdurch direkt die vorliegende Informations- und Funktionsqualität.

Einfluss auf die Informations- und Funktionsqualität wirken im Bereich des ***Akzeptanzobjekts*** die Gestaltungsmerkmale der Anwendungssoftware, Rechnersysteme sowie Peripherie. Unter Betrachtung der Software gestaltet sich insb. die Konfiguration der Anwendungssoftware entscheidend für die wahrgenommene Informations- und Funktionsqualität. Gegenstand der Konfiguration betreffen Funktionen, Datenstrukturen sowie Ein- und Ausgabeschnittstellen der Anwendungssoftware mit jeweils unterschiedlichem Betrachtungsfokus. So führt die Konfiguration von Funktionalitäten bei fehlender Berücksichtigung oder Verfügbarkeit bereichsübergreifender Ziel- sowie Steuerungs- und Planungssysteme zu fehlerhaften Systementscheidungen. Ziel der Konfiguration der Datenstruktur, einhergehend mit den Ein- und Ausgabeschnittstellen, besteht einerseits in einer bestmöglichen Repräsentation der abzubildenden realen Objekte, bspw. in Form von Arbeitsplänen oder Stücklisten. Andererseits muss die vorgenommene Konfiguration über die Schnittstelle des Rechnersystems kompatibel zu Konfigurationen verknüpfter Anwendungssoftware sein. Auch führen Abweichungen in der Konfiguration der Datenstrukturen sowie der Ein- und Ausgabeschnittstellen zu bestehenden Softwarekonfigurationen oder realen Objekten zu einer verminderten Wahrnehmung der Informations- und Funktionsqualität. Abschließend gestalten sich sowohl die Schnittstellen der Rechnersysteme zu vernetzter Anwendungssoftware als auch die technischen Eingabeschnittstellen, beide in Funktion der Datenerfassung, als wesentlich für die wahrgenommene Informationsqualität. Ausschlaggebend gestaltet sich die Fehleranfälligkeit der Schnittstellen. Kritische Beispiele stellen manuelle Datentransfers zwischen Anwendungssoftware, etwa bei neuen Revisionsständen an Stücklisten zur Übertragung aus PLM-Systemen an ERP- oder ME-Systeme, oder Freiheitsgrade technischer Eingabeschnittstellen in Form der Freitext-Zeiterfassung von Arbeitspersonen dar.

Unter Betrachtung der ***Arbeitsaufgabe***, als Bestandteil des ***Akzeptanzkontexts***, weisen insb. die Gestaltungsmerkmale des Feedbacks, der Arbeitsverträge und der Ziele direkten Einfluss auf die Informations- und Funktionsqualität sowie deren Wahrnehmung auf. Feedback zur Qualität und Zielerreichung von Arbeitsaufgaben erstreckt sich sowohl über Formal-, Kompensations- sowie Administrationsaufgaben. Einfluss auf die Wahrnehmung der Informations- und Funktionsqualität übt insb. Feedback zur Zielerreichung von Formal- und Kompensationsaufgaben wie der Reihenfolgeplanung oder Kapazitätssteuerung aus, da hierdurch eine Beurteilung der Entscheidungsunterstützung erfolgt. Demgegenüber wirkt sich Feedback zu Administrations- und Wartungsaufgaben etwa über die Fokussierung der Datenpflege auf die Informations- und Funktionsqualität von PPS-Systemen aus. Feedback erfolgt in diesen Fällen bspw. in Form von Audits zur Datenqualität von Stamm- und Bewegungsdaten. Das Stammdatenmanagement liegt im Verantwortungsbereich der Steuerungs- und Meisterebene, wohingegen die Qualität von Bewegungsdaten mehrheitlich von Produktionsmitarbeitern im operativen Produktionsprozess beeinflusst wird. Neben Feedbackstrukturen zu Arbeitsaufgaben stellt auch deren Verankerung in Arbeitsverträgen, insb. in Form von Tätigkeitsbeschreibungen als Bestandteil der psychologischen Verträge, Einflussfaktor der Informations- und Funktionsqualität dar. So erfahren Administrations- und Wartungsaufgaben im Bereich der PPS oftmals eine niedrigere Priorisierung oder werden aufgrund unklarer Verantwortlichkeiten vernachlässigt, was sich wiederum direkt in der Informations- und Funktionsqualität niederschlägt.

Auf Ebene der ***Arbeitsbedingungen***, als Bestandteil des ***Akzeptanzkontexts***, weisen die Gestaltungsmerkmale der Führung und Kontrolle Einfluss auf die Informations- und Funktionsqualität sowie deren Wahrnehmung auf. Grund für Qualitätsbedenken vieler Arbeitspersonen angesichts des wahrgenommenen Datenschutzes stellt die vorherrschende Intransparenz hinsichtlich der Verwendung aufgenommener und teils personenbezogener Daten im Rahmen von Kontrollfunktionen dar. So führen bspw. detaillierte Auftragsbuchungen zu Ängsten vor einer persönlichen Zeiterfassung und fehlinterpretierbaren Arbeitsbewertungen, in deren Konsequenz die Akzeptanz gegenüber der Informationsqualität leidet. Direkten Einfluss auf die Informations- und Funktionsqualität wirken motivierende Aspekte der Führung im Sinne von Vorbilds- und sinnstiftenden Funktionen. Führungsaufgaben dienen demnach sowohl transaktionalen (Führung durch Belohnung und Sanktion) als auch transformationalen (Führung durch Vermittlung von Werten und Einstellungen) Funktionen. Die persönliche Priorisierung von Administrations- und Wartungsaufgaben hängt somit von der Intensität ab, mit welcher Führungsrollen entsprechende Aufgabenbereiche adressieren.

Im Bereich der ***betrieblichen Ebene***, als Bestandteil des ***Akzeptanzkontexts***, weisen die Gestaltungsmerkmale der Technologie, Organisation und Strategie direkten Einfluss auf die Informations- und Funktionsqualität sowie deren Wahrnehmung auf. Ähnlich des Einflusses der Technologie auf die Systemqualität bedingen Qualitätsmerkmale der IT-Infrastruktur und des operativen IT-Managements auch die Informations- und Funktionsqualität von PPS-Systemen (siehe Unterkapitel 5.3.1.2). Ergänz werden müssen aus Perspektive des Qualitätsmerkmals der Sicherheit die Bedeutung des operativen IT-Managements für den technischen sowie die Bedeutung des strategischen

IT-Managements für den technischen sowie persönlichen Datenschutz. Dem operativen IT-Management muss demnach die Funktion der aktiven Identifikation und Analyse bestehender externer Sicherheitsbedrohungen sowie die Überprüfung eigener Sicherheitsvorkehrungen zur Prävention zuteilwerden. Die Bedeutung des strategischen IT-Managements im Zuge des privaten Datenschutzes äußert sich in Form der transparenten Darstellung der bestehenden Informationslogistik sowie der Visionen im Rahmen der IT-Strategie. Erst in Abhängigkeit der erzeugten Transparenz sind Arbeitspersonen in der Lage die Verwertung personenbezogener Daten nachzuvollziehen sowie Nutzen und Gefahren ganzheitlich einzuschätzen. Die Ablauforganisation sowie Aspekte der Prozess-Compliance stellen ein weiteres Gestaltungsmerkmal mit direkter Abhängigkeit zur Informations- und Funktionsqualität von PPS-Systemen dar. Verdeutlicht wird dies am Prozess der Auftragspriorisierung. Erfolgt durch das bestehende PPS-System etwa eine schlupforientierte[492] Feinplanung, so erfordert diese sowohl die Auftragsfreigabe und -priorisierung nach Termin durch die Produktionssteuerung als auch eine entsprechende Reihenfolgepriorisierung an den einzelnen Arbeitsstationen. Wird an den Arbeitsplätzen durch Produktionsmitarbeiter eine manuelle Umplanung zugunsten einer rüstoptimalen Auftragsreihenfolge vorgenommen, so kommt die Feinplanung der PPS-Systeme nicht zu tragen, was sich wiederum aufgrund der konfliktären Steuerungsprinzipien auch in der allgemeinen Zielerreichung niederschlägt. Während Probleme der Prozess-Compliance u.a. zu ungeplanten Steuerungs- und Zielkonflikten führen, stellt die Kompatibilität der Zielsysteme auf Ebene der Strategie sowie einzelner Arbeitsaufgaben ähnliches Gefahrenpotenzial für die Funktionsqualität von PPS-Systemen dar. Unter Kompatibilität wird demnach die ganzheitliche Ausrichtung einzelner Zielsysteme zur Erreichung unternehmensübergreifender und einstimmiger Zielgrößen verstanden. Im Konflikt hierzu zeigt die Erfahrung aus der Praxis, dass individuelle und nicht aufeinander abgestimmte Zielsysteme eine ganzheitliche Steuerung oftmals unterbinden.

5.3.3 Systemergonomie

5.3.3.1 Modellierung der Systemergonomie

In Reaktion auf steigende Funktionsumfänge und Systemkomplexitäten adressiert die Systemergonomie den Grad der menschzentrierten Gestaltung von PPS-Systemen. Die Systemergonomie wird nachfolgend als stellvertretender und erweiternder Akzeptanzfaktor für die Systemkomplexität betrachtet. Die Systemergonomie wird anhand der Merkmale der Individualisierbarkeit, Kompetenzförderlichkeit, Fehlertoleranz, Steuerbarkeit, Selbstbeschreibung und Gebrauchstauglichkeit modelliert.[493] Die

[492] Zeitlicher Puffer bis zum geplanten Auftragsendtermin

[493] Vgl. Heinecke (2012) Mensch-Computer-Interaktion, S. 30; Heinecke (2012) Mensch-Computer-Interaktion, S. 209.

Individualisierbarkeit bringt sowohl das Bedürfnis von Arbeitspersonen als auch die Fähigkeit von PPS-Systemen zur nutzerindividuellen Gestaltung der Interaktion zwischen System und Nutzer zum Ausdruck. Die ***Kompetenzförderlichkeit*** beschreibt im Zusammenhang mit IS die Verhältnismäßigkeit zwischen wahrgenommener Komplexität der Systemnutzung im Vergleich zu den eigenen Kompetenzen und den aus der Arbeitsaufgabe resultierenden Anforderungen. Im Rahmen der Betrachtung von Benutzerschnittstellen wird die ***Fehlertoleranz*** anhand der Kritikalität nutzerbedingter Fehler sowie einhergehender Korrekturaufwände beschrieben. Anhand der ***Steuerbarkeit*** wird bewertet, inwiefern Nutzer in der Lage sind, Funktionen von PPS-Systemen eigenmächtig zu initiieren sowie Richtung und Geschwindigkeit bspw. in Form von Dialogführungen zu beeinflussen. Mittels der Steuerbarkeit werden zudem Eingriffsmöglichkeiten in Systemfunktionen, beeinflusst durch die Auslegung der Automatisierungsgrades, erfasst. Mithilfe der ***Selbstbeschreibung*** wird die Fähigkeit des PPS-Systems dargestellt, dem Anwender bei der eigenständigen Nutzung Hilfestellung durch Orientierung und Anleitung, bspw. in Form von Zusatzinformationen, zu bieten. Mit Bezug auf den Nutzungskontext wird anhand der **Gebrauchstauglichkeit** die Effizienz und Effektivität der Kollaboration zwischen Nutzer und PPS-System adressiert.

In relativer Betrachtung der Systemergonomie als Bestandteil des Akzeptanzmodells kann festgehalten werden: Die positive Ausprägung der Systemergonomie wirkt sich positiv auf die wahrgenommene Benutzerfreundlichkeit von PPS-Systemen aus.

Die Bewertung der Systemergonomie kann anhand der folgenden Erhebungselemente aufgenommen werden:

Systemergonomie 1: Ich kann die Interaktion mit dem PPS-System (bspw. Navigation, Informationsdarstellung etc.) entsprechend meiner eigenen Bedürfnisse individualisieren.

Systemergonomie 2: Ich schätze die Komplexität des PPS-Systems in Anbetracht der Anforderungen der zu bewältigenden Aufgaben sowie meiner eigenen Kompetenzen als angemessen ein.

Systemergonomie 3: Nutzer werden im Umgang mit PPS-Systemen auf potenzielle Fehler/-quellen hingewiesen. Sollten dennoch fehlerhafte Eingaben gemacht werden, so zeigen diese geringe Auswirkungen auf das Ergebnis oder können aufwandsarm korrigiert werden. Die Fehlertoleranz wird somit als hoch eingeschätzt.

Systemergonomie 4: Die Steuerbarkeit des PPS-Systems wird als hoch eingeschätzt. Funktionen des PPS-Systems können eigenmächtig initiiert sowie der Automatisierungsgrad, die Richtung und Geschwindigkeit anforderungsspezifisch konfiguriert werden (bspw. automatisierte vs. manuelle Auftragsfreigabe).

Systemergonomie 5: Die Selbstbeschreibung in Form der systemeigenen Handlungsanweisung und -unterstützung wird als hoch eingeschätzt.

Systemergonomie 6: Die Auslegung des PPS-Systems unter Betrachtung der Hardware und Software ermöglicht mir die effiziente und effektive Nutzung der Funktionalitäten im Rahmen meiner täglichen Arbeit.

5.3.3.2 Sozio-technische Abhängigkeitsanalyse der Systemergonomie

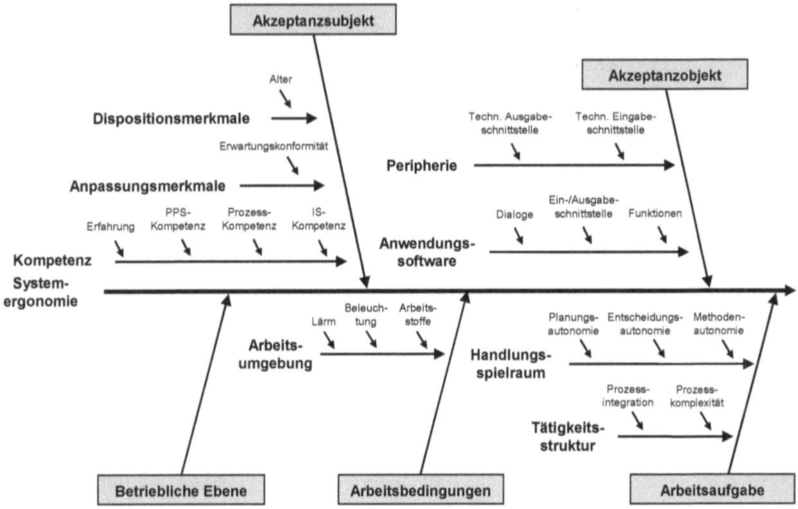

Abbildung 5-12: Abhängigkeitsanalyse der Systemergonomie[494]

Einfluss auf die Wahrnehmung der Systemergonomie weisen im Gestaltungsbereich des ***Akzeptanzsubjekts*** die Anpassungs-, Dispositionsmerkmale sowie die Kompetenzen der Arbeitsperson auf. Gleich der Abhängigkeiten im Bereich der Systemqualität werden auch die persönliche Wahrnehmung sowie Anforderungen an die Systemergonomie maßgeblich durch bestehende Erwartungen, insb. aus der privaten Techniknutzung, beeinflusst. Während die Fokussierung vieler Expertensysteme auf der angebotenen Funktionalität liegt, zeigen Anwendungen der Unterhaltungselektronik eine stärker ausgeprägte Menschzentrierung bspw. durch Personalisierungsfunktionen oder intuitive Benutzerschnittstellen. In Projektion dieser Erfahrungen auf das arbeitsorientierte Umfeld beeinflussen Erwartungen ebenfalls Anforderungen der Systemergonomie von PPS-Systemen. Neben den bestehenden Erwartungen wirken sich auch Bedürfnisse von Arbeitspersonen in Form von Motivationsaspekten auf Anforderungen der Systemergonomie aus. Intrinsische Aspekte der Arbeitsmotivation wie die Selbstverwirklichung und hedonistische Präferenzen nach anregender Arbeit fördern somit das individuelle Bestreben nach höherer Individualisier- und Steuerbar-

[494] Eigene Darstellung auf Grundlage durchgeführter Industrieprojekte

keit im Umgang mit PPS-Systemen. Unter Betrachtung der Dispositionsmerkmale resultieren weitere Anforderungen nach Individualisierung aus dem Alter der Systemnutzer und somit speziellen Anforderungen etwa an die Ergebnisdarstellung. Über die Anpassungs- und Dispositionsmerkmale hinaus weisen die Gestaltungsmerkmale der Kompetenzen eine Abhängigkeit zu Anforderungen der Systemergonomie auf. So gestaltet sich der persönliche Bedarf nach unterstützender Führung, Fehlersicherheit sowie Eingriffsmöglichkeiten bei der Nutzung von PPS-Systemen abhängig von den vorliegenden Kompetenzen und Erfahrungen möglicher Nutzer.

Die Systemergonomie wird im Bereich des ***Akzeptanzobjekts*** durch die Gestaltungsmerkmale der Anwendungssoftware und Peripherie beeinflusst. Die wahrgenommene Systemergonomie bestimmt sich hierbei aus der Betrachtung derjenigen Gestaltungsmerkmale, welche die direkte Interaktion zwischen Nutzer und PPS-System kennzeichnen. Aus Perspektive der Anwendungssoftware müssen demnach Funktionen, Ein- und Ausgabeschnittstellen sowie Dialoge gemäß den Ergonomieanforderungen der Individualisierbarkeit, Kompetenzförderlichkeit, Fehlertoleranz, Steuerbarkeit und Selbstbeschreibungsfähigkeit (vgl. Unterkapitel 5.3.3.1) ausgelegt werden. Beispiele der Individualisierbarkeit beziehen sich im Bereich der Funktionen auf die Konfiguration von Steuerungsprinzipien, wie die Einstellung von WIP-Level (Umlaufbestand, engl. work in process), im Bereich der Schnittstellen auf die Auswahl und das Format darzustellender Informationen oder im Bereich der Dialoge auf den Aggregationsgrad der Menüführung etwa in Form von Shortcuts. Wie in Unterkapitel 5.3.3.1 dargestellt, äußert sich die Kompetenzförderlichkeit anhand der über Funktionen, Schnittstellen und Dialoge wahrgenommenen Komplexität durch den Nutzer. Einhergehend mit dem Aspekt der Selbstbeschreibungsfähigkeit der Anwendungssoftware zur Reduktion der wahrgenommenen Komplexität besteht die Anforderung der nutzergerechten Gestaltung der Systeminteraktion. Möglichkeiten hierzu ergeben sich bspw. in Form von tätigkeits- oder qualifikationsbezogenen Nutzerprofilen, welche über eine automatisierte Vorauswahl der zur Verfügung stehenden Interaktionsmöglichkeiten sowie Freiheitsgrade an Einstellungsvariablen eine kompetenzgerechte Nutzung fördern. Ansätze der Selbstbeschreibungsfähigkeit von Anwendungssoftware stellen bspw. Mouse-Over- oder Help-Funktionalitäten zur erklärenden Beschreibung und Anweisung von Nutzern im Rahmen ihrer Aufgabenbewältigung dar. Die Wahrnehmung der Steuerbarkeit äußert sich in Form von Eingriffsmöglichkeiten von Nutzern in die Prozesse der Anwendungssoftware. So stellen insb. Aspekte der nutzergerechten Automation, bspw. in Form der nutzerinduzierten im Gegensatz zur automatisierten Freigabe von Produktionsaufträgen, Gegenstand der Gestaltung von Anwendungssoftware dar. Die Steuerbarkeit betrifft überdies auch Möglichkeiten des Eingriffs in bereits initiierte Prozesse der Anwendungssoftware. PPS-Systeme müssen demnach, einhergehend mit der wahrgenommenen Fehlertoleranz, Möglichkeit zur Rekonfiguration, bspw. in Form angepasster Ressourcenzuordnungen oder Auftragsterminierungen im Falle kundeninduzierter Änderungswünsche, ermöglichen. Aus

Perspektive der Peripherie müssen sowohl technische Ein- als auch Ausgabeschnittstellen den Anforderungen der Systemergonomie entsprechen. Im Gegensatz zur Anwendungssoftware liegt hierbei ein zusätzliches Augenmerk auf der wahrgenommenen Gebrauchstauglichkeit, welche die effiziente und effektive Nutzung der technischen Peripherie in der entsprechenden Arbeitsumgebung beschreibt. Einfluss hierauf nehmen bspw. Anwendungen auf Ebene des Shopfloors unter Bedingungen von Schmutz oder Schutzbekleidung in Form von Handschuhen.

Die ***Arbeitsaufgabe***, als Bestandteil des ***Akzeptanzkontexts***, wirkt sich über die Gestaltungsmerkmale des Handlungsspielraums sowie der Tätigkeitsstruktur auf die Anforderungen der Systemergonomie sowie deren Wahrnehmung aus. Wie in Unterkapitel 5.2.3.1 dargestellt, spezifiziert sich der Handlungsspielraum von Arbeitsaufgaben über die Dimensionen der Methoden-, Entscheidungs- und Planungsautonomie. Mit Blick auf die Systemergonomie zeigen sich im Besonderen Abhängigkeiten zu Anforderungen der Individualisier- sowie Steuerbarkeit. Werden demnach Arbeitspersonen im Zuge ihrer Aufgabenbewältigung größere Handlungsspielräume und somit mehr Erfolgsverantwortlichkeiten zugewiesen, so äußert sich dies ebenfalls in höheren Anforderungen der Arbeitspersonen nach Gestaltungs- und Eingriffsmöglichkeiten im Rahmen der Interaktion mit PPS-Systemen. Als weiteres Gestaltungsmerkmal wirkt sich die Tätigkeitsstruktur in Form der Prozesskomplexität auf die wahrgenommene Kompetenzförderlichkeit des PPS-Systems aus. Die Grundlage der Kompetenzförderlichkeit liegt in der Verhältnismäßigkeit zwischen den Kompetenzen der Nutzer sowie der Prozess- und Systemkomplexität. Demnach akzeptieren Nutzer mit steigender Komplexität der zu bewältigenden Aufgaben ebenfalls höhere Systemkomplexitäten. Keine Akzeptanz findet im Sinne des Over-Engineering hingegen die Implementierung komplexer, da performanter, Systemfunktionalitäten bei verhältnismäßig einfachen Aufgaben.

Unter Betrachtung der ***Arbeitsbedingungen*** als Bestandteil des ***Akzeptanzkontexts*** weisen die Gestaltungsmerkmale der Arbeitsumgebung Einfluss auf die Wahrnehmung der Systemergonomie auf. So wirkt sich die Arbeitsumgebung als prägendes Merkmal des Nutzungskontexts maßgeblich auf die Effizienz der potenziellen Systemnutzung als Bestandteil der wahrgenommenen Gebrauchstauglichkeit aus. Als Faktoren der Arbeitsumgebung mit Einfluss auf die Gebrauchstauglichkeit sind etwa Beleuchtung, Schmutz oder Arbeitsstoffe aufzuführen. Diese können sich entweder direkt oder aufgrund resultierender Schutzmaßnahmen, wie das Tragen von Handschuhen, auf die Interaktion mit PPS-Systemen auswirken. Des Weiteren stellt sich auch die räumliche Verortung des Zugriffs auf PPS-Systeme bspw. in Form von Terminals als relevant für die Wahrnehmung der Gebrauchstauglichkeit dar. Insb. die Nutzung geteilter zentraler Terminals von PPS-Systemen kann zu wegbedingten Effizienzverlusten von Produktionsmitarbeitern, verbunden mit einer eingeschränkten Nutzungsbereitschaft etwa für Buchungsprozesse, führen.

5.3.4 Kompatibilität

5.3.4.1 Modellierung der Kompatibilität

Der Akzeptanzfaktor der Kompatibilität beschreibt die erfahrungsbasierte sowie nutzungs- und inhaltsorientierte Übereinstimmung des betrachteten PPS-Systems zu Vorgängersystemen, der bestehenden IT-Infrastruktur sowie operativen Prozessen.[495] Während sich die inhaltliche Übereinstimmung auf einen eineindeutigen Aufbau von Informationen, bspw. manifestiert über standardisierte Kennzahlen, bezieht, werden durch die nutzungsorientierte Übereinstimmung Aspekte der operativen Interaktion adressiert. Weichen Aufbau und Handhabung neuer PPS-Systeme grundsätzlich von bekannten Systemen ab, führt dies zu einer hohen Aufwandserwartung mit Konsequenzen für die Akzeptanzentwicklung. Weiteren negativen Einfluss auf die Aufwandserwartung verursacht die fehlende Integration von Systemfunktionalitäten in die bestehende IT-Infrastruktur. Konkretisiert wird die Bewertung der Kompatibilität anhand der Benutzerschnittstelle zwischen PPS-Akteuren und PPS-System. Die Modellierung der Kompatibilität von PPS-Systemen wird nachfolgend anhand der jeweiligen Kompatibilität der einzelnen Bestandteile von Benutzerschnittstellen in Form von Eingabe-, Ausgabe-, Dialog- und Funktionsschnittstellen vorgenommen. ***Eingabeschnittstellen*** umfassen sämtliche Interaktionsmöglichkeiten zur Informationseingabe durch Nutzer in IS. Ausprägungen der Schnittstellen zur Informationseingabe reichen im Kontext von PPS-Systemen von manuellen Prozessen, bspw. in Form der Nutzung von Maus und Tastatur, bis zu teilautomatisierten Prozessen, bspw. in Form von Barcode-Scanner oder RFID[496]-Sensoren. ***Ausgabeschnittstellen*** als weiterer Bestandteil der Mensch-System-Schnittstelle beschreiben hingegen sämtliche Interaktionsformen der Informationsausgabe. Ausprägungen der Ausgabeschnittstelle können sowohl optischer (bspw. Displays oder Signalanzeigen), als auch akustischer (bspw. Sprachsteuerung) und seltener haptischer (bspw. Vibration mobiler Endgeräte) Natur sein. Relevant für die Einschätzung der Kompatibilität gestaltet sich sowohl die Wahl des technischen Mediums als auch die der inhaltlichen Ausgestaltung (bspw. Visualisierungsform). Weitere Bestandteile der Benutzerschnittstelle sind ***Dialog- und Funktionsschnittstellen*** als Steuerungsschnittstelle zur Navigation und Funktionsauswahl in IS. Etablierte Formen von Dialogen stellen bspw. Kommando-, Fenster-, Masken- oder Menüdialoge dar, welche gleich den Eingabeschnittstellen mittels unterschiedlicher Medien wie Maus, Tastatur oder Touch-Applikationen bedient werden. Funktionsschnittstellen ermöglichen Benutzern ergänzend die Konfiguration sowie Anwendung von Funktionen. Funktionen im Zusammenhang mit PPS-Systemen beziehen

[495] Vgl. Rogers (1995) Diffusion of Innovations, S. 224; Nah et al. (2004) End-Users' Acceptance of Enterprise Systems, S. 41.

[496] Radio-Frequency Identification

sich auf Kommandos bspw. zur Ausgabe von Reports oder Initiierung der Auftragseinlastung.

In relativer Betrachtung der Kompatibilität als Bestandteil des Akzeptanzmodells kann festgehalten werden: Eine als hoch wahrgenommene Kompatibilität zu Vorgängersystemen, IT-Infrastruktur oder operativen Prozessen wirkt sich positiv auf die wahrgenommene Nützlichkeit sowie Benutzerfreundlichkeit von PPS-Systemen aus.

Die Bewertung der Kompatibilität kann anhand der folgenden Erhebungselemente aufgenommen werden:

Kompatibilität 1: Ich schätze die Kompatibilität der Eingabeschnittstellen des PPS-Systems zu den restlichen Eingabeschnittstellen meiner Arbeitsumgebung als hoch ein.

Kompatibilität 2: Ich schätze die Kompatibilität der Ausgabeschnittstelle des PPS-Systems zu den restlichen Ausgabeschnittstellen meiner Arbeitsumgebung als hoch ein.

Kompatibilität 3: Ich schätze die Kompatibilität der Dialog- und Funktionsschnittstellen des PPS-Systems zu den restlichen Dialog- und Steuerungsschnittstellen meiner Arbeitsumgebung als hoch ein.

5.3.4.2 Sozio-technische Abhängigkeitsanalyse der Kompatibilität

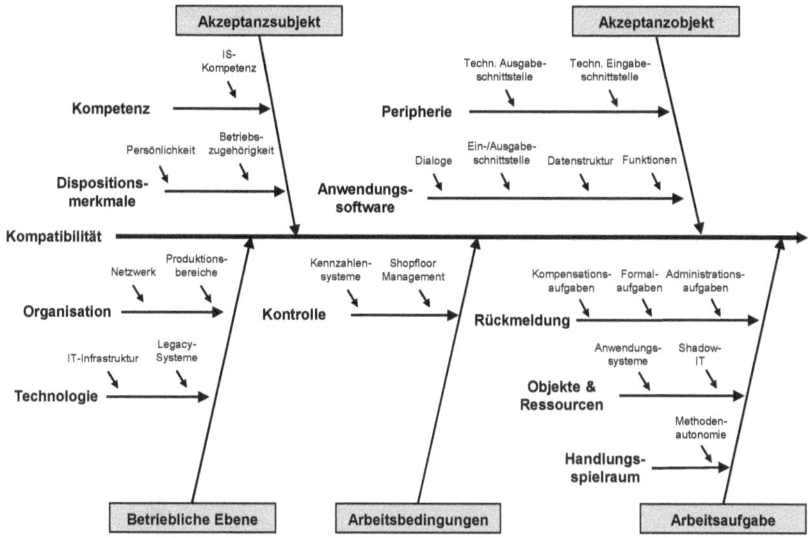

Abbildung 5-13: Abhängigkeitsanalyse Kompatibilität[497]

Einfluss auf die Wahrnehmung der Kompatibilität zeigen im Gestaltungsbereich des ***Akzeptanzsubjekts*** die Gestaltungsmerkmale der Kompetenzen sowie der Dispositionsmerkmale. Hervorzuheben sind die auf den Umgang mit IS bezogenen Kompetenzen, da einhergehend mit der Steigerung des Kompetenzniveaus die Fähigkeit zur abstrahierten Betrachtung von Benutzerschnittstellen erhöht sowie die Einschätzung von Aufwänden zum Erlernen des Umgangs mit neuen Benutzerschnittstellen reduziert wird. Der Einfluss der Dispositionsmerkmale auf die wahrgenommene Kompatibilität ergibt sich aus der abhängigen Betrachtung der Persönlichkeit sowie dem Erfahrungszeitraum, etwa in Form der Betriebszugehörigkeit. So äußert sich eine lange Betriebszugehörigkeit von Arbeitspersonen einerseits in Form hoher Kompetenzen im Umgang mit IS. Demgegenüber kann eine lange Betriebszugehörigkeit einhergehend mit einem fortgeschrittenen Alter von Arbeitspersonen zu verringerten Ausprägungen des Persönlichkeitszuges der Offenheit führen, demzufolge bereits kleinen Neuerungen von PPS-Systemen eine geringe Kompatibilität zugeschrieben werden.

Im Bereich des ***Akzeptanzobjekts*** nehmen die Gestaltungsmerkmale der Anwendungssoftware sowie der Peripherie Einfluss auf die Wahrnehmung der Kompatibilität. Wie bereits im vorherigen Kapitel beschrieben, äußert sich die Kompatibilität anhand der Übereinstimmung der Interaktionsmöglichkeiten des betrachteten Akzeptanzobjekts

[497] Eigene Darstellung auf Grundlage durchgeführter Industrieprojekte

zu Vorgängersystemen sowie der bestehenden IT-Infrastruktur. Relevant aus Perspektive der Anwendungssoftware sind demnach die Gestaltung von Funktionen, Dialogen, Datenstrukturen sowie Ein- und Ausgabeschnittstellen, sowie aus Perspektive der Peripherie die Gestaltung der technischen Ein- und Ausgabeschnittstellen. Während bei Einführung neuer bzw. bei Weiterentwicklung bestehender PPS-Systeme naturgemäß technischer und prozessualer Fortschritt im Vordergrund steht, so sind operative Änderungen jedoch gemeinhin mit Lernprozessen und somit Aufwänden aufseiten der Endnutzer verbunden. Aus Akzeptanzgesichtspunkten sollte somit bei der Gestaltung von Anwendungssystemen zwar weiterhin der aus Unternehmensperspektive größtmögliche Nutzenzuwachs, jedoch unter Sensitivität der Auswirkung operativer Änderungen für Endnutzer angestrebt werden.

Unter Betrachtung der ***Arbeitsaufgabe*** als Bestandteil des ***Akzeptanzkontexts*** weisen die Gestaltungsmerkmale des Feedbacks, der Objekte und Ressourcen, der Ziele und des Handlungsspielraums Einfluss auf die Anforderungen der Kompatibilität sowie deren Wahrnehmung auf. In Kombination ist die Kompatibilität der Ausgabe- und Funktionsschnittstelle zu den Gestaltungsmerkmalen des auf die Arbeitsaufgabe bezogenen Feedbacks sowie der Ziele zu betrachten. Ein wesentlicher Bestandteil des Feedbacks zu Arbeitsaufgaben stellt die Anwendung von Kennzahlensystemen dar. Kennzahlensysteme werde über die Funktionsschnittstelle des PPS-Systems sowie über anderweitige Kontrollsysteme, wie etwa in Funktion des Shopfloor-Managements (vgl. Unterkapitel 5.2.3.2), appliziert. Kompatibilität muss daher sowohl bzgl. der Visualisierung angewandter Kennzahlensysteme als auch der Auswahl und inhaltlichen Ausgestaltung von Zielgrößen in genutzten Kennzahlensystemen bestehen. In Abhängigkeit der vorliegenden Methodenautonomie gestalten sich zudem die verfügbaren Ressourcen der Arbeitsaufgabe in Form von Anwendungs-, Entscheidungsunterstützungssystemen und Schatten-IT als relevant für die Betrachtung der Kompatibilität. Eine Herausforderung stellt dabei die im Umfeld von PPS-Systemen geläufige Redundanz von Systemfunktionalitäten dar. So lässt sich etwa die durchschnittliche Termintreue bei paralleler Anwendung von ERP-, ME- sowie APS-Systemen standardisiert aus drei Anwendungssystemen beziehen, wobei bspw. unterschiedliche Systemanbieter eine jeweils variierende Auslegung der Kennzahl zur Folge haben können (bspw. erster vs. letzter bestätigter Kundentermin). Während sich bei bestehender Redundanz von Systemfunktionalitäten eine gezielte Steuerung in Abhängigkeit der Methodenautonomie durch die Vergabe von Lizenzen und Rechten durchsetzen lässt, so stellt sich die Identifikation eingesetzter Schatten-IT aufgrund der fehlenden formalen Erfassung als komplexer dar. Die am weitesten verbreiteten Formen von Schatten-IT stellen in produzierenden Unternehmen Excel-Dateien, bspw. zur Erstellung alternative Listen der Terminverfolgung oder Kapazitätsplanung, dar.

Die ***Arbeitsbedingungen*** als Bestandteil des ***Akzeptanzkontexts*** weisen durch das Gestaltungsmerkmal der Kontrolle Einfluss auf die Anforderungen nach Kompatibilität sowie deren Wahrnehmung auf. Aus Akzeptanzgesichtspunkten muss demnach Kompatibilität zwischen genutzten Informationen in Kontrollmechanismen (bspw. in Form von Kennzahlen), allgemeinen Feedbackstrukturen von Arbeitsaufgaben sowie einsehbaren Informationen in PPS-Systemen bestehen.

Einfluss auf die Kompatibilität resultiert auf der ***betrieblichen Ebene***, als Bestandteil des ***Akzeptanzkontexts***, aus den Gestaltungsmerkmalen der Technologie sowie der Organisation. Im Falle neu einzuführender PPS-Systeme bezieht sich der Erfahrungsschatz von Arbeitspersonen vorrangig aus der Interaktion mit abzulösenden IS (engl. Legacy Systems). Arbeitspersonen sehen sich jedoch meist mit einem ausgeweiteten Kreis an IS konfrontiert. Der Bedarf zur Bewältigung vereinzelter Workflows in angrenzenden Anwendungssystemen, wie etwa Änderungsprozesse in PLM[498]- oder Qualitätsprozesse in CAQ[499]-Systemen, stellen daher keine Ausnahmen im PPS-Umfeld dar. Folglich muss der Kreis der für Kompatibilitätsbetrachtungen relevanten IS auf die gesamte IT-Infrastruktur ausgeweitet werden. Abzuwägen gilt der durch den Innovationsgrad neuer PPS-Systeme zu erzielende Mehrwert gegenüber der hierdurch erzeugten zusätzlichen Komplexität für Nutzer. Zusätzliche Relevanz, vornehmlich bei Unternehmen mit diverser Produkt- und/oder Netzwerkstruktur, stellen Kompatibilitätsbetrachtungen zwischen IS-Versionen einzelner Standorte oder Produktbereiche dar. Sowohl Produkt- als auch Netzwerkstrukturen können eigene IS-Applikationen oder eine Individualisierung der eingesetzten Systeme zur Folge haben, welche bei fehlender Synchronisation mit neuen PPS-Systemen in einer verminderten Wahrnehmung der Nützlichkeit oder Benutzerfreundlichkeit resultieren können.

5.3.5 Geschäftsprozess-Fit

5.3.5.1 Modellierung des Geschäftsprozess-Fits

Anhand des Akzeptanzfaktors Geschäftsprozess-Fit wird die grundsätzliche Übereinstimmung zwischen Aufbau und Funktionalität von PPS-Systemen mit den das Unternehmen charakterisierenden Anforderungen beschrieben. Unternehmensspezifische Anforderungen resultieren sowohl aus der Branchenzugehörigkeit, den betriebstypologischen Merkmalen als auch dem sonstigen Leistungsangebot (bspw. Dienstleistungen). Anbieter von PPS-Systemen weisen folglich konkrete Branchenbezüge sowie eigens hierfür entwickelte Applikationen, wie im Beispiel des ERP-Anbieters *PSI* mit den Anwendungen *PSIMetal* und *PSIAutomotive*, aus. In Anlehnung an das klassische

[498] Product-Lifecycle-Management
[499] Computer-Aided Quality

Anforderungsmanagement werden durch das Merkmal Geschäftsprozess-Fit Systemanforderungen und mit der in Unterkapitel 5.3.6 spezifizierten Tätigkeitsrelevanz Anwenderanforderungen beschrieben.[500] Die Modellierung des Akzeptanzfaktors Geschäftsprozess-Fit wird anhand der Merkmale der Daten- und Prozessstruktur vorgenommen.[501] Die ***Datenstruktur*** orientiert sich aus technischer Perspektive an Strukturmerkmalen der IT-Infrastruktur (bspw. Datenbanken, Middleware etc.) und aus operativer Perspektive an Leistungs- und Produktmerkmalen (bspw. Stücklistenstrukturen etc.). Die ***Prozessstruktur*** umfasst aus transaktionstechnischer Perspektive die Verfügbarkeit und den Aufbau von Workflows sowie aus technischer Perspektive Schnittstellen zu Workflows der bestehenden IT-Infrastruktur.

In relativer Betrachtung des Geschäftsprozess-Fits als Bestandteil des Akzeptanzmodells kann festgehalten werden: Ein als hoch wahrgenommener Geschäftsprozess-Fit wirkt sich positiv auf die wahrgenommene Nützlichkeit von PPS-Systemen aus.

Die Bewertung des Geschäftsprozess-Fits kann anhand der folgenden Erhebungselemente aufgenommen werden:

Geschäftsprozess-Fit 1: Ich schätze den Geschäftsprozess-Fit im Sinne der Datenstruktur des PPS-Systems als hoch ein.

Geschäftsprozess-Fit 2: Ich schätze den Geschäftsprozess-Fit im Sinne der Prozessstruktur des PPS-Systems als hoch ein.

---

[500] Vgl. Heßeler et al. (2004) Anforderungsmanagement, S. 48.

[501] Vgl. Soh et al. (2000) ERP cultural fits and misfits, S. 49; Nah et al. (2004) End-Users' Acceptance of Enterprise Systems, S. 41.

5.3.5.2 Sozio-technische Abhängigkeitsanalyse des Geschäftsprozess-Fits

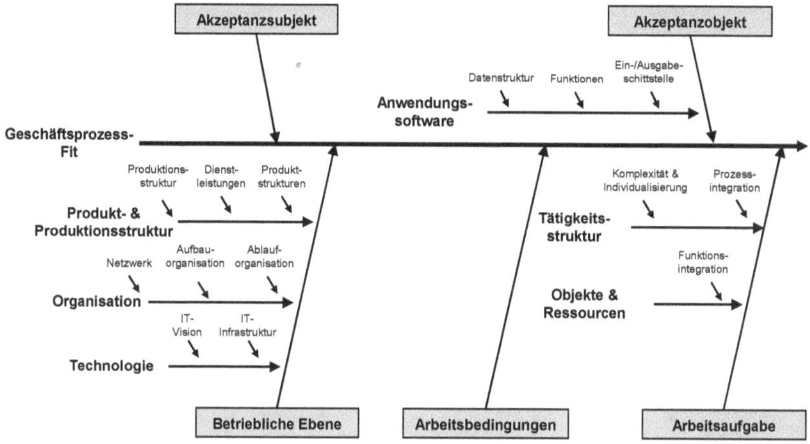

Abbildung 5-14: Abhängigkeitsanalyse Geschäftsprozess-Fit[502]

Die Gestaltungsmerkmale des **Akzeptanzsubjekts** weisen keinen wesentlichen Einfluss auf den Akzeptanzfaktor des Geschäftsprozess-Fits auf. Im Bereich des **Akzeptanzobjekts** wirkt sich das Gestaltungsmerkmal der Anwendungssoftware auf den wahrgenommenen Geschäftsprozess-Fit aus. So stellt die Gestaltung der Datenstruktur sowie die Repräsentation und Erfassung dieser in Form der Ein- und Ausgabeschnittstelle die maßgebliche Entwicklungsarbeit zur Sicherstellung des Geschäftsprozess-Fits aus technischer Perspektive dar. Die Erreichung eines hohen Fits der Datenstruktur erfordert die Berücksichtigung von Unternehmensspezifika etwa mit Blick auf die Produktstruktur, Produktions- oder Auftragsabwicklungsprozesse. Bezogen auf diese Spezifika zeigen sich bspw. erhebliche Unterschiede zwischen Unternehmen der Chemie-, Stahl- oder Maschinenbau-Industrie. Während sich in der diskreten Fertigung des Maschinenbaus Produkte durch Stücklisten spezifizieren, wird in der Prozessindustrie mit Rezepturen und dementsprechend grundlegend abweichenden Datenstrukturen gearbeitet. Die Berücksichtigung dieser Spezifika muss sowohl im Aufbau der grundlegenden Datenstruktur als auch im Zuge von Ein- und Ausgabeformaten, bspw. im Falle der Eingabe von Chargennummern aufgrund bestehender Anforderungen der Chargenrückverfolgbarkeit, berücksichtigt werden. Neben der Datenstruktur bestimmt sich die Wahrnehmung des Geschäftsprozess-Fits zudem durch die prozessuale Übereinstimmung der Anwendungssoftware, welche durch das Gestaltungsmerkmal der Funktion adressiert wird.

[502] Eigene Darstellung auf Grundlage durchgeführter Industrieprojekte

Unter Betrachtung der ***Arbeitsaufgabe*** als Bestandteil des ***Akzeptanzkontexts*** weisen die Gestaltungsmerkmale der Tätigkeitsstruktur sowie der eingesetzten Objekte und Ressourcen Einfluss auf den Geschäftsprozess-Fit sowie dessen Wahrnehmung auf. Die Tätigkeitsstruktur, als prozessuale Struktur der Arbeitsaufgabe, bestimmt maßgeblich die zur Bewältigung der Arbeitsaufgabe erforderlichen Objekte und Ressourcen. Während Formalaufgaben in der Regel eine gute Abdeckung durch PPS-Systeme aufweisen, finden Administrations- und Kompensationsaufgaben weniger Berücksichtigung bei der Systemeinführung, demzufolge Prozesse über alternative Anwendungssysteme, eigene Software-Lösungen oder ohne systemgestützten Prozess bewältigt werden müssen. Beispiele hierfür finden sich oftmals in der Abwicklung kunden- oder entwicklungsinduzierter Auftragsänderungen oder der auftragsbezogenen Fortschrittserfassung. In sämtlichen Fällen lässt sich die Einschränkung des Geschäftsprozess-Fits an einem Anstieg der eingesetzten Objekte und Ressourcen in Form von Schatten-IT oder Kommunikationsmedien wie E-Mail oder Telefon nachweisen. Gründe für einen eingeschränkten Geschäftsprozess-Fit mit Bezug auf Tätigkeitsstrukturen können sowohl im Prozess der Systemeinführung in Form von Defiziten des Anforderungsmanagements als auch in den Geschäftsprozessen selbst verortet sein. Die Entwicklung von PPS-Systemen orientiert sich bzgl. Organisations-, Produkt- und Prozessstrukturen an branchenüblichen Standards und Best-Practices. Fehlt es Organisationen hingegen an einer konsequenten Struktur ihrer Prozesse aufgrund vernachlässigtem Optimierungsbestreben und gewachsener Strukturen, so sollte der Geschäftsprozess-Fit über die Individualisierung des PPS-Systems und/oder durch die Geschäftsprozess-Reorganisation gestärkt werden.

Im Bereich der ***betrieblichen Ebene*** als Bestandteil des ***Akzeptanzkontexts*** weisen die Gestaltungsmerkmale der Produkt- und Produktionsstruktur, der Organisation sowie der Technologie Einfluss auf den Geschäftsprozess-Fit sowie dessen Wahrnehmung auf. Ähnlich dem Gestaltungsmerkmal der aufgabenbezogenen Objekte und Ressourcen erfordert ein erfolgreicher Geschäftsprozess-Fit von PPS-Systemen eine nahtlose Anbindung der aufgabenübergreifenden Workflows mit der gesamten IT-Infrastruktur. Weiterhin bestimmt sich der Geschäftsprozess-Fit aus Perspektive der Technologie über die Integration des PPS-Systems in die übergreifende IT-Strategie. Zur Vermeidung isolierter Einzellösungen sollte PPS-Systemen eine in die Unternehmens-IT integrierte Gesamtfunktion zuteilwerden. ME-Systeme mit hohem Geschäftsprozess-Fit sollten etwa als Bestandteil der Betriebsleitebene die Verantwortung über Aufgaben der Steuerung produktionsbezogener Daten mittels BDE und MDE tragen, welche anschließend weitere Anwendung in der gesamten IT-Infrastruktur findet. Beispiele von Anwendungssystemen mit geringerem Geschäftsprozess-Fit finden sich häufig im Zuge der Implementierung von APS-Systemen, wobei sich Einsätze des Systems auf die Nutzung einzelner Visualisierungsfunktionen (bspw. Gantt-Charts) beschränken, Funktionsergebnisse jedoch keine systemrelevante Nutzung erfahren. Aus Perspektive der Organisation gestalten sich insb. die

Merkmale der Ablauf- und Aufbauorganisation sowie Netzwerkstruktur als relevant für den Geschäftsprozess-Fit. Ausschlaggebend für den Fit der Prozessstruktur sind demnach Spezifika der Auftragsabwicklungsstruktur, verkörpert durch die standortinterne als auch die standortübergreifende Ablauforganisation. In Fällen internationaler Standortnetzwerke müssen zudem länderspezifische Gegebenheiten, wie die Sprache oder Prozessauflagen im Sinne von Prüfpflichten, berücksichtigt werden. Der Einfluss der Aufbauorganisation auf den Geschäftsprozess-Fit wird angesichts der Abbildung hierarchischer Strukturen durch Rollenkonzepte sowie Prozess- und Workflowverantwortlichkeiten deutlich. Abschließend stellen sich die Merkmale der Produkt- und Produktionsstruktur sowie der hiermit verbundenen Dienstleistungen als relevant dar. Über die Produktbeschaffenheit bestimmen sich demnach fundamentale Anforderungen wie Maßeinheiten von Produkten oder Auflagen zur Verwaltung von Chargen-, Seriennummern sowie Software- und Hardwarestände. Ähnlich der Repräsentation der Aufbaustruktur muss auch die Produktionsstruktur Abbildung im PPS-System im Sinne von Prozessverantwortlichkeiten sowie Ressourcenzuweisungen erfolgen. Insb. letzterer Aspekt stellt sich maßgeblich für ein transparentes und verursachungsgerechtes und somit nachvollziehbares Produktionscontrolling dar. Weiterer Einfluss resultiert aus den mit der Produktion verbundenen Dienstleistungen, etwa verkörpert durch Leistungen des Ersatzteilmanagements oder kundenorientierter Auftragscockpits.

5.3.6 Tätigkeitsrelevanz

5.3.6.1 Modellierung der Tätigkeitsrelevanz

Der Akzeptanzfaktor der Tätigkeitsrelevanz beschreibt den Grad der Übereinstimmung zwischen dem eingesetzten PPS-System und den von Nutzern zu bewältigenden Aufgaben. Die Einschätzung der Tätigkeitsrelevanz basiert auf der anteiligen Bedeutung des PPS-Systems am Erfolgsergebnis von Arbeitsaufgaben. Grundlegende Merkmale der Modellierung der Tätigkeitsrelevanz stellen die Übereinstimmung des PPS-Systems mit den Zielen und Anforderungen der Aufgabe dar.[503] Anhand der Übereinstimmung mit **Aufgabenzielen** wird die Ausrichtung der PPS-Systeme auf die der Aufgabe sowie der Arbeitsperson zugrunde gelegten Zielsysteme beschrieben. Die Erfüllung der **Aufgabenanforderungen** wird anhand der Abdeckung grundsätzlich für Aufgaben benötigter Informationen und Funktionalitäten durch PPS-Systeme bewertet.

In relativer Betrachtung der Tätigkeitsrelevanz als Bestandteil des Akzeptanzmodells kann festgehalten werden: Eine als hoch wahrgenommene Tätigkeitsrelevanz wirkt sich positiv auf die wahrgenommene Nützlichkeit sowie Benutzerfreundlichkeit von PPS-Systemen aus.

---

[503] Vgl. Venkatesh/Davis (2000) Extension of the Technology Acceptance Model, S. 191.

Die Bewertung der Tätigkeitsrelevanz kann anhand der folgenden Erhebungselemente aufgenommen werden:

Tätigkeitsrelevanz 1: Ich schätze den Beitrag des PPS-Systems an der Zielerreichung meiner Arbeitsaufgabe als hoch ein. Die Zielsysteme meiner Aufgaben sowie der eingesetzten PPS-Systeme stimmen überein.

Tätigkeitsrelevanz 2: Das eingesetzte PPS-System verfügt über sämtliche Informationen und Funktionen, welche für meine Arbeitsaufgabe benötigt werden. Ich bin somit auf keine weiteren Anwendungssysteme oder anderweitige Informationsquellen angewiesen.

5.3.6.2 Sozio-technische Abhängigkeitsanalyse der Tätigkeitsrelevanz

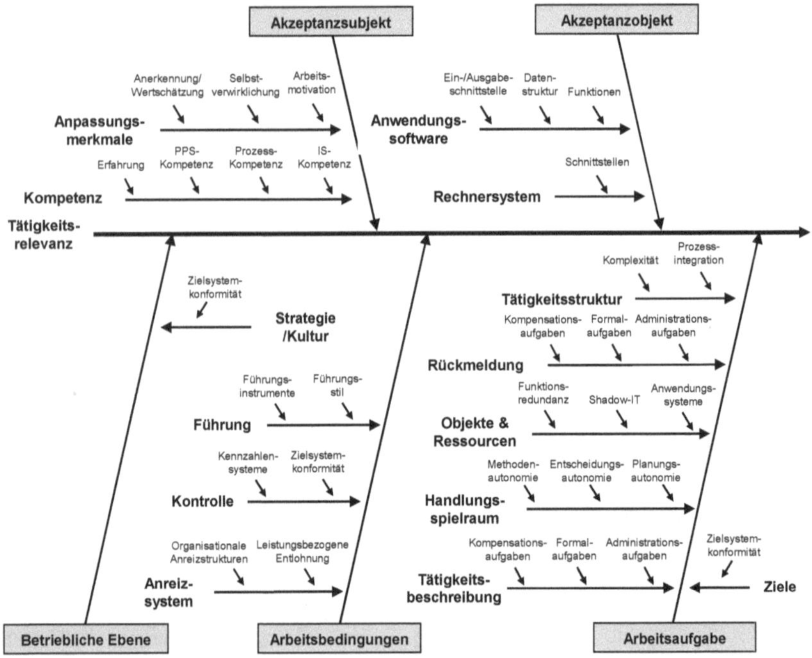

Abbildung 5-15: Abhängigkeitsanalyse Tätigkeitsrelevanz[504]

Einfluss auf die Wahrnehmung der Tätigkeitsrelevanz nehmen im Bereich des ***Akzeptanzsubjekts*** die Gestaltungsmerkmale der Kompetenzen sowie der Anpassungsmerkmale. Kompetenzen im Bereich der IS-Nutzung stellen eine wesentliche Voraussetzung für die größtmögliche Ausschöpfung des Potenzials eingesetzter PPS-Systeme

[504] Eigene Darstellung auf Grundlage durchgeführter Industrieprojekte

dar. Verfügen Nutzer über ein mangelhaftes Verständnis zum System- und Funktionsaufbau sowie zu Abhängigkeiten zwischen Funktionsdaten und -parametern, so steigt die Gefahr der Fehlnutzung oder -interpretation von Ergebnissen mit wiederum negativer Auswirkung auf die wahrgenommene Tätigkeitsrelevanz. Gleichbedeutende Relevanz für die korrekte Interpretation von Systemergebnissen kommen PPS-Kompetenzen zu. Eine gezielte Produktionssteuerung aus globaler Unternehmensperspektive und unter Vermeidung lokaler Einzeloptimierungen erfordert trotz Einsatz von PPS-Systemen ein ausgeprägtes Verständnis über gegenseitige Abhängigkeiten von Prozessen und Zielgrößen. Im Bereich der Anpassungsmerkmale weisen insb. motivationale Aspekte sowie Bedürfnisse von Nutzern Einfluss auf die wahrgenommene Tätigkeitsrelevanz auf. In beiden Fällen äußert sich die persönliche Bedeutung der Arbeitsaufgabe selbst als Einflussfaktor auf die Tätigkeitsrelevanz eingesetzter PPS-Systeme. So wird bei geringer persönlicher Bedeutung der aufgabenbezogenen Zielerreichung ebenfalls dem Einsatz hierbei unterstützender PPS-Systeme eine geringe Bedeutung zugemessen. Ausschlaggebende Gestaltungsmerkmale im Bereich der Anpassungsmerkmale finden sich daher sowohl in Form interner und externer Motivationsaspekte als auch nutzerbezogener Bedürfnisse, etwa der Selbstverwirklichung oder Anerkennung.

Im Bereich des ***Akzeptanzobjekts*** nehmen die Gestaltungsmerkmale der Anwendungssoftware und des Rechnersystems Einfluss auf die Wahrnehmung der Tätigkeitsrelevanz. Die Anforderung der Tätigkeitsrelevanz nach einer aus Aufgabenperspektive vollumfänglichen Bereitstellung benötigter Informationen und Funktionen wird im Bereich der Anwendungssoftware durch Gestaltung der Funktionen, Datenstrukturen sowie Ein- und Ausgabeschnittstellen, sowie im Bereich des Rechnersystems durch Gestaltung der Schnittstellen ermöglicht.

Zur Gewährleistung einer hohen Tätigkeitsrelevanz müssen als Gestaltungsgrundlage der Anwendungssoftware die Ergebnisse eines nutzerorientierten Anforderungsmanagements zum Einsatz gebracht werden. Informationsorientierte Aufgabenanforderungen werden hierbei über die Gestaltung der Ausgabeschnittstellen sowie funktionsorientierte Anforderungen über die Gestaltung der Funktionalitäten der Anwendungssoftware adressiert. Anhand der Schnittstellen zu verknüpften Anwendungssystemen werden überdies sowohl Anforderungen der Informations- und Funktionsbereitstellung, wie am Beispiel eines systemübergreifenden Änderungsprozesses verdeutlicht, gestaltet.

Unter Betrachtung der ***Arbeitsaufgabe*** als Bestandteil des ***Akzeptanzkontexts*** beeinflussen die Gestaltungsmerkmale des Feedbacks, des Handlungsspielraums, der Tätigkeitsstruktur, der arbeitsvertraglichen Regelungen, der eingesetzten Objekte und Ressourcen sowie des Zielsystems die Wahrnehmung der Tätigkeitsrelevanz. Grundlage einer Einschätzung der Tätigkeitsrelevanz von PPS-Systemen aus Perspektive der Arbeitsaufgabe bilden Strukturen des Feedbacks über die Zielerreichung und Qualität der Bewältigung von Arbeitsaufgaben. Aus Akzeptanzgesichtspunkten von Bedeutung gestaltet sich konkret Feedback in Bezug auf in Kollaboration mit PPS-Systemen gefällte Entscheidungen. Zur Steigerung der Nachvollziehbarkeit systemseitiger Steuerungsentscheidungen sollte sich die inhaltliche Ausgestaltung des Feedbacks über die Prozesse des direkten Aufgabenbereichs hinaus erstrecken und am Gesamtprozess orientieren. So müssen Entscheidungen der Auftragspriorisierung bspw. in Abhängigkeit übergreifender Zielgrößen wie der Erreichung des Kundentermins dargestellt werden und die anteilige Leistung der eigenen Arbeitsaufgaben hiervon hervorgehoben werden. Die Ausgestaltung der Feedbackstruktur geht einher mit dem der Arbeitsaufgabe zugewiesenen Zielsystem. Grundvoraussetzung einer hohen Tätigkeitsrelevanz stellt die Kompatibilität der in PPS-Systemen konfigurierten, aufgaben- und unternehmensbezogenen Zielsysteme sowie deren Repräsentation in Rückmelde- und Führungsstrukturen dar. Während die Kompatibilität der Zielsysteme die Einsatzbereitschaft von PPS-Systemen aus technischer Perspektive sichert, so garantiert die konforme Gestaltung der Handlungsspielräume diese aus aufgabenbezogener Perspektive. Ein steigender Autonomiegrad von Arbeitspersonen im Zuge der Arbeitsgestaltung hat zudem Einfluss auf das Verantwortungsbewusstsein und somit aus motivationaler Betrachtung auf die Wahrnehmung der Relevanz der Systemnutzung. Die Interaktion zwischen Arbeitspersonen und PPS-Systemen bezieht sich nicht lediglich auf Formal-, sondern ebenfalls auf Kompensations- und Administrationsaufgaben. Die Bedingung einer hohen Tätigkeitsrelevanz bezogen auf das gesamte Aufgabenspektrum bedingt demnach aus arbeitsvertraglicher Sicht eine starke Verankerung dieser, insb. als Gegenstand des psychologischen Arbeitsvertrags. Beispielhaft sollte die Verantwortung der System- und Datenpflege im Sinne von Buchungspflichten wesentlicher Bestandteil der Tätigkeitsbeschreibung von Produktionsmitarbeitern unter Spezifikation der Administrationsaufgaben sein. Aus Gesichtspunkten der anteiligen Bedeutung des PPS-Systems an Aufgabenergebnissen gestaltet sich ebenfalls die Tätigkeitsstruktur von Relevanz. So müssen Aufwände der Systemnutzung im Verhältnis zur Komplexität entsprechender Aufgaben sowie unter Betrachtung der Integration in bestehende Prozesse der Arbeitsaufgabe bewertet werden. In die Analyse der Tätigkeitsrelevanz muss abschließend die zur Bewältigung der Arbeitsaufgabe zur Verfügung stehende Gesamtheit an Objekten und Ressourcen einbezogen werden. Neben dem zur Betrachtung stehenden PPS-System wirken sich ferner Entscheidungsunterstützungs- und Anwendungssysteme sowie Systeme der Schatten-IT mit redundanten Funktionalitäten auf die Wahrnehmung der Tätigkeitsrelevanz aus.

Im Bereich der ***Arbeitsbedingungen*** als Bestandteil des ***Akzeptanzkontexts*** weisen die Gestaltungsmerkmale der Kontrolle und des Anreizsystems Einfluss auf die Wahrnehmung der Tätigkeitsrelevanz auf. So betrifft die im Rahmen der Arbeitsaufgabe adressierte Kompatibilität der Zielsysteme ebenfalls die Ausgestaltung von Kontrollstrukturen im Zuge der Arbeitsbedingungen. In Konsequenz lässt sich eine hohe Tätigkeitsrelevanz eingesetzter PPS-Systeme lediglich bei Übereinstimmung der Zielsysteme, etwa in Form angewandter Kennzahlen und Zielausprägungen, zwischen Kontrollsystem und IS erreichen. Weitere Berücksichtigung erfordert die Ausgestaltung des Anreizsystems als Einflusskriterium auf die Motivation von Arbeitspersonen. Das Anreizsystem spezifiziert fixe sowie variable Entgeltbestandteile von Arbeitspersonen, wobei insb. die Wahl der variablen Bestandteile einer kritischen Prüfung auf Konflikte zu bestehenden Zielsystemen bedarf. Konfliktpotenzial bietet etwa der Einsatz von auf Akkordlohn basierten Anreizsystemen mit Steuerungsprinzipien maximaler Termintreue. Produktionsmitarbeitern wird hierbei ein finanzieller Anreiz zur manuellen Überplanung der systemseitigen Auftragspriorisierung zugunsten rüstoptimaler Reihenfolgen gegeben.

Unter Betrachtung der ***betrieblichen Ebene*** als Bestandteil des ***Akzeptanzkontexts*** weist das Gestaltungsmerkmal der Strategie Einfluss auf die Wahrnehmung der Tätigkeitsrelevanz auf. Relevant aus Perspektive der Strategie ist die Gestaltung der Unternehmensziele, welche in Anlehnung an die Kontrollstruktur der Arbeitsbedingungen sowie der individuellen Aufgabenziele Kompatibilität im Sinne eines übergreifenden Zielsystems aufweisen muss.

5.3.7 Supportstrukturen

5.3.7.1 Modellierung der Supportstrukturen

Der Akzeptanzfaktor der Supportstrukturen beschreibt den Grad der durch die einzelnen Stakeholder im Tätigkeitsumfeld von PPS-Systemen erfahrenen Unterstützung bei der Systemnutzung. Empfänger der Unterstützung umfassen Endnutzer sowie PPS-Systemverantwortliche. Ausprägungsformen einer möglichen Unterstützung sind sowohl personeller Natur, in Form organisationsinterner und -externer Strukturen (bspw. durch Systemanbieter oder Beratungsgesellschaften) als auch technischer Natur (siehe Abbildung 5-16).[505]

[505] Vgl. Hecht (2014) Fähigkeiten im ERP-Anwendungsmanagement, S. 164.

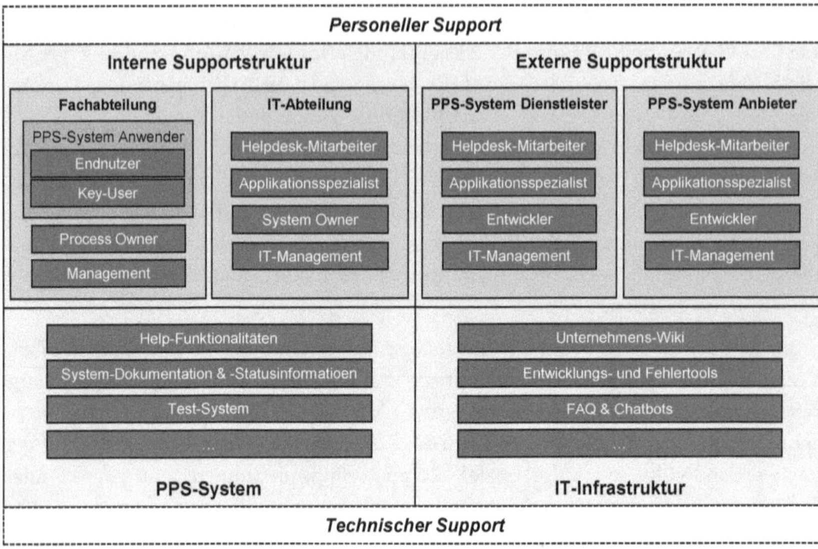

Abbildung 5-16: Modellierung personeller und technischer Supportstrukturen[506]

Die Modellierung des Akzeptanzfaktors der Supportstrukturen wird anhand des jeweiligen Unterstützungsbedarfs vorgenommen. Eine Unterteilung wird zwischen Support für Belange der Anwendung, der Fehlerbehebung sowie der Weiterentwicklung vorgenommen.[507] Supportstrukturen der **Anwendung** beziehen sich auf Fragestellungen zur konkreten Nutzung von PPS-Systemen im Sinne der Handhabung sowie Interpretation von Daten und Funktionsergebnissen. Supportstrukturen der **Fehlerbehebung** adressieren den Umgang mit technischen Unzulänglichkeiten, welche die Nutzung von PPS-Systemen im Normalzustand, ausgenommen Wartungsarbeiten etc., verhindern. Abschließend bieten Supportstrukturen der **Weiterentwicklung** Unterstützung für Stakeholder von PPS-Systemen im Rahmen entwicklungs- oder prozesstechnischer Anpassungsbedarfe und -potenziale.

In relativer Betrachtung der Supportstruktur als Bestandteil des Akzeptanzmodells kann festgehalten werden: Eine als gut wahrgenommene Supportstruktur wirkt sich positiv auf die wahrgenommene Benutzerfreundlichkeit von PPS-Systemen aus.

Die Bewertung der Supportstrukturen kann anhand der folgenden Erhebungselemente aufgenommen werden:

---

[506] i.A.a. Hecht (2014) Fähigkeiten im ERP-Anwendungsmanagement, S. 164.

[507] Vgl. Brehm (2004) Postimplementierungsphase von ERP-Systemen, S. 208.

Supportstrukturen 1: Fragen und Anliegen bzgl. der Nutzung von PPS-Systemen können unter Zuhilfenahme der Supportstrukturen effizient und effektiv geklärt werden.

Supportstrukturen 2: Die Behebung technischer Fehlersituationen im Zusammenhang mit der Nutzung von PPS-Systemen kann unter Zuhilfenahme der Supportstrukturen effizient und effektiv geklärt werden.

Supportstrukturen 3: Fragen und Anliegen bzgl. der Weiterentwicklung von PPS-Systemen können unter Zuhilfenahme der Supportstrukturen transparent und zielorientiert adressiert werden.

5.3.7.2 Sozio-technische Abhängigkeitsanalyse der Supportstrukturen

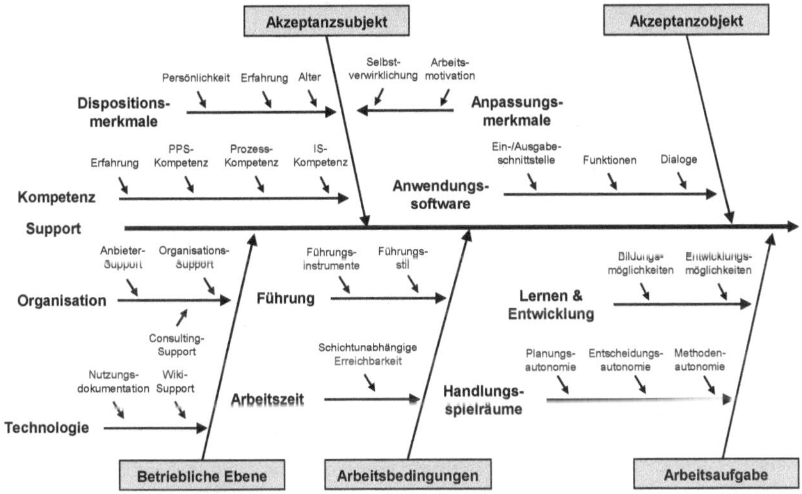

Abbildung 5-17: Abhängigkeitsanalyse Supportstrukturen[508]

Einfluss auf die Wahrnehmung der Supportstrukturen zeigen im Bereich des ***Akzeptanzsubjekts*** die Gestaltungsmerkmale der Dispositionsmerkmale, Kompetenzen und der Anpassungsmerkmale. Dispositionsmerkmale wirken sich über die Erfahrung der jeweiligen Nutzer im Umgang mit PPS-Systemen auf das Ausmaß an Unterstützungsbedarf aus. Erfahrungen im Umgang mit konkreten oder vergleichbaren PPS-Systemen resultieren aus der Dauer und Beschaffenheit der Berufstätigkeit oder privaten Erfahrungen von Endnutzern. Dispositionsmerkmale wirken sich weiterhin über die Merkmale des Alters und der Persönlichkeit auf die Wahrnehmung der Supportstrukturen aus. So zeigen Entwicklungen der Persönlichkeitszüge mit fortschreitendem Alter eine Reduktion der Offenheit und Extraversion, was sich wiederum in

[508] Eigene Darstellung auf Grundlage durchgeführter Industrieprojekte

einer eingeschränkten Bereitschaft zur Inanspruchnahme von Supportstrukturen äußern kann. Weiteren Einfluss auf Unterstützungsbedarfe zeigen die Gestaltungsmerkmale der Kompetenzen. Neben der bereits gesammelten praktischen Erfahrung mit den jeweiligen Systemen zeichnen sich auch allgemeine Kompetenzen sowohl im Zusammenhang mit IS als auch Prozessen der PPS als relevant ab. Während IS-Kompetenzen vordergründig die Fähigkeit zur Handhabung von PPS-Systemen beeinflussen, stellen PPS-Kompetenzen die Grundlage der korrekten Interpretation von Informationen und Funktionsergebnissen der PPS-Systeme dar. Abschließend wirken sich im Bereich des Akzeptanzsubjekts die Anpassungsmerkmale auf die Bereitschaft zur Nutzung von Supportstrukturen zu Zwecken der Anwendung und insb. der Weiterentwicklung von PPS-Systemen aus. So weisen sowohl intrinsische als auch extrinsische Aspekte der Arbeitsmotivation über die Qualität der Aufgabenbewältigung Einfluss auf das Bestreben eines zielführenden Umgangs mit PPS-Systemen auf. Einhergehend mit Bedürfnissen der Selbstverwirklichung im Arbeitsumfeld neigen Arbeitspersonen somit zu einem höheren Bestreben der persönlichen Ausgestaltung und Optimierung von Arbeitstätigkeiten und somit zur Weiterentwicklung der hierfür genutzten PPS-Systeme.

Im Bereich des ***Akzeptanzobjekts*** wirkt sich das Gestaltungsmerkmal der Anwendungssoftware auf die Wahrnehmung der Supportstrukturen aus. So besteht neben der Möglichkeit des persönlichen Supports durch andere Arbeitspersonen auch die Option, diesen Support in digitaler Form als funktionalen Bestandteil der Anwendungssoftware zu realisieren. Zur Anwendung gebracht wird dies durch die bereits in der Systemergonomie (vgl. Unterkapitel 5.3.3) dargestellte Selbstbeschreibungsfähigkeit von Dialogen, Funktionen sowie Ein- und Ausgabeschnittstellen der Anwendungssoftware.

Unter Betrachtung der ***Arbeitsaufgabe*** als Bestandteil des ***Akzeptanzkontexts*** beeinflussen die Gestaltungsmerkmale des Handlungsspielraums sowie der Lern- und Entwicklungsmöglichkeiten die Wahrnehmung der Supportstrukturen. So gehen wachsende Handlungsspielräume von Arbeitspersonen mit der Zunahme an gestalterischen Freiheitsgraden und induziert einer Zunahme der Verantwortung für die Zielerreichung der Aufgabenbewältigung einher. PPS-Systemen als Bestandteil der Aufgabenbewältigung wird in beiden Fällen eine größere Aufmerksamkeit zuteil, wodurch ebenfalls die Wahrnehmung der Bedeutung von Supportstrukturen beeinflusst wird. Von weiterer Bedeutung im Bereich der Arbeitsaufgabe gestalten sich Lern- und Entwicklungsmöglichkeiten der Arbeitspersonen. Mit Einfluss auf die bereits beschriebenen motivationsorientierten Anpassungsmerkmale der Arbeitsperson stellen insb. berufliche Entwicklungsmöglichkeiten eine Anregung für eine tiefere Auseinandersetzung mit PPS-Systemen als Gegenstand der persönlichen Weiterbildung dar. Die Nutzung von PPS-Systemen wird hierbei als Kompetenz in sich gesehen. Weiterhin sind die aus der Nutzung von PPS-Systemen gewonnenen Erkenntnisse der aufgabenbezogenen Kompetenzbildung dienlich.

Die ***Arbeitsbedingungen*** als Bestandteil des ***Akzeptanzkontexts*** weisen über die Gestaltungsmerkmale der Führung sowie der Arbeitszeit Einfluss auf die Wahrnehmung der Supportstrukturen auf. Der Einfluss der Führung auf den wahrgenommenen Support äußert sich über den vorherrschenden Führungsstil sowie die gewählten Führungsinstrumente. Abhängig vom gewählten Führungsstil stellt die Führung selbst einen Bestandteil der Supportstrukturen dar und agiert motivierend zur aktiven Inanspruchnahme bestehender Supportstrukturen. Bestimmend für die Wahrnehmung der Supportstrukturen sind daher neben transaktionalen insb. transformationale Führungsaspekte der Konfliktbeseitigung sowie der Entwicklungsverantwortung. Einher geht die Wahl und Ausgestaltung von Führungsinstrumenten, wie etwa in Form eines kaskadierenden Shopfloor-Managements, welches sowohl als Instrument der Konfliktbeseitigung sowie der Weiterentwicklung durch Austausch genutzt wird. Die Arbeitszeit als weiteres Gestaltungsmerkmal der Arbeitsbedingungen wirkt sich auf Anforderungen der Zugänglichkeit von Supportstrukturen aus. Insb. für Unterstützungsbedarfe im Falle von Fehlfunktionen muss etwa im Falle von Wochenend- und Nachschichten die Zugänglichkeit von Supportstrukturen sichergestellt werden.

Im Bereich der ***betrieblichen Ebene*** als Bestandteil des ***Akzeptanzkontexts*** nehmen die Gestaltungsmerkmale der Organisation und der Technologie Einfluss auf die Supportstrukturen. So umfasst das Aufgabenspektrum des IT-Managements die Entwicklung und Verwaltung autonomer Supportstrukturen. Hierunter fallen aus digitaler Perspektive etwa webfähige Content-Management-Systeme zur Bereitstellung von Wiki-Funktionalitäten sowie Chat-Bots für eine FAQ[509] basierte Unterstützung. Abhängig vom unternehmensspezifischen Digitalisierungsgrad stellen auch analoge Systemdokumentationen und Handlungsleitfäden einen Bestandteil der Supportstrukturen dar. Über diese rein systembasierten Supportstrukturen hinaus liegen auch personenbezogene Strukturen im Verantwortungsbereich des IT-Managements und somit der Technologie. Diese Supportstrukturen können sowohl unternehmensinterner als auch -externer Natur sein. Als Formen des externen Supports verfügen Organisationen etwa über die Unterstützung der jeweiligen Systemanbieter in Form von Wartungs- und Supportverträgen oder anbieterunabhängiger System-Consultants für beratende oder entwicklungstechnische Aufgaben. In Abhängigkeit der gewählten IT-Strategie werden Aspekte des IT-Managements sowie der IT-Infrastruktur auch gänzlich an externe Dienstleister ausgelagert, womit entsprechende Supportstrukturen in diesem Verantwortungsbereich übergeben werden. Im Falle organisationsinterner Supportstrukturen werden Unterstützungsverantwortlichkeiten auf Bereiche oder

[509] Frequently asked questions

Einzelpersonen des Unternehmens verteilt. Ein Großteil der produzierenden Unternehmen verfügt gemäß ihrer Aufbaustruktur über dedizierte IT-Abteilungen, welche im Sinne des operativen IT-Managements aus technischer Perspektive für die Funktionsfähigkeit von PPS-Systemen Verantwortung tragen. Ergänzt wird diese technische Perspektive um nutzungsorientierte Supportstrukturen in Form systemverantwortlicher Arbeitspersonen (engl. system owner) oder sog. Key-User (Synonym Power-User). Key-User stellen im Grundsatz gewöhnliche Systemnutzer dar, welche jedoch aufgrund ausgeprägter Kompetenzen im Umgang mit entsprechenden PPS-Systemen eine Funktion als bereichsübergreifender Ansprechpartner zugewiesen bekommen. Aufgabe von Key-Usern ist somit u.a. die Unterstützung bei Fragen der operativen Nutzung von PPS-Systemen. Ergänzend hierzu wird systemverantwortlichen Arbeitspersonen die Verantwortung der inhaltlichen Systempflege sowie -weiterentwicklung zuteil, dementsprechend auch Aufgaben der Supportstruktur bzgl. bestehender Anpassungsbedarfe der PPS-Systeme übernommen werden müssen.

5.3.8 Verhaltenskontrolle

5.3.8.1 Modellierung der Verhaltenskontrolle

Der Akzeptanzfaktor der Verhaltenskontrolle bringt die Wahrnehmung von Nutzern bzgl. der eigenen Kontrolle über die Aufgabenbewältigung und einhergehend der Systemnutzung zum Ausdruck. Konstituierend für die Verhaltenskontrolle lässt sich aus der Steuerungstechnik die Komplexität des zu steuernden Systems ableiten. In Anlehnung an das Gesetz nach ASHBY[510] kann die varianzbedingte Komplexität zu steuernder Systeme nur durch vergleichbare oder höhere Varianzen an Steuerungsmöglichkeiten durch Operatoren bewältigt werden. Die Verhaltenskontrolle lässt sich demnach über die Merkmale der Steuerungsmöglichkeiten, -fähigkeiten und -ressourcen modellieren.[511] **Steuerungsmöglichkeiten** bestimmen sich sowohl über die Verfügbarkeit von Angriffspunkten für steuernde Eingriffe in Prozesse als auch über die als Steuerungsmaßnahmen zur Verfügung stehende Vielfalt an Eingriffsmöglichkeiten. Das Merkmal der **Steuerungsfähigkeit** bestimmt das Verhältnis zwischen nutzerseitigen Kompetenzen und der Komplexität der vorliegenden Steuerungsmaßnahmen. Eine hohe Steuerungsfähigkeit ist somit gegeben, wenn der Nutzer in eigener Wahrnehmung über eine vollständige Beherrschung von Steuerungsmaßnahmen sowie Transparenz bzgl. potenzieller Wechsel- und Auswirkungen verfügt. Unter **Steuerungsressourcen** werden die aus Nutzerperspektive erforderlichen Ressourcen, bspw. in Form von Informationen oder Funktionalitäten von PPS-Systemen, zur zielgerichteten Nutzung der Steuerungsmöglichkeiten beschrieben.

---

[510] Vgl. Ashby (1991) Variety and Its Implications for the Control of Complex Systems, S. 405 ff.

[511] Vgl. Ajzen (1991) Theory of planned behavior, S. 183.

In relativer Betrachtung der Verhaltenskontrolle als Bestandteil des Akzeptanzmodells kann festgehalten werden: Eine als hochwahrgenommene Verhaltenskontrolle wirkt sich positiv auf die wahrgenommene Nützlichkeit von PPS-Systemen aus.

Die Bewertung der Verhaltenskontrolle kann anhand der folgenden Erhebungselemente aufgenommen werden:

Verhaltenskontrolle 1: Mir stehen als Arbeitsperson ausreichend Möglichkeiten sowie Maßnahmen zum Eingriff in den PPS-Prozess zur Verfügung.

Verhaltenskontrolle 2: Die Komplexität des PPS-Systems sowie der zu steuernden Prozesse ist angemessen. Ich beherrsche die Funktionalitäten des PPS-Systems vollständig und Konsequenzen einzelner Funktionen des PPS-Systems in Form von Wechsel- bzw. Auswirkungen sind transparent.

Verhaltenskontrolle 3: Mir stehen sämtliche Ressourcen (bspw. im Sinne von Informationen und Funktionalitäten) zur Verfügung, welche für eine zielgerechte Steuerung der Prozesse benötigt werden.

5.3.8.2 Sozio-technische Abhängigkeitsanalyse der Verhaltenskontrolle

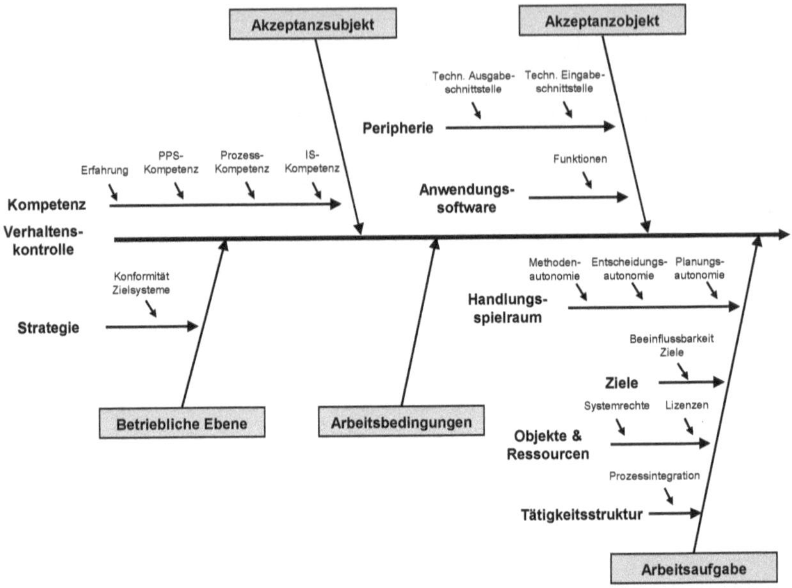

Abbildung 5-18: Abhängigkeitsanalyse Verhaltenskontrolle[512]

Einfluss auf die Wahrnehmung der Verhaltenskontrolle wirken im Bereich des ***Akzeptanzsubjekts*** die Gestaltungsmerkmale der Kompetenzen von Arbeitspersonen. Die Gestaltungsmerkmale finden Verankerung über die Steuerungsfähigkeit als Merkmal des Akzeptanzfaktors der Verhaltenskontrolle. Erforderliche Kompetenzen zielen sowohl auf ein Verständnis der Eigenschaften und Wechselwirkungen hinsichtlich zu steuernder Prozesse, Wirkungsweisen und Konsequenzen verfügbarer Steuerungsmaßnahmen als auch die Struktur und Handhabung vorhandener PPS-Systeme ab. Eine positive Nutzerakzeptanz wird lediglich bei angestrebtem Gleichgewicht der Kompetenzen in den drei Bereichen erzielt. Liegt Nutzern ein hohes Prozess- und Steuerungsverständnis bei geringem Systemverständnis vor, so können die Konsequenzen eine Vernachlässigung der PPS-Systeme und Entwicklung alternativer Schatten-IT darstellen. Ein hohes Systemverständnis bei eingeschränktem Prozessverständnis führt hingegen zu Fehlinterpretationen der Ergebnisse bei wiederum eingeschränkter Akzeptanz.

Im Bereich des ***Akzeptanzobjekts*** beeinflussen die Gestaltungsmerkmale der Anwendungssoftware und der Peripherie die Wahrnehmung der Verhaltenskontrolle. Der

[512] Eigene Darstellung auf Grundlage durchgeführter Industrieprojekte

Einfluss äußert sich über die Steuerungsressourcen als Bestandteil der Verhaltenskontrolle. So müssen die bereits gemäß der Tätigkeitsrelevanz spezifizierten Funktionen der Anwendungssoftware Nutzern in Form von Lizenzen und Rechten digital sowie in Form der Peripherie als technische Ein- und Ausgabeschnittstellen physisch zugänglich gemacht werden. Wesentliche Auswirkung auf die Wahrnehmung der Steuerungsressourcen kann somit die Quantität sowie die lokale Verteilung der technischen Peripherie haben. Während Arbeitspersonen der Produktionssteuerung und Meister zumeist über eigene Computerterminals an fixen Arbeitsplätzen verfügen, so stellen zentrale Terminals auf der Produktionsfläche zur geteilten Nutzung durch Produktionsmitarbeiter keine Seltenheit dar. Zur positiven Beeinflussung der Verhaltenskontrolle und somit Akzeptanz, insb. produktionsnaher Arbeitspersonen, sollte die technische Peripherie von PPS-Systemen in ausreichender Verfügbarkeit in individuelle Tätigkeitsstrukturen eingebunden werden.

Unter Betrachtung der ***Arbeitsaufgabe*** als Bestandteil des ***Akzeptanzkontexts*** beeinflussen die Gestaltungsmerkmale der Objekte und Ressourcen, der Tätigkeitsstruktur, der Handlungsspielräume sowie der Ziele die wahrgenommene Verhaltenskontrolle von Arbeitspersonen. Wechselwirkungen bestehen demnach zwischen den Steuerungsmöglichkeiten als Merkmal der Verhaltenskontrolle und den Gestaltungsmerkmalen der Tätigkeitsstrukturen sowie einhergehenden Handlungsspielräumen und Zielen der Arbeitsaufgabe. Gemäß der prozessualen Auslegung der Tätigkeitsstruktur stellt sich unter Betrachtung von Steuerungsmöglichkeiten die Frage, im Rahmen welcher Prozessschritte wie in den Gesamtprozess regulierend eingegriffen werden kann. Exemplarisch hierfür lässt sich die Aufgabensituation vieler Arbeitspersonen der Produktionssteuerung darstellen, deren Verhaltenskontrolle sich darüber definiert, inwiefern sie steuernden Einfluss auf bereits freigegebene Produktionsaufträge nehmen können oder sich diese nach Freigabe gänzlich im Verantwortungsbereich von Produktionsmitarbeitern befinden. Die Gestaltung eben jener Steuerungsmöglichkeiten stellt den Gegenstand der Planungs-, Entscheidungs- und Methodenautonomie als Teil der Handlungsspielräume dar. Neben der prozessualen Betrachtung von Eingriffsmöglichkeiten stellt sich auch die Beeinflussbarkeit von Zielgrößen der Arbeitsaufgabe als relevant für die Wahrnehmung der Steuerungsmöglichkeit dar. Entscheidend ist demnach nicht nur wann und wie in Prozesse eingegriffen werden kann, sondern auch mit welcher wahrgenommenen Konsequenz dies auf die vorherrschenden Zielsysteme erfolgt. So führt die Erfassung lediglich hoch aggregierter Zielgrößen zu fehlender Transparenz der Auswirkungen einzelner Steuerungsentscheidungen und gleichsam einem Verlust der wahrgenommenen Verhaltenskontrolle. Die Steuerungsressourcen als letztes Merkmal der Verhaltenskontrolle werden über die Gesamtheit der im Rahmen der Arbeitsaufgabe zur Verfügung stehenden Objekte und Ressourcen bestimmt. Grundlegende Voraussetzung stellt u.a. die Verfügbarkeit der als erforderlich empfundenen PPS-Systeme und Funktionalitäten dar. Der zielgerichtete Einsatz von PPS-Systemen umfasst auch die ausreichende Verfügbarkeit an Lizenzen sowie zugewiesener Nutzungsrechte zur vollumfänglichen Anwendung verfügbarer Systemfunktionalität.

Im Bereich der ***betrieblichen Ebene*** als Bestandteil des ***Akzeptanzkontexts*** beeinflusst das Gestaltungsmerkmal der Strategie die Wahrnehmung der Verhaltenskontrolle. Der Einfluss äußert sich über die Strategie als Bestandteil der bereits im Rahmen der Arbeitsaufgabe adressierten Kompatibilität der Zielsysteme. So müssen Ziele einzelner Arbeitsaufgaben nicht ausschließlich zueinander, sondern ebenfalls zu Zielgrößen der übergeordneten betrieblichen Ebene in Form der Bereichs- und Unternehmensziele kompatibel ausgelegt sein.

5.3.9 Subjektive Norm

5.3.9.1 Modellierung der subjektiven Norm

Die subjektive Norm beschreibt den Einfluss der Überzeugungen von sozialen und organisationalen Bezugspersonen auf die eigene Einstellung bspw. hinsichtlich Nutzungsabsichten bestehender oder neuer Technologien. Der Einfluss der subjektiven Norm ist auf Internalisierungs- und/oder Identifikationsaspekte zurückzuführen.[513] Im Falle der Internalisierung führt die Überzeugungskraft von Bezugspersonen dazu, dass Meinungen und Überzeugungen vollständig von betrachteten Arbeitspersonen übernommen und in die eigene Meinungsstruktur integriert werden. Meinungen und Überzeugungen werden nach erfolgter Internalisierung von Arbeitspersonen als die Eigenen wahrgenommen. Im Kontrast hierzu dient bei Identifikationsaspekten die Berücksichtigung von Bezugsgruppen der Zweckdienlichkeit der eigenen Imagepflege. Eine Aneignung von Meinungen und Überzeugungen findet demnach in Abhängigkeit des zuträglichen Einflusses auf den eigenen Status im Kontext der eingebundenen Bezugsgruppen statt. Für die nachfolgende Analyse der Abhängigkeiten wird die subjektive Norm entsprechend der Gruppen an Bezugspersonen modelliert. Die Bezugspersonen lassen sich in gleichgestellte Arbeitspersonen des direkten Arbeitsumfelds, Arbeitspersonen in Form führungsverantwortlicher Vorgesetzter und die ganzheitliche Einheit der Unternehmung in Form der Unternehmenskultur untergliedern. Das **direkte Arbeitsumfeld** umfasst sämtliche an den eigenen Arbeitsprozessen beteiligte Personen, zu welchen ein direktes interaktions- und kommunikationsbasiertes, jedoch nicht weisungsberechtigtes, Verhältnis besteht. Unter den relevanten **führungsverantwortlichen Arbeitspersonen** werden direkte Vorgesetzte mit Weisungsbefugnis auf die eigenen Arbeitsprozesse betrachtet. Meinungen und Überzeugungen des Unternehmens als Organisation äußern sich in Form der **Unternehmenskultur**.

[513] Vgl. Venkatesh/Davis (2000) Extension of the Technology Acceptance Model, S. 188.

In relativer Betrachtung der subjektiven Norm als Bestandteil des Akzeptanzmodells kann festgehalten werden: Das Vorherrschen positiver Meinungen und Überzeugungen in Bezugsgruppen von Arbeitspersonen zu Nutzungsabsichten kann bestärkenden Einfluss auf die wahrgenommene Nützlichkeit und Benutzerfreundlichkeit von PPS-Systemen haben.

Die Bewertung der subjektiven Norm kann anhand der folgenden Erhebungselemente aufgenommen werden:

Subjektive Norm 1: Die Nützlichkeit und Benutzerfreundlichkeit des PPS-Systems werden von den Arbeitspersonen meines täglichen Arbeitsumfeldes als hoch eingeschätzt.

Subjektive Norm 2: Die Nützlichkeit und Benutzerfreundlichkeit des PPS-Systems werden von meinen direkten Vorgesetzten als hoch eingeschätzt.

Subjektive Norm 3: Die Wahrnehmung im Unternehmen verdeutlicht die Potenziale der Nützlichkeit und Benutzerfreundlichkeit der eingesetzten PPS-Systeme.

5.3.9.2 Sozio-technische Abhängigkeitsanalyse der subjektiven Norm

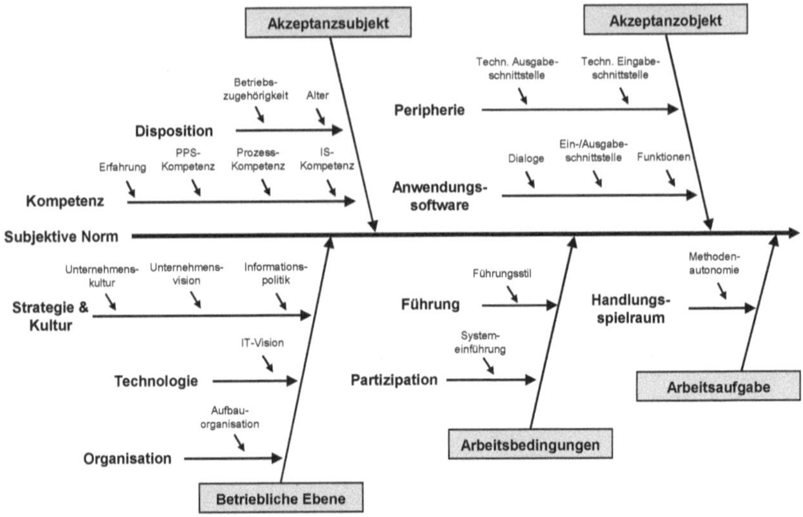

Abbildung 5-19: Abhängigkeitsanalyse subjektive Norm[514]

Einfluss auf die subjektive Norm zeigen im Bereich des ***Akzeptanzsubjekts*** die Gestaltungsmerkmale der Dispositionsmerkmale sowie der Kompetenzen von Arbeitspersonen. Internalisierungsbestreben im Zuge der Nutzung von PPS-Systemen sind insb. von den Kompetenzen der Arbeitspersonen im Umgang mit IS sowie bezogen auf PPS-Prozesse abhängig. So ist die Wahrscheinlichkeit der Integration fremder Meinungen umso ausgeprägter, sieht sich die Arbeitsperson aufgrund der eigenen Kompetenzen nicht in der Lage, etwa Funktionsweisen betroffener PPS-Systeme nachzuvollziehen und sich eine eigene Bewertung der Vor- und Nachteile zu erschließen. Die Bedeutung der Förderung von Kompetenzen und Qualifikationen steht demnach im Verhältnis zur Komplexität der Systemfunktionalitäten und der zu steuernden Prozesse. Der Einfluss auf Identifikationsbestreben äußert sich hingegen vornehmlich durch Dispositionsmerkmale des Alters und der Persönlichkeit. Unter Betrachtung des Alters zeigen insb. junge Arbeitspersonen eine höher ausgeprägte psychologische Abhängigkeit und Beeinflussbarkeit von sozialen Strukturen. Ferner ist der persönliche Status von Arbeitspersonen kurzer Betriebszugehörigkeit meist weniger gefestigt, wodurch ein ausgeprägtes Bestreben der Eingliederung entstehen kann.

Einfluss auf die Wahrnehmung der subjektiven Norm äußert sich im Bereich des ***Akzeptanzobjekts*** über die Gestaltungsmerkmale der Anwendungssoftware sowie der Pe-

[514] Eigene Darstellung auf Grundlage durchgeführter Industrieprojekte

ripherie. Relevant gestaltet sich die bereits im Rahmen der Systemergonomie (vgl. Unterkapitel 5.3.3) spezifizierte Kompetenzförderlichkeit interaktionsrelevanter Elemente des PPS-Systems. So können eine hohe Komplexität der Anwendungssoftware sowie der technischen Peripherie im Vergleich zur vorherrschenden Kompetenz potenzieller Nutzer zu Zuständen der Überforderung, einhergehend mit höheren Internalisierungsbestreben bei ausgeprägter subjektiver Norm führen.

Im Bereich der ***Arbeitsaufgabe*** als Bestandteil des ***Akzeptanzkontexts*** nimmt das Gestaltungsmerkmal des Handlungsspielraums Einfluss auf die subjektive Norm. Basierend auf Studien zur Untersuchung von Compliance-Effekten stellt ein konstituierendes Merkmal für die Relevanz von subjektiver Norm die Freiwilligkeit oder Verpflichtung der Nutzung von PPS-Systemen dar.[515] Die entsprechende Freiwilligkeit der Systemnutzung spiegelt sich im sozio-technischen Akzeptanzrahmen im Zuge der Handlungsspielräume zur Ausgestaltung von Arbeitsaufgaben, konkreter der Methodenautonomie, wider. Die Erhöhung der individuellen Entscheidungsautonomie im Rahmen der Ressourcenwahl verringert demnach die Beeinflussung durch Bezugsgruppen auf die eigene Nutzungsintention.

Unter Betrachtung der ***Arbeitsbedingungen*** als Bestandteil des ***Akzeptanzkontexts*** beeinflussen die Gestaltungsmerkmale der Führung und der Partizipation die Wahrnehmung der subjektiven Norm. Neben der Beeinflussung durch gleichgestellte Arbeitspersonen übt insb. die Bezugsgruppe der führungsverantwortlichen Vorgesetzten einen wesentlichen Einfluss auf die Entscheidungsfindung von Arbeitspersonen aus. Das Ausmaß der Beeinflussung hängt von der Art des Führungsstils, konkreter von den Anteilen transaktionaler und transformationaler Führung, ab. Wie bereits in Unterkapitel 5.3.2.2 ausgeführt, zeichnet sich die transformationale Führung durch die Vermittlung von Werten und Einstellungen aus, wodurch die subjektive Norm sowohl auf Grundlage der Internalisierung sowie Identifikation adressiert wird. Weiterer Einfluss auf die subjektive Norm ergibt sich unter Betrachtung der Partizipation. Beschreibt der Handlungsspielraum die Gestaltungsfreiheiten von Arbeitspersonen hinsichtlich der direkten Umsetzung von Arbeitsaufgaben, so erweitert die Partizipation diese Gestaltungsfreiheit auch auf zukünftige Entwicklungen der Arbeitsbedingungen. Während Arbeitspersonen im Rahmen ihres Handlungsspielraums aus den bereits zur Verfügung stehenden Systemen und Funktionen die für sie passende Auswahl zur direkten Anwendung treffen, so werden Arbeitspersonen im Rahmen der Partizipation auch in die Auswahl oder Weiterentwicklung zukünftig einzusetzender Systeme eingebunden. Das Maß an Partizipation beeinflusst somit sowohl Kompetenzen als auch Verpflichtungen und Verbindlichkeiten der Arbeitspersonen bezogen auf die betrachteten PPS-Systeme.

[515] Vgl. Venkatesh/Davis (2000) Extension of the Technology Acceptance Model, S. 188.

Die ***betriebliche Ebene*** als Bestandteil des ***Akzeptanzkontexts*** übt durch die Gestaltungsmerkmale der Organisation, Technologie sowie Kultur und Strategie Einfluss auf die subjektive Norm aus. Das Ausmaß an Kommunikation zwischen Arbeitspersonen einer Organisation bestimmt sich aus organisationaler Perspektive über die vorherrschende Aufbauorganisation sowie aus kultureller und strategischer Perspektive über das Kommunikationssystem. Strukturen der Aufbauorganisation regeln die grundlegende Verteilung von Aufgaben und Verantwortungen und somit auch der Schnittstellen und Interaktionen zwischen Arbeitspersonen. Eine grundsätzliche Unterscheidung wird zwischen zentralen und dezentralen Entscheidungsstrukturen getroffen. Zentrale Entscheidungsstrukturen zeichnen sich durch eine hohe Leitungsspanne bei niedriger Leitungstiefe aus, sowie umgekehrt im Falle von dezentralen Strukturen (siehe Abbildung 5-20). Ein Einfluss auf die subjektive Norm resultiert aus der jeweiligen Größe und Anzahl der Bezugsgruppen in Abhängigkeit der gewählten Entscheidungsstruktur. So führen dezentrale Entscheidungsstrukturen aufgrund der wiederholten Delegation von Aufgaben zu kleinen Bezugsgruppen gleichgestellter Arbeitspersonen bei großen Bezugsgruppen weisungsbefugter Vorgesetzter.

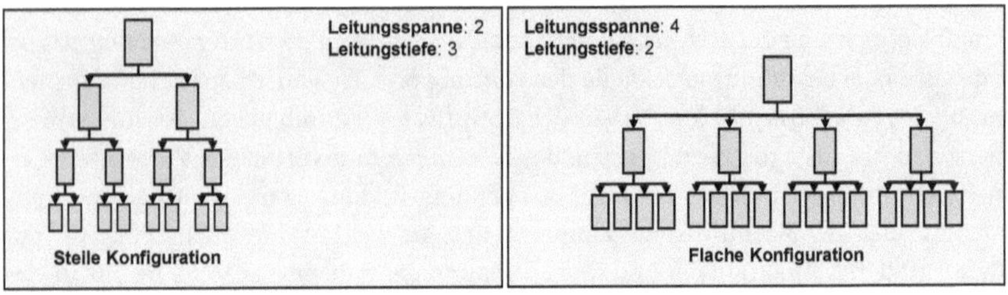

Abbildung 5-20: Entscheidungsstrukturen in Abhängigkeit der Leitungstiefe und -spanne[516]

Gleichsam zu den Entscheidungsstrukturen gestaltet sich auch die Wahl der eingesetzten Kommunikationssysteme von Relevanz. Das Kommunikationssystem lässt sich in eine horizontale und vertikale Kommunikation unterteilen.[517] Horizontale Kommunikationssysteme ermöglichen den Austausch mit gleichgestellten Arbeitspersonen des eigenen sowie sonstigen Bereichen zu Zwecken der Koordination und des Erfahrungsaustauschs. Vertikale Kommunikationssysteme dienen hingegen der gegenseitigen (bilateralen) Kommunikation über Hierarchieebenen hinweg, etwa zum Zweck der Delegation von Aufgaben, der Vermittlung von Werten und Strategien sowie der Partizipation in Form von Feedback. Durch die Ausgestaltung der Kommunikationssysteme, etwa durch die Initiierung wiederkehrender Kommunikationsformate (bspw. Newsletter, Betriebsversammlung etc.), wird somit die subjektive Norm bezogen auf alle Bezugsgruppen adressiert. Weiteren Einfluss auf die subjektive Norm,

[516] i.A.a. Schlick et al. (2018) Arbeitswissenschaft, S. 638.

[517] Vgl. Bruhn et al. (2016) Handbuch Strategische Kommunikation, S. 471 f.

maßgeblich bedingt durch Kommunikationssysteme, üben die Unternehmens- und IT-Vision sowie die organisationale Selbstwahrnehmung in Form der Unternehmenskultur aus. Während durch Visionen beabsichtigt zukünftige Unternehmensziele durch Leitungsebenen der Organisation verbreitetet werden, so repräsentiert die Unternehmenskultur geteilte Denkmuster von Mitgliedern einer Organisation als indirektes Ergebnis bisheriger Entwicklungen. In der Vergangenheit wiederholt gescheiterte IT-Projekte können somit etwa prägenden Einfluss auf die Unternehmenskultur bzgl. der Wahrnehmung organisationaler IT-Kompetenzen haben, wodurch sich wiederum individuelle Arbeitspersonen in Form subjektiver Norm beeinflusst sehen.

5.3.10 Kommunikation

5.3.10.1 Modellierung der Kommunikation

Kommunikation stellt, als Verständigungsfunktion von Akteuren über Absichten, aus verhaltenswissenschaftlicher Perspektive die Grundlage sozialen Handelns dar.[518] Übertragen auf den Betrachtungsbereich der Organisation fungiert Kommunikation im Sinne der zielgerichteten Informationsvermittlung als Koordinationsmechanismus zum Zweck der „… Steuerung von Meinungen, Einstellungen, Erwartungen und Verhaltensweisen bestimmter Adressaten gemäß spezifischer Zielsetzungen“[519]. Aufgabe und Ziel der Führungsperspektive liegt in der systematischen Kommunikationsplanung, welche in der Literatur ebenfalls unter dem Begriff des Kommunikationssystems oder der integrierten Kommunikation beschrieben wird.[520] Kommunikation als organisatorischer Koordinationsmechanismus wird aus formaler Perspektive untergliedert in eine vertikale sowie eine horizontale Kommunikationsstruktur.[521] Die vertikale Kommunikationsstruktur inkludiert die von einem Kommunikationsgegenstand betroffenen, sich jedoch auf unterschiedlichen Hierarchieebenen befindlichen Arbeitspersonen. Die horizontale Kommunikationsstruktur adressiert hingegen die Kommunikation zwischen Arbeitspersonen der gleichen oder vergleichbaren Hierarchieebenen, auch über den eigenen Fachbereich hinweg. Weiterhin wird Kommunikation gemäß der inhaltlichen Perspektive in informations- und austauschorientierte Funktionsanteile untergliedert. So äußert sich die Koordinationsfunktion der Kommunikation in der Vermittlung der zur Zielerreichung relevanten Informationen sowie der Beseitigung von Informationsasymmetrien. Darüber hinaus kommt der Kommunikation die Funktion des bilateralen Austauschs, sowohl im Sinne der Delegation als auch von Partizipationsmöglichkeiten etwa in Form von Feedbackstrukturen, zu.

---

[518] Vgl. Rommerskirchen/Roslon (2020) Einführung in die moderne Unternehmenskommunikation, S. 42.

[519] Bruhn et al. (2016) Handbuch Strategische Kommunikation, S. 2.

[520] Vgl. Bruhn et al. (2016) Handbuch Strategische Kommunikation, S. 10.

[521] Vgl. Bruhn et al. (2016) Handbuch Strategische Kommunikation, S. 471 f.; Beckerath et al. (1981) Betriebspsychologie und Betriebssoziologie, S. 227.

Zum Ziel der Bewertung adressatengerechter Kommunikationssysteme werden mehrere Qualitätskriterien zum Einsatz gebracht. So gilt es aus inhaltlicher Perspektive lediglich die für einzelne Adressatenkreise **relevanten** Informationen in **nachvollziehbarer Weise** und **frei von Widersprüchen** zu kommunizieren. Darüber hinaus sollten aus operativer Perspektive die je Adressatenkreis bestgeeigneten **Kommunikationsmittel** genutzt sowie die Kommunikation zum **Zeitpunkt** des konkreten Informationsbedarfs erfolgen.[522]

In relativer Betrachtung der Kommunikation als Bestandteil des Akzeptanzmodells kann festgehalten werden: Die positive Wahrnehmung der Unternehmenskommunikation durch Arbeitspersonen kann positiven Einfluss auf die wahrgenommene Nützlichkeit und Benutzerfreundlichkeit von PPS-Systemen haben.

Die Bewertung der Kommunikation kann anhand der folgenden Erhebungselemente aufgenommen werden:

Kommunikation 1: Die kommunizierten Informationen sind vollständig von Relevanz für mich.

Kommunikation 2: Ich kann die kommunizierten Informationen nachvollziehen. Der Detaillierungsgrad sowie Umfang kommunizierter Informationen entspricht meinem Informationsbedürfnis.

Kommunikation 3: In der Gesamtheit der an mich kommunizierten Informationen finden sich keine Widersprüche.

Kommunikation 4: Die eingesetzten Kommunikationsmittel ermöglichen mir eine effiziente und effektive Informationsaufnahme.

Kommunikation 5: Die Kommunikation findet in Bezug auf die Bedeutung der Informationen zum richtigen Zeitpunkt statt. Informationen werden weder zu früh noch zu spät kommuniziert.

Kommunikation 6: Mir stehen ausreichend Partizipationsmöglichkeiten zur Beteiligung an PPS-System-relevanten Prozessen (bspw. Anforderungs- oder Änderungsmanagement) zur Verfügung bzw. meine Bedürfnisse werden in Abstimmung mit Stellvertretern berücksichtigt.

---

522 Vgl. Schnackenberg/Tomlinson (2016) Organizational Transparency, S. 1791 ff.

5.3.10.2 Sozio-technische Abhängigkeitsanalyse der Kommunikation

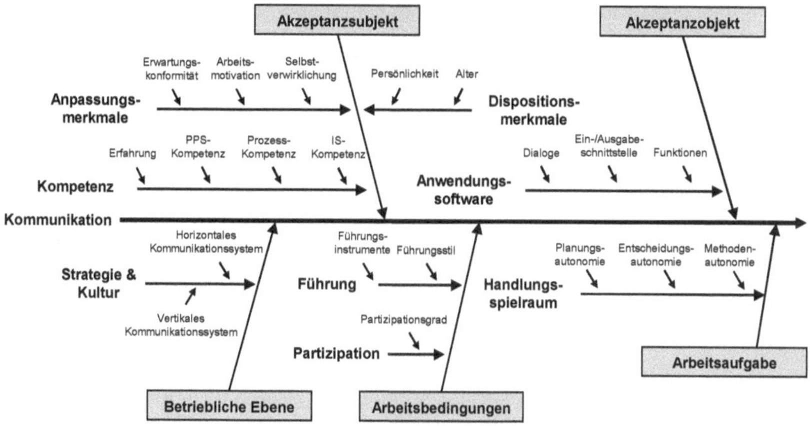

Abbildung 5-21: Abhängigkeitsanalyse Kommunikation[523]

Einfluss auf die Kommunikation zeigen im Bereich des ***Akzeptanzsubjekts*** die Gestaltungsmerkmale der Anpassungs- und Dispositionsmerkmale sowie der Kompetenzen von Arbeitspersonen. So wirken sich individuelle Kompetenzen maßgeblich auf die Informationsbedürfnisse von Arbeitspersonen, etwa in Form des nutzergerechten Detaillierungsgrades zu kommunizierender Informationen, aus. Der Detaillierungsgrad des Informationsbedarfs nimmt mit den vorliegenden Kompetenzen zu. Ebenfalls Einfluss auf das Bedürfnis nach Informationsbereitstellung sowie den Grad an Austauschmöglichkeiten wirken die Anpassungsmerkmale der Arbeitsmotivation und Selbstverwirklichung. Insb. bei vorliegender hoher Arbeitsmotivation ist ein gesteigertes Bedürfnis angesichts der Frequenz und des Umfangs zu kommunizierender Informationen sowie an Austauschmöglichkeiten etwa zum Zweck der Partizipation abzusehen. Dementgegen stellt Kommunikation als Koordinationsmittel einen wesentlichen Bestandteil des Erwartungsmanagements und somit der späteren Erwartungskompatibilität von Arbeitspersonen dar. Dispositionsmerkmale wirken sich in Form des Alters sowie der potenziell hiervon bedingten Persönlichkeitsausprägung auf die Ausgestaltung und Wahrnehmung der Kommunikation aus. So stehen Informationsbedürfnisse in Verbindung zu Persönlichkeitszügen wie der Offenheit oder der Gewissenhaftigkeit.

Die Bedeutung des **Akzeptanzobjekts** im Rahmen der wahrgenommenen Kommunikation äußert sich über das Gestaltungsmerkmal der Anwendungssoftware, wobei das PPS-System als eigener Bestandteil des Kommunikationssystems fungiert. Die Rolle der gebräuchlich eingesetzten PPS-Systeme erstreckt sich sowohl über transaktions-

[523] Eigene Darstellung auf Grundlage durchgeführter Industrieprojekte

als auch informationsorientierte Funktionen. Die Nutzung von PPS-Systemen stellt einen erheblichen Anteil der täglichen Tätigkeiten von Arbeitspersonen der PPS dar. Informationen mit Bezug auf die aktuelle Tätigkeit sowie prozessuale, organisatorische oder das PPS-System selbst betreffende Entwicklungen sollten demnach transparent in den Informationen des PPS-Systems repräsentiert sein oder aktiv von diesem kommuniziert werden. Der Einfluss auf die wahrgenommene Kommunikation bestimmt sich demnach durch das vermittelte Situationsbewusstsein und die Selbstbeschreibungsfähigkeit der Benutzerschnittstelle.

Die ***Arbeitsaufgabe*** als Bestandteil des ***Akzeptanzkontexts*** beeinflusst durch das Gestaltungsmerkmal des Handlungsspielraums die wahrgenommene Kommunikation. Wie bereits in Unterkapitel 5.2.3.1 dargestellt, äußert sich der Handlungsspielraum von Arbeitspersonen der PPS über den verfügbaren Grad an Autonomie mit Bezug auf die Planung, Entscheidungen und die Methodenwahl im Rahmen der betrachteten Tätigkeiten. Die Ausweitung von Handlungsspielräumen geht mit einer Steigerung der Eigenverantwortlichkeit sowie des Informationsbedürfnisses von Arbeitspersonen einher.

Unter Betrachtung der ***Arbeitsbedingung*** als Bestandteil des ***Akzeptanzkontexts*** nehmen die Gestaltungsmerkmale der Führung und der Partizipation Einfluss auf die Kommunikation. Die Bedeutung der Führung äußert sich, ähnlich dem Akzeptanzobjekt, als unmittelbarer Bestandteil des Kommunikationssystems. Die Wahrnehmung der Kommunikation wird demnach durch die Wahl des Führungsstils (transformationale vs. transaktionale Führung) sowie der eingesetzten Führungsinstrumente beeinflusst. Besondere Bedeutung wird Führungsinstrumenten wie dem Shopfloor-Management zuteil, welche Information und Austausch durch bilaterale Kommunikation ermöglichen. Gleich dem Gestaltungsmerkmal des Handlungsspielraums wirken sich auch Partizipationsmöglichkeiten von Arbeitspersonen durch Erhöhung der Eigenverantwortlichkeit auf die wahrgenommene Kommunikation aus. So führt u.a. die Erhöhung der Partizipationsmöglichkeiten mit Belang der Arbeitsbedingungen zu gesteigerten Informations- und Austauschbedürfnissen entsprechender Arbeitspersonen.

Im Bereich der ***betrieblichen Ebene*** als Bestandteil des ***Akzeptanzkontexts*** weisen die Gestaltungsmerkmale der Strategie und Kultur Einfluss auf die Kommunikation auf. Kommunikation stellt gemäß der allgemeinen Konzeptionierung eine Grundlage der organisationalen Koordination dar. Der zielführende Einsatz von Kommunikation zum Zweck der Koordination erfordert die Planung und Initiierung von Kommunikationsstrukturen, welche in Abhängigkeit der zu kommunizierenden Informationen stehen. Kommunikationsstrukturen sind demnach, wie bereits in Unterkapitel 5.3.10.1 dargestellt, in horizontale und vertikale Kommunikationssysteme zu unterteilen. Einfluss auf die wahrgenommene Kommunikation wirken die Auswahl der zu kommunizierenden Informationen sowie der hierfür eingesetzten Kommunikationsmittel. Während mit den PPS-Systemen und Führungsinstrumenten bereits für den PPS-Kontext essentielle Kommunikationsmittel aufgeführt wurden, lassen sich weitere Kommunikationsmittel ergänzen. Vertreter von Kommunikationsmitteln im Falle vertikaler Kommunikationssysteme stellen etwa Betriebsversammlungen, Wiki-Systeme, Newsletter etc. sowie im Falle horizontaler Kommunikationssysteme etwa bereichsübergreifende Know-How-Transfers und Shopfloor-Meetings dar. Auch die Wahl und Transparenz der in die Kommunikation einzubindenden Information nimmt in Form von Unternehmensstrategien, IT-Visionen und Entscheidungen der Einführung neuer PPS-Systeme wesentlichen Einfluss auf die Akzeptanz von Arbeitspersonen.

5.3.11 Innovationsbereitschaft

5.3.11.1 Modellierung der Innovationsbereitschaft

Die persönliche Innovationsbereitschaft ergründet die Bereitschaft von Personen zur freiwilligen Exploration und Anwendung neuartiger Applikationen, meist mit technischem Bezug. Der Innovationsbegriff beschränkt sich nicht auf innovative Technologien im Sinne des Stands der Technik, sondern umfasst auch den Umgang mit bis dato für Arbeitspersonen unbekannten Applikationen. Innovationsbereitschaft wird sowohl als Eigenschaft der betrachteten Arbeitsperson sowie als von der Umwelt beeinflusster Zustand modelliert. So wird die Innovationsbereitschaft einerseits beeinflusst durch die charaktergebundene Eigenschaft der **Innovationsfreude** von Personen an der Erprobung neuer Technologien, welche sich sowohl im beruflichen als auch privaten Kontext äußert.[524] Andererseits zeigen Umwelteinflüsse wie die wahrgenommene Machtdistanz sowie Unsicherheitsvermeidung Auswirkungen auf die Ausprägung der Innovationsbereitschaft. **Machtdistanz** repräsentiert die hierarchische Ausprägung im Verhältnis zwischen Arbeitspersonen und Vorgesetzten. Hohe Machtdistanz beschreibt eine von starker Hierarchie geprägte Organisation sowie die Akzeptanz von Arbeitspersonen gegenüber der Ausübung und Ungleichverteilung von Macht. Organisationen hoher Machtdistanz zeichnen sich weiterhin durch die Wahrnehmung eines fehlenden Leistungsbezugs zur persönlichen Entwicklung innerhalb der Hierarchie aus.[525] **Unsicherheitsvermeidung** als weiteres Merkmal mit Einfluss auf die persönliche Innovationsbereitschaft beschreibt die Wahrnehmung sowie die Ablehnung unbekannter Situationen und Zustände durch Arbeitspersonen.[526] In der

[524] Vgl. Thatcher et al. (2003) Culture, Overload and Personal Innovativeness, S. 74.
[525] Vgl. Holtbrügge (2018) Personalmanagement, S. 99.
[526] Vgl. Holtbrügge (2018) Personalmanagement, S. 99 f.

Wahrnehmung von Arbeitspersonen mit einer ausgeprägten Unsicherheitsvermeidung überwiegen mögliche negative Konsequenzen gegenüber positiven Potenzialen, welche aus unbekannten Situationen resultieren können.

In relativer Betrachtung der Innovationsbereitschaft als Bestandteil des Akzeptanzmodells kann festgehalten werden: Eine hohe Innovationsbereitschaft von Arbeitspersonen kann sich positiv auf die wahrgenommene Benutzerfreundlichkeit und Nützlichkeit von PPS-Systemen auswirken.

Die Bewertung der Innovationsbereitschafft kann anhand der folgenden Erhebungselemente aufgenommen werden:

Innovationsbereitschaft 1: Wenn mir neue Informationssysteme im Privaten oder Beruflichen zur Verfügung stehen, so würde ich nach Möglichkeiten suchen, um mit diesen experimentieren zu können.

Innovationsbereitschaft 2: Meine Arbeitsumgebung zeichnet sich durch flache hierarchische Strukturen und eine geringe Machtdistanz aus. Der Einfluss von persönlicher Leistung oder innovativem Handeln auf die hierarchische Position im Unternehmen ist erkennbar.

Innovationsbereitschaft 3: Die Erwartung beim Umgang mit neuen Systemen Fehler zu machen löst bei mir keine Unsicherheit aus. Im Unternehmen wird eine offene Fehlerkultur gelebt.

5.3.11.2 Sozio-technische Abhängigkeitsanalyse der Innovationsbereitschaft

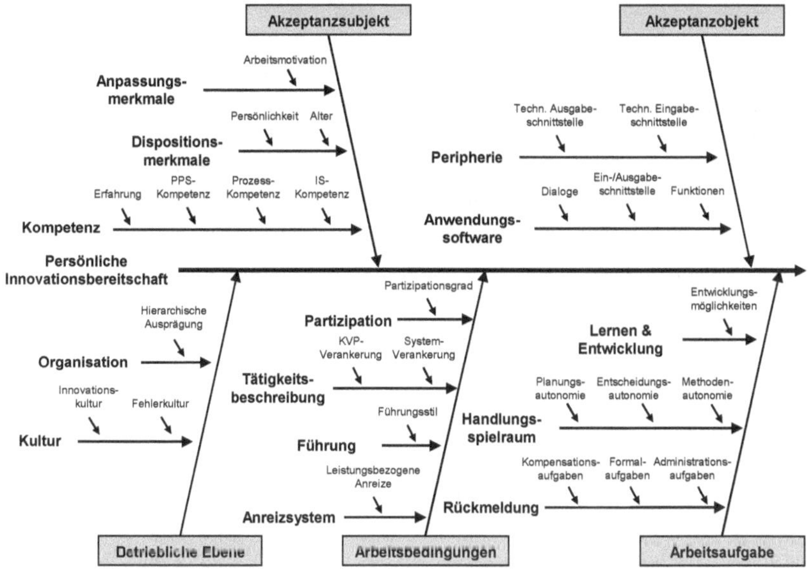

Abbildung 5-22: Abhängigkeitsanalyse Innovationsbereitschaft[527]

Einfluss auf die persönliche Innovationsbereitschaft zeigen im Bereich des ***Akzeptanzsubjekts*** die Gestaltungsmerkmale der Anpassungs- und Dispositionsmerkmale sowie der Kompetenzen von Arbeitspersonen. Die Wirkung steigender Kompetenzen auf die Innovationsbereitschaft ergibt sich aus der gleichsamen Verringerung der wahrgenommenen Unsicherheiten. Arbeitspersonen mit ausgeprägten Kompetenzen in Bezug auf PPS-Funktionalitäten, den Auftragsabwicklungsprozess und Informationssysteme sind eher in der Lage, auch bis dato unbekannte Anwendungen einzuschätzen und Fehlerpotenziale zu relativieren bzw. zu vermeiden. Weiterer Einfluss auf die individuelle Innovationsbereitschaft ergibt sich aus den Dispositionsmerkmalen von Arbeitspersonen in Form von Persönlichkeit und Alter. So zeigen sich Persönlichkeitszüge etwa der Offenheit weniger ausgeprägt mit fortschreitendem Alter, wonach auch die Offenheit gegenüber neuen Technologien in Form der Innovationsfreude eingeschränkt sein kann. Förderlich für die Innovationsbereitschaft von Arbeitspersonen sind hingegen Aspekte der persönlichen Arbeitsmotivation. Dies ist insb. der Fall, stellen Aspekte innovativer Arbeit Bestandteil der Wertekultur des Unternehmens und somit auch Augenmerk von Führungsaktivitäten dar.

[527] Eigene Darstellung auf Grundlage durchgeführter Industrieprojekte

Im Bereich des ***Akzeptanzobjekts*** beeinflussen die Gestaltungsmerkmale der Anwendungssoftware sowie der Peripherie die persönliche Innovationsbereitschaft von Arbeitspersonen. Die Innovationsbereitschaft wird durch die in direkter Interaktion und somit Wahrnehmung durch potenzielle Endnutzer stehenden Elemente der Funktionen, Dialoge sowie sowohl Ein- und Ausgabeschnittstellen auf Seiten der Anwendungssoftware als auch technischen Ein- und Ausgabeschnittstellen auf Seiten der Peripherie beeinflusst. Ausschlaggebend für die wahrgenommene Unsicherheit durch Arbeitspersonen gestaltet sich in beiden Fällen die bereits im Zuge der Systemergonomie adressierte Kompetenzförderlichkeit und Selbstbeschreibungsfähigkeit (vgl. Unterkapitel 5.3.3.). Weiterhin beeinflusst die Verfügbarkeit von Testsystemen die Innovationsbereitschaft von Arbeitspersonen positiv. Testsysteme stellen die Spiegelung der realen operativen Systemumgebung dar, welche von Arbeitspersonen zum Zwecke der Erprobung bspw. von Workflows genutzt werden können, ohne im Fall der Fehlnutzung negative Konsequenzen zu verursachen.

Unter Betrachtung der ***Arbeitsaufgabe*** als Bestandteil des ***Akzeptanzkontexts*** weisen die Gestaltungsmerkmale der Lern- und Entwicklungsmöglichkeiten, der Handlungsspielräume sowie des Feedbacks Einfluss auf die persönliche Innovationsbereitschaft auf. Wie bereits in Unterkapitel 5.3.11.1 dargestellt, führt eine ausgeprägte Wahrnehmung der Machtdistanz zu einer Reduzierung der Innovationsbereitschaft von Arbeitspersonen. Die Gestaltung von Lern- und Entwicklungsmöglichkeiten sowie von aufgabenbezogenen Handlungsmöglichkeiten bietet die Möglichkeit zur Reduzierung eben jener Machtdistanz. Arbeitspersonen wird so etwa durch Anbieten von leistungsbezogenen Entwicklungsmöglichkeiten ein klarer Nutzen der eigenen Innovationsbereitschaft dargestellt. Ähnlichen Einfluss auf die Machtdistanz zeigt die Ausweitung des Handlungsspielraums von Arbeitspersonen zum Ziel der Steigerung eigenverantwortlichen Handelns. Die Erhöhung der Planungs-, Entscheidungs- und Methodenautonomie muss hierbei ebenfalls mit einer Verantwortlichkeit der Zielerreichung einhergehen, wodurch wiederum die Bereitschaft von Arbeitspersonen zur Innovation des eigenen Handelns beeinflusst wird. Die Bedeutung des Feedbacks zu Arbeitsaufgaben ergibt sich aus der Wirkung auf die wahrgenommene Unsicherheit bei der Nutzung von PPS-Systemen. Die Unsicherheit gegenüber potenziellen Fehlern bei der Nutzung neuartiger Systeme oder Funktionen erhöht sich bei bestehender Intransparenz zu Konsequenzen des eigenen Handelns. Voraussetzung zur Reduzierung der Unsicherheitsvermeidung stellt somit das transparente Feedback der Zielerreichung bezogen auf die eigenen Aufgaben, auch unter Nutzung bspw. neuartiger Funktionalitäten von PPS-Systemen, dar.

Die ***Arbeitsbedingungen*** als Bestandteil des ***Akzeptanzkontexts*** beeinflussen durch die Gestaltungsmerkmale der Partizipation, Tätigkeitsbeschreibung, Führung und des Anreizsystems die persönliche Innovationsbereitschaft. Gleich den Entwicklungsmöglichkeiten und den auf die Arbeitsaufgaben bezogenen Handlungsspielräumen, wirken sich auch die Gestaltungsmerkmale der Arbeitsbedingungen positiv auf die wahrgenommene Machtdistanz und somit die Innovationsbereitschaft von Arbeitspersonen aus. Die Steigerung der Partizipation im Rahmen der Gestaltung der Arbeitsbedingungen führt so etwa zu einer Erhöhung der Eigenverantwortlichkeit von Arbeitspersonen und somit der allgemeinen Innovationsbereitschaft. Verstärkt wird dieser Einfluss bspw. durch auf Befähigung der Arbeitspersonen ausgelegte Führungsstile sowie durch an Innovationsaktivitäten oder Leistungsoptimierungen geknüpfte Anreizstrukturen. Einfluss auf die grundlegende Innovationsfreude nehmen die Tätigkeitsbeschreibung und somit die Wahrnehmung der eigenen Aufgabenverantwortung und -bedeutung von Arbeitspersonen. Von Relevanz ist hierbei, inwiefern Verantwortungen für die Weiterentwicklung von Tätigkeiten und hierzu eingesetzten Mitteln Berücksichtigung in der Tätigkeitsbeschreibung und somit in der Selbstwahrnehmung von Arbeitspersonen finden.

Im Bereich der ***betrieblichen Ebene*** als Bestandteil des ***Akzeptanzkontexts*** nehmen die Gestaltungsmerkmale der Organisation und der Kultur Einfluss auf die persönliche Innovationsbereitschaft. Die Bedeutung der Organisation ergibt sich aus der Ausprägung hierarchischer Strukturen und somit aus der Wirkung auf die wahrgenommene Machtdistanz. Besondere Abhängigkeit geht hierbei von der gewählten Entscheidungsstruktur, bspw. geprägt durch zentrale oder dezentrale Organisationsstrukturen, aus. Die Bedeutung der Kultur äußert sich hingegen über den Einfluss der vorherrschenden Fehlerkultur auf die wahrgenommene Unsicherheitsvermeidung sowie über den Einfluss der Innovationskultur auf die Innovationsfreude von Arbeitspersonen. Zustände einer offenen Fehlerkultur charakterisieren sich durch einen offenen und lernorientierten Umgang mit im Innovationsprozess unvermeidlichen Fehlern. Innovationskulturen zeichnen sich ferner dadurch aus, dass Innovationen und innovatives Arbeiten Bestandteil der geteilten und geförderten Unternehmenswerte darstellen. Der aktive Ausdruck von Innovationsbereitschaft stellt sich somit in Unternehmen mit einer ausgeprägten Innovationskultur durch eine Erhöhung des Status von Arbeitspersonen innerhalb dieser Organisation dar.

5.4 Akzeptanzbasierte Lebenszyklusgestaltung

Basierend auf den identifizierten Akzeptanzfaktoren des initialen Beschreibungsmodells (vgl. Modul I Unterkapitel 5.1) und unter Ableitung eines sozio-technischen Akzeptanzrahmens (vgl. Modul II Unterkapitel 5.2), wurde in Modul III (vgl. Unterkapitel 5.3) eine spezifizierte Modellierung der Akzeptanzfaktoren (siehe Abbildung 5-23) sowie eine Analyse der Abhängigkeiten zu den Faktoren des Akzeptanzrahmens vorgenommen.

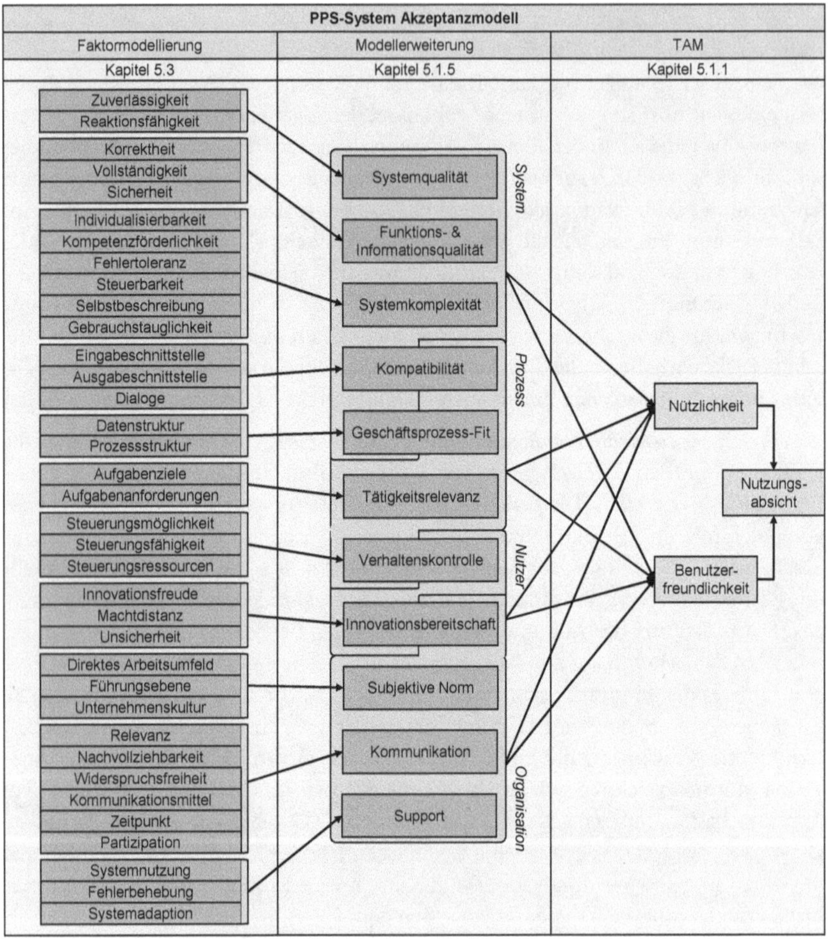

Abbildung 5-23: Faktormodellierung des PPS-Akzeptanzmodells

Basierend auf dieser Vorarbeit folgt in Modul IV die Ableitung eines akzeptanzbasierten Lebenszyklusmodells zur gezielten Gestaltung vorherrschender Akzeptanzzustände (vgl. Abbildung 5-24).

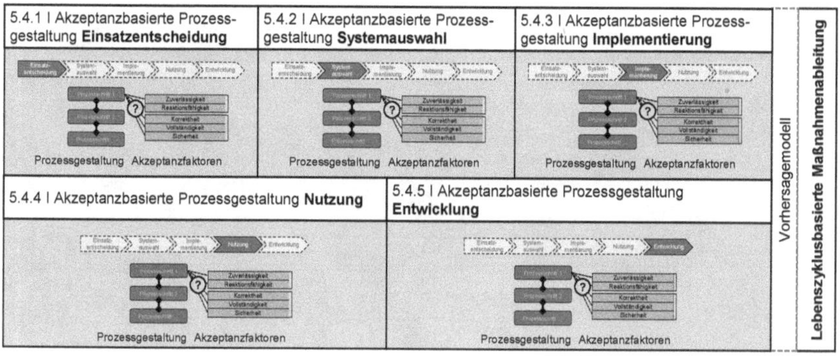

Abbildung 5-24: Detailkonzept der akzeptanzbasierten Lebenszyklusgestaltung

Die Erforderlichkeit einer lebenszyklusbasierten Betrachtung der einzelnen Akzeptanzfaktoren resultiert aus dem Umstand, dass Maßnahmen der Beeinflussung der Akzeptanzwahrnehmung vom Zeitpunkt der eigentlichen Wahrnehmung durch potenzielle Endnutzer abweichen können, diese somit zukünftige Akzeptanzzustände vorbereiten. Beruhend auf dem in Unterkapitel 2.4.2 vorgestellten Grundmodell des Lebenszyklus von Informationssystemen werden daher nachfolgend auf den Einsatz von PPS-Systemen spezifizierte Prozessmodelle der einzelnen Lebenszyklusphasen vorgestellt. Entsprechend der phasenbezogenen Prozessmodelle erfolgt eine beeinflussungsgerechte Zuordnung der identifizierten Akzeptanzfaktoren auf die einzelnen Prozessschritte sowie die Ableitung akzeptanzrelevanter Gestaltungsmaßnahmen. Eine Übersicht der Prozessmodelle inklusive Zuordnung der Akzeptanzfaktoren findet sich in Abbildung 5-25 dargestellt, welcher folgend in den anschließenden Unterkapiteln die akzeptanzbasierte Gestaltung der einzelnen Lebenszyklusphasen vorgestellt wird.

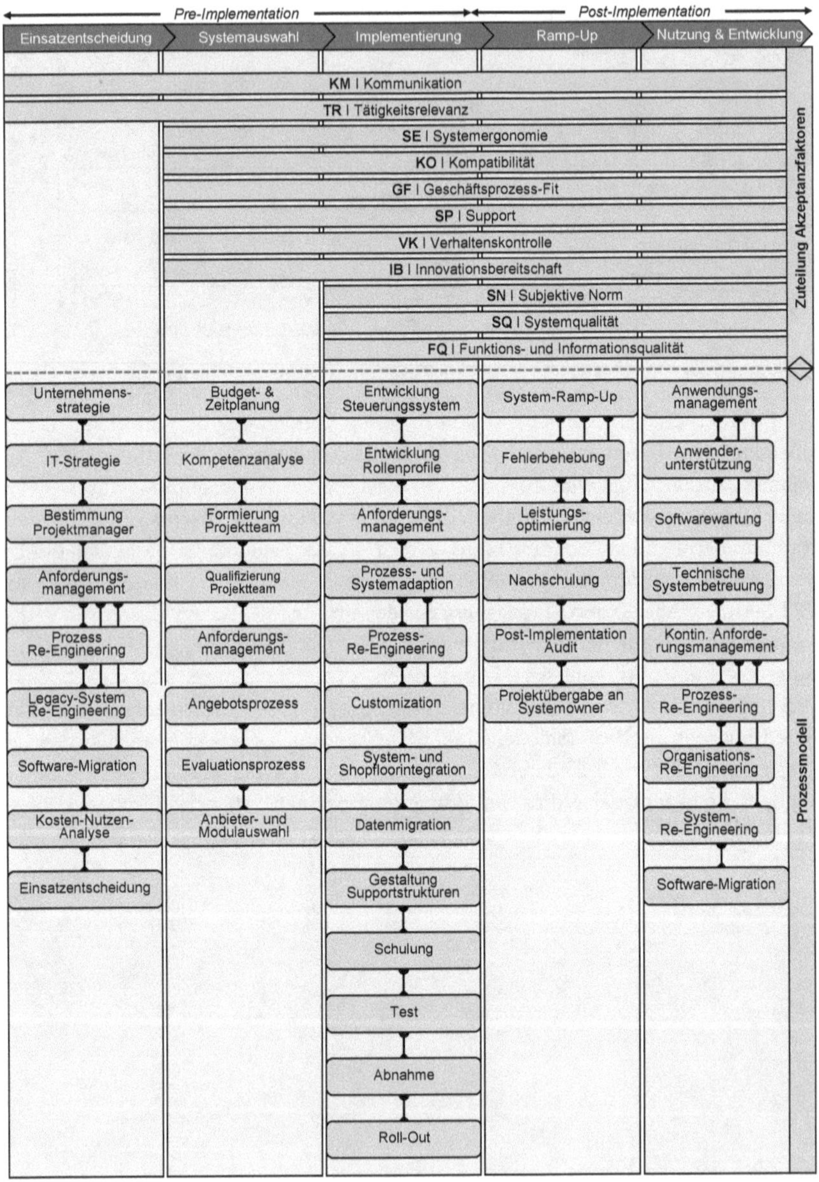

Abbildung 5-25: Akzeptanzbasiertes Lebenszyklusmodell der PPS-System Implementierung

5.4.1 Akzeptanzbasierte Gestaltung der Einsatzentscheidung

Gegenstand der Lebenszyklusphase der Einsatzentscheidung stellt die grundsätzliche Entscheidung hinsichtlich des Einsatzes eines neuen PPS-Systems dar. Aufgrund der finanziellen sowie strategischen Bedeutung der Ergebnisse dieser Einsatzentscheidung sollte sich die Gruppe der an der Lebenszyklusphase beteiligten Stakeholder aus der Geschäftsführung, operativen und IT-technischen Führungspersonen, einem zu bestimmenden Projektleiter sowie über Beteiligungsformate eingebundene Systemnutzer zusammensetzen. Das hierzu abgeleitete Prozessmodell erstreckt sich, wie in Abbildung 5-25 dargestellt, über die Prozessschritte der (1) Unternehmensstrategie, (2) IT-Strategie, (3) Bestimmung Projektmanager, (4) Anforderungsmanagement, (5) Kosten-Nutzen-Analyse und (6) Einsatzentscheidung.

Unternehmens- und IT-Strategie

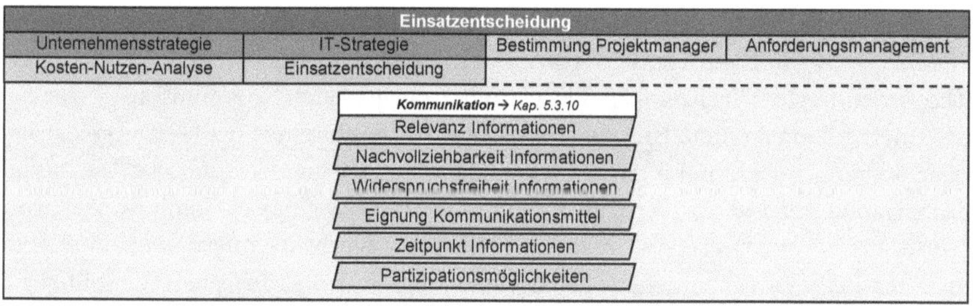

Abbildung 5-26: Akzeptanzfaktoren Unternehmens- & IT-Strategie [Einsatzentscheidung]

Wie bereits in Unterkapitel 5.2.3 dargestellt, wird der Strategiebegriff in hierarchischer Ableitung in die Bestandteile der Vision, Mission, Ziele und strategischen Programme unterteilt. In Konsequenz der hierbei definierten Unternehmensziele und Programme bestimmt sich auch das Zielsystem sowie die Anforderung der Zielerreichung einzelner Arbeitsbereiche und somit Arbeitspersonen. Sowohl als eigenes strategisches Element sowie zwecks Unterstützung der zuvor definierten Zielerreichung muss neben der Unternehmens- auch die Formulierung einer IT-Strategie zur Spezifikation etwa der langfristigen Ausrichtung in Zusammenhang mit dem Einsatz betrieblicher Informationssysteme erfolgen. Die IT-Strategie als Werkzeug der Organisation dient als Blaupause einer durchgängigen und bereichsübergreifenden IT-Infrastruktur in Prävention proprietärer Einzellösungen sowie hieraus resultierenden Schnittstellenproblemen. Die Unternehmens- und IT-Strategie üben somit erheblichen Einfluss auf die Einsatzentscheidung von IS aus, insofern, als dass einzuführende

PPS-Systeme sowohl im Einklang mit Unternehmenszielen als auch den technischen Spezifikationen der IT-Strategie stehen müssen.[528]

Aus Perspektive späterer Systemnutzer gestaltet sich im Rahmen der Unternehmens- und IT-Strategie insb. der Akzeptanzfaktor der ***Kommunikation*** relevant (vgl. Abbildung 5-26). So stellt die Transparenz über die bestehende Unternehmens- und IT-Strategie die Grundlage für die Nachvollziehbarkeit der späteren Einsatzentscheidung eines potenziellen PPS-Systems dar. Wesentlicher Erfolgsfaktor zur frühzeitigen Beeinflussung der wahrgenommenen Kommunikation und somit Informationen von Arbeitspersonen stellt die Einführung eines vertikalen Kommunikationssystems (vgl. Unterkapitel 5.3.10.1) dar. Inhalte der aktiven Kommunikation sollten demnach die Strategien selbst sowie deren Umsetzung bzw. Entscheidungen im Kontext der Strategie über die gesamte Aufbauorganisation hinweg beinhalten. Zur Sicherstellung einer nutzenstiftenden Kommunikation sollte besonderes Augenmerk auf eine zielgruppenorientierte Darstellung der Inhalte sowie Wahl entsprechender Kommunikationsmedien, bspw. in Form von Betriebsversammlungen, Newsletter etc., gelegt werden. Die Bedeutung der frühzeitigen Aktivierung des vertikalen Kommunikationssystems resultiert zudem aus dem Umstand, dass die aktive Einbindung der Gesamtheit späterer Systemnutzer erst mit fortschreitenden Lebenszyklusphasen zunimmt. Die initiale Information anhand des vertikalen Kommunikationssystems ist somit wesentliches Mittel zur Vermeidung eines frühzeitigen Akzeptanzverlustes aufgrund einer falschen Informationslage. Einhergehend mit der Information von Arbeitspersonen sollten zur Adressierung realer Arbeitsbedürfnisse zudem Beteiligungsformate zur Repräsentation persönlicher Bedürfnisse im Rahmen der IT-Strategie geschaffen werden. Wie in Unterkapitel 2.4.3 dargestellt, lassen sich Beteiligungsformate in variierender Ausprägung der Mitarbeitereinbindung unterscheiden. Aufgrund der Abstraktion und Komplexität strategischer Entscheidungen eignen sich hierbei insb. Feedback-basierte Ansätze, mit dem Ziel der Aufnahme, Berücksichtigung und Diskussion von Mitarbeiterbedürfnissen.

[528] Vgl. Schreyögg/Koch (2020) Management, S. 148 ff.; Leimeister (2015) Einführung in die Wirtschaftsinformatik, S. 191 ff.

Bestimmung Projektmanager

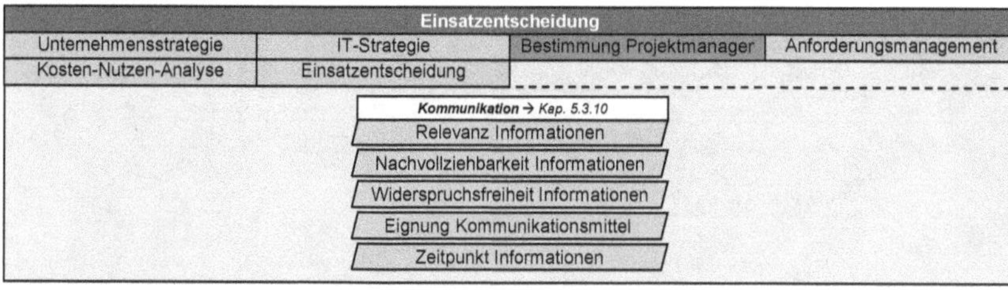

Abbildung 5-27: Akzeptanzfaktoren Bestimmung Projektmanager [Einsatzentscheidung]

Nachfolgender Prozessschritt im Rahmen der Einsatzentscheidung stellt die Ernennung eines Projektmanagers zur Vorbereitung der Einsatzentscheidung sowie für die leitende Verantwortung der Prozessschritte der potenziell nachfolgenden Pre-Implementierungsphase dar. Aus Führungsperspektive dient die frühzeitige Ernennung des Projektmanagers der Erzeugung personengebundener Verantwortung und somit Verbindlichkeit. Die Wahl eines Projektmanagers hat zudem Einfluss auf die Akzeptanz der späteren Systemnutzer gegenüber den Ergebnissen der einzelnen Lebenszyklusphasen. So sollte durch die bestehende Funktion und Position des zu wählenden Projektmanagers einerseits die hohe Bedeutung des mit der Einsatzentscheidung gestarteten Projekts signalisiert sowie auf eine hohe Repräsentationswirkung des Projektmanagers in Bezug auf spätere Systemnutzer geachtet werden. Ferner sollte sich der zu wählende Projektmanager durch Prozess- und IS-bezogene Kompetenzen sowie Erfahrungen in der Bewältigung von IS-Einführungsprojekten auszeichnen. Abschließend sollte durch die Gewährleistung ausreichender Entscheidungsbefugnisse ein effizientes Projektmanagement sichergestellt und aktiv signalisiert werden. Relevanter Akzeptanzfaktor zur Adressierung im Rahmen der Bestimmung des Projektmanagers stellt, entsprechend der initialen Ausführung, die ***Kommunikation*** dar (vgl. Abbildung 5-27).[529]

[529] Vgl. Bradford (2014) Modern ERP, S. 176 ff.

Anforderungsmanagement

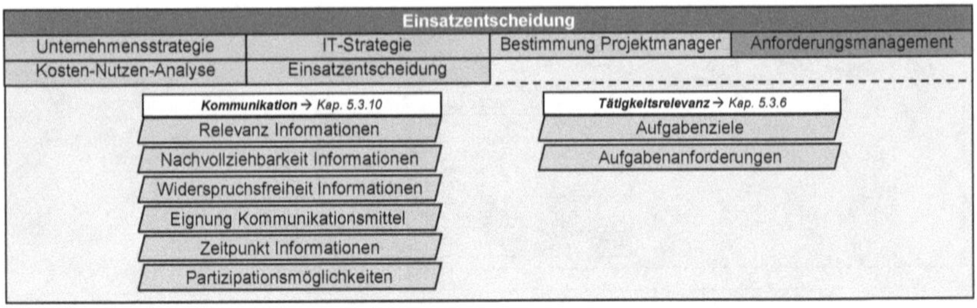

Abbildung 5-28: Akzeptanzfaktoren Anforderungsmanagement [Einsatzentscheidung]

Unter Berücksichtigung der Vorgaben der Unternehmens- und IT-Strategie erfolgt im nächsten Schritt die Ermittlung und Analyse von Anforderungen an das potenziell einzuführende PPS-System. Auslöser des Anforderungsmanagements kann sowohl in der Ablösung eines vorherigen Lebenszyklus (vgl. Unterkapitel 5.4.5) als auch in Überlegungen einer Systemneueinführung, bspw. resultierend aus Anforderungen der IT-Strategie, begründet liegen. Der Anforderungsbegriff wird als Eigenschaft zur Erfüllung durch einen Prozess oder Produkt beschrieben.[530] Input zur Ermittlung dieser Eigenschaften wird aus unterschiedlichen Quellen, wie Prozessanalysen, Interviews oder Beteiligungsformaten wie Verbesserungsvorschlägen von Arbeitspersonen gewonnen. Der Betrachtungsfokus der zu ermittelnden Anforderungen liegt im Rahmen der Einsatzentscheidung auf grundlegenden Systemeigenschaften und -funktionalitäten zur Adressierung bestehender Schwachstellen oder Verbesserungspotenziale. Zur Vorbereitung der Einsatzentscheidung muss die Analyse der ermittelten Anforderungen in der Ableitung unterschiedlicher Lösungsoptionen münden. Die Summe der Lösungsoptionen muss hierbei in Abhängigkeit der Anforderungsanalyse nicht ausschließlich technischer Natur sein, da es aus Akzeptanzperspektive die Wahrung der Verhältnismäßigkeit zu prüfen gilt. Zu hinterfragen ist demnach, ob sich entsprechende Anforderungen ebenfalls durch operative Prozessoptimierung, technische Erweiterung bestehender PPS-Systeme oder lediglich durch Migration auf neue PPS-Systeme erzielen lassen (Detaillierung Prozessschritte in Unterkapitel 5.4.3).[531]

Aus Akzeptanzgesichtspunkten gestalten sich im Rahmen des Anforderungsmanagements insb. die Akzeptanzfaktoren der ***Kommunikation*** sowie der ***Tätigkeitsrelevanz*** als entscheidend (vgl. Abbildung 5-28). So stellen die transparente Darstellung der aufgenommenen Anforderungen und die Spezifikation hieraus abgeleiteter Lösungen wesentliche Voraussetzungen dar, um die spätere Nachvollziehbarkeit von Einsatz-

[530] Vgl. Heßeler et al. (2004) Anforderungsmanagement, S. 3.

[531] Vgl. Partsch (2010) Requirements-Engineering, S. 21 f.

entscheidungen, insb. von nicht direkt am Entscheidungsprozess beteiligten Endnutzern, zu gewährleisten. Auch gilt es aufgrund der erstmaligen Spezifikation von Lösungen, etwa in Form von PPS-Systemen, frühzeitig etwaige Potenziale auf die Tätigkeitsrelevanz darzustellen sowie im Gegenzug eine Reflektion der wahrgenommenen Tätigkeitsrelevanz zukünftiger Nutzer abzufragen. Neben den bereits zuvor beschriebenen kritischen Erfolgsfaktoren der Kommunikation sowie Beteiligung kann sich insb. der Einsatz externen Supports im Rahmen der Anforderungsanalyse und Lösungsspezifikation wirksam auf die spätere Akzeptanz zeigen. Externe Beratungsdienstleistungen bieten Mehrwert im Sinne einer neutralen Anforderungs- und Lösungsanalyse, unbeeinflusst unternehmensinterner Überzeugungen, sowie Einblick in branchenbezogene Best-Practice-Prozesse und Applikationen. Leistungen des externen Supports sollten stets in Kooperation mit unternehmensinternen Kapazitäten erarbeitetet werden und insb. bei zu unternehmensinternen Überzeugungen konträren Ergebnissen kritisch auf die Übertragbarkeit der Lösungen geprüft werden.

Kosten-Nutzen-Analyse

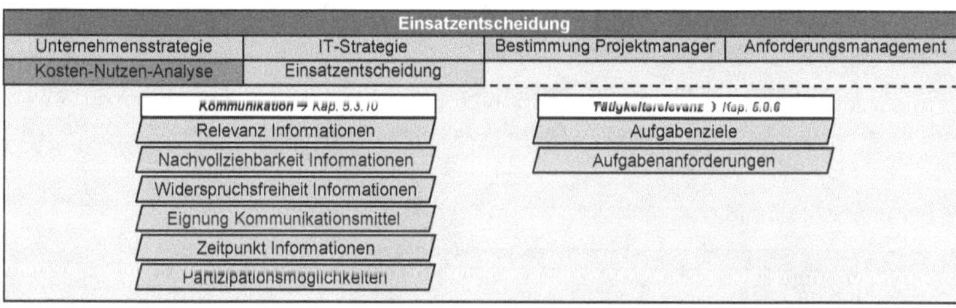

Abbildung 5-29: Akzeptanzfaktoren Kosten-Nutzen-Analyse [Einsatzentscheidung]

Als abschließender Vorbereitungsschritt der Einsatzentscheidung muss eine Bewertung der erarbeiteten Lösungsoptionen, etwa in Form einer Kosten-Nutzen-Analyse, erfolgen. Eine wesentliche Herausforderung dieser Analyse besteht in der gegenseitigen Abwägung sowohl quantitativer als auch qualitativer Bewertungsfaktoren. Aufwände sowie Nutzenpotenziale mit guter quantitativer und somit monetärer Erfassbarkeit sind u.a.:

- Aufwände der Investitions- und externen Supportkosten
- Potenziale reduzierter Bedienzeiten
- Potenziale reduzierter Bestände etc.

Aufwände- sowie Nutzenpotenziale mit eingeschränkter quantitativer und somit monetärer Erfassbarkeit sind u.a.:

- Aufwände der Datenbereinigung
- Potenziale gesteigerter Transparenz

- Potenziale gesteigerter Reaktionsfähigkeit etc.[532]

Aus Akzeptanzperspektive späterer Endnutzer sollten Investitionsentscheidungen nicht ausschließlich auf rein monetären Bewertungskriterien wie dem Return-on-Investment (ROI) beruhen, sondern ferner Sensitivitätsbetrachtungen qualitativer Aufwands- und Nutzenpotenziale berücksichtigen. Relevante Akzeptanzfaktoren im Rahmen der Kosten-Nutzen-Analyse stellen die ***Kommunikation*** sowie ***Tätigkeitsrelevanz*** dar (vgl. Abbildung 5-29). Eine wesentliche Voraussetzung zur Sicherstellung der Nachvollziehbarkeit der späteren Einsatzentscheidungen kommt der Transparenz über die zum Einsatz gebrachten Bewertungskriterien sowie getroffenen Annahmen im Rahmen der Kosten-Nutzen-Analyse zu. So sollte aus Gesichtspunkten des Erwartungsmanagements die Darstellung der Nutzenpotenziale mit der wahrgenommenen Tätigkeitsrelevanz späterer Systemnutzer übereinstimmen sowie auf Vollständigkeit und Realitätstreue der abgeschätzten Implementierungs- und Nutzungsaufwände geachtet werden. Gründe eines frühzeitigen Akzeptanzverlusts bereits vor offizieller Systemeinführung finden sich oftmals durch Projektverzögerungen sowie Eskalation vorbereitender Aufwände, bspw. in Form der Stammdatenbereinigung oder Schulungsaufwände, bedingt. Als kritische Erfolgsfaktoren lassen sich somit die Transparenz der Darstellung sowie die Vollständigkeit und Realitätstreue der im Analyseprozess angewandten Bewertungskriterien der Aufwands- und Kostenbewertung definieren.

Einsatzentscheidung

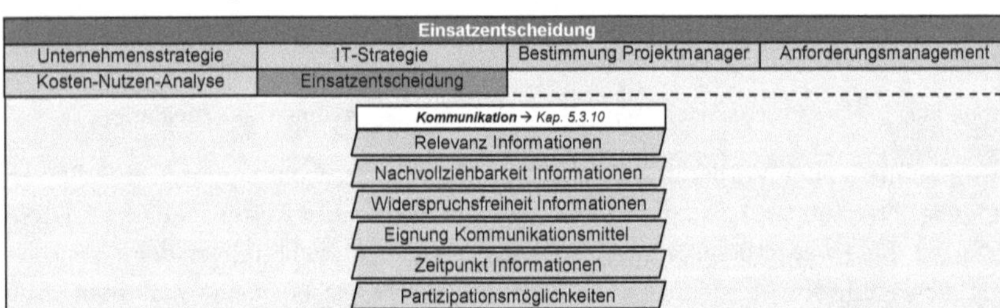

Abbildung 5-30: Akzeptanzfaktoren Einsatzentscheidung [Einsatzentscheidung]

Abschließende Aufgabe der Lebenszyklusphase der Einsatzentscheidung stellt der gleichnamige Prozessschritt zur Entscheidung hinsichtlich der Einführung eines neuen PPS-Systems dar. Die Einsatzentscheidung sollte unter Auswahl einer der im Rahmen des Anforderungsmanagement entwickelten Lösungskonzepte erfolgen und

[532] Für weitere Faktoren Vgl. Kletti (2015) Manufacturing Execution System, S. 257 ff.

das bestgeeignete und ferner zu verfolgende Plattformkonzept[533] des PPS-Systems festlegen.[534]

Wesentlicher Akzeptanzfaktor aus Perspektive späterer Endnutzer stellt die ***Kommunikation*** der Einsatzentscheidung sowie der hieraus für einzelne Arbeitspersonen resultierenden Konsequenzen dar (vgl. Abbildung 5-30). So sollte es sich bei der Einsatzentscheidung zur Sicherstellung einer hohen Nachvollziehbarkeit um eine konsequente Ableitung der bereits kommunizierten Ergebnisse der vorherigen Prozessschritte der Unternehmens- und IT-Strategie, des Anforderungsmanagements sowie der Kosten-Nutzen-Analyse handeln. Demgegenüber sollte bei der Darstellung der Konsequenzen der Einsatzentscheidung auf ein aktives und projektbegleitendes Erwartungsmanagement geachtet werden, da sowohl eine überhöhte als auch zu konservative Darstellung der Nutzenpotenziale sowie der Aufwände spätere Akzeptanzverluste verursachen. Eine überhöhte Nutzendarstellung führt somit zu Akzeptanzverlust bei Systemeinführung aufgrund einer eingeschränkten Leistungserfüllung, eine zu konservative Nutzendarstellung führt hingegen zu Akzeptanzverlust aufgrund einer als gering eingeschätzten individuellen Tätigkeitsrelevanz. Gleiches gilt für die Darstellung der Aufwände, wobei eine überhöhte Aufwandsdarstellung zu Zweifel am Nutzenverhältnis und eine zu konservative Aufwandsdarstellung zu Zweifel an der Systemqualität bei Projektverzögerungen führt. Als kritische Erfolgsfaktoren der Einsatzentscheidung lassen sich demnach neben der aktiven Kommunikation der Einsatzentscheidung als Inhalt des vertikalen Kommunikationssystems die größtmögliche Transparenz der zur Entscheidung geführten Bewertungskriterien sowie ein aktives Erwartungsmanagement unter Adressierung der aus der Entscheidung resultierenden Konsequenzen definieren.

5.4.2 Akzeptanzbasierte Gestaltung der Systemauswahl

Gegenstand der Lebenszyklusphase der Systemauswahl stellt, nach getroffener Einsatzentscheidung, die funktionsbasierte Spezifikation der Systemanforderungen mit Ziel der Modul- und Anbieterauswahl des einzuführenden PPS-Systems dar. Die Gruppe der Stakeholder im Rahmen der Systemauswahl kennzeichnet sich durch eine abnehmende Einbindung von Führungspersonal bei stärkerer Verantwortung auf Seiten späterer Systemnutzer. Wesentliche Stakeholder der Lebenszyklusphase der Systemauswahl umfassen somit den Projektmanager sowie das zu berufende Projektteam bei Ausweitung der Partizipation durch Systemnutzer. Das hierzu abgeleitete Prozessmodell erstreckt sich, wie in Abbildung 5-25 abgebildet, über die Prozessschritte

[533] Systemkonzeption im Sinne von ERP-, ME-, APS-, BI-Systemplattformen etc.

[534] Vgl. Esteves/Pastor (1999) An ERP Life-cycle-based Research Agenda, S. 4.

der (1) Budget- und Projektplanung, (2) Kompetenzanalyse, (3) Formierung Projektteam, (4) Qualifizierung Projektteam, (5) Anforderungsmanagement, (6) Angebotsprozess, (7) Evaluationsprozess und (8) Anbieter- und Modulauswahl.

Budget- & Projektplanung

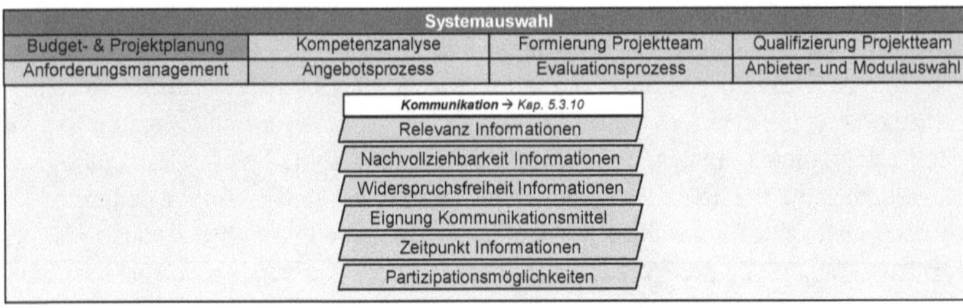

Abbildung 5-31: Akzeptanzfaktoren Budget- & Projektplanung [Systemauswahl]

Die Bedeutung der Budget- und Projektplanung wird angesichts der Häufigkeit an Praxisberichten zu aus Kosten- und Zeitperspektive gescheiterten IS-Einführungsprojekten verdeutlicht.[535] Überschreitungen der Budget- und Projektplanung wirken hierbei insofern folgenschwer, als dass sich IS-Einführungsprojekte in Abhängigkeit der Unternehmensgröße mitunter über einen Zeitraum von mehreren Jahren unter Kostenaufwänden im Millionen-Euro-Bereich erstrecken können. Erste Budgetabschätzungen sollten demnach unter konservativer Betrachtung erfolgen und weitreichende Budgetbedarfe, sofern bereits abzusehen, erfassen. Die Budgetplanung sollte neben direkten Softwarekosten bspw. auch externe Beratungs- und Qualifizierungsleistungen, Ausgaben in allgemeine IT-Infrastruktur sowie interne Projektaufwände von Arbeitspersonen umfassen. Oftmals unterschätzte interne Projektaufwände umfassen etwa die Bereinigung fehlerhafter oder die Aufnahme bis dato nicht geführter Stammdaten. Weiterer Planungsgegenstand stellt neben dem Budget die Erfassung, Spezifikation und Terminierung inhaltlicher Projektmeilensteine im Sinne zu erarbeitender Projektergebnisse (bspw. Erstellung Lastenhefte, Abschluss Tenderprozess etc.) dar. Trotz der erforderlichen initialen Freigabe vonseiten der Geschäftsführung handelt es sich bei der Budget- und Projektplanung um ein lebendes Projektelement, welches mit Projektfortschritt einer kurzzyklischen Aktualisierung bedarf.[536]

Der wesentliche Akzeptanzfaktor im Rahmen der Budget- und Projektplanung stellt die ***Kommunikation*** insb. der Projektplanung dar (vgl. Abbildung 5-31). Während die Budgetplanung aufgrund der frühen Projektphase einer hohen Variabilität unterliegt und somit in der direkten Wahrnehmung späterer Endnutzer eine untergeordnete

[535] Vgl. Schienmann (2002) Kontinuierliches Anforderungsmanagement, S. 14.

[536] Vgl. Markus/Tanis (2000) The enterprise system experience, S. 190; Abts/Mülder (2017) Wirtschaftsinformatik, S. 518.

Rolle spielt, dient die Projektplanung Endnutzern als Orientierungspunkt der weiteren Prozessschritte. Der zu erarbeitende Projektplan nimmt aufgrund der Erwartung und Vermittlung von Projektfortschritt sowie der Terminierung der individuellen Beteiligung von Arbeitspersonen wesentlichen Einfluss auf die individuelle Akzeptanzbildung. Kritische Erfolgsfaktoren zur Berücksichtigung sind, neben der aktiven Kommunikation des Projektplans, die Transparenz der dargestellten Projektmeilensteine sowie kontinuierliche und projektbegleitende Updates des Projektplans. Weiterhin sollte in Anlehnung an die in der vorherigen Lebenszyklusphase erfolgte Kosten-Nutzen-Analyse auf eine vollumfängliche Berücksichtigung unternehmensinterner Aufwände im Rahmen des Projektplans geachtet werden. Die Validierung der Vollständigkeit lässt sich anhand entsprechender Partizipationsmöglichkeiten für Arbeitspersonen sicherstellen. Indirekten Einfluss auf die Akzeptanzbildung späterer Systemnutzer nimmt die Extensivität der Budgetplanung zur Vorbeugung etwaiger Projektverzögerungen aufgrund erforderlicher Re-Evaluation und Freigabe benötigten Budgets.

Kompetenzanalyse und Formierung Projektteam

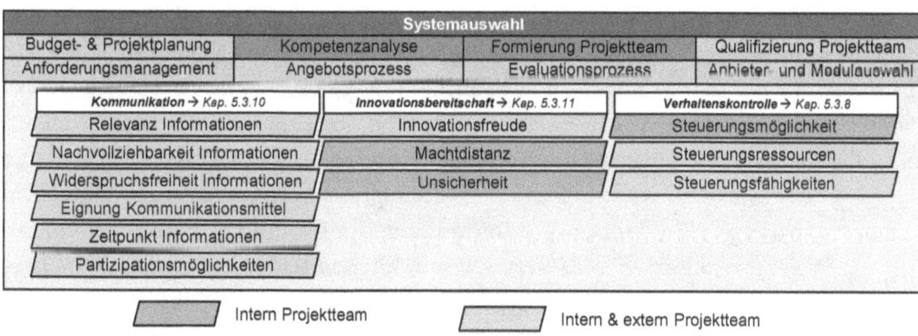

Abbildung 5-32: Akzeptanzfaktoren Kompetenzanalyse & Formierung Projektteam [Systemauswahl]

Basierend auf der vorherigen Planungsphase sollte im weiteren Prozess ein Abgleich der personell im Unternehmen verfügbaren und den gemäß Projektmeilensteinen benötigten Kompetenzen erfolgen. Das Ergebnis der Kompetenzanalyse dient der Transparenz über benötigte Beratungsdienstleistungen zur späteren Inkludierung in das Projektteam. In Abhängigkeit der identifizierten Schwachstellen müssen bspw. Berater zur Fokussierung einer der Systemeinführung vorgelagerten Prozessoptimierung oder zur Unterstützung des IS-Auswahlprozesses durch Branchenkenntnis im Bereich Business Software angefragt werden. Das anschließend an die Kompetenzanalyse zu formierende Projektteam sollte sich neben der Rolle des Projektmanagers klassischerweise aus IT-Personal, Prozessverantwortlichen und zukünftigen Endnutzern zusammensetzen. Als weiterer Bestandteil neben dem Projektteam empfiehlt sich die Einberufung eines Lenkungskreises, bestehend aus entscheidungsbefugten Führungspersonen, welcher die Sicherstellung eines effizienten Projektmanagements sowie Vermittlung einer hohen Projektbedeutung unterstützen kann. Die Auswahl der Arbeitspersonen des Projektteams sollte neben der organisationalen Zugehörigkeit auf persönlichen Auswahlkriterien wie Kompetenzniveaus, Strahlkraft sowie Innovationsbereitschaft beruhen. Mit wesentlichem Einfluss auf die Akzeptanzbildung insb. derjenigen Arbeitspersonen, welche über eine indirekte Rolle im Rahmen der Pre-Implementierungsphase verfügen, gilt es bei der Berufung des Projektteams auf eine personelle Vertretung aller späteren Funktionsbereiche zu achten. Vorteile einer bereichsübergreifenden Projektbesetzung ergeben sich aus der Sicherstellung direkter Informationsflüsse in sämtliche Unternehmensbereiche sowie der Förderung von Verantwortungs- und Gestaltungsbewusstsein in relevanten Funktionsbereichen. Sämtlichen Arbeitspersonen sollte demnach, repräsentiert durch Vertreter im Projektteam, die Sicherheit der Berücksichtigung ihrer Anforderung vermittelt werden, mit dem Ziel einer erhöhten Bereitschaft zur Nutzereinbindung in späteren Lebenszyklusphasen.[537]

Im Rahmen der Formierung des Projektteams gestalten sich insb. die Akzeptanzfaktoren der ***Kommunikation***, ***Innovationsbereitschaft*** und ***Verhaltenskontrolle*** als relevant (vgl. Abbildung 5-32). Bei der Auslegung der Akzeptanzfaktoren muss eine Unterscheidung zwischen der internen Wahrnehmung des Projektteams sowie außenstehender Stakeholder vorgenommen werden. So gestalten sich für außenstehende Stakeholder insb. die transparente Kommunikation zu Auswahlkriterien und der Besetzung des Projektteams sowie Partizipationsmöglichkeiten mit dem Projektteam als akzeptanzwirksam. Ein frühzeitiges Informieren der Organisation über die zukünftige(n) Projektorganisation und -verantwortlichkeiten bilden zudem die Voraussetzung zur Initiierung klarer Informationskanäle. Ferner sollte sich das Projektteam in Wahrnehmung durch außenstehende Stakeholder durch eine hohe Innovationsfreude, als Bestandteil der Innovationsbereitschaft, sowie eine hohe Steuerungsfähigkeit zur gesetzten Aufgabenbewältigung, als Bestandteil der Verhaltenskontrolle, auszeichnen. Die Identifikation und Projektintegration innovationsfreudiger Arbeitspersonen, sog. *Early Adopters*, spielt hierbei eine wesentliche Rolle in der aktiven Kommunikationsstruktur sowie als Bestandteil des Change Managements. Die Einbindung von Arbeitspersonen hoher Verhaltenskontrolle fördert hingegen die Kompetenzsteigerung des Projektteams. Relevante Akzeptanzfaktoren aus interner Wahrnehmung des Projektteams umfassen die Verhaltenskontrolle sowie die Innovationsbereitschaft. Voraussetzung einer hohen Verhaltenskontrolle zur Bewältigung der an das Projektteam gestellten Aufgaben setzen sich zusammen aus der Verfügbarkeit erforderlicher Ressourcen, in Repräsentation der Steuerungsressourcen, und Entschei-

[537] Vgl. Bradford (2014) Modern ERP, S. 174.

dungsbefugnisse, in Repräsentation der Steuerungsmöglichkeiten. Einfluss auf die Innovationsbereitschaft des Projektteams nimmt demgegenüber die wahrgenommene Machtdistanz, insb. im Verhältnis zum Lenkungskreis, sowie die wahrgenommene Unsicherheit des weiteren Projektvorgehens.

Qualifizierung Projektteam

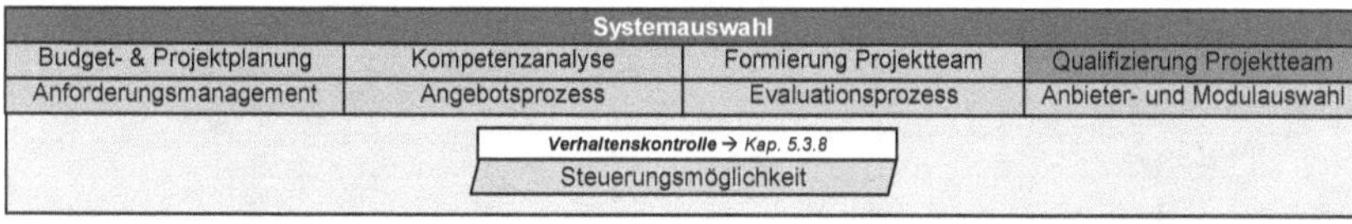

Abbildung 5-33: Akzeptanzfaktoren Qualifizierung Projektteam [Systemauswahl]

Im Anschluss an die Formierung erfolgt die Qualifizierung des Projektteams. In Abhängigkeit der Ergebnisse der Kompetenzanalyse sollten gezielte Qualifizierungsmaßnahmen insb. zu Grundlagen des Auftragsabwicklungsprozesses, zu Prozessen, Funktionen und Aufgaben der PPS sowie im Bereich betrieblicher Informationssysteme fokussiert werden. Ziel der Qualifizierungsmaßnahmen stellt neben der allgemeinen Kompetenzsteigerung die Angleichung variierender Kompetenzniveaus innerhalb des Projektteams sowohl zur Förderung eines einheitlichen Aufgaben- und Zielverständnisses als auch zur Vermeidung von Kommunikationsbarrieren dar. Die besondere Bedeutung verbindlicher Qualifizierungsmaßnahmen lässt sich etwa auf Herausforderungen im teaminternen Austausch zwischen Arbeitspersonen unterschiedlicher Arbeitsbereiche, etwa bei Kommunikation zwischen Produktion und IT, zurückführen. Weiterhin dienen insb. IS-bezogene Qualifizierungsmaßnahmen dem projektinternen Erwartungsmanagement angesichts einer besseren Beurteilung der technischen Leistungsfähigkeit von PPS-Systemen als Grundlage der anschließenden Detaillierung der Anforderungsanalyse sowie des Angebotsprozesses.[538]

Aus Perspektive der Akzeptanz gestaltet sich insb. die durch das Projektteam wahrgenommene ***Verhaltenskontrolle*** in Form der Steuerungsfähigkeit als relevant (vgl. Abbildung 5-33). Das Projektteam muss somit nach erfolgter Kompetenzanalyse sowie durchgeführten Qualifizierungsmaßnahmen der Auffassung sein, über die zur Aufgabenbewältigung relevanten Fähigkeiten zu verfügen. Zeigen sich im Rahmen der Akzeptanzbewertung Defizite der Verhaltenskontrolle, so werden Nachbesserungen im Rahmen der Prozessschritte der Qualifizierung oder der Bildung des Projektteams bzw. -organisation erforderlich.

[538] Vgl. Esteves (2014) Training best practices for ERP implementation projects, S. 669.

Anforderungsmanagement

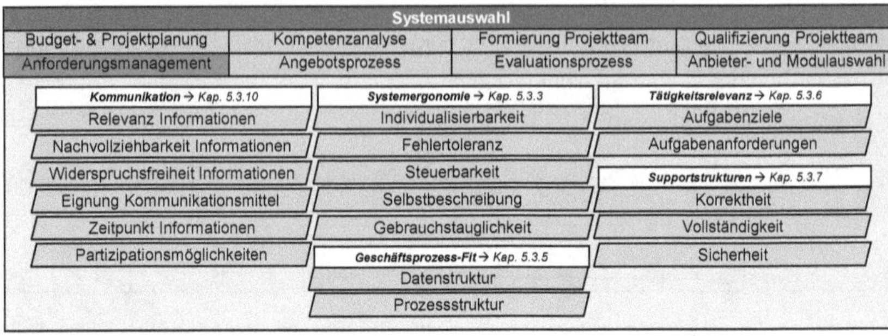

Abbildung 5-34: Akzeptanzfaktoren Anforderungsmanagement [Systemauswahl]

Basierend auf den initialen Ergebnissen des Anforderungsmanagements (vgl. Unterkapitel 5.4.1) folgt nun eine weitere Spezifikation dieser Anforderungen in Vorbereitung der Auswahl konkreter Systemanbieter und -module. Gegenstand des Anforderungsmanagements im Rahmen der Systemauswahl stellt die Ausweitung der Anforderungsermittlung sowie die Detaillierung der Anforderungsanalyse dar. Wurde die Anforderungsermittlung im Zuge der Einsatzentscheidung lediglich unter direktem Einbezug oberer Anwenderkreise durchgeführt, muss der Personenkreis an Anforderungsquellen nun auf konkrete Endnutzer, repräsentiert durch das Projektteam, ausgeweitet werden. Neben klassischen Techniken der Anforderungsermittlung, wie Interviews oder Prozessbeschreibungen, muss zum Ziel einer aus Nutzerperspektive vollumfänglichen Ermittlung der Anforderungen gesondertes Augenmerk auf die Erfassung alternativer Steuerungsmedien in Form von Schatten-IT oder Mailverkehr gelegt werden. Während Schatten-IT in Form von Excel-Tabellen aus Führungsperspektive ein meist ungewünschtes Steuerungsmittel darstellt, so verkörpern diese in inoffizieller Prozessschreibung die gelebte Alternative von Arbeitspersonen zu offiziellen IS. Die gesteigerte Detaillierung der Analyse ermittelter Anforderungen erfordert anschließend einer Unterscheidung in funktionale und nicht-funktionale Anforderungen.[539] Funktionale Anforderungen beschreiben den Leistungsumfang im Sinne von Funktionalitäten, wohingegen nicht-funktionale Anforderungen die Realisierung, Qualität, Systemeinführung und das Projektmanagement betreffen. Als weitere Schritte des Anforderungsmanagements sollte im Zuge der Systemauswahl zudem die Spezifikation und Validierung der Anforderungen durch das Projektteam initiiert werden. Die Spezifikation von Anforderungen umfasst die Verschriftlichung dieser in

[539] Vgl. Partsch (2010) Requirements-Engineering, S. 27 ff.

Form eines Anforderungsdokuments, welches als Objekt zur weiteren Pflege und Ergänzung im fortlaufenden Einführungsprozess dient. Ein geläufiges Format der Anforderungsdokumentation stellen Lastenhefte, etwa nach DIN 69905[540], dar, in welchen Unternehmen einer beschriebenen Aufbaulogik folgend fachliche Anforderungen zur Erfüllung durch das nicht weiter spezifizierte System erfassen. Das zu erarbeitende Lastenheft verkörpert somit eine Eingangsgröße des anschließenden Angebotsprozesses, auf dessen Grundlage ausgewählte Anbieter zur Erstellung eines Pflichtenheftes aufgefordert werden. Das Pflichtenheft beinhaltet die konkrete Umsetzung etwa in Form von Systemfunktionalitäten zur Erfüllung der spezifizierten Anforderungen. Der Abschluss des Anforderungsmanagements erfolgt anhand der Validierung der in Form des Lastenhefts spezifizierten Anforderungen. Aufgrund der vordergründigen Erarbeitung des Lastenhefts durch das Projektteam sollte die Validierung der Anforderungsspezifikation unter Einbindung bis dato unbeteiligter Endnutzer aus den von der späteren Systemnutzung betroffenen Unternehmensbereichen erfolgen.[541]

Fehler und Unvollständigkeiten im Zuge des Anforderungsmanagements sind eine der häufigsten Ursachen von Komplikationen der anschließenden Lebenszyklusphasen. Akzeptanzfaktoren von Bedeutung während des Anforderungsmanagements sind aus prozessualer Sicht die ***Kommunikation*** sowie aus ergebnisorientierter Sicht die ***Systemergonomie***, ***Tätigkeitsrelevanz***, ***Geschäftsprozess-Fit*** und ***Supportstrukturen*** der durch das Lastenheft spezifizierten Lösung (vgl. Abbildung 5-34). Aufgrund der im Vergleich zur Einsatzentscheidung fortgeschrittenen Spezifikation der Systemanforderungen gilt es diese durch Endnutzer hinsichtlich der Akzeptanzfaktoren der ***Tätigkeitsrelevanz***, ***Geschäftsprozess-Fit***, ***Systemergonomie*** sowie benötigter Supportstrukturen zu bewerten. Die spezifizierten Systemanforderungen müssen somit zur Erfüllung der Tätigkeitsrelevanz individuellen Aufgabenanforderungen entsprechen und der persönlichen Zielerreichung von Arbeitspersonen zuträglich sein, somit einen konkreten Mehrwert zum Status-Quo darstellen. Die Bewertung des Geschäftsprozess-Fits der spezifizierten Anforderungen sollten spätere Systemnutzer anhand des Abgleichs der im Lastenheft spezifizierten Prozess- und Datenstrukturen mit unternehmens-, prozess- und produktionsspezifischen Merkmalen vornehmen. Ebenfalls Gegenstand der Validierung der Anforderungsspezifikation sollte die Berücksichtigung bereits bekannter Nutzerbedürfnisse der Systemergonomie, etwa in Form von Individualisierbarkeit, Fehlertoleranz, Steuerbarkeit, Selbstbeschreibungsfähigkeit oder Gebrauchstauglichkeit, sein. Abschließend sollten sich im Lastenheft auch Bedarfe der Systemnutzer nach Unterstützung in Form von Supportstrukturen, wie für Systemnutzung, Fehlerbehebung oder Systemadaption, wiederfinden. Neben klassischen Ansätzen bspw. der interviewbasierten Anforderungsermittlung sollte als kritischer Erfolgsfaktor des Anforderungsmanagements eine detaillierte Analyse der Alt-

[540] Vgl. DIN EN ISO (1997) 69905, S. 1 ff.

[541] Vgl. Krcmar (2015) Informationsmanagement, S. 209 ff.

Systeme (engl. Legacy-Systeme) sowie der in diesem Zuge genutzten Schatten-IT erfolgen. Wechselseitige Analysen geben Aufschluss über explizite sowie implizite und daher durch Schatten-IT kompensierte Schwachstellen abzulösender Legacy-Systeme.

Angebots- und Evaluationsprozess

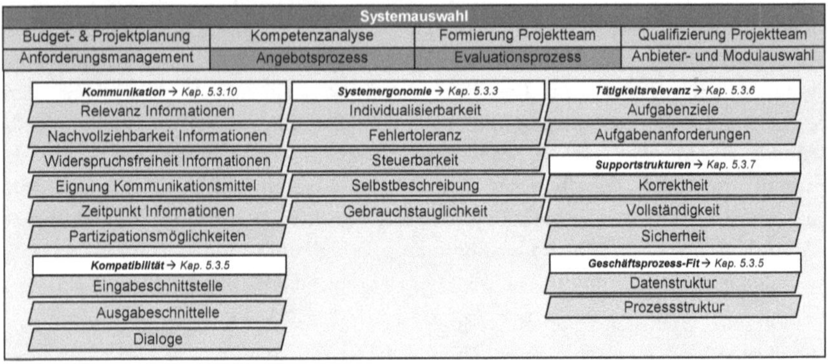

Abbildung 5-35: Akzeptanzfaktoren Angebots- & Evaluationsprozess [Systemauswahl]

In Vorbereitung des Angebotsprozesses muss zunächst eine Priorisierung der im Lastenheft spezifizierten Anforderungen, insb. durch Hervorhebung der obligatorischen Anforderungen, vorgenommen werden. Basierend hierauf wird mit der Identifikation potenzieller Anbieter von PPS-Systemen und Systemintegratoren zur Einbindung in den Angebotsprozess begonnen. Die Anbieterrecherche basiert auf einer unternehmensinternen sowie -externen Marktanalyse. Eine unternehmensinterne Marktanalyse erfolgt selbstständig durch das Projektteam auf Grundlage der Recherche und Analyse von Internetauftritten, Messebesuchen, Publikationen oder unter Austausch mit Unternehmen der eigenen Supply Chain. Unternehmensexterne Marktanalysen werden hingegen auch als Beratungsdienstleistungen erworben. Nach der Durchführung der Marktanalyse muss in Abhängigkeit der Kapazitäten des Projektteams eine potenzielle Eingrenzung der Anzahl der in den weiteren Angebotsprozess einzubindenden Anbieter erfolgen. Abschließend sollte die Anforderungsspezifikation vor Initiierung des offiziellen Angebotsprozesses noch um projektorganisatorische Informationen, bspw. einer zeitlichen Meilensteinplanung sowie erwarteter Bestandteile der Offerte, ergänzt werden.[542]

Akzeptanzfaktoren von Bedeutung während des Angebots- und Evaluationsprozesses umfassen aus prozessualer Sicht die ***Kommunikation*** sowie aus ergebnisorientierter Sicht die ***Systemergonomie***, ***Tätigkeitsrelevanz***, ***Geschäftsprozess-Fit***, ***Kompatibilität*** sowie ***Supportstrukturen*** der durch die Angebote beschriebenen und evaluierten PPS-

[542] Vgl. Abts/Mülder (2017) Wirtschaftsinformatik, S. 528.

Systeme (vgl. Abbildung 5-35). Gleich dem vorherigen Prozessschritt des Anforderungsmanagements wirkt die Kommunikation in Form der Informationsbereitstellung sowie von Partizipationsmöglichkeiten wesentlichen Einfluss auf die Akzeptanzbildung, insb. der nicht direkt in das Projektteam integrierten Stakeholder, aus. Dementsprechend müssen auch bei der Evaluation der erhaltenen Angebote aus Transparenz- und Akzeptanzperspektive die zur Validierung der Anforderungsspezifikation genutzten Akzeptanzfaktoren der Tätigkeitsrelevanz, Systemergonomie, Geschäftsprozess-Fit sowie Supportstrukturen angewandt werden. Zur Unterstützung des Evaluationsprozesses empfiehlt sich eine Demonstration der angebotenen PPS-Systeme. Mögliche Ansätze hierfür stellen die Durchführung von Demo-Events oder die Besichtigung kundenseitiger Referenzunternehmen dar. Im Rahmen von Demo-Events werden relevante Anbieter in das eigene Unternehmen zur Vorstellung vorab spezifizierter Use-Cases eingeladen, wobei aufgrund der zeitlichen und inhaltlichen Ausgestaltung des Demo-Events eine möglichst hohe Vergleichbarkeit der Anbieter erreicht wird. Die Besichtigung von Referenzunternehmen bietet hingegen die Möglichkeit zur Erfahrung des PPS-Systems in einer realen Produktionsumgebung, wobei die Übertragung auf das eigene Unternehmen von der Ähnlichkeit der gewählten Referenz abhängig ist. Aufgrund der anzustrebenden Live-Erfahrung des PPS-Systems muss die ***Kompatibilität*** als weiterer Akzeptanzfaktor in den Evaluationsprozess eingebunden werden. Hierbei gilt es die nutzungsorientierte Kompatibilität des neuen PPS-Systems im Verhältnis sowohl zum ablösenden PPS-System, sonstigen in der Nutzung befindliche IS sowie der eingesetzten Schatten-IT zu bewerten. In diesem Zuge müssen auch Aufwände systemseitiger (engl. Customization) sowie prozessualer Anpassungsbedarfe (engl. Process Re-Engineering) im Evaluationsprozess berücksichtigt werden. Customization bewirkt somit zwar eine Reduzierung der Anpassungsbedarfe für Arbeitspersonen, jedoch unter Inkaufnahme steigender Anschaffungs- und Wartungskosten und potenzieller Systemanfälligkeiten.

Anbieter- und Modulauswahl

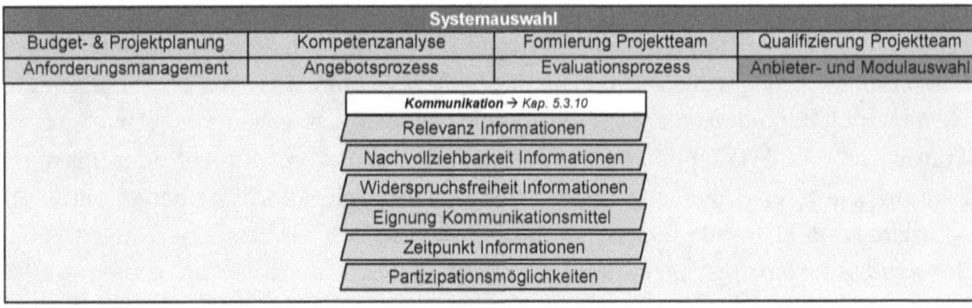

Abbildung 5-36: Akzeptanzfaktoren Anbieter- & Modulauswahl [Systemauswahl]

Im abschließenden Prozessschritt der Lebenszyklusphase findet die Auswahl der in den weiteren Prozess einzubindenden Systemanbieter sowie potenzieller Systemintegratoren statt. Neben der reinen Auswahl muss durch das Projektteam ebenfalls eine Konkretisierung der zu beanspruchenden Leistungsumfänge aus dem Angebot vorgenommen werden. Dies umfasst bspw. die Auswahl der einzuführenden Module sowie optionaler Leistungen bzw. Funktionalitäten des PPS-Systems, benötigte Dienstleistungen im Zuge der Implementierungsphase sowie Support- und Wartungsleistungen in der späteren Nutzungsphase. Ebenfalls Klärungsbedarf im Zuge der PPS-Systemauswahl besteht bzgl. der Form der Leistungsbereitstellung. Eine Festlegung ist somit erforderlich, welche Leistungen basierend auf Service- oder Lizenzmodellen (vgl. 5.2.2) erbracht werden sollen, woraus sowohl finanzielle Konsequenzen als auch spätere Verantwortlichkeiten der Systempflege resultieren. Die Anbieter- und Modulauswahl muss in geteilter Verantwortung zwischen Lenkungskreis und Repräsentanten der Endnutzergruppen, bestmöglich im Projektteam vereinigt, erfolgen. Projekte der PPS-Systemeinführung kennzeichnen sich durch eine hohe Zeit- und Investitionsintensität, demnach die Aufmerksamkeit der Führungsebene im Auswahlprozess aufgrund der Investitionsverantwortung meist unumgänglich ist. Zur Stärkung des Verantwortungsbewusstseins sollte Endnutzergruppen ebenfalls ein erheblicher Anteil an der Entscheidungsbefugnis im Auswahlprozess zugewiesen werden. Hierdurch wird sichergestellt, dass aus Nutzerperspektive die bestgeeignete Konstellation des PPS-Systems für die weitere Implementierung ausgewählt wurde. Der Erfolg der Implementierungsphase sowie die akzeptanzbasierte, da nutzenstiftende, Nutzung des PPS-Systems durch Endnutzer, wird somit durch das Projektteam verantwortet.[543]

Relevanter Akzeptanzfaktor im Zuge der Anbieter- und Modulauswahl stellt die ***Kommunikation*** dar (vgl. Abbildung 5-36). So muss unter Betrachtung der Kommunikation sichergestellt werden, dass sich spätere Endnutzer der PPS-Systeme auch über das

[543] Vgl. Krcmar (2015) Informationsmanagement, S. 211 ff.

Projektteam hinaus über Auswahlprozesse ausreichend informiert und in diesen eingebunden fühlen. Voraussetzung der Nachvollziehbarkeit stellen die Transparenz über die eingesetzten Auswahlkriterien sowie -prozesse dar. Auch sollte nach erfolgter Einigung im Rahmen der Evaluationsphase die letztendliche Auswahl des PPS-Systems keine Widersprüche zu vorherigen Ergebnissen aufweisen. Aufgrund der mit der Auswahl abgeschlossenen Lebenszyklusphase muss erneut Fokus auf ein aktives Erwartungsmanagement angesichts prognostizierter Leistungen und Aufwände gelegt werden, insb. in Korrektur oder Bestätigung der Ergebnisse der initialen Einsatzentscheidung.

5.4.3 Akzeptanzbasierte Gestaltung der Implementierungsphase

Gegenstand der Lebenszyklusphase der Implementierung stellt nach getroffener Systemauswahl die Vorbereitung, Begleitung und Umsetzung der Systemeinführung mit abschließender Inbetriebnahme des PPS-Systems dar. Die Gruppe der Stakeholder im Rahmen der Implementierungsphase kennzeichnet sich durch maximale Verantwortung auf Seiten der späteren Systemnutzer. Wesentliche Stakeholder der Implementierungsphase stellen somit der Projektmanager sowie das zu berufende Projektteam bei kontinuierlicher Partizipation durch Systemnutzer dar. Das hierzu abgeleitete Prozessmodell erstreckt sich, wie in Abbildung 5-25 dargestellt, über die Prozessschritte der (1) Entwicklung Steuerungssystem, (2) Entwicklung Rollenprofile, (3) Anforderungsmanagement, (4) Prozess- und Systemadaption, (5) System- und Shopfloorintegration, (6) Datenmigration, (7) Gestaltung Supportstrukturen, (8) Schulungen, (9) Test und Systemabnahme sowie (10) Roll-Out.

Entwicklung Steuerungssystem

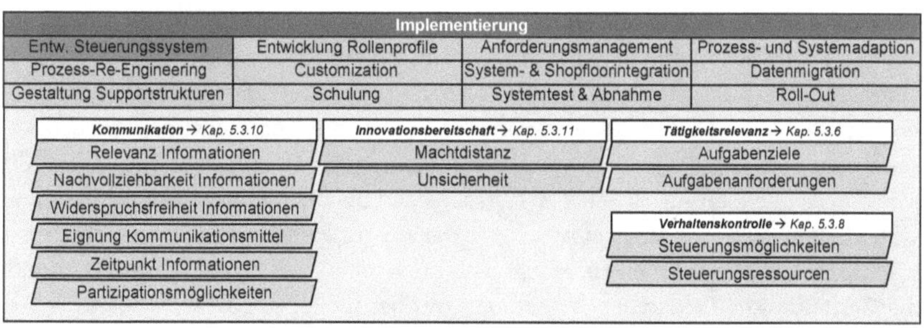

Abbildung 5-37: Akzeptanzfaktoren Entwicklung Steuerungssystem [Implementierung]

Der erfolgreiche Einsatz von PPS-Systemen erfordert die Implementierung eines stringenten und bereichsübergreifenden Steuerungssystems. Die Bestandteile des Steuerungssystems leiten sich aus den Gestaltungsmerkmalen des Akzeptanzkontexts (vgl. 5.2.3) ab und werden anhand der Leitfrage „Was soll wie womit gesteuert werden?“ konkretisiert (siehe Abbildung 5-38).

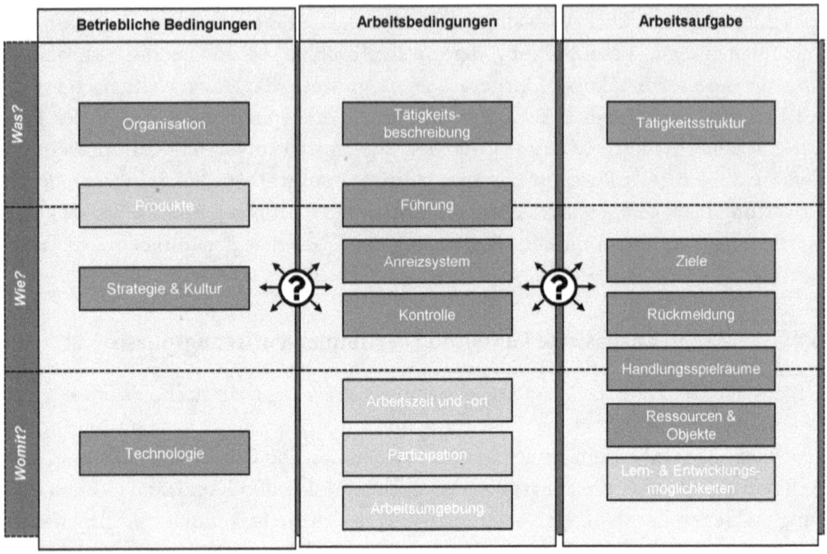

Abbildung 5-38: Modellierungsaspekte des Steuerungssystems

Der Steuerungsgegenstand („Was") spezifiziert sich so etwa auf betrieblicher Ebene aus der Aufbau- und Ablauforganisation, anhand welcher sich Abhängigkeiten zwischen sowie Aufgaben von an der PPS beteiligten Arbeitspersonen ableiten. Weitere Konkretisierung des Steuerungsgegenstands findet anhand der Tätigkeitsbeschreibung auf Ebene der Arbeitsbedingungen einzelner Unternehmensbereiche sowie hieraus resultierenden Tätigkeitsstrukturen je spezifischer Arbeitsaufgabe statt. Die Steuerungsmodalität („Wie") spezifiziert sich auf betrieblicher Ebene aus der Unternehmensstrategie sowie hieraus abgeleiteten Unternehmens- und Bereichszielen. Die Umsetzung des somit vorgegebenen Zielsystems wird in bereichsspezifischen Arbeitsbedingungen anhand der Gestaltungsmerkmale der Führung, Kontrolle und des Anreizsystems sichergestellt. Auf Ebene der einzelnen Arbeitsaufgaben äußert sich die Steuerungsmodalität für einzelne Arbeitspersonen über das aufgabenspezifische Zielsystem, die Strukturen an Feedback sowie die zur Aufgabenbewältigung verfügbaren Handlungsspielräume. Die Steuerungsmittel („Womit") werden abschließend durch die Gestaltungsmerkmale der Technologie auf betrieblicher Ebene sowie der je Arbeitsaufgabe zur Verfügung stehenden Objekte und Ressourcen einhergehend mit den der Arbeitsperson zugedachten Handlungsspielräumen definiert. Die Stringenz des Steuerungssystems wird als gewährleistet betrachtet, sofern die in Abbildung 5-38 aufgezeigten Abhängigkeiten der einzelnen Gestaltungsmerkmale keine Konflikte zueinander aufweisen.

Akzeptanzfaktoren von Bedeutung während der Entwicklung des Steuerungssystems sind die ***Kommunikation***, ***Innovationsbereitschaft***, ***Tätigkeitsrelevanz*** und ***Verhaltenskontrolle*** (vgl. Abbildung 5-37). Die Bedeutung einer transparenten Kommunikation ist der hohen Komplexität des Steuerungssystems aufgrund der Wechselwirkungen einzelner Elemente sowie der individuellen Auswirkungen, etwa auf vergütungswirksame Anreizsysteme, geschuldet. So müssen Anpassungen des Steuerungssystems unter Partizipation entsprechender Arbeitspersonen erarbeitet, unter Darstellung der Hintergründe als auch individueller Konsequenzen aktiv kommuniziert und mittels eines partizipativen Ansatzes validiert werden. Relevante Akzeptanzfaktoren zur Bewertung des Steuerungssystems stellen Elemente der Innovationsbereitschaft, Tätigkeitsrelevanz und Verhaltenskontrolle dar. So unterstützt das Steuerungssystem den mit der Einführung des PPS-Systems verbundenen Wandel durch aktive Förderungen der Innovationsbereitschaft. Ermöglicht wird dies durch den Abbau von Innovationshürden in Form der Machtdistanz und dem organisational geprägten Umgang mit Unsicherheit. Weitere Voraussetzung der Akzeptanzbildung gegenüber dem Steuerungssystem stellt die Sicherstellung einer hohen Tätigkeitsrelevanz, in Form der Gestaltung von Aufgabenanforderungen und Aufgabenzielen, sowie einer hohen Verhaltenskontrolle, in Form der Bereitstellung benötigter Steuerungsmöglichkeiten und -ressourcen, dar.

Entwicklung Rollenprofile

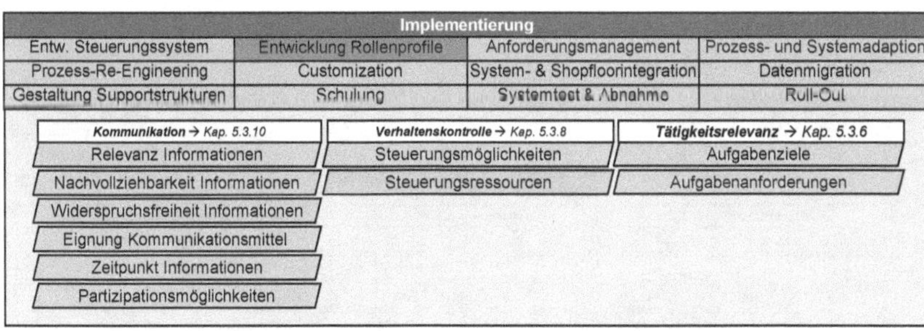

Abbildung 5-39: Akzeptanzfaktoren Entwicklung Rollenprofile [Implementierung]

Basierend auf dem organisationalen Steuerungssystem erfolgt durch die Ableitung von Rollenprofilen die technische Spezifikation zukünftiger Klassen an Systemnutzer. Rollenprofile umfassen aus technischer Perspektive aufgabenbezogene Funktionsbündel sowie Anforderungen an die Lizenz- und Rechteverwaltungen. Bereits als begleitender Bestandteil während der Entwicklung des Steuerungssystems ist daher zunächst eine Analyse der Aufbau- und Ablauforganisation zur Identifikation tätigkeitsorientierter Nutzergruppen (vgl. Unterkapitel 5.2.3.1) erforderlich. Die Spezifikation der Funktionsbündel erfolgt anschließend durch Gliederung der Tätigkeitstruktur der Arbeitsaufgabe in prozessuale Bestandteile sowie begleitende Systemfunktionalitäten.

Die Funktionen der Funktionsbündel werden in Teil- und Elementarfunktionen unterteilt. Abschließend leiten sich auf Grundlage der spezifizierten Funktionsbündel die Anforderungen der Lizenz- sowie Rechteverwaltung je Nutzergruppe ab. Zu spezifizieren gilt sowohl der Umfang der benötigten Lizenzen als auch die Zuteilung der funktions- und datenspezifischen Lese- und Schreibrechte, bspw. zur Festlegung der Hoheit und somit auch Korrektur- und Pflegeverantwortlichkeit von Stammdaten. Rollenprofile stellen die Konkretisierung des Lastenhefts unter Bezugnahme auf konkrete Organisations- und Funktionseinheiten dar.[544]

Akzeptanzfaktoren von Bedeutung während der Entwicklung der Rollenprofile stellen die ***Kommunikation***, ***Tätigkeitsrelevanz*** sowie ***Verhaltenskontrolle*** dar (vgl. Abbildung 5-39). Ziel der Kommunikation ist, mittels des bereitgestellten Informations- und Partizipationsangebots eine Identifikation der am Steuerungssystem beteiligten Arbeitspersonen mit den entwickelten Rollenprofilen zu erlangen. In weiterer Detaillierung des Steuerungssystems muss zudem eine hohe Tätigkeitsrelevanz sowie Verhaltenskontrolle durch die Rollenprofile zum Ausdruck gebracht werden. Eine hohe Tätigkeitsrelevanz ist sichergestellt, wenn die dem Rollenprofil zugewiesenen Funktionsbündel der Zielerfüllung des Rollenträgers zuträglich sind und den Aufgabenanforderungen des Rollenträgers entsprechen. Eine hohe Verhaltenskontrolle ist gewährleistet, wenn dem Systemnutzer durch Zugriffsrechte auf das PPS-System ausreichend Steuerungsmöglichkeiten sowie durch Lizenzvergabe ausreichend Zugriff auf Steuerungsressourcen ermöglicht werden.

Anforderungsmanagement

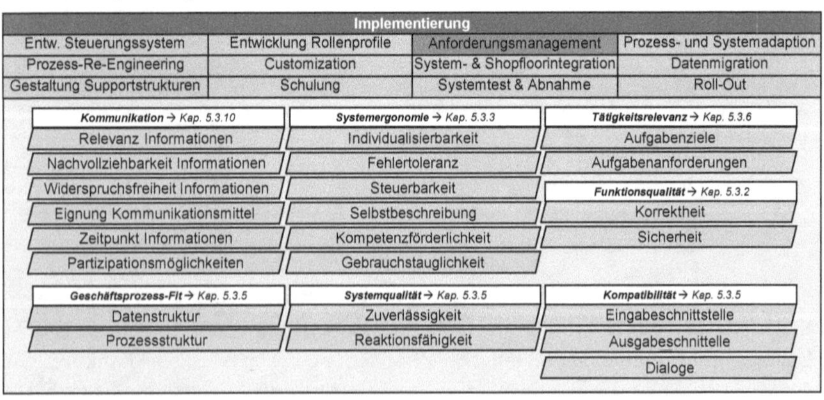

Abbildung 5-40: Akzeptanzfaktoren Anforderungsmanagement [Implementierung]

Die Umsetzung der im vorherigen Prozessschritt identifizierten und spezifizierten Rollenprofile erfolgt im nächsten Schritt des Anforderungsmanagements anhand der

[544] Vgl. Krcmar (2015) Informationsmanagement, S. 66 ff.

Erstellung des Pflichtenhefts. Während mittels des Steuerungssystems sowie der Rollenprofile Transparenz über generische Funktionsbedarfe und organisationale Zweckmäßigkeiten dieser geschaffen wurde, so wird anhand des Pflichtenhefts die technische Umsetzung der Funktionalitäten innerhalb des PPS-Systems konkretisiert. Pflichtenhefte stellen nach gemeinschaftlicher Erstellung durch die Systemanbieter einen verbindlichen Vertragsbestandteil dar, welcher lediglich in beiderseitiger Abstimmung zwischen Unternehmen und Anbieter geändert werden können. Durch das Pflichtenheft wird ferner der Zielzustand des zu implementierenden PPS-Systems definiert und somit die Referenzgrundlage des abschließenden Systemtests und der -abnahme gebildet. Der Prozessschritt des Anforderungsmanagements im Zuge der Implementierungsphase stellt die letzte Gelegenheit für vergleichsweise aufwandsarme Änderungen an der Ausgestaltung des im Nachfolgenden umzusetzenden PPS-Systems dar. Zu empfehlen ist daher eine sorgfältige Rekapitulation der bisherigen Schritte des Anforderungsmanagements (vgl. Unterkapitel 5.4.2) zwischen Projektteam, Anbieter des PPS-Systems sowie potenziell weiteren Repräsentanten der Nutzergruppen.[545]

Akzeptanzfaktoren von Bedeutung während des Anforderungsmanagements umfassen aus prozessualer Sicht die ***Kommunikation*** sowie aus ergebnisorientierter Sicht die ***Systemergonomie***, ***Tätigkeitsrelevanz***, ***Geschäftsprozess-Fit***, ***Kompatibilität***, ***System-*** sowie ***Informations- und Funktionsqualität*** des durch das Pflichtenheft beschriebenen PPS-Systems (vgl. Abbildung 5-40). Die Bedeutung der Kommunikation in Form der aktiven Informationsübermittlung und Anregung von Partizipation wird in ihrer Rolle als begleitende Maßnahme des Change-Prozesses deutlich. Die restlichen Akzeptanzfaktoren verkörpern hingegen Leistungsmerkmale zur Verifizierung des PPS-Systems, stellvertretend beschrieben anhand des Lasten- und Pflichtenhefts. Spätere Systemnutzer müssen entsprechend ihren persönlichen Anforderungen etwa an die Funktionalität des PPS-Systems (repräsentiert durch die Systemergonomie, Tätigkeitsrelevanz, Geschäftsprozess-Fit und Kompatibilität) sowie an die Leistungsfähigkeit des PPS-Systems (repräsentiert durch die System- sowie Informations- und Funktionsqualität) im Rahmen des Anforderungsmanagements adressiert wissen. Die verbindliche Validierung der Ergebnisse des Anforderungsmanagements durch spätere Endnutzer gestaltet sich weiter insofern von Relevanz, als dass die meist auch quantitativ ausgedrückten Leistungskriterien, etwa als prozentuale Verfügbarkeit oder Reaktionsgeschwindigkeit in Sekunden, Referenzgrößen der Systemabnahme darstellen. So werden hiermit diejenigen Ziele festgelegt, bei deren Erreichung durch das PPS-System der Anbieter von seiner Leistungspflicht entbunden wird und keine weiteren Systemanpassungen vorgesehen sind.

[545] Vgl. Krcmar (2015) Informationsmanagement, S. 209 ff.

Prozess- und Systemadaption

Die eigentliche Implementierung des gemäß Anforderungsmanagement spezifizierten PPS-Systems erfordert zumeist einer angleichenden Adaption der Unternehmensprozesse (engl. business process re-engineering) und/oder Systemeigenschaften (engl. customization). Die Entscheidung ob einer Angleichung der Unternehmens- an die Systemprozesse oder vice versa bedarf aufgrund der weitreichenden Konsequenzen der Entscheidung auf die Prozesseffizienz, -stabilität und -akzeptanz der eingehenden Analyse des individuellen Falls.

Prozess-Re-Engineering

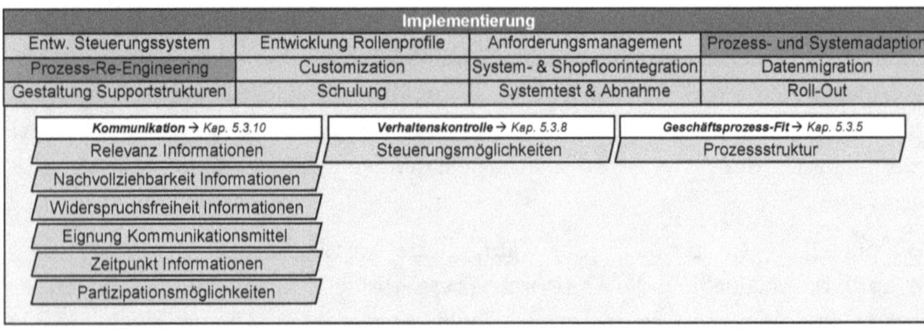

Abbildung 5-41: Akzeptanzfaktoren Prozess-Re-Engineering [Implementierung]

Von Maßnahmen des Prozess-Re-Engineerings sind sowohl der bereichsübergreifende Auftragsabwicklungsprozess als auch individuelle Tätigkeitstrukturen PPS-bezogener Arbeitspersonen betroffen. Ziele der Anpassung von Unternehmensprozessen stellen die Beseitigung der im Anforderungsmanagement identifizierten Schwachstellen sowie die aktive Anpassung der Prozessstrukturen an Best-Practice Standards des einzuführenden PPS-Systems dar. Erwartete Vorteile liegen, in Abhängigkeit der Maßnahmen, etwa in der Steigerung der Prozesseffizienz oder der erhöhten technischen Prozessstabilität aufgrund reduzierter systemseitiger Anpassungsbedarfe. Gefahren und Nachteile weitreichender Prozessänderungen resultieren hingegen aus Aufwänden der Umstellung mit Bezug auf die Tätigkeitsstruktur von Arbeitspersonen. So führt die radikale Umstellung gewohnter Arbeitsabläufe zu einem erhöhten Gefahrenpotenzial in Form operativer Fehleranfälligkeit und Akzeptanzverlust bei fehlender Change-Begleitung.[546]

Akzeptanzfaktoren von Bedeutung während des Prozess-Re-Engineerings stellen aus prozessualer Sicht die ***Kommunikation*** sowie aus ergebnisorientierter Sicht die ***Verhaltenskontrolle*** und der ***Geschäftsprozess-Fit*** dar (vgl. Abbildung 5-41). Die Signifikanz einer transparenten und beteiligenden Kommunikation im Rahmen des Prozess-

[546] Vgl. Leimeister (2015) Einführung in die Wirtschaftsinformatik, S. 241.

Re-Engineerings resultiert, gleich der Entwicklung des Steuerungssystems, aus den unmittelbaren Folgen der durchgeführten Maßnahmen auf die Arbeitsaufgabe sowie Arbeitsbedingungen von Arbeitspersonen. Zur Förderung der Akzeptanz geplanter Änderungsmaßnahmen sollte daher auf eine frühe Einbindung von Arbeitspersonen in die Gestaltung des Prozess-Re-Engineerings sowie die transparente Darstellung der Erforderlichkeit von Maßnahmen für den späteren Einsatz des PPS-Systems geachtet werden. Als weiterer Schwerpunkt der Kommunikation muss Arbeitspersonen der bereits beschriebene Zielkonflikt der gegenseitigen Angleichung von Unternehmens- und Systemprozessen, unter Darlegung der jeweiligen Vor- und Nachteile, für eine erhöhte Nachvollziehbarkeit von Entscheidungen veranschaulicht werden. Der Akzeptanzfaktor der Verhaltenskontrolle äußert sich nach erfolgtem Prozess-Re-Engineering durch die Wahrnehmung verfügbarer Steuerungsmöglichkeiten für Endnutzer. Ziel des Prozess-Re-Engineerings muss demnach sein, Arbeitspersonen ausreichend Eingriff auch in operative Prozessabläufe zu ermöglichen, um unter Verwertung der geplanten Funktionalitäten des PPS-Systems eine bestmögliche Aufgabenbewältigung zu ermöglichen. Abschließend muss aus Akzeptanzperspektive sichergestellt werden, dass mittels Maßnahmen des Prozess-Re-Engineerings, insb. zum Ziel der Angleichung von Unternehmens- an Systemprozesse, der Geschäftsprozess-Fit unter Betrachtung der Prozessstruktur ausreichend gewahrt wird.

Customization

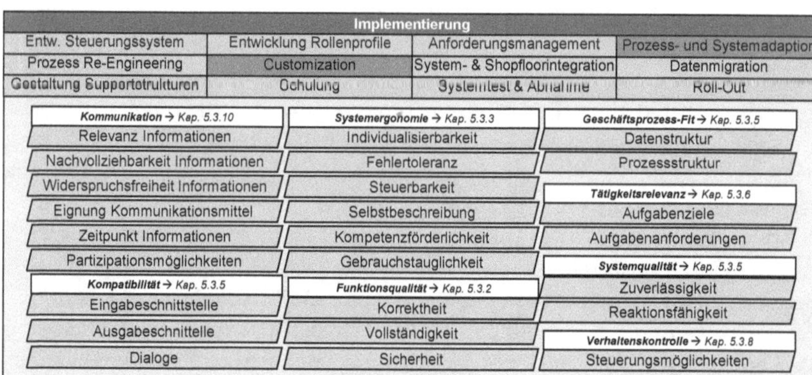

Abbildung 5-42: Akzeptanzfaktoren Customization [Implementierung]

Die Adaption von Systemeigenschaften an die im Pflichtenheft spezifizierten Anforderungen wird als Customization beschrieben. Mit zunehmendem Adaptionsumfang, ausgehend von den Eigenschaften der Standardsoftware, kann zwischen Parametrisierung, Konfiguration und Ergänzungsprogrammierungen unterschieden werden.[547] Im

[547] Vgl. Leimeister (2015) Einführung in die Wirtschaftsinformatik, S. 240.

Rahmen der Parametrisierung werden bereits in Anwendungssoftware inkludierte Schnittstellen, Dialoge und Funktionalitäten durch das Setzen von Parametern initiiert und entsprechend der gewünschten Anforderungen sowie zur Verfügung stehenden Variabilität eingestellt. Demgegenüber wird im Zuge der Konfiguration das PPS-System um standardisierte Zusatzmodule ergänzt, welche gleich dem PPS-System einer Parametrisierung unterzogen werden müssen. Ergänzungsprogrammierungen stellen individuell programmierte Ergänzungen am bestehenden PPS-System dar und spiegeln den höchsten Individualisierungsgrad wider. Während mit steigender Individualisierung des PPS-Systems die vermeintlich präziseste Erfüllung der Nutzeranforderung erreicht wird, so können Ergänzungsprogrammierungen neben einem preislichen Premium auch zu Komplikationen sowie Mehraufwänden in der Systempflege, insb. bei späterer Wartung, Aktualisierung und Weiterentwicklung des PPS-Systems führen.

Akzeptanzfaktoren von Bedeutung während der Customization stellen aus prozessualer Sicht die ***Kommunikation*** sowie aus ergebnisorientierter Sicht die ***Kompatibilität, Verhaltenskontrolle, Systemergonomie, Geschäftsprozess-Fit, Tätigkeitsrelevanz, System-*** als auch ***Informations-*** und ***Funktionsqualität*** dar (vgl. Abbildung 5-42). Ein wesentlicher Bestandteil der Phase der Customization umfasst das ausführliche Testen des PPS-Systems zur Validierung und ggf. Adaption von Funktionalitäten gegenüber den spezifizierten Anforderungen. Relevant für die Akzeptanzbildung späterer Systemnutzer ist, dass der Umfang und die Bedeutung der vorgenommenen Anpassungen zur Erfüllung der spezifizierten Anforderungen transparent sind sowie sich Systemnutzer ausreichend in die Validierung dieser eingebunden fühlen. Ziel der Partizipation stellt neben der Validierung ebenfalls die Schaffung eines Verantwortungsbewusstseins gegenüber Ergebnissen dar. Die ergebnisorientierten Akzeptanzfaktoren richten sich an die Bewertung der Funktionalitäten des PPS-Systems während und nach erfolgter Phase der Customization durch spätere Systemnutzer. Aus interaktiver Perspektive müssen so etwa Anforderungen der Kompatibilität unter Betrachtung insb. der Ein-, Ausgabeschnittstellen und Dialoge sowie der Systemergonomie sämtlicher nutzungsrelevanten Systemfunktionalitäten erfüllt werden. Aus funktionaler Perspektive muss der spätere Einsatz des PPS-Systems hinsichtlich des Einflusses auf die Verhaltenskontrolle, im Sinne der Schaffung von Steuerungsmöglichkeiten, die Tätigkeitsrelevanz, im Sinne der Erfüllung von Aufgabenanforderungen und Unterstützung der Zielerreichung, sowie den Geschäftsprozess-Fit, im Sinne der Erfüllung unternehmensspezifischer Anforderungen der Daten- und Prozessstruktur, bewertet werden. Abschließend müssen aus leistungsbezogener Perspektive die Erfüllung von Anforderungen an die Systemqualität – ausgedrückt durch die Reaktionsfähigkeit und Zuverlässigkeit der Systemfunktionalitäten – sowie die Informations- und Funktionsqualität – ausgedrückt durch die Korrektheit, Vollständigkeit und Sicherheit von Funktionalitäten – erfüllt sein.

System- und Shopfloorintegration

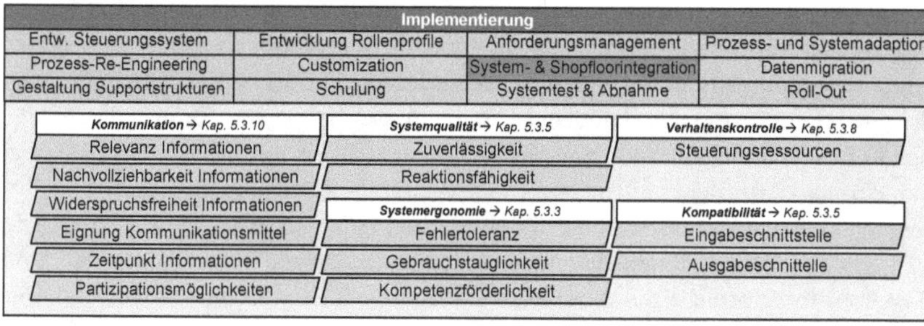

Abbildung 5-43: Akzeptanzfaktoren System- und Shopfloorintegration [Implementierung]

Im Anschluss an die erfolgte Prozess- und Systemadaption wird der eigentliche Implementierungsprozess mittels der System- und Shopfloorintegration initiiert. So muss einerseits die Anbindung des PPS-Systems an die für den erweiterten Auftragsabwicklungsprozess relevanten IS der verbleibenden IT-Infrastruktur sowie potenziell an das abzulösende Legacy-System, zur Parallelisierung der Roll-Out-Phase, erfolgen. Schnittstellen von Relevanz bestehen in Abhängigkeit der vorliegenden IT-Infrastruktur etwa zwischen ERP-, ME-, APS-, PLM-, CAQ-Systemen etc. (vgl. Unterkapitel 2.3). In Ergänzung der workfloworientierten Systemintegration bedarf das PPS-System auch der operativen Shopfloorintegration unter Anbindung der technischen Peripherie (vgl. Unterkapitel 5.2.2). Relevante Schnittstellen unter Betrachtung der Nutzerinteraktion sind hierbei etwa mobile sowie stationäre Nutzerterminals, Applikationen der Auftragserfassung (bspw. RFID-, Barcode-Scanner etc.) oder der sonstigen Auftragsverwaltung (Etikettendrucker, Waagen etc.). Ebenfalls erfolgt im Zuge der Shopfloorintegration die zwecks MDE erforderliche Anbindung des PPS-Systems an Produktionstechnik, bspw. zur automatisierten Erfassung von Prozess- und Maschinendaten.[548]

Akzeptanzfaktoren von Bedeutung im Rahmen der System- und Shopfloorintegration stellen aus prozessualer Sicht die ***Kommunikation*** sowie aus ergebnisorientierter Sicht die ***Kompatibilität, Verhaltenskontrolle, Systemergonomie, System-*** sowie ***Informations-*** und ***Funktionsqualität*** dar (vgl. Abbildung 5-43). Der Kommunikation kommt, gleich den vorherigen Prozessschritten, akzeptanzbildender Einfluss durch die Erfüllung informatorischer sowie partizipatorischer Aufgaben zu. Wurden im Zuge der Customization primär Elemente der systeminternen Funktionalität und Nutzerführung bewertet, richten sich diese im Rahmen der System- und Shopfloorintegration auf die physische und schnittstellenorientierte Interaktion. Zur Adressierung der Ver-

[548] Vgl. Kletti (2015) Manufacturing Execution System, S. 228 ff.

haltenskontrolle muss dem Systemnutzer somit unter Berücksichtigung der Arbeitsaufgaben und -bedingungen ausreichender Zugriff auf PPS-Systeme, etwa in Form nahegelegener Terminals oder digitaler Applikationen, gesichert werden. Die Systemergonomie äußert sich indes anhand der Fehlertoleranz – insb. unter Betrachtung von Schnittstellenprozessen verbundener IS und physischer Eingabeschnittstellen – sowie der Kompetenzförderlichkeit und Gebrauchstauglichkeit technischer Applikationen der Ein- und Ausgabeschnittstellen. Die Kompatibilität bezieht sich, ähnlich der Systemergonomie, auf die Gestaltung der physischen Ein- und Ausgabeschnittstellen des PPS-Systems. Schnittstellen ausgeprägter Kompatibilität zeichnen sich sowohl durch eine hohe Integration in die bestehende IT-Landschaft als auch durch eine hohe Ähnlichkeit der Nutzerinteraktion im Vergleich zu sonstigen im Einsatz befindlichen Schnittstellen aus. Die Kompatibilität der PPS-Systeme wirkt sich insofern auf die Akzeptanzbildung aus, als dass hierdurch die Aufwandserwartung der Systemnutzer etwa angesichts des Erlernens neuer Prozesse reduziert wird. Abschließender Akzeptanzfaktor stellt die wahrgenommene Systemqualität nach erfolgter System- und Shopfloorintegration dar. Die Bewertung der Systemqualität resultiert aus der wahrgenommenen Reaktionsfähigkeit und Zuverlässigkeit der Systemnutzung nach erfolgter Implementierung des PPS-Systems in bspw. die Serverstruktur des Unternehmens bzw. nach Auswahl und Verknüpfung der technischen Peripherie. Wesentlicher Einfluss auf die wahrgenommene Systemqualität ergibt sich zudem aus den meist zahlreichen Datenschnittstellen angebundener IS, wie etwa PLM-, CRM- oder CAQ-Systeme.

Datenmigration

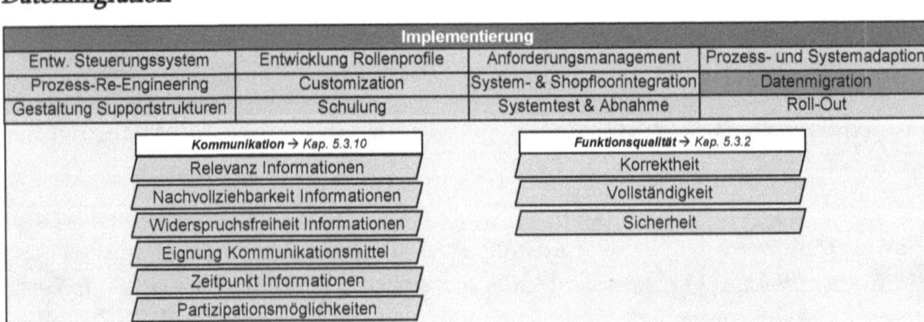

Abbildung 5-44: Akzeptanzfaktoren Datenmigration [Implementierung]

Unter Nutzung der zuvor implementierten Systemschnittstellen, manueller Prozesse oder sonstigen Übertragungsmedien erfolgt im nächsten Schritt die Migration der für die Funktionalitäten des PPS-Systems benötigten Daten. Gegenstand der Migration umfassen Stamm-, Bestands-, Bewegungs- und Änderungsdaten (vgl. Unterkapitel 5.2.2). Der Datenursprung kann sowohl aus dem abzulösenden Legacy-System als auch aus sonstigen betrieblichen IS des Unternehmens stammen. Bei Einführung neuartiger

Systemfunktionalitäten kann zudem Bedarf nach bis dato nicht vorhandenen Daten bestehen, welche in Konsequenz erst neu aufgenommen und in das PPS-System überführt werden müssen. Bei der Datenmigration handelt es sich oftmals um einen in seiner Komplexität, seinem Aufwand und in Folge seiner Qualitätsbedeutung unterschätzten Prozessschritt der Implementierungsphase. Wesentliche Schritte der Datenmigration lassen sich in die Datenaggregation, -bereinigung, -harmonisierung und -migration unterteilen.[549] Die Datenaggregation umfasst die Identifikation und Zusammenführung der im neuen PPS-System benötigten Daten, bestehend aus Datenextraktion im Falle der Nutzung bestehender Systemdaten und Datenaufnahme im Falle neuartiger Daten. Ziel der anschließenden Datenbereinigung ist die Sicherstellung der für die Systemfunktionalitäten benötigten Datenqualität, etwa unter Korrektur fehlerhafter, Ergänzung fehlender oder Beseitigung veralteter Datenpunkte. Im Zuge der Datenharmonisierung wird der korrigierte Datensatz einer einheitlichen und dem neuen PPS-System entsprechenden Formatierung unterzogen, bevor die abschließende Migration der Daten in das neue PPS-System erfolgt.

Akzeptanzfaktoren von Bedeutung im Rahmen der Datenmigration sind aus prozessualer Sicht die ***Kommunikation*** sowie aus ergebnisorientierter Sicht die ***Informations-*** und ***Funktionsqualität*** (vgl. Abbildung 5-44). Wesentlicher Bestandteil eines akzeptanzförderlichen Implementierungsprozesses stellen eingehende Tests der Funktionalitäten des PPS-Systems im Rahmen der Datenmigration unter Bewertung der entsprechenden Informations- und Funktionsqualität dar. Ein Abschluss der Datenmigration ist entsprechend erst bei als korrekt und vollständig wahrgenommenen Funktionalitäten des PPS-Systems, unter Verwertung der verfügbaren Datengrundlage, gesichert. Transparent dargestellt werden müssen hierbei Defizite der Datenqualität und somit Versäumnisse der erforderlichen Datenbereinigung, sowohl unter Betrachtung des einzuführenden PPS-Systems selbst als auch der mittels Schnittstellen verbundenen IS. Weiterer Einfluss auf die Informations- und Funktionsqualität resultiert aus der wahrgenommenen Sicherheit, in Form des privaten Datenschutzes und der technischen Datensicherheit. Von Bedeutung für die Nutzerakzeptanz gestaltet sich demnach ein ausreichendes Verständnis über die weitere Verwertung der zur eigenen Tätigkeit bzw. Person erhobenen Daten sowie die sichergestellte Vermeidung etwaigen Datenmissbrauchs.

---

[549] Vgl. Bradford (2014) Modern ERP, S. 228.

Gestaltung Supportstrukturen

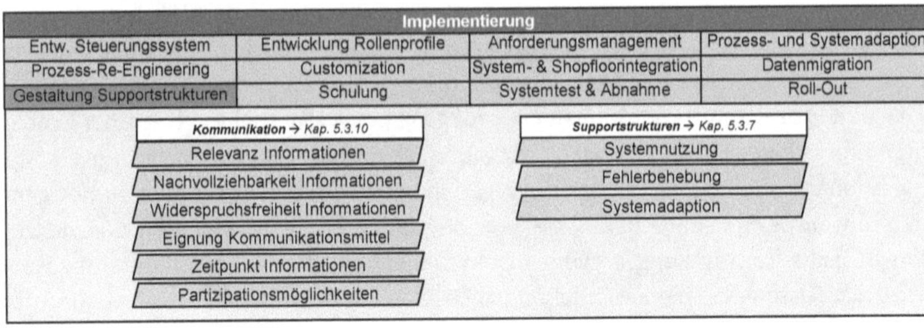

Abbildung 5-45: Akzeptanzfaktoren Gestaltung Supportstrukturen [Implementierung]

Wie bereits in der Modellierung des gleichnamigen Akzeptanzfaktors ausgeführt, liegt der Zweck von Supportstrukturen in der Unterstützung von Systemnutzern bei der Systemnutzung, der Problem- bzw. Fehlerbehebung und der Systemadaption. Supportstrukturen werden, wie in Abbildung 5-16 dargestellt, in personelle sowie technische Supportstrukturen unterteilt. Personelle Supportstrukturen sind in Anlehnung an HECHT weiter in interne Strukturen, bestehend aus Fach- und IT-Abteilung, sowie externe Strukturen, bestehend aus PPS-Systemanbieter und -dienstleister, untergliedert, wobei im Grundsatz keine strikte Zuweisung von Supportfunktionen zu -strukturen erforderlich ist.[550] Unter Betrachtung der Fachabteilung empfehlen sich PPS-Systemanwender oftmals aufgrund ihrer tätigkeitsbezogenen Erfahrung im Umgang mit PPS-Systemen für Nutzungssupport, wohingegen Process-Ownern und höheren Managementfunktionen die Rolle des Adaptionssupports zuteilwird. Die interne Supportstruktur der IT-Abteilung übernimmt aufgrund fehlender Produktions- und PPS-Expertise zumeist Support im Zuge der technischen Fehlerbehebung. Externen Supportstrukturen werden in Abhängigkeit der Kompetenzen des Dienstleisters und Anbieters sowohl operative als auch technische Supportfunktionen zugewiesen. Technische Supportstrukturen werden in das PPS-System selbst integrierte sowie auf die gesamte IT-Infrastruktur übergreifende Supportfunktionalitäten untergliedert. Der technischen Ausgestaltung sind hierbei wenig Grenzen gesetzt, demnach sich in Abbildung 5-16 einige Beispiele aufgeführt finden.

Akzeptanzfaktoren zur Evaluation im Rahmen der Gestaltung der Supportstrukturen stellen aus prozessualer Sicht die ***Kommunikation*** sowie aus ergebnisorientierter Sicht die Wahrnehmung der ***Supportstruktur*** dar (vgl. Abbildung 5-45). Systemnutzer müssen zur Förderung ihrer Akzeptanz der Auffassung sein, den eigenen Anforderungen entsprechend, ausreichend Unterstützung im Rahmen der Systemnutzung, der Fehlerbehebung sowie der Systemadaption zur Verfügung gestellt zu bekommen. Die

[550] Vgl. Hecht (2014) Fähigkeiten im ERP-Anwendungsmanagement, S. 48 ff.

Unterstützung der Systemnutzung bezieht sich auf operative Fragestellungen, etwa der Auswahl, Bedienung oder Interpretation von Systemfunktionalitäten. Supportstrukturen der Fehlerbehebung müssen hingegen Unterstützung bei Fragestellungen zu technischen Fehlersituation sowie Systemdefiziten, welche sich bspw. durch eine eingeschränkte Systemqualität im Sinne langer Reaktionszeiten äußern können, leisten. Die Systemadaption adressiert abschließend Unterstützung für Systemnutzer im Rahmen der Umsetzung individueller Bedürfnisse zur Anpassung und Weiterentwicklung von Systemfunktionalitäten.

Schulung

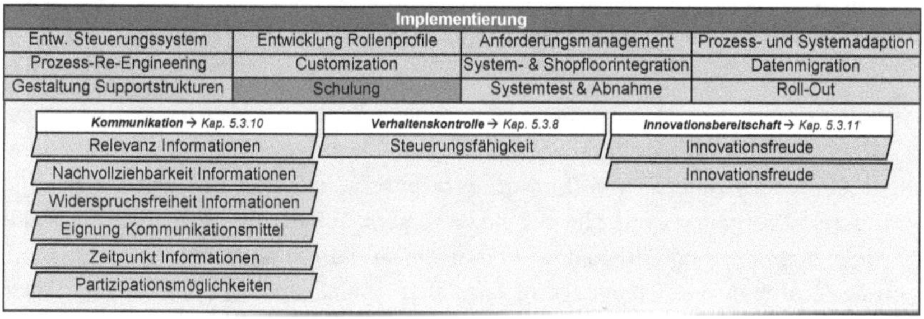

Abbildung 5-46: Akzeptanzfaktoren Schulung [Implementierung]

Nach erfolgter Gestaltung der Supportstrukturen sollten zunächst sämtliche organisationalen, prozessualen sowie systembasierten Vorbereitungen zur Einführung des PPS-Systems erfolgt sein. In direkter Vorbereitung der Systemtests und der hieraus resultierenden Systemabnahme erfolgen nun umfangreiche Schulungsmaßahmen. Adressaten der Schulungen umfassen sämtliche Arbeitspersonen mit späterem Kontakt zu PPS-Systemen, etwa im Sinne der Systemnutzung, -wartung und -entwicklung. Die Schulungsgegenstände müssen sich an den Ergebnissen der vorherigen Prozessschritte der einzelnen Lebenszyklusphasen mit jeweiliger Auswirkung auf individuelle Gruppen an Arbeitspersonen orientieren. Neben grundlegenden Schulungen der operativen Nutzung des PPS-Systems können somit weitere erhebliche Schulungsaufwände aus dem entwickelten Steuerungssystem sowie überarbeitete Unternehmensprozesse resultieren. Die Durchführung von Schulungsmaßnahmen sollte unter Nutzung interner und/oder externer Kapazitäten sowie unterschiedlichster Schulungskonzepte erfolgen. Systemanbieter offerieren so etwa grundlegende Unterweisungen in der Nutzung des PPS-Systems, welche jedoch durch spezifische auf Schulungs- und Change-Maßnahmen spezialisierte Dienstleister erweitert werden können. Schulungsansätze wie Train-the-Trainer sehen bspw. ergänzend die Befähigung unternehmensinterner Key-User vor, welche anschließend die Rolle des Schulenden zur Bemächtigung weiterer Endnutzer übernehmen können. Zeitliche und finanzielle Aufwände für Schulungsmaßnahmen werden im Rahmen von Implementierungsprojekten oftmals unterschätzt oder aufgrund bereits bestehender Projektverzögerung unterpriorisiert. Erfahrungswerte aus der Praxis messen der eingehenden Schulung von Arbeitspersonen jedoch einen erheblichen Anteil an der späteren Prozesssicherheit sowie Nutzerakzeptanz bei. Schulungsmaßnahmen sollten demnach frühzeitig begonnen und als kontinuierlicher Prozess im Zuge der weiteren Nutzungsphase beibehalten werden. Wo möglich sollten Schulungsmaßnahmen auch bereits nach Abschluss des entsprechenden Prozessschritts, bspw. der Entwicklung des Steuerungssystems oder der Konfiguration des PPS-Systems, und nicht erst mit Abschluss der Implementierungsphase, initiiert werden. Bei der Identifikation von Defiziten nach Abschluss von Schulungsmaßnahmen müssen diese zwingend wiederholt werden.[551]

Akzeptanzfaktoren zur Evaluation im Rahmen der Schulungen stellen aus prozessualer Sicht die ***Kommunikation*** sowie aus ergebnisorientierter Sicht die wahrgenommene ***Verhaltenskontrolle*** und ***Innovationsbereitschaft*** dar (vgl. Abbildung 5-46). Der Einfluss der Verhaltenskontrolle auf die Akzeptanz äußert sich insb. über die wahrgenommene Steuerungsfähigkeit. Systemnutzer müssen so nach Abschluss der Schulungsmaßnahmen der Überzeugung sein, ausreichend etwa im Umgang mit dem neuen PPS-System oder angepassten Arbeitsprozessen geschult worden zu sein. Dies äußert sich in der individuellen Einschätzung der Systemnutzer, über ausreichend Fähigkeiten zur Aufgabenbewältigung unter den neuen Arbeitsbedingungen sowie -aufgaben zu verfügen. Als weiterer Effekt der Schulungsmaßnahmen sollte eine Steigerung der Innovationsbereitschaft angestrebt werden. Schulungen von Systemfunktionalitäten dienen demnach der Reduzierung der Unsicherheit vor Fehlnutzung des PPS-Systems sowie Erhöhung der Experimentierfreudigkeit mit Systemfunktionalitäten. Erreicht wird dies unter Simulation der Systemfunktionalitäten und Arbeitsprozesse im Rahmen einer sicheren Umgebung, bspw. durch die Nutzung von Testsystemen oder Lernspielen.

---

[551] Vgl. Esteves (2014) Training best practices for ERP implementation projects, S. 669 ff.; Hecht (2014) Fähigkeiten im ERP-Anwendungsmanagement, S. 94 ff.

Systemtest und -abnahme

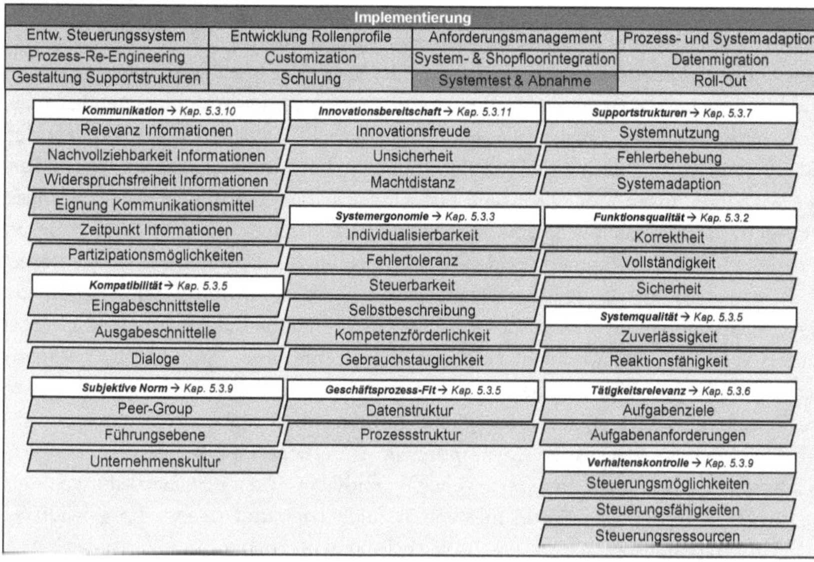

Abbildung 5-47: Akzeptanzfaktoren Systemtest und -abnahme [Implementierung]

Der Testprozess betrieblicher IS im Rahmen der Implementierungsphase sollte gemäß dem Bottom-Up-Prinzip erfolgend, bestehend aus modularen Einzeltests, Integrationstests, Systemtests sowie dem Abnahmetest.[552] Bei den Phasen der Einzel- sowie Integrationstests handelt es sich um technische Funktionsprüfungen in mehrheitlicher Verantwortung des Entwicklungsteams, wobei entsprechende Tests bereits als Bestandteil der Systemadaption durchgeführt werden. Die Vorbereitung der Systemabnahme erfordert die anschließende Fokussierung operativer Systemtests unter stärkerer Einbindung der an der späteren Nutzung des PPS-Systems beteiligten Fachabteilungen. Die Durchführung dieser Systemtests erfordert die Formulierung einer expliziten Teststrategie. Hierin werden die zu testenden Systembestandteile und Testszenarien, die personelle Besetzung und Verantwortung der durchzuführenden Tests sowie der prozessuale Umgang mit Testergebnissen und -auffälligkeiten definiert. Übliche Testszenarien umfassen aus datentechnischer Perspektive die Kontrolle der Qualität und Verwertbarkeit migrierter sowie via Systemschnittstellen zu beziehender Daten. Testszenarien aus operativer Perspektive sollten die Kontrolle der spezifizierten Systemprozesse und -funktionalitäten, der rollenbezogenen Lizenz- und Rechteverwaltung sowie eine explizite Akzeptanzbewertung der Endnutzer umfassen. Bei

[552] Vgl. Leimeister (2015) Einführung in die Wirtschaftsinformatik, S. 299.

der personellen Besetzung von Testgruppen sollte zur Vermeidung verzerrter Testergebnisse auf die bewusste Trennung zwischen Mitgliedern des bisherigen Projektteams und bis dato unbeteiligter Arbeitspersonen geachtet werden. Zur Sicherstellung einer hohen Nutzerakzeptanz sollte den an der Testphase beteiligten Arbeitspersonen die klare Verantwortlichkeit für die Durchführung und den Abschluss der Testphase und somit die spätere Qualität des einzuführenden PPS-Systems übertragen werden. Gleich dem Prozessschritt der Schulung müssen Tests unter operativer Einbindung der Fachabteilungen nicht zwingend erst zum Abschluss der Implementierungsphase erfolgen, sondern nach Möglichkeit bereits als Validierung der Ergebnisse einzelner Prozessschritte eingebunden werden. Nach erfolgreicher Durchführung der internen Systemtests erfolgt als Vertragsbestandteil die Systemabnahme unter Abgleich der Systemleistung mit den Spezifikationen des Pflichtenhefts. Die Abnahmetests werden unter Abbildung des normalen Funktionsbetriebs und unter Simulation von Stresstests, etwa bei maximaler Nutzer- sowie Datenfrequenz, durchgeführt. Im Gegensatz zu vorherigen Testeinsätzen, unter Fokussierung der operativen Systemnutzer, wird in Abnahmetests der Kreis einzubindender Unternehmensbereiche um vor- und nachgelagerte Instanzen erweitert. Neben operativ betroffenen Fachabteilungen müssen so ebenfalls die mit dem technischen Systembetrieb und der -wartung beauftragten Unternehmensbereiche sowie weitere Inputgeber entlang des Auftragsabwicklungsprozesses – bspw. Vertrieb, Konstruktion etc. – in den Abnahmetest inkludiert werden. Ebenfalls Bestandteil der Systemabnahme ist die Kontrolle der Systemdokumentation auf Vollständigkeit und ausreichenden Informationsgehalt. Abschluss einer erfolgreichen Systemabnahme stellt die Übergabe der Systemverantwortlichkeit vonseiten der Systemanbieter an das Projektteam des abnehmenden Unternehmens dar.

Die Systemabnahme verkörpert einen der wesentlichsten Prozessschritte im Rahmen der Akzeptanzbildung. So werden mit Abschluss dieser die in den vorherigen Prozessschritten gestalteten sozio-technischen Bedingungen von der testweisen in den realen Betrieb überführt. Durch die Systemabnahme bestimmt sich demnach der Erstkontakt vieler Arbeitspersonen mit dem neuen PPS-System unter realen Bedingungen. Insb. für bis dato eingeschränkt eingebundene Arbeitspersonen bestimmt sich durch den Erstkontakt die initiale Akzeptanzeinstellung. Wie in Abbildung 5-47 dargestellt, sollten demnach vor Abschluss der Systemabnahme **sämtliche Akzeptanzfaktoren** des in Unterkapitel 5.1 modellierten Akzeptanzmodells durch Systemnutzer erhoben und bei etwaigen Defiziten Nachbesserungen zu Inhalten der entsprechenden Prozessschritte vorgenommen werden.

Roll-Out

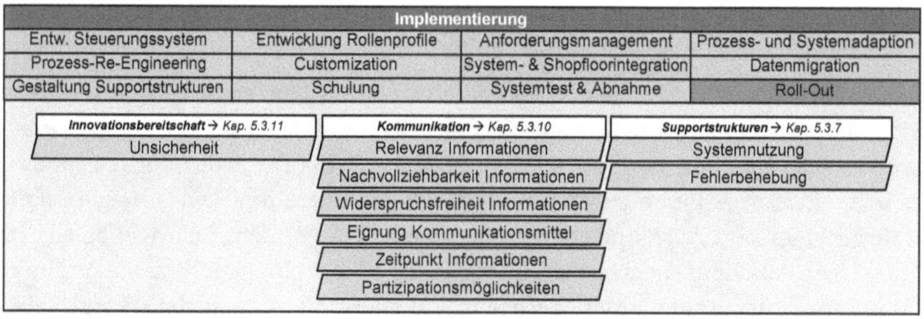

Abbildung 5-48: Akzeptanzfaktoren Roll-Out [Implementierung]

Die abschließende Aufgabe der Implementierungsphase umfasst den Roll-Out des PPS-Systems und somit die Überführung des Systemeinsatzes in den operativen Alltag betroffener Arbeitspersonen. Bei der Planung des Roll-Outs stehen Unternehmen verschiedene Strategien der Systemeinführung, mit jeweiligen Vor- und Nachteilen, zur Verfügung. Bei der Strategie der abrupten Systemeinführung werden zu einem definierten Stichdatum das zu implementierende PPS-System aktiv und das abzulösende Alt-System inaktiv geschaltet. Vorteile dieser Strategie stellen die Vermeidung einer redundanten Nutzung von Alt-Systemen verbunden mit operativen Mehraufwänden sowie erhöhter Fehleranfälligkeit aufgrund asynchroner Datengenerierung und -verwertung dar. Nachteile können sich demgegenüber durch die vergleichsweise hohe Belastung systemnutzender Arbeitspersonen sowie eine geringe Fehlertoleranz im Falle von technischen Systemeinschränkungen oder der Fehlbenutzung im operativen Prozess ergeben. Als weitere Strategie steht Unternehmen eine parallelisierte Systemeinführung unter zeitlich begrenzter Verfügbarkeit des abzulösenden Alt-Systems zur Verfügung. Vorteile der parallelisierten Systemeinführung ergeben sich bei Auftreten von Fehlfunktionen des neuen PPS-Systems in Form einer verfügbaren Reservelösung und somit geringeren Implikation für operative PPS-Prozesse. Weiterhin führt die begleitende Verfügbarkeit des Alt-Systems für systemnutzende Arbeitspersonen zu einer Reduzierung der wahrgenommenen Unsicherheit. Nachteile bzw. wesentliche Herausforderungen einer parallelisierten Systemeinführung resultieren aus der Sicherstellung einer aktiven Auseinandersetzung der Arbeitspersonen mit dem zu implementierenden PPS-System. Es besteht somit die Gefahr, dass Arbeitspersonen zur Vermeidung der mit neuen Systemprozessen einhergehenden Lernaufwänden bei der Nutzung des Alt-Systems verbleiben und die Gelegenheit des Aufbaus von IS-Kompetenzen verpassen. Eine Kombination der beiden vorherigen Strategien stellt die sequentielle Einführung modularer Systemfunktionalitäten dar. Hierbei werden einzelne Funktionalitäten des Alt-Systems zu definierten Zeitpunkten durch Funktionalitäten des neuen PPS-Systems abgelöst, wobei die Sequenz nach Stabilisierung der neuen Prozesse fortgeführt werden kann. Vorteile ergeben sich insb. mit Blick auf den

Lern- sowie Akzeptanzprozess betroffener Arbeitspersonen, wobei eventuelle Einschränkungen des Systemnutzens aufgrund der vereinzelten Aktivierung von Funktionalitäten in Kauf genommen werden müssen.[553]

Akzeptanzfaktoren zur Evaluation im Rahmen des Roll-Outs stellen aus prozessualer Sicht die ***Kommunikation*** sowie aus ergebnisorientierter Sicht die ***Innovationsbereitschaft*** sowie ***Supportstrukturen*** dar (vgl. Abbildung 5-48). Die Bedeutung der Innovationsbereitschaft resultiert aus dem Einfluss der gewählten Roll-Out Strategie auf die wahrgenommene Unsicherheit von Systemnutzern. So wirken sich, wie bereits im vorherigen Abschnitt beschrieben, insb. Strategien der abrupten Systemumstellung mitunter nachteilig auf die Unsicherheit aus. Weiterer Gegenstand der Akzeptanzbetrachtung während der Systemeinführung sollte demnach die Supportstrukturen aufgrund ihres reduzierenden Einflusses auf die wahrgenommene Unsicherheit umfassen. Die wahrgenommene Unterstützung durch die Supportstrukturen adressiert hierbei weniger die Systemadaption als vielmehr die operative Systemnutzung sowie Fehlerbehebung.

5.4.4 Akzeptanzbasierte Gestaltung der Ramp-Up-Phase

Nach erfolgter Implementierungsphase befindet sich das neue PPS-System unter Verfügbarkeit sämtlicher Funktionalitäten sowie bei Deaktivierung des abzulösenden Alt-Systems im Einsatz. Das Ziel der Ramp-Up-Phase besteht in der Überführung des implementierten PPS-Systems, ausgehend von diesem Go-Live-Zustand, in einen stabilen Systembetrieb. Wesentliche Bestandteile dieser Überführung stellen die Behebung der nach erfolgtem Go-Live identifizierten Fehlerquellen, die Optimierung der Systemleistung sowie Nachschulungen systemnutzender Arbeitspersonen dar.[554] Bedarfe zur Anpassung sind sowohl technischer Natur, aufgrund unzureichender System- und Abnahmetests, als auch prozessualer und organisationaler Natur, aufgrund fehlender Stringenz der abgeleiteten Steuerungssysteme oder vernachlässigtem Change Management. Grundlage der während der Ramp-Up-Phase durchzuführenden Maßnahmen basiert auf Nutzerfeedback sowie begleitenden Kennzahlen der Post-Implementierungsphase. Entsprechende Kennzahlen beziehen sich etwa auf die prozessuale Leistung der PPS, bspw. in Form von Bestandniveaus oder Durchlaufzeiten, sowie auf die systemseitige Leistung, bspw. in Form der Datenqualität. Wesentliche Stakeholder der Ramp-Up-Phase sind die Systemnutzer in Begleitung durch das Projektteam, bei abnehmender Verantwortung und abschließender Übergabe dieser an einen neuen System-Owner. Das hierzu abgeleitete Prozessmodell erstreckt sich, wie in Abbildung 5-25 dargestellt, über die parallelisierten Prozessschritte der (1) Fehlerbehebung, (2)

---

[553] Vgl. Leimeister (2015) Einführung in die Wirtschaftsinformatik, S. 304.

[554] Vgl. Markus/Tanis (2000) The enterprise system experience, S. 195.

Leistungsoptimierung und (3) Nachschulung, sowie einem anschließendem (4) Post-Implementation Audit inklusive Projektübergabe an den neuen System-Owner.

Fehlerbehebung

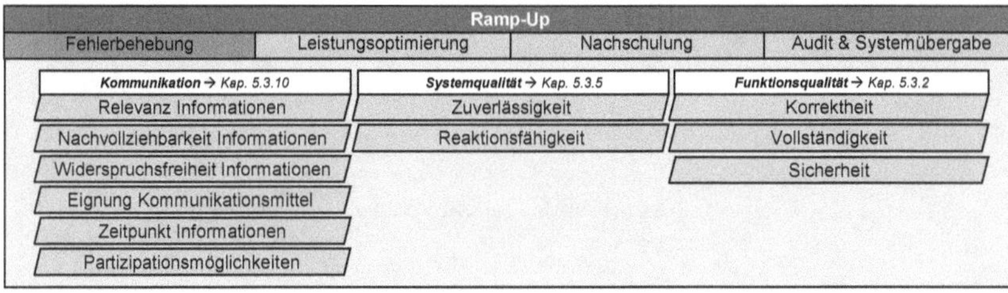

Abbildung 5-49: Akzeptanzfaktoren Fehlerbehebung [Ramp-Up]

Die Aufwände der Fehlerbehebung im Zuge der Ramp-Up-Phase spiegeln die Sorgfalt der vorherigen Lebenszyklusphasen wider und veranschaulichen deutlich die Defizite der einzelnen Prozessschritte. Der Fokus der Fehlerbehebung, in Abgrenzung zur Leistungsoptimierung, liegt meist auf technischen – die eingesetzte Hardware betreffenden – oder strukturellen – die zugrundeliegende Datenstruktur betreffenden – Problemen. Wesentliche Herausforderungen einer nachhaltigen Fehlerbehebung stellen die vollumfängliche und transparente Fehleridentifikation sowie -analyse dar. Die Verantwortung für diesen Prozess sollte den Systemnutzern übertragen werden. Konsequenzen unklarer Verantwortlichkeiten sowie eine vernachlässigte Bedeutung der Fehlerbehebung führen zu frühzeitigem Akzeptanzverlust bei gleichzeitig sinkender Bereitschaft der Systemnutzer zur Systempflege. PPS-Systeme werden infolge der fehlenden Unterstützung der Systemnutzer nicht auf das gewünschte Leistungsniveau eines stabilen Systembetriebs gebracht, da etwa Aufwände der korrekten Datenerhebung vernachlässigt werden. Auswirkungen äußern sich in einer rückläufigen Systemnutzung bei gleichzeitiger Etablierung von Abhilfelösungen, etwa in Form von Excel-basierter Schatten-IT.[555]

Akzeptanzfaktoren zur Evaluation im Rahmen der Fehlerbehebung stellen aus prozessualer Sicht die ***Kommunikation*** und aus ergebnisorientierter Sicht die ***System***- sowie ***Informations- und Funktionsqualität*** dar (vgl. Abbildung 5-49). Sowohl die System- als auch Informations- und Funktionsqualität sollten durch sämtliche Systemnutzer bewertet werden. Die Systemqualität ergibt sich aus der Reaktionsfähigkeit und Zuverlässigkeit der Funktionalitäten des PPS-Systems, wohingegen sich die Informations- und Funktionsqualität aus der Korrektheit, Vollständigkeit sowie Sicherheit der nutzbaren Informationen und Funktionalitäten bestimmt. Nach erfolgtem Go-Live bestehende Defizite der System- sowie Informations- und Funktionsqualität

[555] Vgl. Markus/Tanis (2000) The enterprise system experience, S. 195.

sollten mit Abschluss der Fehlerbehebung aus Perspektive der Systemnutzer aufgelöst sein.

Leistungsoptimierung

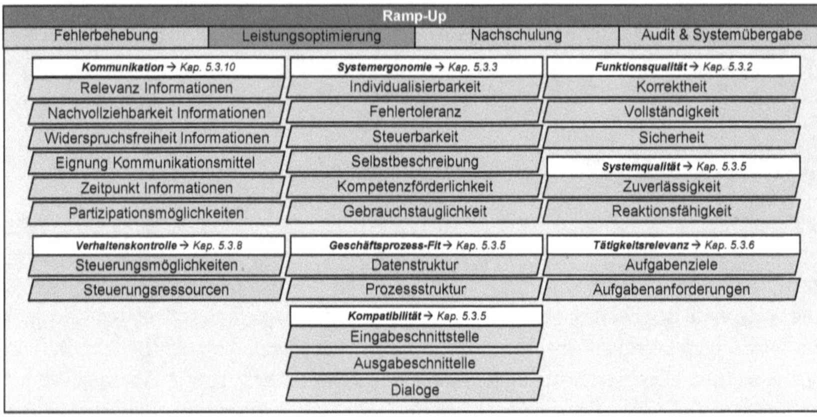

Abbildung 5-50: Akzeptanzfaktoren Leistungsoptimierung [Ramp-Up]

Erforderliche Anpassungen im Zuge des Ramp-Ups können neben der Fehlerbehebung auch auf die Leistungsoptimierung ausgerichtet sein. Potenziale der Optimierung lassen sich sowohl aus der im Vergleich zur Pre-Implementierungsphase stark erhöhten Anzahl kontinuierlicher Systemnutzer und entsprechend verfügbarem Wissen, als auch durch den nicht verzerrten Einsatz des PPS-Systems im Normalbetrieb erwarten. So stellen sich gewisse Optimierungspotenziale, bspw. bedingt durch den Einsatz neuer Steuerungsfunktionalitäten des implementierten PPS-Systems in Form reduzierter Umlaufbestände oder Durchlaufzeiten, erst infolge einer konkreten Nutzungsdauer ein. Steuerungsprinzipien wie eine bestandsorientierte Auftragsfreigabe oder die Einrichtung von Frozen Zones erfordern demnach eine kontinuierliche Anpassung der Funktionsparameter zur Sicherstellung einer leistungsoptimierten Steuerung. Gleiche zeitbedingte Abhängigkeiten resultieren aus organisationalen Maßnahmen wie der Einführung neuer Anreizsysteme, welche ebenfalls einer kontinuierlichen Anpassung bedürfen.[556]

Akzeptanzfaktoren zur Evaluation im Rahmen der Leistungsoptimierung stellen aus prozessualer Sicht die ***Kommunikation*** und aus ergebnisorientierter Sicht die ***Tätigkeitsrelevanz***, ***Systemergonomie***, ***Kompatibilität***, ***Verhaltenskontrolle***, der ***Geschäftsprozess-Fit*** und die ***System***- sowie ***Informations- und Funktionsqualität*** dar (vgl. Abbildung 5-50). Zu bewerten gilt es einerseits, ob die eigenen Anforderungen mit Bezug

[556] Vgl. Markus/Tanis (2000) The enterprise system experience, S. 195.

auf die einzelnen Akzeptanzfaktoren nach Abschluss des Ramp-Ups ausreichend erfüllt sind. Andererseits sollten identifizierte Optimierungspotenziale zu den einzelnen Akzeptanzfaktoren, trotz potenziell hinlänglicher Erfüllung des Faktors, vollumfänglich umgesetzt bzw. begründet abgelehnt worden sein. Unter Betrachtung der eigenen Aufgabenbewältigung sollten Systemnutzer somit nach erfolgter Leistungsoptimierung eine hohe Tätigkeitsrelevanz – in Form der Unterstützung von Aufgabenzielen sowie der Erfüllung von Aufgabenanforderungen – und eine hohe Verhaltenskontrolle – in Form der Bereitstellung ausreichender Steuerungsmöglichkeiten und -ressourcen – attestieren. In Wechselwirkung der Unternehmens- sowie Systemprozesse muss zudem ein hoher Geschäftsprozess-Fit, bestehend aus übereinstimmender Daten- sowie Prozessstruktur vorliegen. Auf die operative Interaktion mit dem PPS-System bezogen, sollten Systemnutzer einerseits eine den eigenen Anforderungen entsprechende Systemergonomie, bestehend aus Individualisierbarkeit, Fehlertoleranz, Steuerbarkeit, Selbstbeschreibungsfähigkeit, Kompetenzförderlichkeit und Gebrauchstauglichkeit, bestätigen. Andererseits sollte sich die Interaktion mit dem PPS-System durch eine hohe Kompatibilität zu bestehenden Dialogen sowie Ein- und Ausgabeschnittstellen sonstiger IS auszeichnen. Die System- sowie Informations- und Funktionsqualität wird gleich dem Prozessschritt der Fehlerbehebung erhoben.

Nachschulung

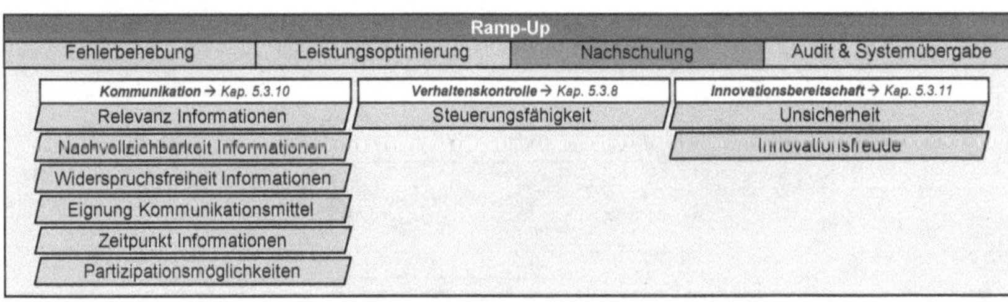

Abbildung 5-51: Akzeptanzfaktoren Nachschulung [Ramp-Up]

Weiterer Bestandteil der Ramp-Up Phase stellt die Nachschulung der mit dem PPS-System konfrontierten Arbeitspersonen dar. Während bereits im Zuge der Implementierungsphase zwingende und flächendeckende Schulungen erfolgen sollten, so zeigt sich dennoch bei Übergang der eng durch das Projektteam begleiteten Implementierungsphase zum Standardbetrieb der PPS-Systeme wiederholter Schulungsbedarf einzelner Arbeitspersonen. Der Bedarf für Nachschulungen begründet sich durch zum Teil ausgeprägte Kompetenzgefälle zwischen dem Projektteam und den systemnutzenden Arbeitspersonen der einzelnen Fachbereiche. Das Ausmaß der benötigten Nachschulungen orientiert sich weiterhin an der Komplexität des eigeführten PPS-Systems bzw. der hiermit verbundenen Prozessadaptionen.

Akzeptanzfaktoren zur Evaluation im Rahmen der Nachschulungen stellen aus prozessualer Sicht die ***Kommunikation*** und aus ergebnisorientierter Sicht die ***Innovationsbereitschaft*** sowie die ***Verhaltenskontrolle*** dar (vgl. Abbildung 5-51). Der primäre Einfluss von Schulungen wirkt sich bei Arbeitspersonen auf die Verhaltenskontrolle in Form der Steuerungsfähigkeit und somit die Überzeugung aus, über die zur Aufgabenbewältigung benötigten Fähigkeiten zu verfügen. Übertragen lässt sich dieser Effekt nachgelagert auf die Innovationsbereitschaft, in Form einer reduzierten Wahrnehmung von Unsicherheit, sowie einer bei gesteigerter Kompetenz erhöhten Innovationsfreude zur Exploration von Funktionalitäten des PPS-Systems.

Post-Implementation-Audit und Übergabe an System-Owner

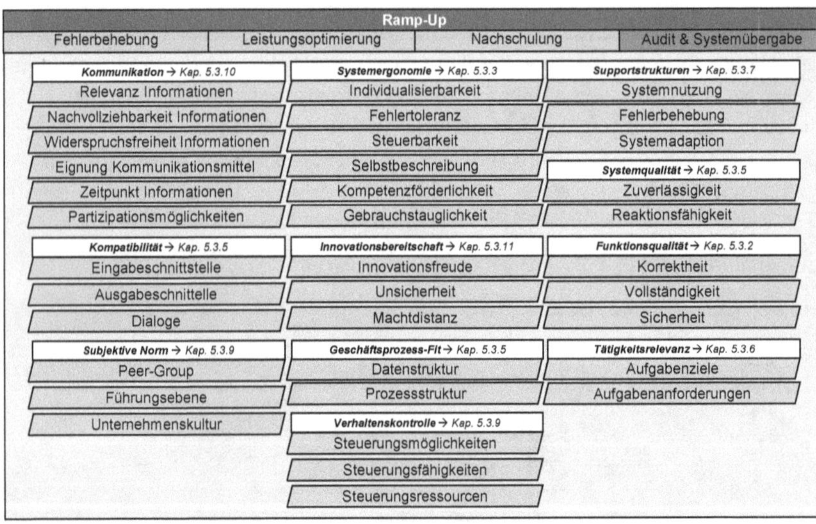

Abbildung 5-52: Akzeptanzfaktoren Post-Implementation-Audit [Ramp-Up]

Der Abschluss der Ramp-Up-Phase bestimmt sich über die erfolgreiche Durchführung eines Post-Implementation-Audits. Ziel der Evaluation ist die Sicherstellung eines stabilen Systembetriebs als Voraussetzung der Verantwortungsübergabe für das PPS-System an einen System-Owner. Zur Überprüfung im Post-Implementation-Audit stehen daher die bereits in Lasten- und Pflichtenheft sowie im vorherigen Prozess des Anforderungsmanagements spezifizierten Leistungskennzahlen der angestrebten PPS-Systemnutzung. Als der den Normalbetrieb des PPS-Systems initiierende Prozessschritt sollte im Rahmen des Post-Implementation-Audits ebenfalls eine nutzerbezogene Bewertung ***sämtlicher Akzeptanzfaktoren*** durchgeführt werden (vgl. Abbildung 5-52). Werden im Rahmen des Audits keine akzeptanzbezogenen Defizite identifiziert bzw. diese behoben, so kann die operative Systemverantwortung vonseiten des bisherigen Projektteams an einen System-Owner übergehen. Bei diesem System-

Owner sollte es sich um eine Person mit operativem Nutzungsbezug und somit Wissen um die Anwendungsbedeutung des PPS-Systems handeln, welche aus dem ehemaligem Projektteam entstammen kann, dies jedoch nicht zwangsläufig muss. Der zukünftige System-Owner sollte allerdings zwangsläufiger Bestandteil des durchgeführten Post-Implementation-Audits sein und somit die Systemverantwortung im Bewusstsein nicht vorhandener Missstände übernehmen. Im Rahmen des Post-Implementation-Audits müssen sämtliche Faktoren des in Unterkapitel 5.1 modellierten Akzeptanzmodells durch Systemnutzer erhoben und bei etwaigen Defiziten Nachbesserungen zu Inhalten der entsprechenden Prozessschritte vorgenommen werden.

5.4.5 Akzeptanzbasierte Gestaltung der Nutzungs- und Weiterentwicklungsphase

Nach der erfolgreichen Überführung des PPS-Systems in den Normalbetrieb folgt die Lebenszyklusphase der Nutzung und kontinuierlichen Weiterentwicklung. Der Normalbetrieb des PPS-Systems findet sich in Begleitung durch das Anwendungsmanagement. Wesentliche Bestandteile des Anwendungsmanagements umfassen die Anwenderunterstützung, die Softwarewartung sowie die technische Systembetreuung. Parallel zum Normalbetrieb muss das System einem kontinuierlichen Anforderungsmanagement zur langfristigen Aufrechterhaltung der Anwendungstauglichkeit unterzogen werden. Stakeholder der Nutzungs- und Weiterentwicklungsphase stellen die Systemnutzer, begleitet durch den System-Owner sowie die internen und externen Supportstrukturen, dar. Das hierzu abgeleitete Prozessmodell erstreckt sich, wie in Abbildung 5-25 dargestellt, über die parallelisierten Prozesse des Anwendungsmanagements, bestehend aus (1) Anwenderunterstützung, (2) Softwarewartung, (3) technische Systembetreuung und das begleitende (4) kontinuierliche Anforderungsmanagements, potenziell ergänzt um eine erneute (5) Software Migration.

Anwenderunterstützung

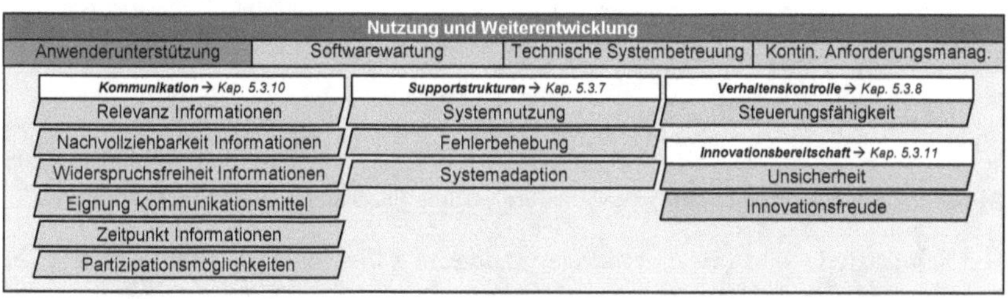

Abbildung 5-53: Akzeptanzfaktoren Anwenderunterstützung [Nutzung & Weiterentwicklung]

Die Anwenderunterstützung bietet in Anlehnung an die Modellierung der Supportstrukturen (vgl. Unterkapitel 5.3.7) Unterstützung bei der Systemnutzung, der

Fehlerbehebung sowie bei der Umsetzung von Anpassungsbedarfen bzw. -potenzialen. Wie in Abbildung 5-16 dargestellt, stehen hierfür die Optionen personeller und technischer Supportstrukturen zur Verfügung. In Erweiterung der schon im Rahmen der Tests der Implementierungsphase erfahrenen Anwenderunterstützung kommt während der Nutzungsphase der intraorganisationalen Kommunikation zwischen Gruppen an Endnutzern eine gesonderte Bedeutung zu. Ein aktiver Austausch zwischen Endnutzern, insb. über einzelne Fachbereiche hinweg, bietet so etwa Potenzial zur Erhöhung der jeweiligen Verwertung von Systemfunktionalitäten. Gefördert wird dieser Austausch durch Gestaltung eines vertikalen Kommunikationssystems wie in Unterkapitel 5.3.10 dargestellt.[557]

Akzeptanzfaktoren zur Evaluation im Rahmen der Anwenderunterstützung stellen aus prozessualer Sicht die ***Kommunikation*** und aus ergebnisorientierter Sicht die ***Verhaltenskontrolle, Innovationsbereitschaft*** sowie die ***Supportstrukturen*** dar (vgl. Abbildung 5-53). So zeigt sich der Einfluss der Anwenderunterstützung auf die Akzeptanz über die Verhaltenskontrolle in Form der Steuerungsfähigkeit und somit die Wahrnehmung der Systemnutzer über die zur Aufgabenbewältigung benötigten Fähigkeiten. Supportstrukturen wird, gleich den prozessual verankerten Schulungen, eine qualifizierende Aufgabe zuteil. Einhergehend mit der unterstützenden Steuerungsfähigkeit wirkt sich die Anwenderunterstützung ebenfalls auf die Innovationsbereitschaft von Systemnutzern über die Reduzierung von Unsicherheit sowie die Steigerung der Innovationsfreude aus. Abschließend nimmt die Anwenderunterstützung über den verwandten Akzeptanzfaktor der Supportstrukturen Einfluss auf die individuelle Akzeptanz von Systemnutzern.

Softwarewartung

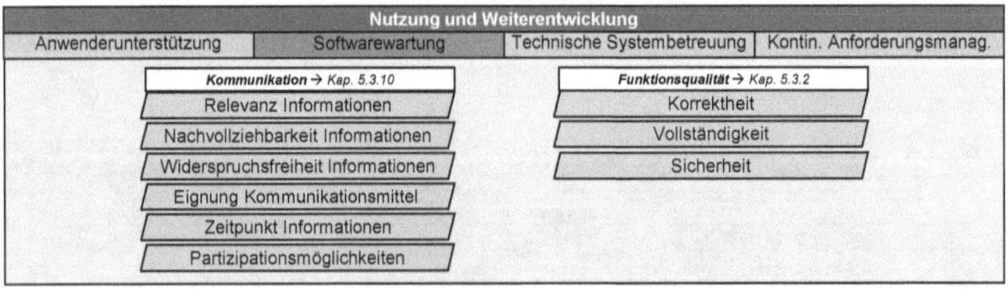

Abbildung 5-54: Akzeptanzfaktoren Softwarewartung [Nutzung & Weiterentwicklung]

Die Schnittstelle zur Anwenderunterstützung im Falle von Systemfehlern stellt die Softwarewartung dar. Das Ziel der technischen Aufgabe der Softwarewartung ist die Sicherstellung der Einsatzbereitschaft des PPS-Systems unter Betrachtung der Be-

[557] Vgl. Hecht (2014) Fähigkeiten im ERP-Anwendungsmanagement, S. 14.

standteile der Anwendungssoftware (vgl. Unterkapitel 5.2.2). Umfang der Softwarewartung lässt sich nach IEEE Standard 14764 in Wartungsaufgaben der vorbeugenden, korrigierenden, verbessernden und adaptiven Wartung unterteilen.[558] Die Verantwortlichkeiten der Softwarewartung sind sowohl in der IT-Abteilung, etwa unter Betrachtung von Workflows, als auch in den jeweiligen Fachabteilungen oder in der Person des System-Owners, unter Betrachtung etwa der Datengrundlage, verortet. Auslöser für Wartungsaufgaben entstammen sowohl direktem Nutzerfeedback als auch aktiver Entwicklung von Systemanbietern in Form neuer Versionen und Releases.[559]

Akzeptanzfaktoren zur Evaluation im Rahmen der Softwarewartung stellen aus prozessualer Sicht die ***Kommunikation*** und aus ergebnisorientierter Sicht die ***Informations- und Funktionsqualität*** dar (vgl. Abbildung 5-54). Die Softwarewartung nimmt primär über die durch Systemnutzer wahrgenommene Korrektheit, Vollständigkeit und Sicherheit der mithilfe des PPS-Systems zugänglichen Informationen und Funktionalitäten Einfluss.

Technische Systembetreuung

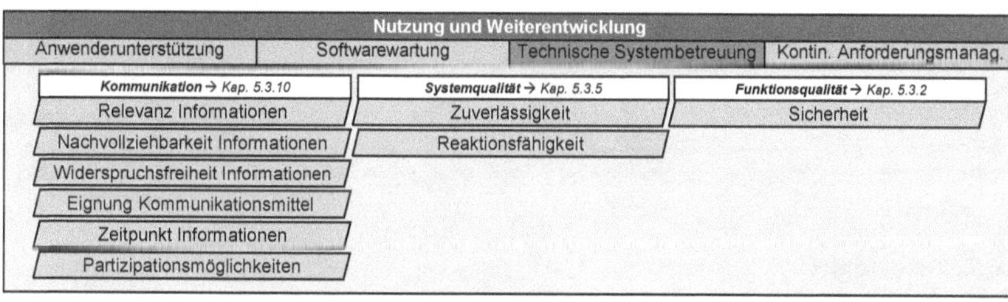

Abbildung 5-55: Akzeptanzfaktoren technische Systembetreuung [Nutzung & Weiterentwicklung]

Abschließender Bestandteil des Anwendungsmanagements stellt die technische Systembetreuung unter Betrachtung der Bestandteile des Hardwaresystems sowie der Systemsoftware dar (vgl. Unterkapitel 5.2.2). Die Sicherstellung der Einsatzbereitschaft widmet sich somit den eingesetzten Rechnersystemen, der Systemsoftware und der technischen Peripherie. Die Aufgabe der Systembetreuung liegt in Abhängigkeit der gewählten Betreiberstruktur im Verantwortungsbereich der internen Unternehmens-IT oder externen IT-Anbietern, etwa bei Nutzung von XaaS-Lösungen (siehe Unterkapitel 5.2.2). Eine der wesentlichen Herausforderungen der Systembetreuung

[558] Vgl. ISO/IEC/IEEE (2006) 14764-2006, S. 1 ff.

[559] Vgl. Leimeister (2015) Einführung in die Wirtschaftsinformatik, S. 308 ff.

liegt darin, einen einheitlichen Leistungsstandard über die einzelnen Systembestandteile hinweg zu realisieren, wobei sich bereits vereinzelte Defizite unmittelbar bspw. auf die wahrgenommene Qualität des Gesamtsystems auswirken können.

Akzeptanzfaktoren zur Evaluation im Rahmen der technischen Systembetreuung stellen aus prozessualer Sicht die ***Kommunikation*** und aus ergebnisorientierter Sicht die ***Systemqualität*** sowie die ***Informations-*** und ***Funktionsqualität*** dar (vgl. Abbildung 5-55). Der Einfluss der technischen Systembetreuung auf die Akzeptanz wirkt sich insb. über die wahrgenommene Reaktionsfähigkeit und Zuverlässigkeit, als Bestandteil der Systemqualität, sowie über den technischen Datenschutz, als Bestandteil der Informations- und Funktionsqualität, aus.

Kontinuierliches Anforderungsmanagement

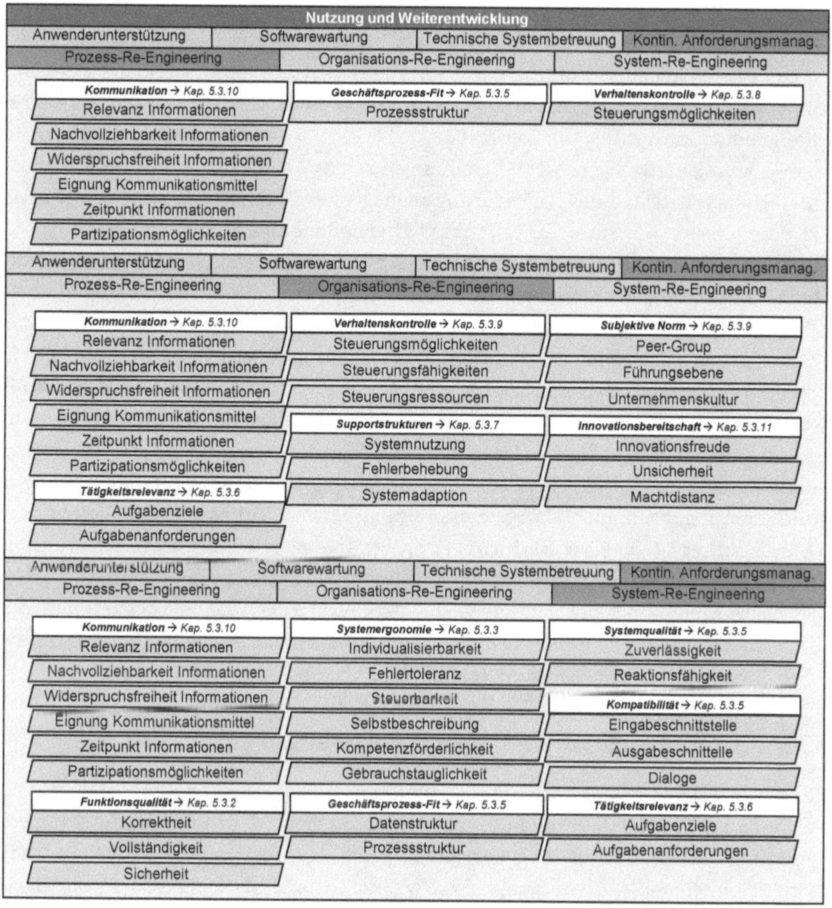

Abbildung 5-56: Akzeptanzfaktoren kontinuierliches Anforderungsmanagement [Nutzung & Weiterentwicklung]

Einen wesentlichen Bestandteil der Weiterentwicklungsphase verkörpert das kontinuierliche Anforderungsmanagement, als begleitendes Element des Anwendungsmanagements. Während der Fokus des Anwendungsmanagements primär auf der unmittelbaren Einsatzbereitschaft des PPS-Systems liegt, befasst sich das kontinuierliche Anforderungsmanagement mit der Analyse der grundsätzlichen Übereinstimmung zwischen PPS-System und Unternehmensanforderungen. Die geteilte Verantwortung des kontinuierlichen Anforderungsmanagements liegt sowohl in Funktion des System-Owners als auch den Verantwortlichen der jeweiligen Fachabteilungen. Systemnutzer stellen demgegenüber vornehmlich die Quelle für Feedback als Input des Anforderungsmanagements dar. Kriterien der Bewertung der Übereinstimmung zwischen PPS-System und Unternehmensanforderungen und somit Grundlage des kontinuierlichen Anforderungsmanagements umfassen, gleich dem Prozessschritt des Post-Implementation-Audits, die Gesamtheit der Faktoren des Akzeptanzmodells. In Abhängigkeit der jeweiligen Nicht-Erfüllung einzelner Akzeptanzfaktoren gilt es, durch die Verantwortlichen des Anforderungsmanagements mögliche Lösungsalternativen in Form eines Re-Engineerings zur Wiederherstellung des Akzeptanzniveaus zu prüfen. Die Lösungsalternativen erstrecken sich hierbei, entsprechend der Zuordnung einzelner Akzeptanzfaktoren wie in Abbildung 5-56 dargestellt, über Maßnahmen des Prozess-, Organisations- und System-Re-Engineering. Während sich die Maßnahmen des organisationalen und prozessualen Re-Engineerings an den Inhalten der Implementierungsphase (vgl. Unterkapitel 5.4.3) orientieren, so beziehen sich Maßnahmen des System-Re-Engineerings auch auf den Erwerb zusätzlicher Systemmodule und Ergänzungsprogrammierungen. Das System-Re-Engineering hebt sich somit im Umfang und Gewichtung einhergehender Systemanpassungen von der Softwarewartung ab und kann demnach auch als Systemsanierung beschrieben werden.[560] Besteht nach Ausschöpfung verfügbarer Re-Engineering-Maßnahmen weiterhin ein unzureichendes Akzeptanzniveau, so sehen sich Unternehmen in letzter Instanz einer erneuten Software-Migration bevor. Für das Modell der Lebenszyklusphasen bedeutet dies, dass sich das Unternehmen erneut der Phase der Einsatzentscheidung widmen muss und dem Prozessablauf gemäß Unterkapitel 5.4.1 folgt.

5.5 Defizitorientierte Akzeptanzsteigerung

Als abschließender Bestandteil des in Abbildung 4-3 dargestellten Konzepts zur soziotechnischen Problemlösungsfähigkeit wird nachfolgend das Modul V zur defizitorientierten Akzeptanzsteigerung vorgestellt. Das hierzu entwickelte Vorgehen findet sich konzeptionell in Abbildung 5-57 skizziert. Grundlage des Vorgehens bilden das für den Einsatz von PPS-Systemen entwickelte Akzeptanzmodell (Modul I), die soziotechnische Abhängigkeitsanalysen der Akzeptanzfaktoren (Modul II & III) und das akzeptanzbasierte Prozessmodell der Lebenszyklusphasen betrieblicher PPS-Systeme (Modul IV). Gemäß dem in Abbildung 5-57 skizzierten Vorgehen wird nachfolgend in Unterkapitel 5.5.1 der erste Schritt zur Aufnahme allgemeiner Akzeptanzzustände unter Einsatz des hierzu entwickelten Feedbacktools vorgestellt. Anschließend wird in Unterkapitel 5.5.2 der zweite Schritt zur Aufnahme lebenszyklusbasierter Akzeptanzzustände und in Unterkapitel 5.5.3 der dritte Schritt zur Ableitung situationsspezifischer Gestaltungsmaßnahmen beschrieben.

[560] Vgl. Leimeister (2015) Einführung in die Wirtschaftsinformatik, S. 309.

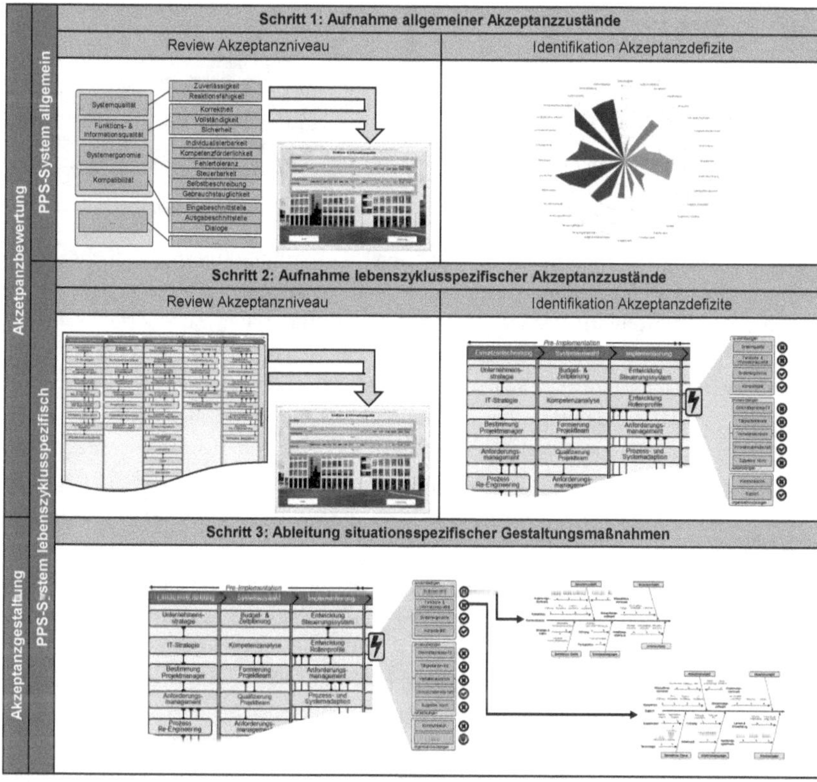

Abbildung 5-57: Vorgehen der defizitorientierten Akzeptanzgestaltung

5.5.1 Schritt 1: Aufnahme allgemeiner Akzeptanzzustände

Grundlage der Aufnahme der allgemeinen Akzeptanzzustände in den zu betrachtenden Unternehmen stellt das in Unterkapitel 5.1 abgeleitete und in Unterkapitel 5.3 spezifizierte Akzeptanzmodell dar. Hierzu wurde basierend auf den Akzeptanzfaktoren des Akzeptanzmodells ein Studiendesign unter Einsatz der bereits zuvor spezifizierten Erhebungselemente entwickelt und in ein graphisches Feedbacktool überführt (siehe Abbildung 5-58). Die Abfrage der Erhebungselemente erfolgt unter Einsatz einer 6-stufigen Likert-Skala (1 – „stimme nicht zu" bis 6 – „stimme voll zu").

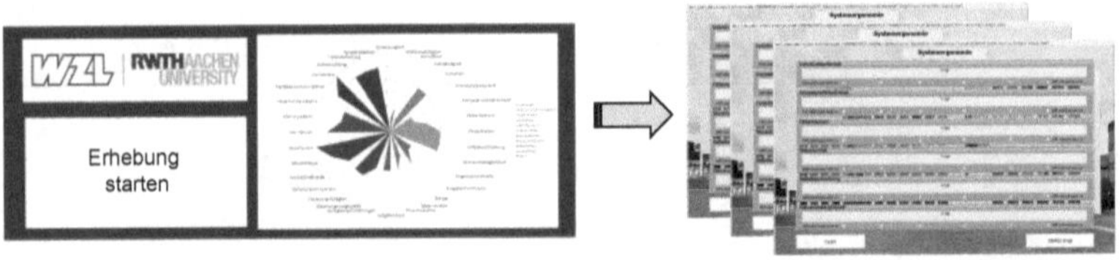

Abbildung 5-58: Ansicht Feedbacktool zur Erhebung allgemeiner Akzeptanzzustände

Die Anwendung des Feedbacktools sollte unter Einbindung unterschiedlicher Stellvertreter der an PPS beteiligten Gruppen an Arbeitspersonen erfolgen (vgl. Unterkapitel 5.2.1). Die Stellvertreter sollten gemäß der funktionalen Zugehörigkeit (bspw. Meister, Produktionsmitarbeiter, Produktionssteuerer etc.) sowie in weiterer Untergliederung je organisationalem Bereich (bspw. Montage, Fräs-& Drehbearbeitung etc.) adressiert werden. Eine Datenerhebung unter Teilnahme sämtlicher an der PPS beteiligten Arbeitspersonen gestaltet sich aufgrund der operativen Aufwände zumeist nicht möglich, weshalb die Analyse des Akzeptanzfaktors der subjektiven Norm (vgl. Unterkapitel 5.3.9) Transparenz über Tendenzen der stellvertretenen Arbeitspersonen bietet.

Die Ergebnisse der Erhebung werden zur Darstellung eines gesamtheitlichen Eindrucks des Akzeptanzniveaus je Stakeholder in Form eines aggregierten Netzdiagramms dargestellt. Die Informationen des Netzdiagramms geben Aufschluss über defizitäre Akzeptanzfaktoren (bspw. Systemqualität) auf Basis der einzelnen Merkmale des Akzeptanzfaktors (bspw. Zuverlässigkeit & Reaktionsfähigkeit). Weiterhin werden entsprechend des aufgenommenen Akzeptanzzustands, unter Abbildung des mit den Akzeptanzfaktoren verknüpften Lebenszyklusmodells (vgl. Unterkapitel 5.4), potenziell relevante Prozessschritte zur positiven Beeinflussung der defizitären Akzeptanzfaktoren in der Darstellung hervorgehoben (siehe Abbildung 5-59). Die Relevanz der Prozessschritte lässt sich hierbei anhand der potenziellen Beeinflussbarkeit von Akzeptanzfaktoren gemäß den Inhalten je Prozessschritt adressieren. Die Grenzwerte, ab denen einzelne Prozessschritte unter Auswertung der gemäß Likert-Skala erhobenen Akzeptanzzustände als kritisch eingeschätzt werden, kann durch den Nutzer individuell im Tool angepasst werden.

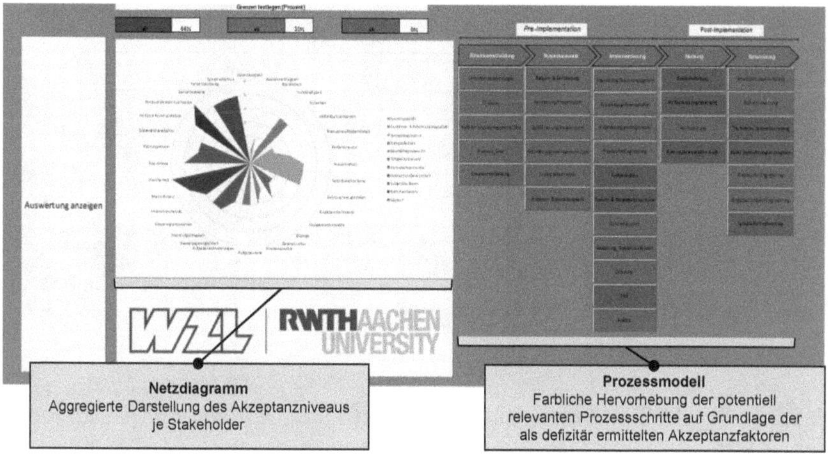

Abbildung 5-59: Ergebnisansicht Feedbacktool an initialer Aufnahme der Akzeptanzzustände

5.5.2 Schritt 2: Aufnahme lebenszyklusspezifischer Akzeptanzzustände

Nach erfolgter initialer Aufnahme der Akzeptanzzustände und der hiermit verbundenen Identifikation der mit den Akzeptanzfaktoren verknüpften Prozessschritte erfolgt im zweiten Schritt die Akzeptanzbewertung unter Analyse eben jener Prozessschritte (siehe Abbildung 5-60).

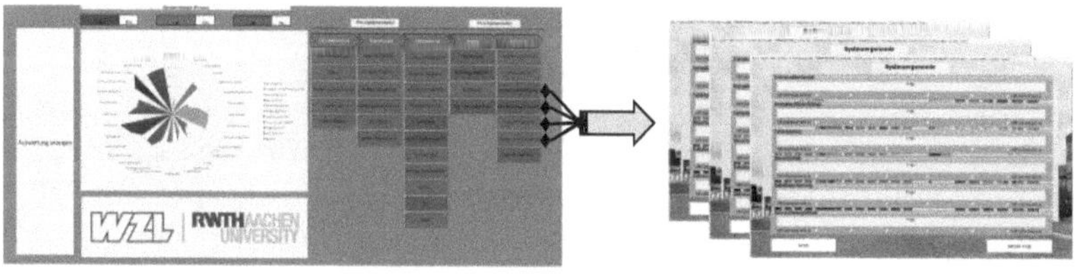

Abbildung 5-60: Ansicht Feedbacktool zur Erhebung lebenszyklusspezifischer Akzeptanzzustände

Hierzu wurden in Erweiterung der Ergebnisse aus Unterkapitel 5.3 Erhebungselemente je Merkmal der einzelnen Akzeptanzfaktoren in Abhängigkeit der einzelnen Prozessschritte des Lebenszyklusmodells abgeleitet (vgl. Anhang 9.3). So müssen die Stakeholder der PPS bspw. zur Aufnahme des Akzeptanzfaktors *Systemergonomie* (SE) und *Tätigkeitsrelevanz* (TR) im Zuge des Prozessschritts *Anforderungsmanagement* der Lebenszyklusphase *Systemauswahl* nachfolgende Erhebungselemente ausfüllen (siehe Tabelle 5-3):

Tabelle 5-3: Auszug lebenszyklusspezifischer Erhebungselemente

Anforderungsmanagement		Likert-Skala
SE 1	Im Rahmen des Anforderungsmanagements wurden Anforderungen der Systemergonomie nach Individualisierbarkeit des PPS-Systems ausreichend berücksichtigt.	stimme nicht zu … stimme zu
SE 2	Im Rahmen des Anforderungsmanagements wurden Anforderungen der Systemergonomie nach Fehlertoleranz des PPS-Systems ausreichend berücksichtigt.	
TR 1	Die im Anforderungsmanagement aufgenommenen und im Lastenheft spezifizierten Anforderungen an das PPS-System decken meine Aufgabenanforderungen ab.	
TR 2	Das mithilfe des Lastenheftes spezifizierte PPS-System würde mir verglichen zum Status-Quo eine verbesserte Unterstützung bei der Erreichung meiner Aufgabenziele bieten.	

5.5.3 Schritt 3: Ableitung situationsspezifischer Gestaltungsmaßnahmen

Mit erfolgter Aufnahme der lebenszyklusspezifischen Akzeptanzzustände kann die Akzeptanzbewertung abgeschlossen werden. Die mittels des Feedbacktools aufgenommene Datengrundlage ermöglicht die transparente Darstellung der je Stakeholdereinschätzung kritischen Akzeptanzfaktoren auf Granularität der einzelnen Prozessschritte je Lebenszyklusphase. Die somit geschaffene Transparenz erlaubt Entscheidungsträgern die aktive Beeinflussung der sozio-technischen Gestaltungsmerkmale (vgl. Unterkapitel 5.2) unter Abgleich der in Modul III (vgl. Unterkapitel 5.3) abgeleiteten Abhängigkeitsanalysen sowie der in Modul IV entwickelten Prozessmodelle und Erfolgsfaktoren (vgl. Unterkapitel 5.4).

Zur Sicherstellung einer vollumfänglichen Akzeptanzgestaltung und zur Vermeidung nachträglicher Korrekturaufwände sollte das beschriebene Vorgehen in direkter Begleitung von Einführungsprozessen zur Anwendung gebracht werden. So werden durch das Akzeptanzmodell in Form des Feedbacktools, beginnend bei der Lebenszyklusphase der Einsatzentscheidung, das Akzeptanzniveau der einzelnen PPS-Stakeholder in den jeweiligen Prozessschritten erfasst und basierend hierauf etwaige Maßnahmen zur Akzeptanzgestaltung eingeleitet. Als bedingende Voraussetzung für die Einleitung des nächsten Prozessschritts wird somit, nebst den abgeschlossenen Prozessinhalten, ein hohes Akzeptanzniveau beteiligter Stakeholder garantiert. Gegenüber der lebenszyklusbegleitenden Anwendung kann das Vorgehen der Akzeptanzgestaltung von Unternehmen auch retrospektiv zum Einsatz gebracht werden. So erhalten Unternehmen, welche sich bspw. bereits in der letzten Lebenszyklusphase der Weiterentwicklung befinden, unter Anwendung des Vorgehens der Akzeptanzgestaltung auch Transparenz über die Defizite vergangener Lebenszyklusphasen, anhand welcher korrigierende Maßnahmen eingeleitet werden müssen. Beispielhaft können sich bei Defiziten der wahrgenommenen Kommunikation auch im Rahmen der abschließenden Lebenszyklusphase, Informationsangebote zur IT-Strategie und der Rolle der eingesetzten PPS-Systeme als Bestandteil dieser anbieten.

6 Anwendung und Reflexion der Ergebnisse

Zwingender Bestandteil des im Rahmen der vorliegenden Arbeit zur Anwendung gebrachten Forschungsprozesses nach ULRICH, stellt die Validierung der erzielten Ergebnisse dar.[561] Als Inhalt dieses Kapitels wird demnach die Überprüfung und Anwendung des entwickelten Ansatzes der Akzeptanzgestaltung beschrieben. Zum Zweck der zusätzlichen Validierung der Akzeptanzfaktoren wurden hierzu Expertenworkshops mit Vertretern produzierender Unternehmen sowie Softwareanbietern durchgeführt (vgl. Unterkapitel 6.1). Zum Ziel der Validierung des in Unterkapitel 4.3 vorgestellten Vorgehens der Akzeptanzgestaltung wurde dieses anhand von zwei industriellen Fallbeispielen zur Anwendung gebracht (vgl. Unterkapitel 6.2). Unter Analyse der Validierungsergebnisse wird abschließend eine kritische Reflexion der praktischen Anwendung des entwickelten Ansatzes anhand der in Unterkapitel 4.1 aufgenommenen Lösungsanforderungen vorgenommen (vgl. Unterkapitel 6.2.3).

6.1 Validierung der Akzeptanzfaktoren anhand Expertenworkshops

Aufgrund der Wahl der Meta-Analyse als Methodik zur Aggregation relevanter Akzeptanzfaktoren wird im Rahmen der vorliegenden Arbeit auf eine ergänzende Signifikanzprüfung unter Erhebung und Analyse repräsentativer Studienergebnisse verzichtet. Begründet wird diese Entscheidung zusätzlich durch die aufgrund der vorherrschenden Modellgroße, bestimmt durch die Anzahl an Akzeptanzfaktoren, bestehenden Einschränkungen potenzieller Ergebnisse statistischer Erhebungen. Zur Validierung der inhaltlichen Eignung der identifizierten Akzeptanzfaktoren im Kontext des Einsatzes von PPS-Systemen – repräsentiert durch ERP-, ME- und APS-Systeme – wurden hingegen Expertenworkshops mit Vertretern produzierender Unternehmen, Beratungsdienstleistern sowie Softwareanbietern durchgeführt. Der an den Expertenworkshops beteiligte Personenkreis wurde aus den Mitgliedern des Forschungsprojekts KI-LIAS, welches vom Autor im Rahmen der vorliegenden Forschungsarbeit konzipiert und beantragt wurde, abgeleitet.

In einem zweistufigen Verfahren wurde der Personenkreis der Expertenworkshops zunächst nach den aus ihrer Expertise relevanten Akzeptanzfaktoren mit Einfluss auf die Elemente des TAM-Grundmodells, der *wahrgenommenen Nützlichkeit* sowie der *wahrgenommenen Einfachheit der Nutzung*, gefragt. Anschließend wurde den Workshopteilnehmern das aus der durchgeführten Meta-Analyse abgeleitete PPS-Akzeptanzmodell (vgl. Unterkapitel 5.1.5) vorgestellt sowie unter Abgleich mit den zuvor in den Interviews identifizierten Akzeptanzfaktoren auf Vollständigkeit hin

[561] Vgl. Ulrich et al. (1984) Management, S. 193.

überprüft. Im Ergebnis der Expertenworkshops wurden 27 Akzeptanzfaktoren diskutiert, welche sich vollständig den im PPS-Akzeptanzmodell spezifizierten Akzeptanzfaktoren zuordnen lassen (vgl. Abbildung 6-1).

So wurden in den Expertenworkshops Aspekte der Systemqualität durch die Systemperformance in Form der wahrgenommenen Wartezeiten durch Systemnutzer als akzeptanzrelevant identifiziert [vgl. Reaktionsfähigkeit (Systemqualität) 5.3.1]. Weiterhin wurden das Vertrauen der Nutzer in die Ergebnisqualität von PPS-Systemen sowie die Aktualität und Korrektheit verwendeter Daten als akzeptanzrelevant aufgeführt [vgl. Korrektheit und Vollständigkeit (Informations- und Funktionsqualität) 5.3.2]. Unter Thematisierung der Ergonomie von Systemoberflächen wurden Aspekte einer nutzergerechten Informationsdichte und Ergebnisdarstellung sowie übersichtlicher, selbsterklärender und intuitiver Benutzeroberflächen zum Ziel der alters- und kompetenzgerechten Systemnutzung als akzeptanzrelevant aufgenommen [vgl. Kompetenzförderlich- und Selbstbeschreibungsfähigkeit (Systemergonomie) 5.3.3]. Als weitere Aspekte der Systemergonomie wurden von den Experten Nutzerfeedback zu Konsequenzen angewandter Systemfunktionalitäten [vgl. Steuerbarkeit (Systemergonomie) 5.3.3], Korrekturmöglichkeiten fehlerhafter Systemeingaben [vgl. Fehlertoleranz (Systemergonomie) 5.3.3] sowie nutzergerechte Konfigurationsmöglichkeiten [vgl. Individualisierbarkeit (Systemergonomie) 5.3.3] als akzeptanzwirksam aufgeführt. Unter Adressierung der Wechselwirkungen zwischen dem betrachteten PPS-System sowie der bestehenden Prozess- und IT-Infrastruktur wurden einerseits die Verwendung wiedererkennbarer Symbole, Darstellungsformen und Prozess- bzw. Dialogführungen [vgl. Ein-, Ausgabe-, Dialog- und Funktionsschnittstellen (Kompatibilität) 5.3.4] hervorgehoben. Darüber hinaus wurde die Integration der Systemnutzung in bestehende Prozessabläufe sowie einzelner Systemfunktionalitäten in die bestehende IT-Infrastruktur als akzeptanzfördernd betont [vgl. Ein-, Ausgabe-, Dialog- und Funktionsschnittstellen (Kompatibilität) 5.3.4]. Unter Betrachtung unternehmensindividueller Anforderungen wurden in den Expertenworkshops der Fit der eingesetzten PPS-Systeme zu prozess- und organisationsspezifischen Eigenschaften sowie der hierdurch erzielte Nutzen für Unternehmen als akzeptanzrelevant dargestellt [vgl. Prozess- und Datenstruktur (Geschäftsprozess-Fit) 5.3.5]. Unter Betrachtung nutzerindividueller Anforderungen wurde weiterhin die Bedeutung des persönlichen Nutzens, etwa in Form einer durch Entscheidungsunterstützung gesteigerten Eigenverantwortung oder einer Automatisierung repetitiver Tätigkeit, als akzeptanzfördernd identifiziert. Ergänzt wurden die nutzerindividuellen Anforderungen um die Übereinstimmung des persönlichen Entlohnungssystems sowie der persönlichen Arbeitsabläufe mit der angedachten Systemnutzung [vgl. Aufgabenanforderungen und -ziele (Tätigkeitsrelevanz) 5.3.6]. Als Voraussetzungen der zielführenden Nutzung von PPS-Systemen und somit ebenfalls akzeptanzrelevant wurden von den Experten extensive Schulungen und persönliche Erfahrungen der Systemnutzung sowie die physische und digitale Zugänglichkeit der PPS-Systeme genannt [vgl. Steuerungsmöglichkeit, -fähigkeit und

-ressourcen (Verhaltenskontrolle) 5.3.8; Systemnutzung, Fehlerbehebung und Systemadaption (Support) 5.3.7]. Mit Einfluss auf die persönliche Innovationsbereitschaft insbesondere, im Zuge der Einführung neuer Systeme, wurden die Gestaltung einer offenen Fehlerkultur sowie die Förderung der intrinsischen Arbeitsmotivation von Arbeitspersonen als ausschlaggebend für die akzeptanzbasierte Nutzungsintention bestimmt [vgl. Innovationsfreude, Unsicherheit und Machtdistanz (Innovationsbereitschaft) 5.3.11]. Mit Bezug auf Einführungs- sowie Änderungsprozesse von PPS-Systemen wurden abschließend die Akzeptanz von Stakeholdern des direkten und indirekten Arbeitsumfeldes [vgl. direktes Arbeitsumfeld, Führungsebene und Unternehmenskultur (Subjektive Norm) 5.3.9] sowie die Kommunikation zu und Partizipationsmöglichkeiten an Entwicklungen des PPS-Systems diskutiert [vgl. Relevanz, Nachvollziehbarkeit, Widerspruchsfreiheit, Kommunikationsmittel, Zeitpunkt und Partizipation (Kommunikation) 5.3.10].

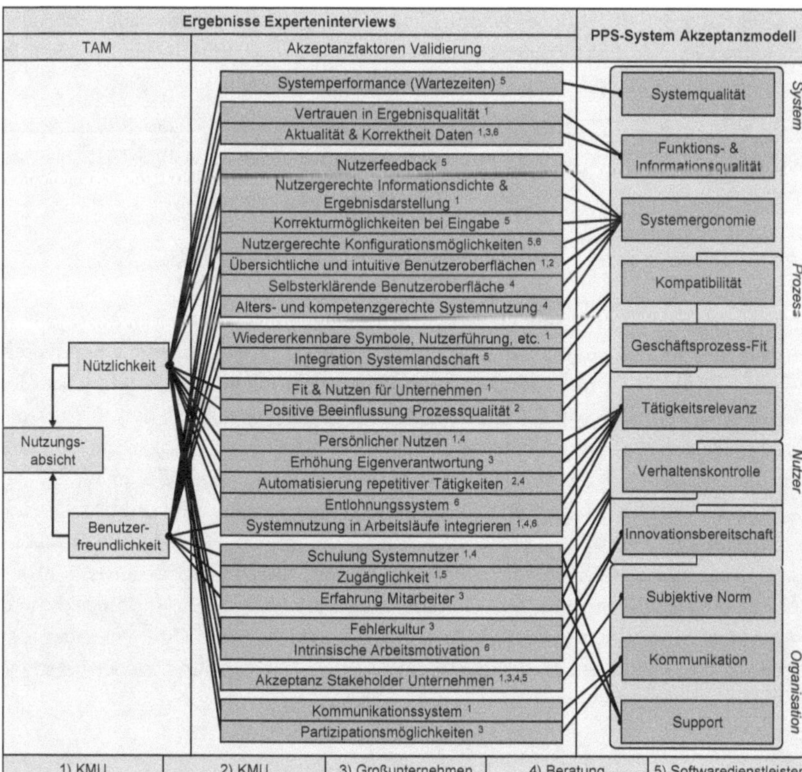

Abbildung 6-1: Ergebnisse Expertenworkshops

6.2 Anwendung der Methodik an Fallbeispielen

6.2.1 Fallbeispiel 1: Filterhersteller

6.2.1.1 Ausgangssituation

Bei dem in der ersten Fallstudie betrachteten Unternehmen handelt es sich um einen Filterhersteller, welcher in Einzel- und Kleinserie Filtrationslösungen von Flüssigkeiten und Gasen produziert. Die Wertschöpfung des Unternehmens erstreckt sich begonnen bei der kundenindividuellen Konstruktion über Prozesse der mechanischen Fertigung, Schweißtechnik und Montage der Filterlösungen bis hin zum anschließenden Service-Geschäft. Produktionsrelevante Prozessschritte wie Röntgenprüfungen oder Materialhärtung werden von externen Dienstleistern übernommen. Das Produktportfolio zeichnet sich neben Konfigurationsmöglichkeiten der genutzten Filtrationstechnik durch die kundenindividuelle Auslegung der Filterdimensionierung aus. Die gemäß dem Werkstattprinzip organisierte Produktion sieht sich daher der Bewältigung einer hohen und kundenindividuellen Variantenvielfalt gegenüber.

Zur Bewältigung der Unternehmensprozesse im Allgemeinen und der PPS im Speziellen kommen im betrachteten Unternehmen die nachfolgenden PPS-Systeme zum Einsatz:

- ERP-System von *abas*
- ME-System von *Hydra*
- APS-System von *etargis*

Die Systeme von *abas* als auch *etargis* sind zum Zeitpunkt der Fallstudie bereits seit mehreren Jahren in aktiver Nutzung und befinden sich in der Lebenszyklusphase der Weiterentwicklung. Das ME-System als System zum Gegenstand der Validierung wurde hingegen erst kürzlich dem Go-Live (< sechs Monate) unterzogen und befindet sich aufgrund dessen in der Lebenszyklusphase des Ramp-Ups. Der Einsatzbereich des ME-Systems erstreckt sich in der Fallstudie über den gesamten Produktionsbereich der mechanischen Fertigung, Schweißerei und Montage. Über das eigene Unternehmen hinaus findet das ME-System zudem Anwendung für die Prozesse eines externen Dienstleisters (Röntgenprüfung) sowie der unternehmensinternen Intralogistik und Personalabteilung. Der funktionale Anwendungsbereich umfasst die Aufgaben der Maschinen- und Betriebsdatenerfassung, der Auftragseinlastung und -steuerung sowie der Personaleinsatzplanung.

6.2.1.2 Ergebnisse der Akzeptanzbewertung

Die Fallstudie wurde gemeinsam mit dem Bereichsleiter der Schweißfertigung unter Bewertung sämtlicher Akzeptanzfaktoren durchgeführt. Die Ergebnisse in Form des analysierten Akzeptanzmodells finden sich in Abbildung 6-2 dargestellt. Auf die Analyse der einzelnen Akzeptanzfaktoren wird im Nachfolgenden eingegangen.

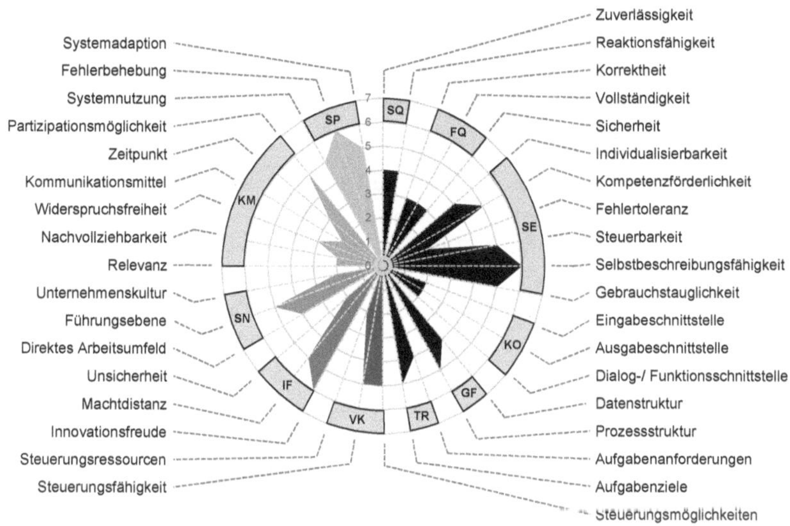

Abbildung 6-2: Analyse Akzeptanzmodell der Fallstudie Filterhersteller

Systemqualität (SQ)

Dem Akzeptanzfaktor der Systemqualität wurde ein Erfüllungsgrad von 66 % - bei Untersuchung der Merkmale der Zuverlässigkeit und Reaktionsfähigkeit - attestiert. Das Merkmal der Zuverlässigkeit weist ebenfalls einen Erfüllungsgrad von 66 % auf, wobei als wesentliche Einschränkungen bestehende Serverprobleme sowie der Umgang mit Systemupdates identifiziert wurden. Systemupdates werden demnach über den Zeitraum der produktionsfreien Tage des Wochenendes auf dem ME-System installiert, jedoch keiner anschließenden Funktionsprüfung unterzogen. In Konsequenz können durch Systemupdates induzierte Fehlfunktionen erst im Rahmen des operativen Betriebs identifiziert sowie einer anschließenden Fehlerbehebung unterzogen werden. Funktionalitäten des ME-Systems weisen über diesen Zeitraum sowie in Abhängigkeit des Ausmaßes der benötigten Fehlerbehebung eine eingeschränkte oder verhinderte Verfügbarkeit auf. Neben den hierdurch verursachten Einschränkungen im operativen Produktionsbetrieb entstehen zusätzliche Aufwände, bspw. verursacht durch nachträgliche Korrekturmaßnahmen von Buchungstransaktionen. Für die Reaktionsfähigkeit, als weiteres Merkmal der Zuverlässigkeit, wurde ebenfalls ein Erfüllungsgrad von 66 % erfasst. Während sich die grundsätzliche Bedienung des ME-Systems durch eine uneingeschränkte Reaktionsfähigkeit auszeichnet, ergeben sich Defizite insb. unter Betrachtung des Datentransfers. Sowohl der Transfer der weiterhin über das *abas* System initiierten und verwalteten Produktionsaufträge auf das ME-System als auch die anschließende Zuteilung der Produktionsaufträge auf die einzelnen Produktionsterminals kann mit jeweiligen Reaktionszeiten von 15-30 Minuten verbunden sein. Speziell für kurzfristige Änderungen der Produktionssteuerung ergeben sich hierdurch wesentliche Latenzzeiten.

Informations- und Funktionsqualität (FQ)

Der Akzeptanzfaktor der Informations- und Funktionsqualität wurde mit einem Erfüllungsgrad von 50 % – bei Untersuchung der Merkmale der Korrektheit, Vollständigkeit und Sicherheit – bewertet. Die Einschränkungen bei der Bewertung der Korrektheit (50 % Erfüllungsgrad) und Vollständigkeit (50 % Erfüllungsgrad), in Bezug auf die Informations- und Funktionsqualität, lassen sich auf Defizite der genutzten Stammdaten zurückzuführen. So weisen insb. die vorhandenen Arbeitspläne Mängel der Korrektheit hinsichtlich der Abfolge und zeitlichen Spezifikation von Prozessschritten sowie der Vollständigkeit abgebildeter Prozessschritte auf. In Konsequenz wird wiederholter manueller Aufwand zur Anpassung der systemseitigen Abfolge von Arbeitsschritten zur Einhaltung der Buchungsreihenfolge erforderlich. Aufgrund der hierdurch limitierten Qualität der Datenerfassung (bspw. Auftragsbuchung) zeichnen sich vor allem die auftragsbezogenen Datenauswertungen durch eine hohe Verzerrung und in Folge eine eingeschränkte Anwendung aus. Die Bewertung des Merkmals der Sicherheit (50 % Erfüllungsgrad) offenbart Defizite bei der Wahrnehmung des privaten Datenschutzes, speziell aus Perspektive der Shopfloor-nahen Arbeitspersonen, wohingegen die technische Datensicherheit allgemein als hoch eingeschätzt wird. Bezugspunkt der Bedenken des privaten Datenschutzes stellen Auftragsbuchungen unter separater Erfassung von Zeiten bspw. der Arbeitsvorbereitung, Prozessbearbeitung sowie der Nachbearbeitung dar. So äußern Arbeitspersonen Ängste einer falschen Leistungsbewertung, verursacht durch die eingeschränkte Datenqualität, unterzogen zu werden.

Systemergonomie (SE)

Der Akzeptanzfaktor der Systemergonomie wurde mit einem Erfüllungsgrad von 75 % – bei Untersuchung der Merkmale der Individualisierbarkeit, Kompetenzförderlichkeit, Fehlertoleranz, Steuerbarkeit, Selbstbeschreibungsfähigkeit und Gebrauchstauglichkeit – bewertet. Positiven Einfluss auf die Akzeptanzgestaltung haben hierbei insb. die Merkmale der Selbstbeschreibungsfähigkeit (100 % Erfüllungsgrad) sowie der Gebrauchstauglichkeit, Steuerbarkeit, Individualisierbarkeit und Kompetenzförderlichkeit (jeweils 83 % Erfüllungsgrad). Potenzial zur Verbesserung der Akzeptanz weist hingegen das Merkmal der Fehlertoleranz (33 % Erfüllungsgrad) auf. So gehen mit Korrekturmaßnahmen, bspw. zur Berichtigung fehlerhafter Auftragsbuchungen, erhebliche manuelle Aufwände seitens der IT-Fachabteilung einher. Korrekturmaßnahmen können hierbei nicht durch den entsprechenden Systemnutzer oder operative Fachabteilungen selbst vorgenommen werden, sondern gehen stets mit Eingriffen durch Administratoren in die Datenbanken des ME-Systems einher. Infolge der somit eingeschränkten Fehlertoleranz steigt für viele Arbeitspersonen die Unsicherheit im Umgang mit dem ME-System bzw. besteht die Gefahr eines Verlustes an Datenqualität aufgrund der operativen Vernachlässigung von Korrekturmaßnahmen.

Kompatibilität (KO)

Der Akzeptanzfaktor der Kompatibilität wurde mit einem Erfüllungsgrad von 33 % – bei Kompatibilitätsüberprüfung der Merkmale der Eingabe-, Ausgabe- sowie Dialog- und Funktionsschnittstelle – bewertet. Nachteilig für die Akzeptanzbildung gestaltet sich, dass die Kompatibilität des eingeführten ME-Systems in Abgleich mit dem bisher führenden IS (*abas*) gering ausfällt. So wurde im Rahmen der Systemimplementierung lediglich eine eingeschränkte Aggregation von Funktionalitäten zugunsten des ME-Systems vorgenommen, wodurch Arbeitspersonen auf die parallele Arbeit in zwei betrieblichen IS (ME- und ERP-System) angewiesen sind. Demnach erfolgt etwa die Materialdisposition sowie Freigabe von Produktionsaufträgen weiterhin in der ERP-Umgebung, wohingegen die weitere Einlastung und Steuerung von Aufträgen nun in der ME-Umgebung stattfinden. Auch unterscheidet sich der grundlegende Aufbau der vorherrschenden IS unter Betrachtung der Ein- und Ausgabeschnittstellen grundlegend voneinander. Systemnutzer sehen sich somit im Rahmen der Implementierungsphase der Herausforderung gegenüber, den Umgang eines in Bedienung und Darstellung neuartigen IS zu erlenen.

Geschäftsprozess-Fit (GF)

Der Akzeptanzfaktor des Geschäftsprozess-Fits wurde mit einem Erfüllungsgrad von 75 % – bei Untersuchung der Daten- und Prozessstruktur – bewertet. Potenzial zur Verbesserung der Akzeptanzgestaltung findet sich hierbei unter Betrachtung der Datenstruktur (66 % Erfüllungsgrad). So ermöglicht das Funktionsbündel des implementierten ME-Systems keine explizite Verwaltung von Chargen, demnach Arbeitspersonen zur Realisierung der Anforderungen des Geschäftsprozesses auf den Einsatz alternativer Schatten-IT angewiesen sind. Die Prozessstruktur (83 % Erfüllungsgrad) des ME-Systems weist einen hohen Geschäftsprozess-Fit und somit keinen akuten Anpassungsbedarf auf.

Tätigkeitsrelevanz (TR)

Der Akzeptanzfaktor der Tätigkeitsrelevanz wurde mit einem Erfüllungsgrad von 75 % – bei Untersuchung der Aufgabenanforderungen und -ziele – bewertet. Während die Bedeutung des ME-Systems für die eigene Zielerreichung als hoch eingeschätzt wird (83 % Erfüllungsgrad), zeigt sich angesichts der Erfüllung von Aufgabenanforderungen (66 % Erfüllungsgrad) weiterer Handlungsbedarf. Das ME-System ermöglicht so bspw. zum Zeitpunkt der Analyse keine parallelen Vergleichsansichten, etwa unter Abgleich verschiedener Arbeitssysteme. Die Simulation dieser für die Belegungsplanung erforderlichen Vergleichsansichten lässt sich lediglich über Abhilfe in Form mehrerer Lizenzen realisieren, steht jedoch nicht als native Systemfunktionalität zur Verfügung. Weitere Einschränkungen angesichts der Erfüllung von Aufgabenanforderungen der Produktionssteuerung bestehen hinsichtlich der Aggregation von Bezugsgrößen (Arbeitsplätze, Mitarbeiter, Produktionsaufträge etc.) als Grundlage individueller Datenauswertungen. So ermöglichen die Funktionalitäten des ME-Systems bspw. lediglich die Analyse individueller Arbeitsplätze gegenüber der Analyse ausgewählter Gruppen an Arbeitsplätzen.

Verhaltenskontrolle (VK)

Der Akzeptanzfaktor der Verhaltenskontrolle wurde mit einem Erfüllungsgrad von 67 % – bei Untersuchung der Steuerungsmöglichkeiten, -fähigkeiten und -ressourcen – bewertet. Während die Merkmale der Steuerungsmöglichkeiten sowie -fähigkeiten mit einem hohen Erfüllungsgrad von 83 % ausgewiesen wurden, so zeigen sich bei einem Erfüllungsgrad von 33 % Handlungsbedarfe angesichts der Verfügbarkeit von Steuerungsressourcen. Defizite offenbaren sich demnach bei der Verfügbarkeit von Nutzerlizenzen für das ME-System. Grundsätzlich wurde jedem potenziellen Systemnutzer bzw. Nutzerterminal in der Produktion eine eigene Nutzerlizenz zugewiesen. Aufgrund der bereits zuvor beschriebenen Anforderung vereinzelter Systemfunktionalitäten (bspw. Vergleichsansichten) nach mehreren, parallel genutzten Nutzerlizenzen wurden die persönlichen Lizenzen um ein Kontingent geteilter Lizenzen erweitert. Bedingt durch die personen- und bereichsübergreifende Nutzung dieser Lizenzen ergeben sich Engpässe bei der Verfügbarkeit benötigter Steuerungsressourcen in Form von Systemfunktionalitäten.

Innovationsbereitschaft (IF)

Der Akzeptanzfaktor der Innovationsbereitschaft wurde mit einem Erfüllungsgrad von 72 % – bei Untersuchung der Innovationsfreude, Machtdistanz und Unsicherheit – bewertet. Defizite bei der Analyse der Innovationsbereitschaft zeigen sich bei Betrachtung des Merkmals der Unsicherheit (33 % Erfüllungsgrad). Eine hohe Unsicherheit wird so insb. bei Arbeitspersonen Shopfloor-naher Bereiche, im Umgang mit neuartigen Prozessen oder digitalen Technologien ausgewiesen. Grund hierfür stellt die aus Perspektive vieler Arbeitspersonen nicht vorhandene Fehlerkultur der Organisation dar, dementsprechend Anwendungsfehler keinen konstruktiven Umgang erfahren, sondern zum Nachteil der jeweiligen Arbeitsperson ausgelegt werden. Kein akuter Handlungsbedarf wurde für die Merkmale der Machtdistanz (83 % Erfüllungsgrad) sowie der Innovationsfreude (100 % Erfüllungsgrad) nachgewiesen.

Subjektive Norm (SN)

Der Akzeptanzfaktor der subjektiven Norm wurde mit einem Erfüllungsgrad von 56 % – bei Untersuchung des direkten Arbeitsumfelds, der Führungsebene und der

Unternehmenskultur – bewertet. Positiver Einfluss auf die subjektive Norm und somit die Akzeptanz wird hierbei durch die Führungsebene (83 % Erfüllungsgrad) ausgewirkt. So wird der Einführung des ME-Systems auf Führungsebene eine hohe Bedeutung und Aufmerksamkeit beigemessen, wodurch dem für den Implementierungsprozess verantwortlichen Projektteam ausreichend Ressourcen und Befugnisse bereitgestellt werden. Die Ausprägung der subjektiven Norm auf Ebene des direkten Arbeitsumfelds (50 % Erfüllungsgrad) und der Unternehmenskultur (33 % Erfüllungsgrad) weist hingegen Handlungspotenzial auf. Der durch den Einsatz des ME-Systems erzielte Nutzen wird demnach auf Ebene der Shopfloor-nahen Arbeitspersonen nur bedingt wahrgenommen, wobei sich dieses Misstrauen bei Arbeitspersonen mit steigendem Alter stärker ausprägt. Zusätzliche Defizite zeigen sich unter Betrachtung der bereichsübergreifenden Unternehmenskultur. Der Nutzen des ME-Systems wird demnach selbst in produktionsnahen und an der PPS beteiligten Unternehmensbereichen wie dem Vertrieb nicht wahrgenommen. In Konsequenz zeichnet sich die Unternehmenskultur durch ein mangelndes Verständnis für die mit der Einführung des ME-Systems verbundenen Aufwände aus und wirkt somit negativen Einfluss auf die subjektive Norm.

Kommunikation (KM)

Der Akzeptanzfaktor der Kommunikation wurde mit einem Erfüllungsgrad von 47 % – bei Untersuchung der Merkmale der Relevanz, Nachvollziehbarkeit, Widerspruchsfreiheit, Kommunikationsmittel, Zeitpunkt und Partizipationsmöglichkeiten – bewertet. Als positiv auf die wahrgenommene Akzeptanz wurden im Rahmen der Kommunikation die Partizipationsmöglichkeiten (83 % Erfüllungsgrad) hervorgehoben. Arbeitspersonen sämtlicher Fachbereiche stehen demnach Möglichkeiten zur direkten oder indirekten, vertreten durch Bereichsvertreter, Partizipation an Anforderungs-, Entwicklungs- und Einführungsprozessen des ME-Systems zur Verfügung. Negativen Einfluss auf die wahrgenommene Akzeptanz hat demgegenüber die allgemeine Unternehmenskommunikation mit einem durchschnittlichen Erfüllungsgrad von 42 % über die Merkmale der Relevanz, Nachvollziehbarkeit, Widerspruchsfreiheit, Kommunikationsmittel und Zeitpunkt hinweg. Demnach zeigen sich Mängel sowohl bei der Auswahl und Vollständigkeit kommunizierter Informationen als auch bei den mit Betriebsversammlungen und Shopfloor-Meetings gewählten Kommunikationsmitteln und hierdurch meist verzögerten Informationsübermittlung.

Supportstrukturen (SP)

Der Akzeptanzfaktor der Supportstrukturen wurde mit einem Erfüllungsgrad von 89 % – bei Untersuchung des gewährten Supports im Rahmen der Systemnutzung, Fehlerbehebung und Systemadaption – bewertet. Als förderlich für die wahrgenommene Akzeptanz wurden regelmäßige Workshops zwischen Nutzergruppen und sog. Power-Usern zur Initiierung eines kontinuierlichen Erfahrungsaustauschs hervorgehoben. Arbeitspersonen ähnlichen Nutzerprofils können in diesen Workshops Fragen bzgl. der operativen Systemnutzung klären oder Best-Practice-Lösungen zum Umgang mit dem ME-System teilen. Ebenfalls mit positivem Einfluss auf die Akzeptanz wurde die Rolle der eigenen IT-Abteilung als Bestandteil der Supportstrukturen, insb. zur Unterstützung der Fehlerbehebung und Systemadaption, hervorgehoben. So ermöglicht eine dediziert für Angelegenheiten des ME-Systems verantwortete Arbeitsperson der IT-Abteilung unmittelbare und fachkompetente Unterstützung bei Anliegen von Systemnutzern.

6.2.1.3 Ableitung von Maßnahmen der Akzeptanzgestaltung

Für die Ableitung von Maßnahmen der Akzeptanzgestaltung wurden solche Akzeptanzfaktoren mit dem größten Verbesserungspotenzial, repräsentiert durch einen Erfüllungsgrad von ≤ 50 % betrachtet.

Informations- und Funktionsqualität (FQ)

Unter Analyse der in Unterkapitel 5.3.2.2 dargestellten Abhängigkeiten der Informations- und Funktionsqualität zeigt sich Potenzial für Maßnahmen im Bereich der Gestaltungsmerkmale des Akzeptanzsubjekts sowie -objekts. Defizite des als gering eingeschätzten persönlichen Datenschutzes lassen sich so etwa auf eine geringe Nutzererfahrung im Umgang mit *Hydra* sowie die eingeschränkte Transparenz über den Aufbau und Funktionalitäten des ME-Systems zurückführen. Handlungsbedarf besteht demzufolge, wie in Unterkapitel 5.4 für die Lebenszyklusphase des Ramp-Ups dargestellt, hinsichtlich Nachschulungen unter expliziter Adressierung der systeminternen und -übergreifenden Informationslogistik. Die identifizierten Defizite der Korrektheit und Vollständigkeit vorliegender Stammdaten lassen sich nach Analyse der Akzeptanzbewertung weniger auf Mängel der Buchungsdisziplin der jeweiligen Akzeptanzsubjekte, als vielmehr auf die als gering eingeschätzte Bedeutung einer hohen Datenqualität zurückführen. Das Unternehmen des Fallbeispiels zeichnet sich entsprechend durch unklare Verantwortlichkeiten hinsichtlich Administrationsaufgaben wie der Stammdatenpflege aus, infolgedessen fehlerhafte Arbeitspläne sowie Behelfslösungen in Form allgemeiner Buchungsvorlagen entstanden sind. So finden sich Entwicklungen des variantenreichen Produktportfolios nur teilweise in den Prozessfolgen und -spezifikationen entsprechender Arbeitspläne abgebildet. Als langfristige Maßnahme sollten Administrationsaufgaben, im Sinne der Stammdatenpflege, in die Tätigkeitsbeschreibung sämtlicher Arbeitspersonen mit Kontakt zu ME-System aufgenommen werden. Ferner sollten die Datenqualität als KPI in Führungs- und Kontrollmechanismen eingeführt und klare Verantwortlichkeiten für die Qualität einzelner Stammdaten, ergänzt um einen partizipativen Prozess zur transparenten Meldung fehlerhafter Datenpunkte, initiiert werden. Als kurzfristige Maßnahme im Rahmen der Lebenszyklusphase des Ramp-Ups sind zudem Aufwände der Datenbereinigung im Prozessschritt der Fehlerbehebung erforderlich.

Kompatibilität (KO)

Das eingesetzte ME-System zeichnet sich durch einen tabellarisch orientierten Aufbau aus, wodurch die intuitive und optische Kompatibilität zu den bestehenden IS (*abas*, *etargis* etc.) als gering eingeschätzt wird. Wie die Ergebnisse verdeutlichen, wurde in der früheren Lebenszyklusphase der Systemauswahl die Bedeutung der Kompatibilität (insb. angesichts der Ausgabe- und Dialogschnittstellen) des einzuführenden ME-Systems zu bestehenden IS als Auswahlfaktor gering priorisiert. Aufgrund der somit bestehenden Abweichungen des systemimmanenten Aufbaus von *Hydra* und *abas* sind jedoch Ergänzungsprogrammierungen zur Angleichung der Benutzerschnittstellen als kritisch zu sehen. Gründe hierfür liegen in der durch Ergänzungsprogrammierungen verursachten Komplexitäts- sowie Aufwandssteigerungen im Falle späterer Systemwartungen. Größeres Maßnahmenpotenzial in der befindlichen Ramp-Up-Phase weist hingegen die eingeschränkte Systemintegration auf. So wurden Integrationsdefizite insb. angesichts der Datenmigration identifiziert. Relevante Auftragsdaten werden größtenteils, jedoch nicht vollständig bzw. für den operativen Alltag ausreichend in *Hydra* abgebildet (bspw. Qualitätsdaten erfolgter Röntgenprüfungen). Nutzer sind in Konsequenz auf die parallele Nutzung sowohl des ERP- als auch des ME-Systems angewiesen, wodurch die geringe Kompatibilität zwischen beiden IS deutlicher erkennbar wird. Als Maßnahme der Performanceoptimierung (vgl. Unterkapitel 5.4) empfiehlt sich demzufolge, unter Adressierung des Akzeptanzobjektes (vgl. Unterkapitel 5.3.4.2), die Erweiterung der durch das ME-System abzubildenden Daten gemäß der Anforderungsanalyse bestehender Systemnutzer. Als Ziel der erweiterten Datenmigration lässt sich die Reduzierung der Anzahl der in den operativen Alltag einzubindenden betrieblichen IS festhalten. Konkret wurde im Fallbeispiel das Ziel formuliert, das System von *etargis* zugunsten erweiterbarer Funktionalitäten (Gantt-Chart) von *Hydra* abzulösen.

Kommunikation (KM)

Wie bereits in Unterkapitel 5.3.10.1 dargestellt, basiert die Unternehmenskommunikation primär auf den Kommunikationsmitteln quartalsmäßiger Betriebsversammlungen und wöchentlicher Shopfloor-Meetings. Nicht oder nur eingeschränkte Nutzung zu Informations- und Kommunikationszwecken finden digitale Medien, gleich online Wiki-Formaten oder Unternehmensnewsletter. Potenzial für Handlungsmaßnahmen ergeben sich demnach gemäß Unterkapitel 5.3.10.2 insb. für die Gestaltungsmerkmale des Akzeptanzkontexts, konkreter der betrieblichen Ebene. Als langfristige Maßnahmen der Nutzungs- und Weiterentwicklungsphase (vgl. Unterkapitel 5.4.5) sollte demnach eine Ausweitung der horizontalen und vertikalen Kommunikationssysteme erfolgen. Um dem Vorwurf der verzögerten und unvollständigen Informationskultur gerecht zu werden, können hierzu etwa Betriebsversammlungen um zeitnahe Informationsbereitstellungen mittels digitaler Newsletter ergänzt werden. Informationen lassen sich somit in höherer Dichte und höherer Frequenz zur gezielten Auswahl für

Arbeitspersonen zur Verfügung stellen, wodurch sich das Medium der Betriebsversammlung dem initialen Zweck der gezielten Informationsdarstellung verbunden mit interaktivem Austausch widmen kann. Als weitere Maßnahme sollte das Kommunikationsmittel der Shopfloor-Meetings in seiner bestehenden Form um Aspekte der horizontalen Kommunikationsstruktur ergänzt werden. So sollte sich der theoretische Aufbau von Shopfloor-Meetings über die gesamte Produktion, bzw. erweitert das gesamte Unternehmen (bspw. unter Einbindung von Vertriebsabteilungen), inkl. kaskadierender Einbindung sämtlicher Hierarchiestufen erstrecken. Ziel stellt hierbei sowohl die direkte Informationsvermittlung zwischen den einzelnen Fachabteilungen (horizontale Kommunikation) als auch zwischen hierarchischen Ebenen der Organisation (vertikale Kommunikation) dar, zum Zweck der koordinierenden, informierenden und klärenden Informationsvermittlung. Wie die Analyse der Akzeptanzfaktoren im Fallbeispiel zeigt, besteht insb. Handlungsbedarf nach eben jener Kaskadierung der einzelnen Shopfloor-Meetings zur aktiven Förderung des bereichsübergreifenden Austauschs.

6.2.2 Fallbeispiel 2: Elektronikhersteller

6.2.2.1 Ausgangssituation

Bei dem in der zweiten Fallstudie betrachteten Unternehmen handelt es sich um einen mittelständischen Hersteller von Lösungen der Mittelspannungstechnik. Die vorherrschende Fertigungsart ist gleich dem ersten Fallbeispiel in der Einzel- und Kleinserienfertigung verortet. Die hohe Fertigungstiefe am analysierten Standort erstreckt sich angefangen bei der kundenindividuellen Produktkonfiguration über die Herstellung verbauter Elektronikbaugruppen (bspw. Bestückung von Leiterplatten) bis hin zur Produktmontage. Während sich das Produktportfolio in funktionale Produktvarianten untergliedert, resultiert die wesentliche Variantenvielfalt aus einstellungsbedingten sowie geometrischen Produktkonfigurationen. Das Unternehmen der Fallstudie sieht sich zudem Komplexitäten aufgrund wiederholter, kundeninduzierter Auftragsänderungen gegenüber. Als wesentliches betriebliches IS zur Bewältigung der PPS setzt das Unternehmen auf den Einsatz ihres ERP-Systems des Anbieters *APplus* (AP+). Das ERP-System ist zum Zeitpunkt der Fallstudie bereits seit mehreren Jahren nach Abschluss des Ramp-Ups im Einsatz und befindet sich in der Lebenszyklusphase der Nutzung und Weiterentwicklung. Zur Erfüllung individueller Nutzeranforderungen sowie als Reaktion auf sich verändernde Unternehmensprozesse wurde das ERP-System einer Vielzahl an Ergänzungsprogrammierungen unterzogen.

6.2.2.2 Ergebnisse der Akzeptanzbewertung

Die Fallstudie wurde gemeinsam mit der für die unternehmensübergreifende Produktionssteuerung verantwortlichen Arbeitsperson unter Bewertung sämtlicher Akzeptanzfaktoren durchgeführt. Die Ergebnisse in Form des analysierten Akzeptanzmodells finden sich in Abbildung 6-3 dargestellt. Auf die Analyse der einzelnen Akzeptanzfaktoren wird im Nachfolgenden eingegangen.

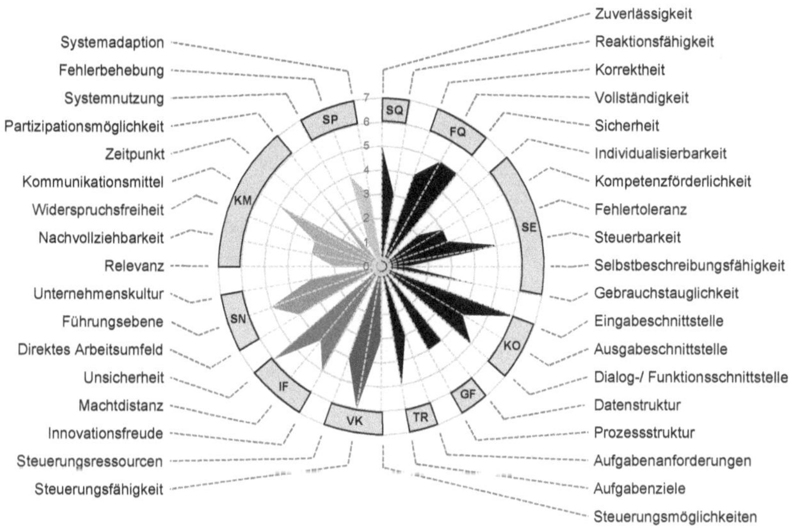

Abbildung 6-3: Analyse Akzeptanzmodell der Fallstudie Elektronikhersteller

Systemqualität (SQ)

Der Akzeptanzfaktor der Systemqualität wurde mit einem Erfüllungsgrad von 67 % – bei Untersuchung der Merkmale der Zuverlässigkeit sowie der Reaktionsfähigkeit – bewertet. Während die Zuverlässigkeit mit einem Erfüllungsgrad von 83 % als hoch eingeschätzt wurde, zeigen sich Defizite der Systemqualität unter Betrachtung der Reaktionsfähigkeit mit einem Erfüllungsgrad von lediglich 50 %. In operativer Nutzung äußert sich die eingeschränkte Reaktionsfähigkeit durch verzögerte Befehlseingaben sowie verhältnismäßig lange Rechenzeiten für Operationen (bspw. Reports) von mehreren Minuten. Weiterhin kann die schnelle sowie parallele Nutzung von Systemfunktionalitäten zu wiederholten Systemabstürzen führen.

Informations- und Funktionsqualität (FQ)

Der Akzeptanzfaktor der Informations- und Funktionsqualität wurde mit einem Erfüllungsgrad von 78 % – bei Untersuchung der Merkmale der Korrektheit, Vollständigkeit und Sicherheit – bewertet. Handlungsbedarf zeigt sich hierbei insb. angesichts dem mit 67 % Erfüllungsgrad am niedrigsten bewerteten Merkmal der Vollständigkeit der zugrundeliegenden Stammdaten. Wesentlicher Bestandteil der PPS im Unternehmen des Fallbeispiels stellt die Kapazitäts- und Auslastungsanalyse einzelner Produktionsbereiche in Abhängigkeit der jeweiligen Auftragslage dar. Basierend auf dieser Kapazitätsbewertung werden durch den Vertriebsinnendienst Kundenendtermine sowie die Auftragserzeugung veranlasst. Grundlage der Kapazitätsbewertung stellen detaillierte und mit Prozesszeiten hinterlegte Arbeitspläne dar, basierend auf welchen im Falle der Auftragseinlastung die kapazitive Belastung für die einzelnen Produktionsbereiche erfolgen kann. Während das gesamte Produktportfolio mit generischen Arbeitsplänen abgedeckt ist, so liegen zum Zeitpunkt der Fallstudie lediglich für High-Runner Produkte hoher Stückzahlen detaillierte Arbeitspläne inkl. feingranularer Prozesszeiten und dadurch eine verlässliche Kapazitätsbewertung vor. Aufgrund der zunehmenden Variantenvielfalt sowie der einhergehenden Segmentierung des Produktportfolios besteht jedoch wachsender Bedarf nach einer Ausweitung des Anteils dieser feingranularen Arbeitspläne.

Systemergonomie (SE)

Der Akzeptanzfaktor der Systemergonomie wurde mit einem Erfüllungsgrad von 50 % – bei Untersuchung der Merkmale der Individualisierbarkeit, Kompetenzförderlichkeit, Fehlertoleranz, Steuerbarkeit, Selbstbeschreibungsfähigkeit und Gebrauchstauglichkeit – bewertet. Eine mit 83 % Erfüllungsgrad vergleichsweise hohe Bewertung und somit kein Handlungsbedarf ergibt sich für das Merkmal der Steuerbarkeit. Größter Handlungsbedarf wurde hingegen für das Merkmal der Selbstbeschreibungsfähigkeit mit einem Erfüllungsgrad von lediglich 17 % identifiziert. So verfügt das ERP-System über keine, bzw. aufgrund nachträglicher Systemprogrammierungen lediglich überholte, systemimmanenten Erläuterungen oder Hilfestellungen. Ebenfalls erhebliche Defizite bestehen hinsichtlich der Individualisierbarkeit, welche lediglich unter Programmieraufwänden durch Systemadministratoren erfolgen kann und entsprechend mit einem Erfüllungsgrad von 33 % bewertet wurde. Weiterer Handlungsbedarf wurde für die Merkmale der Kompetenzförderlichkeit sowie Fehlertoleranz, mit jeweiligem Erfüllungsgrad von 50 %, ausgewiesen. Die Defizite der Kompetenzförderlichkeit lassen sich auf eine hohe Informationsflut (engl. information overload) und eine wenig intuitive Informationsdarstellung zurückführen. Auch kann die Informationsdarstellung aufgrund der eingeschränkten Individualisierbarkeit nur unter erheblichem Aufwand angepasst werden. Durch die Bewertung der Fehlertoleranz wurden weitere Mängel bzgl. Korrekturmöglichkeiten, u.a. bei fehlerhaften Materialbuchungen oder kundeninduzierten Auftragsänderungen, dargelegt. Entsprechend fehlerhafte Eingaben lassen sich bspw. im Falle falscher Materialentnahmen lediglich durch zusätzliche, korrigierende Zu- und Abbuchungen oder im Falle geänderter Auftragsquantitäten durch Löschen und erneutes Anlegen von Produktionsaufträgen bewältigen. Ebenfalls negativ auf die Fehlertoleranz wirkt sich der operative und papiergebundene Auftragsabwicklungsprozess aufgrund der eingeschränkten Transparenz eingesteuerter Auftragsänderungen aus. Als letztes Merkmal der Systemergonomie wurden für die Gebrauchstauglichkeit (67 % Erfüllungsgrad) gering priorisierter Handlungsbedarfe, bspw. durch unbeabsichtigte Bildschirmsperren nach wenigen Minuten Verweilzeit, identifiziert.

Kompatibilität (KO)

Der Akzeptanzfaktor der Kompatibilität wurde mit einem Erfüllungsgrad von 83 % – bei Kompatibilitätsüberprüfung der Merkmale der Eingabe-, Ausgabe- sowie Dialog- und Funktionsschnittstelle – bewertet. Aufgrund der limitierten Anzahl eingesetzter betrieblicher IS zeigen sich keine Kompatibilitätsbedenken angesichts der Eingabeschnittstelle des ERP-Systems. Auch wurde aufgrund der ausgeweiteten EDI-Schnittstellen zu Kunden und Lieferanten und der gängigen Einbindung in Outlook kein akuter Handlungsbedarf angesichts der Kompatibilität von Dialog- und Funktionsschnittstellen nachgewiesen. Bestehender Handlungsbedarf wurde hingegen unter Betrachtung der Ausgabeschnittstelle identifiziert. Demnach ermöglicht ein Teil der verfügbaren Systemfunktionalitäten die Informationsausgabe lediglich im PDF-Format im Gegensatz zum präferierten sowie auch teilweise verfügbaren Excel-Format.

Geschäftsprozess-Fit (GF)

Der Akzeptanzfaktor des Geschäftsprozess-Fits wurde mit einem Erfüllungsgrad von 67 % – bei Untersuchung der Merkmale der Daten- und Prozessstruktur – bewertet. Handlungspotenziale angesichts der Prozessstruktur (67 % Erfüllungsgrad) ergeben sich aus Defiziten im Rahmen der Erfassung auftragsspezifischer Seriennummern. Während die Seriennummern als Prozessschritt der elektronischen Konfiguration und somit in Vorbereitung auf die Montage vergeben werden, so können diese erst im Rahmen der versandtechnischen Auftragskommissionierung im ERP-System erfasst werden. In Konsequenz wird hierdurch die manuelle Erfassung der vergebenen Seriennummern auf den Auftragspapieren zur späteren Systemeingabe erforderlich. Weiteres Handlungspotenzial ergibt sich unter Betrachtung der Datenstruktur (67 % Erfüllungsgrad). So muss zur Abdeckung der für die Elektronikbaugruppen erforderlichen Chargenverwaltung auf eine eigens entwickelte Datenbank zurückgegriffen werden, da diese in der Datenstruktur der Materialverwaltung des ERP-Systems nicht vorgesehen ist.

Tätigkeitsrelevanz (TR)

Der Akzeptanzfaktor der Tätigkeitsrelevanz wurde mit einem Erfüllungsgrad von 67 % – bei Untersuchung der Merkmale der Aufgabenanforderungen und -ziele – bewertet. Größtes Handlungspotenzial weist die Erfüllung der Aufgabenanforderungen mit einem Erfüllungsgrad von 50 % auf. Zurückführen lassen sich die Defizite auf die systemseitig nur eingeschränkte Abbildung des operativen Auftragsfreigabeprozesses. Demnach findet insb. die dispositive Überprüfung freizugebender Aufträge keine Unterstützung durch das ERP-System. Nach erfolgtem Angebots- und

Auftragsprozess durch den Vertriebsinnendienst erfolgt im ERP-System eine automatisierte Freigabe korrespondierender Produktionsaufträge, wodurch die dispositive Überprüfung sowie die operative Auftragsfreigabe durch die Produktionssteuerung auf Grundlage alternativer Excel-Listen erforderlich wird. Auch bedingt die vorliegende Entkopplung der Auftragsfreigabe vom datenführenden IS einen kontinuierlichen und manuellen Abgleich mit dem ERP-System hinsichtlich erfolgter Auftragsänderungen sowie -einlastungen. Trotz der eingeschränkten Erfüllung der Aufgabenanforderungen stellt das ERP-System als datenführendes IS einen wesentlichen Bestandteil der PPS-Prozesse dar. Die Bedeutung des ERP-Systems für die PPS und somit die Erfüllung der Aufgabenziele wurde mit einem Erfüllungsgrad von 83 % entsprechend hoch bewertet.

Verhaltenskontrolle (VK)

Der Akzeptanzfaktor der Verhaltenskontrolle wurde mit einem Erfüllungsgrad von 72 % – bei Untersuchung der Merkmale der Steuerungsmöglichkeiten, -fähigkeiten und -ressourcen – bewertet. Wesentlicher Handlungsbedarf wurde hierbei insb. für die Merkmale der Steuerungsmöglichkeiten (50 % Erfüllungsgrad) sowie Steuerungsressourcen (67 % Erfüllungsgrad) identifiziert. Während durch die Akzeptanzfaktoren des Geschäftsprozess-Fits sowie der Tätigkeitsrelevanz die Eignung der Systemfunktionalitäten und -prozesse in Anbetracht der Unternehmensprozesse sowie eigenen Aufgaben analysiert wird, so gibt die Bewertung der Steuerungsmöglichkeiten Aufschluss über die Beschaffenheit der operativen Prozesse an sich. Als wesentliches Defizit wurde im Fallbeispiel die Losgrößenbildung identifiziert, welche unter Aggregation mehrerer Aufträge erfolgt und somit die Steuerung einzelner Kundenaufträge verhindert. Weiterer Handlungsbedarf konnte hinsichtlich der verfügbaren Steuerungsressourcen herausgestellt werden. So stehen die zur Datenpflege erforderlichen Rechte der Korrektur von Stammdaten lediglich der IT-Fachabteilung zur Verfügung. Im Falle des Korrekturbedarfs von Stammdaten müssen demnach Änderungsanträge, unter zeitlicher Verzögerung, durch die Arbeitspersonen der PPS an die IT-Fachabteilung initiiert werden, wobei durch die IT-Fachabteilung lediglich eine operative Umsetzung entgegen einer inhaltlichen Prüfung erfolgt.

Innovationsbereitschaft (IF)

Der Akzeptanzfaktor der Innovationsbereitschaft wurde mit einem Erfüllungsgrad von 83 % – bei Untersuchung der Merkmale der Innovationsfreude, Machtdistanz und Unsicherheit – bewertet. Hohe Erfüllungsgrade und entsprechend keine Handlungsbedarfe wurden für die Merkmale der Unsicherheit (100 % Erfüllungsgrad) und Innovationsfreude (83 % Erfüllungsgrad) attestiert. Defizite wurden für das Merkmal der Machtdistanz identifiziert (67 % Erfüllungsgrad). Demnach wird innovatives Handeln von Arbeitspersonen nur eingeschränkt durch die Unternehmensführung als Leistungsmerkmal wahrgenommen und in der hierarchischen Organisation berücksichtigt.

Subjektive Norm (SN)

Der Akzeptanzfaktor der subjektiven Norm wurde mit einem Erfüllungsgrad von 67 % – bei Untersuchung der subjektiven Norm durch das direkte Arbeitsumfeld, die Führungsebene und die Unternehmenskultur – bewertet. Wesentliche Mängel wurden für die Merkmale der subjektiven Norm des direkten Arbeitsumfelds (67 % Erfüllungsgrad) sowie der Unternehmenskultur (50 % Erfüllungsgrad) identifiziert. Die Analyse der Akzeptanzfaktoren zeigt demnach, dass durch das direkte und somit produktionsnahe Arbeitsumfeld insb. die Benutzerfreundlichkeit des ERP-Systems (vgl. Bewertung Kompetenzförderlichkeit) als gering im Verhältnis zum wahrgenommenen Nutzen eingeschätzt wird. Auch werden Aufwände der Einführung bzw. Anpassung betrieblicher IS aus Sicht der Unternehmenskultur meist als Hürde im Gegensatz zu Potenzial wahrgenommen.

Kommunikation (KM)

Der Akzeptanzfaktor der Kommunikation wurde mit einem Erfüllungsgrad von 50 % – bei Untersuchung der Merkmale der Relevanz, Nachvollziehbarkeit, Widerspruchsfreiheit, Kommunikationsmittel, Zeitpunkt und Partizipationsmöglichkeit – bewertet. Die größten Defizite ergeben sich für die Kommunikationsmerkmale des Zeitpunkts (17 % Erfüllungsgrad) sowie der Relevanz (33 % Erfüllungsgrad). Wie die Analyse der Akzeptanzfaktoren zeigt, werden Informationen in der Regel bereits vor der offiziellen Unternehmenskommunikation geteilt oder werden durch diese erst nach geeigneter Partizipationsmöglichkeit veröffentlicht. Auch werden die adressatengerechte Auswahl und somit die Relevanz der kommunizierten Informationen als unzureichend wahrgenommen. Resultierend aus der unzulänglich adressatengerechten Informationsdarstellung und der mitunter verzögerten -übermittlung wurden die Merkmale der Nachvollziehbarkeit und Widerspruchsfreiheit ebenfalls als defizitär bewertet (je 50 % Erfüllungsgrad). Die Verzögerung insbesondere der offiziellen Unternehmenskommunikation führt hierbei zu vorzeitigen Informationsverlusten und in Folge zur Verbreitung fehlerhafter Sachverhalte. Die Merkmale der Partizipationsmöglichkeiten (67 % Erfüllungsgrad) und der gewählten Kommunikationsmittel (83 % Erfüllungsgrad) weisen im Fallbeispiel hingegen ein geringes Handlungspotenzial auf, wobei die Wahrnehmung der Partizipationsmöglichkeiten jedoch durch die verzögerte Kommunikation nachteilig beeinflusst wird.

Supportstrukturen (SP)

Der Akzeptanzfaktor der Supportstrukturen wurde mit einem Erfüllungsgrad von 44 % – bei Untersuchung des gewährten Supports im Rahmen der Systemnutzung, Fehlerbehebung und Systemadaption – bewertet. Die Analyse der einzelnen Merkmale zeigt, dass vordergründig Bedarfe des Nutzersupports von Arbeitspersonen im Rahmen der operativen Systemnutzung (17 % Erfüllungsgrad) nicht adressiert werden. Arbeitspersonen steht so weder operativer Support durch die systemverantwortliche IT-Fachabteilung noch Unterstützung durch das System selbst (vgl. Systemergonomie) zur Verfügung. Als weitere Merkmale weisen ebenfalls die Supportstrukturen im Rahmen der Fehlerbehebung (67 % Erfüllungsgrad) und der Systemadaption (50 % Erfüllungsgrad) Handlungsbedarf auf. Entgegen der Systemnutzung wird der Support der Fehlerbehebung durch die IT-Fachabteilung übernommen, wobei Fehlerzustände ausschließlich auf Grundlage von E-Mails erfasst werden können. Mängel zeigen sich hierbei angesichts der fehlenden Transparenz über offene Fehlermeldungen und deren Bearbeitungsstatus sowie angesichts der Dauer bzw. der fehlenden Abschätzung der zur Bearbeitung benötigten Zeitaufwände. Die Defizite des Supports im Zuge der Systemadaption resultieren aus einem fehlenden aktiven Änderungsmanagement. So wurden in der Vergangenheit mittels Unterstützung durch einen externen IT-Dienstleister weitreichende Ergänzungsprogrammierungen vorgenommen. Aufgrund einer fehlenden Änderungshistorie sowie der nicht vorhandenen langfristigen IT-Strategie für den Einsatz des ERP-Systems treten jedoch wiederholt Systemkonflikte im Rahmen von Systemupdates und Wartungsmaßnahen auf.

6.2.2.3 Ableitung von Maßnahmen der Akzeptanzgestaltung

Für die Ableitung von Maßnahmen der Akzeptanzgestaltung wurden solche Akzeptanzfaktoren mit dem größten Verbesserungspotenzial, repräsentiert durch einen Erfüllungsgrad von ≤ 50 %, betrachtet.

Systemergonomie (SE)

Unter Analyse der in Unterkapitel 5.3.3 dargestellten Abhängigkeiten der Systemergonomie zeigen sich Handlungspotenziale für die Gestaltungsmerkmale des Akzeptanzobjekts und -kontexts. Adressiert werden sollten die analysierten Defizite der Gebrauchstauglichkeit (Bildschirmsperre etc.) und der Selbstbeschreibungsfähigkeit (Aktualität von Prozessbeschreibungen, Mouse-Overs etc.) durch Systemkonfigurationen als Aufgabenbestandteil der Softwarewartung. Zur Sicherstellung einer nachhaltigen Selbstbeschreibungsfähigkeit sollten zudem die Verantwortlichkeiten der Pflege beschreibender Systemfunktionalitäten in die Tätigkeitsbeschreibungen der PPS-nahen Arbeitspersonen im Zuge des organisationalen Re-Engineerings aufgenommen werden. Ebenfalls Berücksichtigung in der Systemwartung sollten die identifizierten Mängel der kompetenzförderlichen Informationsdarstellung finden. Zu prüfen gilt es hierbei, inwiefern durch bestehende Konfigurationsmöglichkeiten die Informationsdichte sowie das Darstellungsformat zum Ziel einer höheren Nutzerorientierung angepasst werden können. Im Falle unzulänglicher Konfigurationsmöglichkeiten müssen größere Adaptionen als Ergänzungsprogrammierungen oder Releasewechsel im Rahmen des System-Re-Engineerings adressiert werden. In beiden Fällen sollte ein kontinuierliches Anforderungsmanagement durch enge Kooperation der IT- und PPS-Fachabteilungen zur konkreten Spezifikation benötigter Informationsdarstellungen genutzt werden. Als weiterer Bestandteil der Systemergonomie wurden auch für die Individualisierbarkeit Defizite aufgenommen. Während das Funktionsspektrum von PPS-Systemen durch Ergänzungsprogrammierungen erweitert bzw. adaptiert werden kann, so stellen die Individualisiermöglichkeiten meist systemimmanente Eigenschaften dar, welche lediglich durch Releasewechsel oder Systemmigrationen beeinflusst werden können. Entsprechend wurde im Fallbeispiel eine Analyse der vorliegenden Releasestrukturen vorgenommen, in deren Konsequenz mit dem neuen Geschäftsjahr ein Wechsel der bestehenden *APplus* Version 6.2 auf Version 7.1 vorgenommen wird. Als abschließendes Merkmal kann die als gering bewertete Fehlertoleranz sowohl über operative als auch systemische Prozessadaptionen adressiert werden. So lassen sich die identifizierten Einschränkungen des PPS-Systems zur Korrektur fehlerhafter Buchungsvorgänge oder geänderter Aufträge als Bestandteil des Prozessschrittes des System-Re-Engineerings in Form von Ergänzungsprogrammierungen beheben. Die Mängel der eingeschränkten Transparenz des papierbasierten Auftragsabwicklungsprozesses können hingegen im Rahmen des Prozesses als auch des System-Re-Engineerings beseitigt werden. Demnach basiert der Auftragsabwicklungsprozess des Unternehmens im Fallbeispiel auf der operativen Auftragsfreigabe unter Ausgabe papierbasierter Laufkarten. Erforderliche Auftragsanpassungen und die hieraus resultierenden Steuerungsmaßnahmen müssen unter erneutem Druck und Austausch betroffener Laufkarten erfolgen. Die manuelle Einsteuerung von Auftragsänderungen zeichnet sich in Folge durch Latenzen sowie eine erhöhte Fehleranfälligkeit aufgrund veralteter Laufkarten in der Produktion aus. Als Maßnahme zur Verbesserung der Fehlertoleranz wurde im Rahmen der Validierung die Ergänzung des papierbasierten Prozesses durch eine systemgestützte Darstellung der Auftragsinhalte erfasst. Entsprechend können durch Scans der Laufkarten zu Beginn der Auftragsbearbeitung an den jeweiligen Arbeitsstationen der Auftragsstatus sowie Details zu Auftragsinhalten aufgerufen und Änderungen abgebildet werden. Aufgrund der einhergehenden Reduzierung der auf den physischen Laufkarten enthaltenen Informationen können diese zudem auch im Änderungsfall weiterhin genutzt werden.

Kommunikation (KM)

Die Kommunikation im Unternehmen des Fallbeispiels erfolgt auf Grundlage kaskadierender Shopfloor-Meetings, halbjähriger Betriebsversammlungen sowie auf bilateralem Austausch. Die Shopfloor-Meetings erstrecken sich hierbei einer strikten Kaskade folgend vom Produktionsbereich, unter Einschluss sämtlicher Arbeitspersonen des Shopfloors, über den Vertrieb bis hin zur kaufmännischen und technischen Geschäftsleitung. Die gelebte Umsetzung des Kommunikationsmittels der Shopfloor-Meetings weist somit sowohl horizontale als auch vertikale Eigenschaften auf, entsprechend wurde unter Bewertung der Akzeptanzfaktoren die Eignung des gewählten Kommunikationsmittels zur Adressierung operativer Sachverhalte als hoch eingestuft.

Handlungsbedarf resultiert hingegen angesichts der Kommunikation von Informationen abseits des operativen Tagesgeschäfts, bspw. mit Inhalt zu längerfristigen Verbesserungs- und Entwicklungsprojekten, welche zum Zeitpunkt der Analyse primär im Rahmen von halbjährigen Betriebsversammlungen erfolgt. In Konsequenz dieses Vorgehens wird kritisiert, dass Informationen zu entsprechenden Projekten zu spät sowie in unzureichendem Umfang kommuniziert werden, wodurch Arbeitspersonen die Möglichkeit zur rechtzeigen Partizipation verwehrt bleibt. Unter Analyse der in Unterkapitel 5.3.10.1 dargestellten Abhängigkeiten wurden im Fallbeispiel Handlungspotenziale im Bereich der Gestaltungsmerkmale des Akzeptanzkontexts und -objekts zur Umsetzung im Rahmen eines prozessualen, organisationalen und systemischen Re-Engineerings diskutiert. Konkret zeigen sich zunächst Potenziale zur Ausweitung des Shopfloor-Managements als transformationales Führungsinstrument. So wird im Rahmen der täglichen Shopfloor-Meetings auf die strikte Einhaltung einer zeitlichen Begrenzung von 10 Minuten zur Förderung effizienter Kommunikationswege geachtet. Die bestehende Kommunikationsstruktur sollte demnach um ein verlängertes wöchentliches bzw. monatliches Shopfloor-Meeting unter Ausweitung kommunikationsrelevanter Inhalte ergänzt werden. Zudem sollte eine organisationale Ausweitung der Shopfloor-Meetings auf Entwicklungs- und IT-Bereiche zur Förderung einer ganzheitlichen Unternehmenskommunikation und zur Reduzierung widersprüchlicher Informationsstände erfolgen. Als weiteres Defizit der Kommunikation im Zusammenhang mit dem Einsatz von PPS-Systemen wurde die bestehende Intransparenz im Rahmen des systembezogenen Änderungsmanagements identifiziert. Ergänzungsprogrammierungen werden demzufolge durch die einzelnen Fachabteilungen initiiert und von einem externen Dienstleister, jedoch in Ermangelung eines zentralen Änderungsmanagements, umgesetzt. Zur Verbesserung der Transparenz erfolgter sowie geplanter Systemanpassungen sollte demnach die Einführung einer systemimmanenten Änderungshistorie und eines formalisierten Änderungsprozesses betrachtet werden. In Anlehnung an die erweiterte Struktur der Shopfloor-Meetings kann letzterer, unter kontinuierlicher Tagung bereichsübergreifender Stakeholder, für eine gemeinsame Validierung, Priorisierung und Initiierung bestehender Änderungsvorschläge sorgen.

Supportstrukturen (SP)

Der größte Handlungsbedarf unter Analyse der Supportstrukturen besteht angesichts der Unterstützung der Systemnutzung. Die vorliegenden Supportstrukturen bestehen primär aus personellem Support, wobei sowohl die IT-Fachabteilung als auch externe Supportstrukturen ausschließlich im Rahmen der Fehlerbehebung und der Systemadaption Einsatz finden. Für die individuelle Unterstützung im Rahmen der Systemnutzung trägt hingegen lediglich eine Arbeitsperson als Key-User die Verantwortung im Unternehmen. In Konsequenz zeigen sich sowohl Defizite im Rahmen des verfügbaren Schulungsangebots als auch der Unterstützung bzgl. operativer Fragestellungen.

Unter Analyse der in Unterkapitel 5.3.7 dargestellten Abhängigkeiten wurden im Fallbeispiel Handlungspotenziale im Bereich der Gestaltungsmerkmale des Akzeptanzkontexts, -subjekts und -objekts, zur Umsetzung im Rahmen eines organisationalen und systemischen Re-Engineerings sowie des Anwendungsmanagements diskutiert. So kann durch die Ausweitung des Schulungsangebots, in anfänglicher Unterstützung durch externe Supportstrukturen, die Ausbildung zusätzlicher bereichsspezifischer Key-User gefördert werden. Auf Grundlage des somit erweiterten und differenzierten Nutzerkreises bietet sich die Einführung wiederkehrender Workshops in Form von Nutzerkreisen als selbstkoordinierendes Format eines freien Austauschs zu Best-Practice-Lösungen und Hindernissen an. Erweiternd bestehen oftmals auch Möglichkeiten zur Teilnahme an unternehmensübergreifenden Nutzerkreisen, meist koordiniert durch Systemanbieter. Ebenfalls mit Einfluss auf den technischen Support der Systemnutzung wurde die Erhöhung der Selbstbeschreibungsfähigkeit bereits im Zuge der Systemergonomie adressiert. Die identifizierten Defizite bei der Unterstützung der Systemadaption lassen sich, wie bereits in der Akzeptanzbewertung ausgeführt, auf die fehlende Administration von Anpassungen des ERP-Systems aus ganzheitlicher Perspektive des Unternehmens zurückführen. Entsprechende Maßnahmen zur Koordination und holistischen Ausrichtung von Änderungen wurden mit Einführung eines formalen Änderungsmanagements bereits als Bestandteil der Kommunikation spezifiziert. Abschließend wurden unter Analyse der Supportstrukturen Defizite hinsichtlich der zur Fehlerbehebung benötigten Dauer und Transparenz zu Bearbeitungsständen zu behebender Fehler dargestellt. Als technische Handlungsmaßnahme wurde hierzu die Einführung eines formellen Ticketing-Systems (bspw. *Jira*) diskutiert, mittels welchem sämtliche Systemnutzer Fehlermeldungen erfassen und zur transparenten Bearbeitung an verantwortliche Arbeitspersonen weiterleiten können. Weiterer Vorteil des Einsatzes entsprechender Planungstools stellt die Fähigkeit zur gegenseitigen Priorisierung und somit zur zielgerichteten sowie beschleunigten Bearbeitung von Fehlermeldungen dar. Gegeben dem Fall der weiterhin verzögerten Fehlerbehebung können als weitere Maßnahmen die Ausweitung der personellen Unterstützung in Form interner und externer Supportstrukturen initiiert werden.

6.2.3 Kritische Reflexion der praktischen Anwendung

Durch die Anwendung der in Kapitel 4 konzipierten und Kapitel 5 detaillierten Methodik im industriellen Umfeld zweier Fallbeispiele konnte der entwickelte Ansatz der vorliegenden Forschungsarbeit validiert sowie die Praxistauglichkeit nachgewiesen werden. Zu Abschluss der Arbeit soll eine kritische Reflexion der Forschungsergebnisse unter Analyse der in Unterkapitel 4.1 abgeleiteten Anforderungen an die Methodik erfolgen.

Resultierend aus der Zielsetzung der Forschungsarbeit wurde die inhaltliche Anforderung nach der Konzeption einer akzeptanzbasierten Methodik zur Steigerung der sozio-technischen Problemlösungsfähigkeit von PPS-Systemen abgeleitet. Die Erfüllung der entsprechenden Anforderung bestätigt sich durch die Anwendung der Methodik im industriellen Kontext zweier produzierender Unternehmen sowie der erfolgreichen und individuellen Ableitung von Maßnahmen zur Akzeptanzsteigerung (vgl. Unterkapitel 6.2.). In Konkretisierung der allgemeinen Zielstellung der Methodik wurden weitere Anforderungen aus Perspektive der industriellen Anwendbarkeit formuliert. So soll durch die Methodik eine robuste Unterstützung der Problemlösungsfähigkeit in der Produktionssteuerung ermöglicht werden. Zur Erfüllung der entsprechenden Anforderung wurden die Entwicklung der für die Methodik benötigten Modelle unter Abbildung der Spezifikationen der Produktionssteuerung, wie in Kapitel 2 dargestellt, vorgenommen. Die spezifischen Gestaltungsmerkmale, unter konkreter Darstellung der Produktionssteuerung, wurden entsprechend in Unterkapitel 5.2 über die Ableitung des sozio-technischen Akzeptanzrahmens spezifiziert und anhand der Fallbeispiele in Unterkapitel 6.2 validiert. So wurden anhand des Akzeptanzsubjekts, -objekts und -kontexts bspw. die steuerungsrelevanten Arbeitspersonen sowie deren Aufgabenfelder und -bedingungen sowie hierbei eingesetzte PPS-Systeme zur weiteren Berücksichtigung in der Methodik modelliert. Als weitere praxisrelevante Anforderung wurde die Entwicklung eines spezifischen Akzeptanzmodells zur Prognose der Nutzerakzeptanz im Umgang mit PPS-Systemen identifiziert. Dieser Anforderung nach einem anwendungsspezifischen Akzeptanzmodell wurde mittels der Durchführung einer Meta-Analyse (vgl. Unterkapitel 5.1) sowie der ergänzenden Validierung mittels Expertenworkshop (vgl. Unterkapitel 6.1) Rechnung getragen. Als Grundlage der Meta-Analyse wurden unter Recherche bestehender Forschungsergebnisse zunächst solche Akzeptanzfaktoren identifiziert und analysiert, welche bereits im Zusammenhang mit dem Einsatz von PPS-Systemen als relevant getestet werden konnten. Aufgrund der Widersprüchlichkeit der hierbei aufgenommenen Datengrundlage wurde durch Einsatz der Meta-Analyse ein aggregiertes Akzeptanzmodell unter Abbildung der Nutzung von PPS-Systemen entwickelt. Die Anforderung nach einer anwendungsspezifischen Modellierung von Akzeptanzfaktoren in Abhängigkeit sozio-technischer Wechselwirkungen wurde durch die in Unterkapitel 5.3 dargestellten Abhängigkeitsanalysen sowie die fallspezifische Anwendung und Validierung in Unterkapitel 6.2 erfüllt. So wurden die identifizierten Akzeptanzfaktoren (vgl. Unterkapitel 5.1) einer individuellen Modellierung in Abhängigkeit der für die Produktionssteuerung spezifischen Gestaltungsmerkmale (vgl. Unterkapitel 5.2) unterzogen. Durch die somit erfolgte transparente Darstellung potenzieller Ursachen defizitärer Akzeptanzzustände wurde die Basis der anschließenden akzeptanzbasierten Lebenszyklusgestaltung (vgl. Unterkapitel 5.4) geschaffen. Auf Grundlage der prozessualen Ausgestaltung sowie Zuordnung von Akzeptanzfaktoren und Gestaltungsmaßnahmen je individueller Lebenszyklusphase wurde auch den beiden abschließenden Praxisanforderungen nach einer Berücksichtigung von IS-Lebenszyklusmodellen und einer Ableitung von Maßnahmen zur Beeinflussung von Akzeptanzfaktoren Rechnung getragen.

In Erweiterung der inhaltlichen wurden ebenfalls formale Anforderungen (vgl. Unterkapitel 4.1.2) im Rahmen der Entwicklung der Methodik berücksichtigt. So wurde die empirische Richtigkeit einerseits durch die Wahl eines quantitativen Ansatzes in Form der Meta-Analyse berücksichtigt, demnach als Grundlage der erzielten Ergebnisse empirisch validierte Daten genutzt wurden. Andererseits wurde die empirische sowie formale Richtigkeit der Ergebnisse durch die zweischritte Validierung in Form mehrteiliger Experteninterviews (vgl. Unterkapitel 6.1) sowie Fallstudien (vgl. Unterkapitel 6.2) sichergestellt. Die anwendungsorientierten Anforderungen an die Methodik, in Form einer sicherzustellenden Produktivität, Handhabbarkeit sowie einem geringen Aufwand, wurden durch das in Unterkapitel 5.5 entwickelte Vorgehen sichergestellt. So wurde die Methodik zur operativen Anwendung in ein mehrschrittiges und toolgestütztes Vorgehen überführt, dessen Handhabbarkeit in Rahmen der Fallbeispiele bestätigt werden konnte.

7 Zusammenfassung

Aufgrund steigender Kundenanforderungen und intensivierender Wettbewerbssituationen stehen produzierende Unternehmen vor wachsenden Herausforderungen bei der Bewältigung ihrer Auftragsabwicklung. Der Arbeitsalltag vieler Arbeitspersonen zeichnet sich durch komplexe Entscheidungssituationen bei zunehmendem Zeitdruck aus. Hiervon betroffen ist insbesondere der Aufgabenbereich der Produktionsplanung und -steuerung (PPS). Um der Aufgabenkomplexität gerecht zu werden, setzen Unternehmen auf die Potenziale von Informationssystemen (IS) im täglichen Entscheidungsprozess. Entgegen Leistungsversprechen, bleibt der Nutzen eingesetzter IS häufig hinter den Erwartungen zurück. Ursachen hierfür liegen in unterschätzten Herausforderungen der Nutzerakzeptanz.

So verdeutlicht die Analyse der praxisrelevanten Herausforderungen in Kapitel 2 Bedarf nach einer systematischen Identifikation von Akzeptanzfaktoren zur modellbasierten Prognose des IS-Nutzerverhaltens unter Berücksichtigung steuerungsspezifischer Entscheidungssituationen und Stakeholder. Die anschließende Modellierung der Akzeptanzfaktoren muss, in Abhängigkeit des sozio-technischen Akzeptanzrahmens, unter Abbildung des Akzeptanzsubjekts, -objekts und -kontexts erfolgen. Zum Ziel einer hohen Praxisorientierung ist weiterhin die Spezifikation von Maßnahmen zur Beeinflussung der akzeptanzbasierten Nutzung von Informationssystemen erforderlich. Die entsprechenden Akzeptanzfaktoren und Maßnahmen erfordern eine beeinflussungsgerechte Verortung in den Lebenszyklusabschnitten der Pre- und Post-Implementierungsphase.

Die Gegenüberstellung der praxisrelevanten Herausforderungen mit Ansätzen des Stands der Technik in Kapitel 3 verdeutlicht einen Mangel an Forschungsansätzen zur ganzheitlichen Erhebung, Analyse und Gestaltung der Nutzerakzeptanz im Zusammenhang mit IS in der PPS. Nicht beantwortet bleiben Fragen nach den wesentlichen Auslösern für die fehlende Akzeptanz sowie Forderungen nach einem Vorgehen zur Steigerung der individuellen Akzeptanz durch die gezielte Analyse und Erfüllung von Nutzerbedürfnissen. Als zentrale Forschungsfrage der vorliegenden Arbeit wurde somit ein Ansatz zur Erhöhung der Akzeptanz von PPS-Systemen durch Steigerung der sozio-technischen Problemlösungsfähigkeit formuliert.

Zur Beantwortung der zentralen Forschungsfrage wurde in Kapitel 4 ein akzeptanzbasiertes Verfahren zur Steigerung der Problemlösungsfähigkeit von PPS-Systemen entwickelt. Die einzelnen Module des Verfahrens wurden in Kapitel 5 ausdetailliert. Dem Verfahren wurden die nachfolgenden vier Lösungshypothesen zugrunde gelegt: Die Kollaboration zwischen PPS-Systemen und Entscheidungsträgern bestimmt die

Problemlösungsfähigkeit zur Erfüllung aktueller Leistungsanforderungen. Grundvoraussetzung der zielgerichteten Nutzung von IS stellt die Technologieakzeptanz als konstituierendes Merkmal menschlicher Verhaltensintentionen dar. Die Identifikation von Auslösern eingeschränkter Nutzerakzeptanz erfordert die Analyse externer Einflussfaktoren auf situationsspezifische Akzeptanzzustände. Akzeptanzzustände werden in Abhängigkeit der Akzeptanzakteure in Form des Nutzers, des genutzten PPS-Systems sowie der Nutzungsumgebung beschrieben. Die gezielte Modellierung der Technologieakzeptanz bedarf einer Beeinflussung des Akzeptanzsubjekts, -objekts und -kontexts unter Berücksichtigung systembezogener Lebenszyklusabschnitte. Die jeweiligen Bausteine wurden in ein Entscheidungsmodell überführt, welches die ganzheitliche Adressierung der Nutzerakzeptanz in Unternehmen ermöglicht.

Der entwickelte Ansatz setzt sich aus fünf Modulen zusammen. Als Ziel von Modul I (vgl. Unterkapitel 5.1) wurde ein Akzeptanzmodells als Erklärungsmodell der Akzeptanzbildung im Rahmen der steuerungsspezifischen Nutzung von PPS-Systemen entwickelt. Die relevanten Akzeptanzfaktoren wurden unter Einsatz einer Meta-Analyse abgeleitet. Die Operationalisierung der Akzeptanzfaktoren in Form einer erweiterten Faktormodellierung erfordert die Analyse der situationsspezifischen Ursachen der Akzeptanzbildung und des -verlustes. Als erforderliche Vorarbeit dieser Abhängigkeitsanalyse wurde in Modul II (vgl. Unterkapitel 5.2) ein sozio-technischer Akzeptanzrahmen zur Modellierung potenzieller, akzeptanzrelevanter Gestaltungsmerkmale erarbeitet. Basierend auf dem in Unterkapitel 5.1 hergeleiteten Akzeptanzmodell für PPS-Systeme sowie den in Unterkapitel 5.2 beschriebenen Gestaltungsdimensionen des sozio-technischen Akzeptanzrahmens wurde in Modul III eine sozio-technische Abhängigkeitsanalyse der einzelnen Akzeptanzfaktoren durchgeführt. Zur Ergründung der Teilforschungsfrage nach Auslöser fehlender Akzeptanz im Rahmen des Einsatzes von PPS-Systemen wurde in diesem Modul die Verknüpfung der einzelnen Akzeptanzfaktoren mit den Gestaltungsdimensionen des Akzeptanzrahmens zur Identifikation möglicher Ursachen von Akzeptanzdefiziten vorgenommen. Als Ergebnis von Modul IV wurde eines akzeptanzbasierten Lebenszyklusmodells zur gezielten Gestaltung vorherrschender Akzeptanzzustände abgeleitet. Als abschließender Bestandteil des Ansatzes wurde in Modul V (vgl. Unterkapitel 5.5) ein Vorgehen zur praxisorientierten Gestaltung von Akzeptanzzuständen entwickelt, basierend auf der Anwendung der Inhalte der Module I bis IV.

Zur Anwendung der Ergebnisse im betrieblichen Umfeld, wie in Unterkapitel 5.5 beschrieben, wurde der Ansatz in ein softwarebasiertes Feedbacktool überführt. Die Validierung der Vollständigkeit des Akzeptanzmodells wurde zunächst durch Expertenworkshops mit Vertretern der produzierenden Industrie sowie von Softwareanbietern und -dienstleistern (vgl. Unterkapitel 6.1) sichergestellt. Die Validierung des Gesamtansatzes entsprechend der in Unterkapitel 4.1 dargestellten Anforderungen wurde anschließend durch Anwendung des Feedbacktools in zwei unternehmensbasierten

Fallstudien vorgenommen (vgl. Unterkapitel 6.2). Hierbei wurde in beiden Fallbeispielen die Akzeptanzzustände entsprechender Stakeholder der Produktionssteuerung aufgenommen sowie, entsprechend der vorherrschenden Lebenszyklusphase, Maßnahmen zur Erhöhung der Nutzerakzeptanz abgeleitet.

Weiterer Forschungsbedarf resultiert aus der branchen- und produktionsspezifischen Abhängigkeiten der PPS sowie der hierbei eingesetzten IS. Die Ergebnisse der vorliegenden Arbeit wurden zur Anwendung in Unternehmen der Einzel- und Kleinserienfertigung entwickelt. Eine Anwendung in Produktionsformen der Einmal-, Serien- und Massenfertigung oder etwa in der Prozessindustrie erfordert, bei Beständigkeit des Akzeptanzmodells und des sozio-technischen Akzeptanzrahmens, der Anpassung der Abhängigkeitsanalysen der einzelnen Akzeptanzfaktoren (vgl. Unterkapitel 5.3). Zusätzlich lässt sich der beschriebene Ansatz unter Aktualisierung der Abhängigkeitsanalysen auf IS erweiterter Funktionsbereiche produzierender Unternehmen, wie in Abbildung 2-9 dargestellt, ausweiten. Weiterer Forschungsbedarf resultiert zudem aus den Entwicklungen und Neuerungen auf Seiten der IS-Anbieter. So führt die anhaltende Verschmelzung von Systemen und Funktionen zu einer fortschreitenden Auflösung der klassischen Differenzierung zwischen Systemkategorien der PPS (bspw. ERP-, APS-System). Auch sorgen kurzzyklische Erweiterungen der Funktionsspektren von PPS-Systemen zu einem kontinuierlichen Wandel der sozio-technischen Interaktion. Forschungsbedarf besteht demnach in der kontinuierlichen Validierung der Forschungsergebnisse in Abgleich aktueller technischer Entwicklungen.

8 Literaturverzeichnis

Abts, Dietmar; Mülder, Wilhelm (2017): Grundkurs Wirtschaftsinformatik. Wiesbaden: Springer Fachmedien Wiesbaden.

acatech (Hg.) (2013): Technikwissenschaften. Erkennen - Gestalten - Verantworten. Unter Mitarbeit von Klaus Kornwachs. Berlin, Heidelberg: Springer Berlin Heidelberg (acatech IMPULS). Online verfügbar unter http://nbn-resolving.org/urn:nbn:de:bsz:31-epflicht-1559791.

Ahmad, M. Munir; Pinedo Cuenca, Ruben (2013): Critical success factors for ERP implementation in SMEs. In: *Robotics and Computer-Integrated Manufacturing* 29 (3), S. 104–111. DOI: 10.1016/j.rcim.2012.04.019.

Ajzen, Icek (1991): The theory of planned behavior. In: *Organizational Behavior and Human Decision Processes* 50 (2), S. 179–211. DOI: 10.1016/0749-5978(91)90020-T.

Albert, Christof; Fuchs, Christian (2007): Durchblick im Begriffsdschungel der Business-Software. Universität Würzburg, WürzburgVgl. Lehrstuhl für BWL und Wirtschaftsinformatikvgl.

Al-Jabri, Ibrahim M.; Roztocki, Narcyz (2015): Adoption of ERP systems. Does information transparency matter? In: *Telematics and Informatics* 32 (2), S. 300–310. DOI: 10.1016/j.tele.2014.09.005.

Alpar, Paul; Alt, Rainer; Bensberg, Frank; Grob, Heinz Lothar; Weimann, Peter; Winter, Robert (2014): Anwendungsorientierte Wirtschaftsinformatik. Wiesbaden: Springer Fachmedien Wiesbaden.

Ashby, W. Ross (1991): Requisite Variety and Its Implications for the Control of Complex Systems. In: George J. Klir (Hg.): Facets of Systems Science. Boston, MA: Springer US, S. 405–417.

Babaian, Tamara; Xu, Jennifer; Lucas, Wendy (2018): ERP prototype with built-in task and process support. In: *European Journal of Information Systems* 27 (2), S. 189–206. DOI: 10.1057/s41303-017-0060-3.

Bach, Norbert (2000): Mentale Modelle als Basis von Implementierungsstrategien. Konzepte für ein erfolgreiches Change Management. Wiesbaden, s.l.: Deutscher Universitätsverlag (Strategische Unternehmungsführung).

Barth, Christian; Koch, Stefan (2018): Critical success factors in ERP upgrade projects. In: *Industr Mngmnt & Data Systems* 119 (3), S. 656–675. DOI: 10.1108/IMDS-01-2018-0016.

Bauer, Wilhelm; Marrenbach, Dirk (2018): Migrationsunterstützung für die Umsetzung menschzentrierter Cyber-Physical Systems. Abschlussbericht.

Beckerath, P.; Sauermann, P.; Wiswede, G. (1981): Handwörterbuch der Betriebspsychologie und Betriebssoziologie. Stuttgart: Enke.

Begemann, Carsten (2005): Terminorientierte Kapazitätssteuerung in der Fertigung. Zugl.: Hannover, Univ., Diss., 2005. Hannover: PZH Produktionstechn. Zentrum (Berichte aus dem IFA, 2005,2).

Bendoly, Elliot; Donohue, Karen; Schultz, Kenneth L. (2006): Behavior in operations management: Assessing recent findings and revisiting old assumptions. In: *Journal of Operations Management* 24 (6), S. 737–752. DOI: 10.1016/j.jom.2005.10.001.

Bendul, Julia C.; Knollman, Mathias (2016): The human factor in production planning and control: considering human needs in computer aided decision-support systems. In: *IJMTM* 30 (5), S. 346. DOI: 10.1504/IJMTM.2016.078921.

Betge, David (2006): Koordination in Advanced Planning and Scheduling-Systemen. 1. Aufl. s.l.: DUV Deutscher Universitäts-Verlag (Produktion und Logistik). Online verfügbar unter http://gbv.eblib.com/patron/FullRecord.aspx?p=747725.

Biffl, Stefan; Eckhart, Matthias; Lüder, Arndt; Weippl, Edgar (Hg.) (2019): Security and Quality in Cyber-Physical Systems Engineering. Cham: Springer International Publishing.

Bode, Jürgen (1993): Betriebliche Produktion von Information. Wiesbaden: Deutscher Universitätsverlag.

Bradford, Marianne (2014): Modern ERP. Select, Implement, and Use Today's Advanced Business Systems. 3. Aufl.: Lulu.

Brehm, Lars (2004): Postimplementierungsphase von ERP-Systemen in Unternehmen. Organisatorische Gestaltung und kritische Erfolgsfaktoren. Zugl.: Bayreuth, Univ., Diss., 2002. Frankfurt am Main, Berlin, Bern, Wien: Lang (Informationstechnologie und Ökonomie, 27).

Bruhn, Manfred; Esch, Franz-Rudolf; Langner, Tobias (2016): Handbuch Strategische Kommunikation. Wiesbaden: Springer Fachmedien Wiesbaden.

Büdenbender, Winfried (1991): Ganzheitliche Produktionsplanung und -steuerung. Berlin, Heidelberg: Springer Berlin Heidelberg.

Busch, Axel; Dangelmaier, Wilhelm (Hg.) (2004): Integriertes Supply Chain Management. Theorie und Praxis effektiver unternehmensübergreifender Geschäftsprozesse. 2. Auflage. Wiesbaden: Gabler. Online verfügbar unter http://dx.doi.org/10.1007/978-3-663-10381-3.

Buzacott, John A.; Corsten, Hans; Gössinger, Ralf; Schneider, Herfried (2010): Produktionsplanung und -steuerung. Grundlagen, Konzepte und integrative Entwicklungen. München: Oldenbourg Verlag (Lehr- und Handbücher der Betriebswirtschaftslehre).

Chang, Yu-Wei; Hsu, Ping-Yu; Shiau, Wen-Lung; Hsu, Ming-Chia (2019): An Empirical Study on Factors Affecting Switching Intention to Cloud Enterprise Resource Planning. In: *Journal of Global Information Management* 27 (4), S. 46–69. DOI: 10.4018/JGIM.2019100103.

Chau, Patrick Y. K.; Hu, Paul Jen-Hwa (2001): Information Technology Acceptance by Individual Professionals. A Model Comparison Approach. In: *Decision Sciences* 32 (4), S. 699–719. DOI: 10.1111/j.1540-5915.2001.tb00978.x.

Cheng, Yung-Ming (2020): Understanding cloud ERP continuance intention and individual performance. a TTF-driven perspective (27) (7), S. 1591–1614.

Cheung, Mike W. L. (2015): Meta-analysis. A structural equation modeling approach. Chichester, West Sussex, United Kingdom: John Wiley & Sons. Online verfügbar unter http://proquest.tech.safaribooksonline.de/9781119993438.

Chrisman, James J.; Hofer, Charles W.; Boulton, William R. (1988): Toward a System for Classifying Business Strategies. In: *The Academy of Management Review* 13 (3), S. 413. DOI: 10.2307/258089.

Cooper, Harris M. (1988): Organizing knowledge syntheses. A taxonomy of literature reviews. In: *Knowledge in Society* 1 (1), S. 104–126. DOI: 10.1007/BF03177550.

Cooper, Harris M.; Hedges, Larry V.; Valentine, Jeff C. (2019): The handbook of research synthesis and meta-analysis. 3rd edition. New York: Russell Sage Foundation.

Cooper, Randolph B.; Zmud, Robert W. (1990): Information Technology Implementation Research: A Technological Diffusion Approach. In: *Management Science* 36 (2), S. 123–139. DOI: 10.1287/mnsc.36.2.123.

Cramer, Erhard; Kamps, Udo (2020): Grundlagen der Wahrscheinlichkeitsrechnung und Statistik. Eine Einführung für Studierende der Informatik, der Ingenieur- und Wirtschaftswissenschaften. 5., erweiterte und korrigierte Auflage (Lehrbuch).

Csikszentmihalyi, Mihaly (1990): Flow. The psychology of optimal experience. New York: Harper & Row.

Dangelmaier, Wilhelm (2009): Theorie der Produktionsplanung und -steuerung. Berlin, Heidelberg: Springer Berlin Heidelberg.

Davis, Fred D. (1989): Perceived Usefulness, Perceived Ease of Use, and User Acceptance of Information Technology. In: *MIS Quarterly* 13 (3), S. 319. DOI: 10.2307/249008.

DeLone, William H.; McLean, Ephraim R. (1992): Information Systems Success: The Quest for the Dependent Variable (3). In: *Information Systems Research* (1), S. 60–95.

DeLone, William H.; McLean, Ephraim R. (2003): The DeLone and McLean Model of Information Systems Success: A Ten-Year Update. In: *Journal of Management Information Systems* 19 (4), S. 9–30. DOI: 10.1080/07421222.2003.11045748.

Dickersbach, Jörg Thomas (2009): Supply Chain Management with SAP APO. Berlin, Heidelberg: Springer Berlin Heidelberg.

DIN EN ISO: DIN EN ISO 9241-210:2019-05. Ergonomie der Mensch-System-Interaktion. Berlin: Beuth Verlag GmbH.

DIN EN ISO (1997): 69905. Projektwirtschaft - Projektabwicklung - Begriffe: Beuth Verlag, 1997.

Donath, Peter; Moltrecht, Martin; Picht, Jochen; Seidel, Thomas (1999): Prozeßorientiertes Management mit SAP R/3. Mit einer CD-ROM "Fallstudien" zu R/3-Anwendungen. München u.a: Hanser (Reihe Management Praxis).

duden.de (2021). Online verfügbar unter https://www.duden.de/rechtschreibung/Information, zuletzt geprüft am 30.08.2021.

Esteves, Jose; Pastor, Joan (1999): An ERP Life-cycle-based Research Agenda. Venice, S. 1–12.

Esteves, Jose Manuel (2014): An empirical identification and categorisation of training best practices for ERP implementation projects. In: *Enterprise Information Systems* 8 (6), S. 665–683. DOI: 10.1080/17517575.2013.771411.

Eversheim, Walter (2002): Organisation in der Produktionstechnik 3. Berlin, Heidelberg: Springer Berlin Heidelberg.

Field, A. P. (2001): Meta-analysis of correlation coefficients. a Monte Carlo comparison of fixed- and random-effects methods. In: *Psychological methods* 6 (2), S. 161–180. DOI: 10.1037//1082-989X.6.2.161.

Frey-Luxemburger, Monika (2014): Wissensmanagement - Grundlagen und praktische Anwendung. Wiesbaden: Springer Fachmedien Wiesbaden.

Gabriel, Roland (2021): Enzyklopädie der Wirtschaftsinformatik. Online verfügbar unter https://www.enzyklopaedie-der-wirtschaftsinformatik.de/wi-enzyklopaedie/lexikon/uebergreifendes/Kontext-und-Grundlagen/Informationssystem/index.html/?searchterm=Informationssystem.

Glass, Gene V. (1976): Primary, Secondary, and Meta-Analysis of Research. In: *Educational Researcher* 5 (10), S. 3. DOI: 10.2307/1174772.

Guerrero-Bote, Vicente P.; Moya-Anegón, Félix (2012): A further step forward in measuring journals' scientific prestige. The SJR2 indicator. In: *Journal of Informetrics* 6 (4), S. 674–688. DOI: 10.1016/j.joi.2012.07.001.

Gupta, Shivam; Misra, Subhas C. (2016): Moderating Effect of Compliance, Network, and Security on the Critical Success Factors in the Implementation of Cloud ERP. In: *IEEE Trans. Cloud Comput.* 4 (4), S. 440–451. DOI: 10.1109/TCC.2016.2617365.

Hansen-Casteel, Stephanie (2020): Indicator-Based Model for Prospective Technology Acceptance Estimation. RWTH Aachen University.

Hecht, Sonja (2014): Ein Reifegradmodell für die Bewertung und Verbesserung von Fähigkeiten im ERP-Anwendungsmanagement. Wiesbaden: Springer Fachmedien Wiesbaden.

Hedges, Larry V.; Olkin, Ingram (1985): Statistical Method for Meta-Analysis. Burlington: Elsevier Science. Online verfügbar unter http://gbv.eblib.com/patron/FullRecord.aspx?p=1901162.

Heinecke, Andreas M. (2012): Mensch-Computer-Interaktion. Berlin, Heidelberg: Springer Berlin Heidelberg.

Heinrich, Lutz Jürgen (2002): Informationsmanagement. Planung, Überwachung und Steuerung der Informationsinfrastruktur. 7., vollst. überarb. und erg. Aufl. München: Oldenbourg (Wirtschaftsinformatik).

Herzig, Philipp; Strahringer, Susanne; Amerling, Michael (2012): Gamification of ERP Systems. Exploring Gamification Effects on User Acceptance Constructs. Braunschweig: Institut für Wirtschaftsinformatik (Multikonferenz Wirtschaftsinformatik 2012 : Tagungsband der MKWI 2012). Online verfügbar unter http://www.digibib.tu-bs.de/?docid=00047485.

Heßeler, Alexander; Hood, Colin; Missling, Christian; Stücka, Renate; Versteegen, Gerhard (2004): Anforderungsmanagement. Berlin, Heidelberg: Springer Berlin Heidelberg.

Hoffmann, Jörg (2018): Informationssystem-Architekturen produzierender Unternehmen bei software-definierten Plattformen. 1. Auflage. Aachen: Apprimus Verlag (Schriftenreihe Rationalisierung).

Hofmann, Constantin; Krahe, Carmen; Stricker, Nicole; Lanza, Gisela (2020): Autonomous production control for matrix production based on deep Q-learning. In: *Procedia CIRP* 88, S. 25–30. DOI: 10.1016/j.procir.2020.05.005.

Holtbrügge, Dirk (2018): Personalmanagement. Berlin, Heidelberg: Springer Berlin Heidelberg.

http://web.a.ebscohost.com/ehost/search/advanced?vid=1&sid=6483f657-ec3c-4a1d-b065-7c49220c1109%40sessionmgr4006 (2020).

https://ieeexplore.ieee.org/Xplore/home.jsp (2020).

https://www.jstor.org/action/showAdvancedSearch?refreqid=search%3A6d48d30162a3db22060172166c1a435d (2020).

https://www.scopus.com/search/form.uri?display=basic#basic (2020).

https://www.webofscience.com/wos/woscc/basic-search (2020).

Huang, Tingting; Yasuda, Kazuhiko (2016): Comprehensive review of literature survey articles on ERP. In: *Business Process Mgmt Journal* 22 (1), S. 2–32. DOI: 10.1108/BPMJ-12-2014-0122.

Huf, Stefan (2020): Personalmanagement. Wiesbaden: Springer Fachmedien Wiesbaden.

Hunter, John Edward; Schmidt, Frank L. (2007): Methods of meta-analysis. Correcting error and bias in research findings. 2. ed., [Nachdr.]. Thousand Oaks, Calif.: Sage.

International Society of Automation (ISA) (2010): ANSI/ISA-95.00.01-2010 (IEC 62264-1 Mod). Enterprise-Control System Integration - Part 1: Models and Terminology, 2010.

ISO/IEC/IEEE (2006): 14764-2006. International Standard for Software Engineering - Software Life Cycle Processes - Maintenance. Piscataway, NJ, USA: IEEE, 2006.

Jakoby, Walter (2019): Projektmanagement für Ingenieure. Wiesbaden: Springer Fachmedien Wiesbaden.

Kaehler, Boris (2020): Komplementäre Führung. Wiesbaden: Springer Fachmedien Wiesbaden.

Kahneman, Daniel (2003): Maps of Bounded Rationality: Psychology for Behavioral Economics. In: *American Economic Review* 93 (5), S. 1449–1475. DOI: 10.1257/000282803322655392.

Kasie, Fentahun Moges; Bright, Glen; Walker, Anthony (2017): Decision support systems in manufacturing: a survey and future trends. In: *JM2* 12 (3), S. 432–454. DOI: 10.1108/JM2-02-2016-0015.

Kellner, Florian; Lienland, Bernhard; Lukesch, Maximilian (2018): Produktionswirtschaft. Planung, Steuerung und Industrie 4.0. Berlin: Springer Gabler. Online verfügbar unter http://dx.doi.org/10.1007/978-3-662-54341-2.

Kiefer, L.; Reinhart, G.; Henke, M. (2020): Gestaltung und Planung von merkmals- und agentenbasierten Selbststeuerungssystemen für die autonome Produktion. Universitätsbibliothek der TU München. Online verfügbar unter https://books.google.de/books?id=jttNzgEACAAJ.

Kienegger, Harald (2015): Kritische Erfolgsfaktoren und Herausforderungen von Software-as-a-Service basierten Enterprise Resource Planning Einführungsprojekten. Dissertation. Universitätsbibliothek der TU München, München.

King, William R.; He, Jun (2006): A meta-analysis of the technology acceptance model. In: *Information & Management* 43 (6), S. 740–755. DOI: 10.1016/j.im.2006.05.003.

Kletti, Jürgen (Hg.) (2015): MES - Manufacturing Execution System. Moderne Informationstechnologie unterstützt die Wertschöpfung. 2. Auflage. Berlin, Heidelberg: Springer Vieweg. Online verfügbar unter http://dx.doi.org/10.1007/978-3-662-46902-6.

Krapp, Holger (Hg.) (1997): Komplexität und Selbstorganisation. "Chaos" in den Natur- und Kulturwissenschaften. München: Fink.

Krcmar, Helmut (2015): Informationsmanagement. Berlin, Heidelberg: Springer Berlin Heidelberg.

Kubicek, H. (1976): Heuristische Bezugsrahmen und heuristisch angelegte Forschungsdesign als Elemente einer Konstruktionsstrategie empirischer Forschung: Inst. für Unternehmungsführung im Fachbereich Wirtschaftswiss. d. Freien Univ (Arbeitspapier). Online verfügbar unter https://books.google.de/books?id=_m_EAgAACAAJ.

Kunath, Martin; Winkler, Herwig (2018): Integrating the Digital Twin of the manufacturing system into a decision support system for improving the order management process. In: *Procedia CIRP* 72, S. 225–231. DOI: 10.1016/j.procir.2018.03.192.

Kurbel, Karl (2016): Enterprise Resource Planning und Supply Chain Management in der Industrie. Von MRP bis Industrie 4.0. 8., vollst. überarb. und erw. Auflage. Berlin/Boston: De Gruyter (De Gruyter Studium). Online verfügbar unter http://dx.doi.org/10.1515/9783110441697.

Kurbel, Karl E. (2013): Enterprise Resource Planning and Supply Chain Management. Berlin, Heidelberg: Springer Berlin Heidelberg.

Kwak, Young Hoon; Park, Jane; Chung, Boo Young; Ghosh, Saumyendu (2012): Understanding End-Users' Acceptance of Enterprise Resource Planning (ERP) System in Project-Based Sectors. In: *IEEE Trans. Eng. Manage.* 59 (2), S. 266–277. DOI: 10.1109/TEM.2011.2111456.

Lauer, Thomas (2019): Change Management. Grundlagen und Erfolgsfaktoren. 3., vollständig überarbeitete und erweiterte Auflage. Berlin, [Heidelberg]: Springer Gabler.

Laufenberg, Ludger (1996): Methodik zur integrierten Projektgestaltung für die situative Umsetzung des simultaneous engineering. Zugl.: Aachen, Techn. Hochsch., Diss., 1995. Als Ms. gedr. Aachen: Shaker (Berichte aus der Produktionstechnik, 96,9).

Lee, Sang M.; Hong, Soon Goo; Katerattanakul, Pairin; Kim, Na Rang (2012): Successful implementations of MES in Korean manufacturing SMEs. an empirical study. In: *International Journal of Production Research* 50 (7), S. 1942–1954. DOI: 10.1080/00207543.2011.561374.

Leimeister, Jan Marco (2015): Einführung in die Wirtschaftsinformatik. Berlin, Heidelberg: Springer Berlin Heidelberg.

Lewin, Kurt (2012): Feldtheorie in den Sozialwissenschaften. Ausgewählte theoretische Schriften. 2. Aufl. Bern: Huber. Online verfügbar unter http://sub-hh.ciando.com/book/?bok_id=471896.

Leyh, Christian (2014): Critical Success Factors for ERP Projects in Small and Medium-sized Enterprises. The Perspective of Selected German SMEs. In: Proceedings of the 2014 Federated Conference on Computer Science and Information Systems. 2014 Federated Conference on Computer Science and Information Systems, 07.09.2014 - 10.09.2014: IEEE (Annals of Computer Science and Information Systems), S. 1181–1190.

Liao, L.; Ching-Jen Huang; Xiang Lin (2018): Applying Project Management Perspective for ERP Implementation: A Case Study. In: Proceedings of Engineering and Technology Innovation, vol. 8, S. 40–45.

Lipsey, Mark W.; Wilson, David B. (2009): Practical meta-analysis. [Nachdr.]. Thousand Oaks, Calif.: SAGE Publ (Applied social research methods series, 49).

Liu, Liping; Ma, Qingxiong (2006): Perceived system performance. In: *SIGMIS Database* 37 (2-3), S. 51–59. DOI: 10.1145/1161345.1161354.

Lödding, Hermann (2016): Verfahren der Fertigungssteuerung. Berlin, Heidelberg: Springer Berlin Heidelberg.

López, Cristina; Ishizaka, Alessio (2017): GAHPSort. A new group multi-criteria decision method for sorting a large number of the cloud-based ERP solutions. In: *Computers in Industry* 92-93, S. 12–25. DOI: 10.1016/j.compind.2017.06.007.

Lopitzsch, Jens Roland (2005): Segmentierte adaptive Fertigungssteuerung. Zugl.: Hannover, Univ., Diss., 2005. Garbsen: PZH Produktionstechn. Zentrum (Berichte aus dem IFA, 2005,3).

Louis, Philipp (2009): Manufacturing Execution Systems. Grundlagen und Auswahl. Wiesbaden: Gabler Verlag / GWV Fachverlage GmbH Wiesbaden. Online verfügbar unter http://dx.doi.org/10.1007/978-3-8349-9458-5.

Lucke, Doris (1995): Akzeptanz. Wiesbaden: VS Verlag für Sozialwissenschaften.

Malik, Fredmund (2019): Führen Leisten Leben. Wirksames Management für eine neue Welt, plus E-Book inside (ePub, mobi oder pdf). 1. Auflage. Frankfurt: Campus.

Manufacturing Execution Systems Association (MESA) (1997): MES Explained. A High Level Vision. Online verfügbar unter http://alvares-tech.com/temp/smar/www.delt.ufmg.br/seixas/PaginaII/Download/Download-Files/pap6.pdf.

Markus, M. Lynne; Tanis, Cornelis (2000): The enterprise system experience. From adoption to success. In: Robert W. Zmud und Michael F. Price (Hg.): Framing the domains of IT management. Projecting the future through the past. Cincinnati, OH: Pinnaflex Educational Resources.

Markus, M. Lynne; Tanis, Cornelis (2000): The enterprise system experience. From adoption to success. In: Robert W. Zmud und Michael F. Price (Hg.): Framing the domains of IT management. Projecting the future through the past. Cincinnati, OH: Pinnaflex Educational Resources.

Mather, H.; Plossl, G. (1977): Priority fixation versus throughput planning (19). In: *Journal of American Production and Inventory Control Society (APICS)* (1), S. 27–51.

Mayeh, Maral; Ramayah, T.; Mishra, Alok (2016): The role of absorptive capacity, communication and trust in ERP adoption. In: *Journal of Systems and Software* 119, S. 58–69. DOI: 10.1016/j.jss.2016.05.025.

Meyer, Heiko; Fuchs, Franz; Thiel, Klaus (2009): Manufacturing execution systems. Optimal design, planning, and deployment. New York: McGraw-Hill (McGraw-Hill's AccessEngineering).

Morgeson, Frederick P.; Humphrey, Stephen E. (2006): The Work Design Questionnaire (WDQ). developing and validating a comprehensive measure for assessing job design and the nature of work. In: *The Journal of applied psychology* 91 (6), S. 1321–1339. DOI: 10.1037/0021-9010.91.6.1321.

Mudaly, S.; Singh, P.; Olugbara, O., O. (2013): Improved technology acceptance model applied to study enterprise resource planning usage. In: 2013 Science and Information Conference, S. 782–790.

Müller-Böling, Detlef; Müller, Michael (1986): Akzeptanzfaktoren der Bürokommunikation. München, Wien: Oldenbourg (Fachberichte und Referate, 17).

Müllerleile, Thomas (2019): Prozessakzeptanz. Wiesbaden: Springer Fachmedien Wiesbaden.

Mundt, C.; Winter, M.; Heuer, T.; Hübner, M.; Seitz, M.; Schmidhuber, M. et al. (2019): PPS-Report 2019. Studienergebnisse. Garbsen: Tewiss Verlag.

Mutze, A.; Hillnhagen, S.; Schafers, P.; Schmidt, M.; Nyhuis, P. (2020): Why a Systematic Investigation of Production Planning and Control Procedures is Needed for the Target-oriented Configuration of PPC. In: 2020 IEEE International Conference on Industrial Engineering and Engineering Management (IEEM). 2020 IEEE International Conference on Industrial Engineering and Engineering Management (IEEM). Singapore, Singapore, 2020: IEEE, S. 103–107.

Mütze-Niewöhner, Susanne; Nitsch, Verena (2020): Arbeitswelt 4.0. In: Walter Frenz (Hg.): Handbuch Industrie 4.0: Recht, Technik, Gesellschaft. Berlin, Heidelberg: Springer Berlin Heidelberg, S. 1187–1217.

Nah, Fiona Fui-Hoon; Tan, Xin; Teh, Soon Hing (2004): An Empirical Investigation on End-Users' Acceptance of Enterprise Systems. In: *Information Resources Management Journal* 17 (3), S. 32–53. DOI: 10.4018/irmj.2004070103.

NELSON, R. RYAN; TODD, PETER A.; WIXOM, BARBARA H. (2005): Antecedents of Information and System Quality: An Empirical Examination Within the Context of Data Warehousing. In: *Journal of Management Information Systems* 21 (4), S. 199–235. DOI: 10.1080/07421222.2005.11045823.

Nyhuis, Peter; Wiendahl, Hans-Peter (2012): Logistische Kennlinien. Berlin, Heidelberg: Springer Berlin Heidelberg.

Panayiotou, Nikolaos A.; Gayialis, Sotiris P.; Evangelopoulos, Nikolaos P.; Katimertzoglou, Petros K. (2015): A business process modeling-enabled requirements engineering framework for ERP implementation. In: *Business Process Mgmt Journal* 21 (3), S. 628–664. DOI: 10.1108/BPMJ-06-2014-0051.

Parasuraman, Raja; Riley, Victor (1997): Humans and Automation: Use, Misuse, Disuse, Abuse. In: *Human factors* 39 (2), S. 230–253. DOI: 10.1518/001872097778543886.

Partsch, Helmuth A. (2010): Requirements-Engineering systematisch. Berlin, Heidelberg: Springer Berlin Heidelberg.

Patzak, Gerold (1982): Systemtechnik - Planung komplexer innovativer Systeme. Grundlagen, Methoden, Techniken. Berlin, Heidelberg: Springer Berlin Heidelberg.

Rajan, Christy Angeline; Baral, Rupashree (2015): Adoption of ERP system. An empirical study of factors influencing the usage of ERP and its impact on end user. In: *IIMB Management Review* 27 (2), S. 105–117. DOI: 10.1016/j.iimb.2015.04.008.

Rajan, Christy Angeline; Baral, Rupashree (2015): Adoption of ERP system: An empirical study of factors influencing the usage of ERP and its impact on end user. In: *IIMB Management Review* 27 (2), S. 105–117. DOI: 10.1016/j.iimb.2015.04.008.

Ram, Jiwat; Corkindale, David; Wu, Ming-Lu (2013): Implementation critical success factors (CSFs) for ERP. Do they contribute to implementation success and post-implementation performance? In: *International Journal of Production Economics* 144 (1), S. 157–174. DOI: 10.1016/j.ijpe.2013.01.032.

Rehäuser, Jakob; Krcmar, Helmut (1996): Wissensmanagement im Unternehmen. In: Georg Schreyögg und Peter Conrad (Hg.): Wissensmanagement: De Gruyter, S. 1–40.

Riezebos, Jan; Hoc, Jean-Michel; Mebarki, Nasser; Dimopoulos, Christos; van Wezel, Wout; Pinot, Guillaume (2011): Design of Scheduling Algorithms: Applications. In: Jan C. Fransoo, Toni Waefler und John R. Wilson (Hg.): Behavioral Operations in Planning and Scheduling, Bd. 34. Berlin, Heidelberg: Springer Berlin Heidelberg, S. 371–412.

Rockart, John F. (1978): A new approach to defining the chief executive's information needs. Working papers. Massachusetts Institute of Technology (MIT), Sloan School of Management (no. 37). Online verfügbar unter https://EconPapers.repec.org/RePEc:mit:sloanp:1942.

Rogers, Everett M. (1995): Diffusion of Innovations: Modifications of a Model for Telecommunications. In: Matthias-W. Stoetzer und Alwin Mahler (Hg.): Die Diffusion von Innovationen in der Telekommunikation. Berlin, Heidelberg: Springer Berlin Heidelberg.

Rommerskirchen, Jan; Roslon, Michael (2020): Einführung in die moderne Unternehmenskommunikation. Wiesbaden: Springer Fachmedien Wiesbaden.

Rosado, Joana Oliveira; Relvas, Susana (2015): Integral supply chain performance management system design and implementation. In: 2015 International Conference on Industrial Engineering and Systems Management (IESM). 2015 International Conference on Industrial Engineering and Systems Management (IESM). Seville, Spain, 2015: IEEE, S. 788–802.

Rosenthal, Robert; Rubin, Donald B. (1979): Comparing significance levels of independent studies. In: *Psychological Bulletin* 86 (5), S. 1165–1168. DOI: 10.1037/0033-2909.86.5.1165.

Rowley, Jennifer; Slack, Frances (2004): Conducting a literature review. In: *Management Research News* 27 (6), S. 31–39. DOI: 10.1108/01409170410784185.

Rüegg-Stürm, Johannes (2002): Das neue St. Galler Management-Modell. Grundkategorien einer modernen Managementlehre - der HSG-Ansatz. Bern: Haupt.

Ryan, Richard M.; Deci, Edward L. (2000): Self-determination theory and the facilitation of intrinsic motivation, social development, and well-being. In: *American Psychologist* 55 (1), S. 68–78. DOI: 10.1037//0003-066X.55.1.68.

Samsonov, Vladimir; Kemmerling, Marco; Paegert, Maren; Lütticke, Daniel; Sauermann, Frederick; Gützlaff, Andreas et al. (2021 - 2021): Manufacturing Control in Job Shop Environments with Reinforcement Learning. In: Proceedings of the 13th International Conference on Agents and Artificial Intelligence. 13th International Conference on Agents and Artificial Intelligence. Online Streaming, --- Select a Country ---, 04.02.2021 - 06.02.2021: SCITEPRESS - Science and Technology Publications, S. 589–597.

Sánchez-Meca, Julio; Marín-Martínez, Fulgencio (1997): Homogeneity tests in meta-analysis. A Monte Carlo comparison of statistical power and Type I error. In: *Quality and Quantity* 31 (4), S. 385–399. DOI: 10.1023/A.1004298118485.

Sauer, Alexandra; Luz, Frieder; Suda, Michael; Weiland, Ulrike (2005): Steigerung der Akzeptanz von FFH-Gebieten. Abschlussbericht.

Schäfer, Martina; Keppler, Dorothee (2013): Modelle der technikorientierten Akzeptanzforschung. Unter Mitarbeit von Technische Universität Berlin.

Schanz, Günther (1988): Methodologie für Betriebswirte. 2., überarb. u. erw. Aufl. Stuttgart: Poeschel (Sammlung Poeschel, P 132).

Schein, Edgar H. (2010): Organizational culture and leadership. 4. ed. San Francisco, Calif.: Jossey-Bass (The Jossey-Bass business & management series). Online verfügbar unter http://www.esmt.eblib.com/patron/FullRecord.aspx?p=588878.

Schepers, Jeroen; Wetzels, Martin (2007): A meta-analysis of the technology acceptance model. Investigating subjective norm and moderation effects. In: *Information & Management* 44 (1), S. 90–103. DOI: 10.1016/j.im.2006.10.007.

Scheuer, Dennis (2020): Akzeptanz von Künstlicher Intelligenz. Wiesbaden: Springer Fachmedien Wiesbaden.

Schewe, Gerhard (2021): Gabler online Wirtschaftslexikon. Hg. v. Gabler. Online verfügbar unter https://wirtschaftslexikon.gabler.de/definition/organisation-45094, zuletzt geprüft am 24.10.2021.

Schienmann, Bruno (2002): Kontinuierliches Anforderungsmanagement. Prozesse, Techniken, Werkzeuge ; [mit Muster für Lasten- und Pflichtenheft]. München: Addison-Wesley (Programmer's choice).

Schlick, Christopher; Bruder, Ralph; Luczak, Holger (2018): Arbeitswissenschaft. 4. Auflage. Berlin: Springer Vieweg.

Schmaltz, Moritz Andreas (2009): Methode zur Messung und Steigerung der individuellen Akzeptanz von Informationslogistik in Unternehmen. Zugl.: St. Gallen, Univ., Diss., 2009. Berlin: Logos.

Schmelzer, Hermann J.; Sesselmann, Wolfgang (2013): Geschäftsprozessmanagement in der Praxis. Kunden zufriedenstellen, Produktivität steigern, Wert erhöhen : [das Standardwerk. 8., überarbeitete und erweiterte Auflage. München: Hanser.

Schnackenberg, Andrew K.; Tomlinson, Edward C. (2016): Organizational Transparency. In: *Journal of Management* 42 (7), S. 1784–1810. DOI: 10.1177/0149206314525202.

Schomburg, Eckert (1980): Betriebstypologisches Instrumentarium. Entwicklung eines betriebstypologischen Instrumentariums zur systematischen Ermittlung der Anforderungen an EDV-gestützte Produktionsplanungs- und -steuerungssysteme im Maschinenbau. Dissertation.

Schomburg, Eckert (1980): Entwicklung eines betriebstypologischen Instrumentariums zur systematischen Ermittlung der Anforderungen an EDV-gestützte Produktionsplanungs- und -steuerungssysteme im Maschinenbau. Dissertation.

Schreyögg, Georg; Koch, Jochen (2020): Management. Grundlagen der Unternehmensführung. 8., vollst. überarb. Auflage.

Schuh, Guenther; Prote, Jan-Philipp; Dany, Stefan (2017): Internet of Production. In: Guenther Schuh, Christian Brecher, Fritz Klocke und Robert Schmidt (Hg.): Engineering Valley. Internet of Production auf dem RWTH Aachen: Apprimus Verlag, S. 1–11.

Schuh, Guenther; Prote, Jan-Philipp; Luckert, Melanie; Hünnekes, Philipp; Schmidhuber, Matthias (2019): Effects of the update frequency of production plans on the logistical performance of production planning and control. In: *Procedia CIRP* 79, S. 421–426. DOI: 10.1016/j.procir.2019.02.115.

Schuh, Gunther; Gutzlaff, Andreas; Schmidhuber, Matthias; Rolfes, Daniel (2021): External Factors Influencing Production Planning and Control System Acceptance: A Meta-Analytical Approach. In: 2021 IEEE 8th International Conference, S. 321–330.

Schuh, Günther (2007): Produktionsplanung und -steuerung. Grundlagen, Gestaltung Und Konzepte. Dordrecht: Springer (VDI-Buch). Online verfügbar unter http://gbv.eblib.com/patron/FullRecord.aspx?p=416991.

Schuh, Günther; Gottschalk, Sebastian; Hensgen, Lars; Gützlaff, Andreas; Schmidhuber, Matthias; Rolfes, Daniel (2021): Erhöhung der Akzeptanz von Produktionssimulationen. In: *ZWF* 116 (4), S. 222–226. DOI: 10.1515/zwf-2021-0052.

Schuh, Günther; Gützlaff, Andreas; Sauermann, Frederick; Maibaum, Judith (2020): Digital Shadows as an Enabler for the Internet of Production. In: Bojan Lalic, Vidosav Majstorovic, Ugljesa Marjanovic, Gregor von Cieminski und David Romero (Hg.): Advances in Production Management Systems. The Path to Digital Transformation and Innovation of Production Management Systems, Bd. 591. Cham: Springer International Publishing (IFIP Advances in Information and Communication Technology), S. 179–186.

Schuh, Günther; Gützlaff, Andreas; Sauermann, Frederick; Schmidhuber, Matthias (2020): Socio-technical requirements for production planning and control systems. Unter Mitarbeit von My University.

Schuh, Günther; Kampker, Achim (2011): Strategie und Management produzierender Unternehmen. Berlin, Heidelberg: Springer Berlin Heidelberg.

Schuh, Günther; Kampker, Achim (2011): Strategie und Management produziernder Unternehmen. Berlin, Heidelberg: Springer Berlin Heidelberg.

Schuh, Günther; Schmidt, Carsten (2014): Produktionsmanagement. Berlin, Heidelberg: Springer Berlin Heidelberg.

Schuh, Günther; Stich, Volker (2012): Produktionsplanung und -steuerung 1. Berlin, Heidelberg: Springer Berlin Heidelberg.

Seres, Laslo; Tumbas, Pere; Matkovic, Predrag; Sakal, Marton (2019): Critical Success Factors in ERP System Adoption. Comparative Analysis of the Private and the Public Sector. In: *E+M* 22 (2), S. 203–221. DOI: 10.15240/tul/001/2019-2-014.

Simon, Bernd (2001): E-Learning an Hochschulen. Gestaltungsräume und Erfolgsfaktoren von Wissensmedien. Lohmar: Eul (Reihe, 1).

Skok, Walter; Döringer, Hartmut (2002): Potential Impact of Cultural Differences on Enterprise Resource Planning (ERP) Projects. In: *The Electronic Journal of Information Systems in Developing Countries* 7 (1), S. 1–8. DOI: 10.1002/j.1681-4835.2002.tb00041.x.

Soh, Christina; Kien, Sia Siew; Tay-Yap, Joanne (2000): Enterprise resource planning: cultural fits and misfits. In: *Commun. ACM* 43 (4), S. 47–51. DOI: 10.1145/332051.332070.

Srivastava, Sanjay; John, Oliver P.; Gosling, Samuel D.; Potter, Jeff (2003): Development of personality in early and middle adulthood. set like plaster or persistent change? In: *Journal of personality and social psychology* 84 (5), S. 1041–1053. DOI: 10.1037/0022-3514.84.5.1041.

Stadtler, Hartmut; Kilger, Christoph; Meyr, Herbert (2015): Supply Chain Management and Advanced Planning. Berlin, Heidelberg: Springer Berlin Heidelberg.

Steinlein, Felix; Liu, Yuan; Stich, Volker (2020): Development of a decision support app for short term production control to improve the adherence to delivery dates. Unter Mitarbeit von My University.

Sternad, Simona; Gradisar, Miro; Bobek, Samo (2011): The influence of external factors on routine ERP usage. In: *Industr Mngmnt & Data Systems* 111 (9), S. 1511–1530. DOI: 10.1108/02635571111182818.

Sternad, Simona; Shah Bharadwaj, Sangeeta; Bobek, Samo; Štrukelj, Tjaša (2019): Technology acceptance model-based research on differences of enterprise resources planning systems use in India and the European Union. In: *EE* 30 (3), S. 326–338. DOI: 10.5755/j01.ee.30.3.21211.

Stock-Homburg, Ruth; Groß, Matthias (2019): Personalmanagement. Wiesbaden: Springer Fachmedien Wiesbaden.

Straßburger, Gaby; Rieger, Judith (2019): Partizipation kompakt. Für Studium, Lehre und Praxis sozialer Berufe. 2., überarbeitete Auflage. Weinheim, Basel: Beltz Juventa.

Sun, Heshan; Zhang, Ping (2006): The role of moderating factors in user technology acceptance. In: *International Journal of Human-Computer Studies* 64 (2), S. 53–78. DOI: 10.1016/j.ijhcs.2005.04.013.

Supply Chain Management: Design, Coordination and Operation (2003): Elsevier (Handbooks in Operations Research and Management Science).

Teubner, Rolf Alexander (1999): Organisations- und Informationssystemgestaltung. Wiesbaden: Deutscher Universitätsverlag.

Thatcher, Jason Bennett; Stepina, Lee P.; Srite, Mark; Liu, Yongmei (2003): Culture, Overload and Personal Innovativeness with Information Technology. Extending the Nomological Net (44). In: *Journal of Computer Information Systems* (1), S. 74–81.

Thim, Christof (2017): Technologieakzeptanz in Organisationen. Ein Simulationsansatz. Unter Mitarbeit von Norbert Gronau. Potsdam: Universität Potsdam.

Tomczak, Torsten (1992): Forschungsmethoden in der Marketingwissenschaft. Ein Plädoyer für den qualitativen Forschungsansatz. In: *MAR* 14 (2), S. 77–87. DOI: 10.15358/0344-1369-1992-2-77.

Ulrich, Hans; Dyllick, Thomas; Probst, Gilbert J. B. (1984): Management. Hrsg. von Thomas Dyllick u. Gilbert J. B. Probst. Bern & Stuttgart: Haupt ((Schriftenreihe Unternehmung und Unternehmungsführung, 13)).

Ulrich, P.; Hill, W. (1976): Wissenschaftstheoretische Grundlagen der Betriebswirtschaftslehre. In: *Wirtschaftswissenschaftliches Studium : Zeitschrift für Ausbildung und Hochschulkontakt* 5 (7+8), S. 304–309. Online verfügbar unter https://www.alexandria.unisg.ch/17331/.

Venkatesh; Morris; Davis (2003): User Acceptance of Information Technology. Toward a Unified View. In: *MIS Quarterly* 27 (3), S. 425. DOI: 10.2307/30036540.

Venkatesh; Ramesh (2006): Web and Wireless Site Usability. Understanding Differences and Modeling Use. In: *MIS Quarterly* 30 (1), S. 181. DOI: 10.2307/25148723.

Venkatesh, Viswanath; Bala, Hillol (2008): Technology Acceptance Model 3 and a Research Agenda on Interventions. In: *Decision Sciences* 39 (2), S. 273–315. DOI: 10.1111/j.1540-5915.2008.00192.x.

Venkatesh, Viswanath; Davis, Fred D. (2000): A Theoretical Extension of the Technology Acceptance Model. Four Longitudinal Field Studies. In: *Management Science* 46 (2), S. 186–204. DOI: 10.1287/mnsc.46.2.186.11926.

Verein Deutscher Ingenieure (2016): VDI 5600 Blatt 1. Fertigungsmanagementsysteme (Manufacturing Execution Systems-MES). ICS 35.240.50: Beuth Verlag, 2016.

Vom Brocke, Jan; Simons, Alexander; Niehaves, Bjoern; Reimer, Kai; Plattfaut, Ralf; Cleven, Anne (2009): Reconstructing the giant. On the importance of rigour in documenting the literature search process. In: *European Conference on Information Systems (ECIS)*, S. 2206–2217, zuletzt geprüft am 03.11.2020.

Wetzchewald, Philipp (2020): Gestaltungsmodell zur Steigerung der Regelbarkeit von Produktionsplanungs- und -steuerungssystemen. Design model for increasing the regulability of production planning and control systems. 1. Auflage. Aachen: Apprimus Verlag (Schriftenreihe Rationalisierung, Band 169).

Wiendahl, Hans-Hermann (2011): Auftragsmanagement der industriellen Produktion. Berlin, Heidelberg: Springer Berlin Heidelberg.

Wiendahl, Hans-Peter (1997): Fertigungsregelung. Logistische Beherrschung von Fertigungsabläufen auf Basis des Trichtermodells. München: Hanser.

Wiendahl, Hans-Peter (2014): Betriebsorganisation für Ingenieure. Mit 3 Tabellen. 8., überarb. Aufl. München: Hanser. Online verfügbar unter http://dx.doi.org/10.3139/9783446441019.

Wittmann, Waldemar (1959): Unternehmung und Unvollkommene Information. Wiesbaden: VS Verlag für Sozialwissenschaften.

Zago, Cecília Farid; Mesquita, Marco Aurélio de (2015): Advanced planning systems (APS) for supply chain planning. A case study in dairy industry. In: *Braz. J. of Operations & Production Manag.* 12 (2), S. 280. DOI: 10.14488/BJOPM.2015.v12.n2.a8.

9 Anhang

9.1 Vorgehen Literaturrecherche zur Identifikation bestehender Ansätze

Das Verfahren der Literaturrecherche dient, unter Zusammenführung relevanter Literaturquellen aus einem oder mehreren Themengebieten, der Identifikation und inhaltlichen Aufbereitung des aktuellen Stands der Technik.[562] Durch Abgleich der Forschungsbeiträge des Stands der Technik mit den im Zuge des praxisorientierten Handlungsbedarfs aufgestellten Anforderungen können Forschungsdefizite und somit zukünftige Forschungsfragen abgeleitet werden.[563] Als Vorgehen der systematischen Literaturrecherche wird sich im Rahmen dieser Arbeit an dem im nachfolgenden dargestellten 5-Phasen-Modell nach VOM BROCKE[564] (siehe Anhang 1) orientiert.

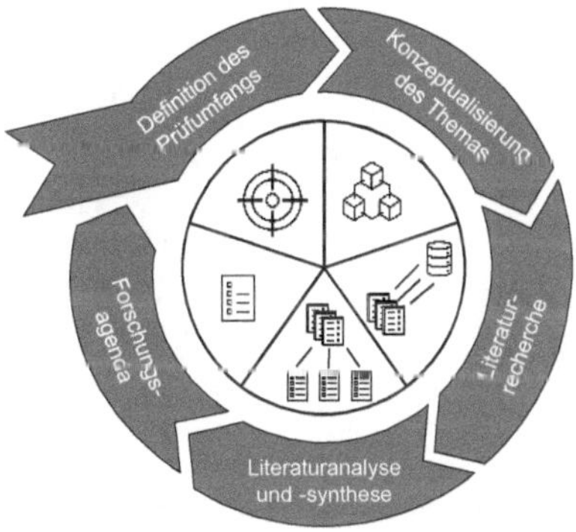

Anhang 1: 5-Phasen-Modell nach VOM BROCKE[565]

Im Rahmen der ersten Phase des Vorgehens erfolgt die Definition des gewählten Überprüfungsbereiches. Wie in der ursprünglichen Konzeptionierung des 5-Phasen-Modells nach VOM BROCKE vorgestellt, kann hierfür die Spezifikation durch Anwendung der Taxonomie nach COOPER[566] (siehe Anhang 2) genutzt werden. Demnach gilt es zunächst die Frage nach dem inhaltlichen Fokus und somit der Beitragsabsicht als relevant erachteter Forschungsbeiträge zu klären. Der Fokus der im Rahmen dieser

---

[562] Vgl. Rowley/Slack (2004) Conducting a literature review, S. 31.
[563] Vgl. Rowley/Slack (2004) Conducting a literature review, S. 31.
[564] Vgl. Vom Brocke et al. (2009) Reconstructing the giant, S. 2213.
[565] i.A.a.Vom Brocke et al. (2009) Reconstructing the giant, S. 2213.
[566] Vgl. Cooper (1988) Organizing knowledge syntheses, S. 109.

Arbeit durchgeführten Literaturrecherche liegt auf Forschungsergebnissen der technologischen Akzeptanzforschung im Themenfeld der Produktionssteuerung sowie PPS-Systemen. Die Durchführung der Recherche dient der Integration und Generalisierung von Forschungsbeiträgen zum Ziel der potenziellen Beantwortung des identifizierten, praxisorientierten Handlungsbedarfs. Unter Einnahme einer neutralen Perspektive wird die Literaturrecherche unter repräsentativer Abdeckung, das heißt lediglich unter Aufführung der für den betrachteten Betrachtungsfokus relevanten Beiträge, durchgeführt. Die Organisation der Recherche erfolgt konzeptionell und adressiert als Leserschaft die Zielgruppe der Spezialisten, Wissenschaftler sowie Praktiker.

Merkmal	Ausprägungen			
Fokus	Forschungs-ergebnisse	Forschungs-methoden	Theorien	Praktiken / Anwendungen
Zielsetzung	Integration: Generalisierung, Konfliktlösung, Überbrückung	Kritik	Identifikation zentraler Themen	
Perspektive	Neutrale Darstellung	Einnahme einer Position		
Abdeckung	Vollständig	Vollständig selektiv	Repräsentativ	Zentral
Organisation	Historisch	Konzeptionell	Methodisch	
Zielgruppe	Spezialisten	Allgemeine Wissenschaftler	Praktiker / Politiker	Allgemeine Öffentlichkeit

Anhang 2: Taxonomie nach COOPER[567]

Gegenstand der zweiten Phase stellt die Konzeptualisierung der betrachteten Themenstellung dar. Die hierfür erforderlichen Definitionen, Erörterungen sowie relationalen Darstellungen der relevanten Konzepte und Begrifflichkeiten wurde im Rahmen von Kapitel 2 vorgestellt.

Im Zuge der dritten Phase erfolgt die Suche der für die Literaturrecherche relevanten Literaturquellen. Zur Systematisierung des Vorgehens der Literatursuche wurde in der vorliegenden Arbeit auf den Rechercheprozess nach VOM BROCKE[568] zurückgegriffen. Die Recherche sollte hierbei zum Ziel der Identifikation qualitativ hochwertiger Forschungsbeiträge unter Kombination der Schritte 1) Journal Suche, 2) Datenbank Suche und 3) Schlagwort Suche erfolgen. Eine Übersicht der verwendeten Datenbanken sowie der als boolescher Operatoren eingesetzter Schlagwörter, welche aus den

[567] i.A.a.Cooper (1988) Organizing knowledge syntheses, S. 109.
[568] Vgl. Vom Brocke et al. (2009) Reconstructing the giant, S. 2214.

in Unterkapitel 2.5 dargestellten Herausforderungen abgeleitet wurden, findet sich in Anhang 3.

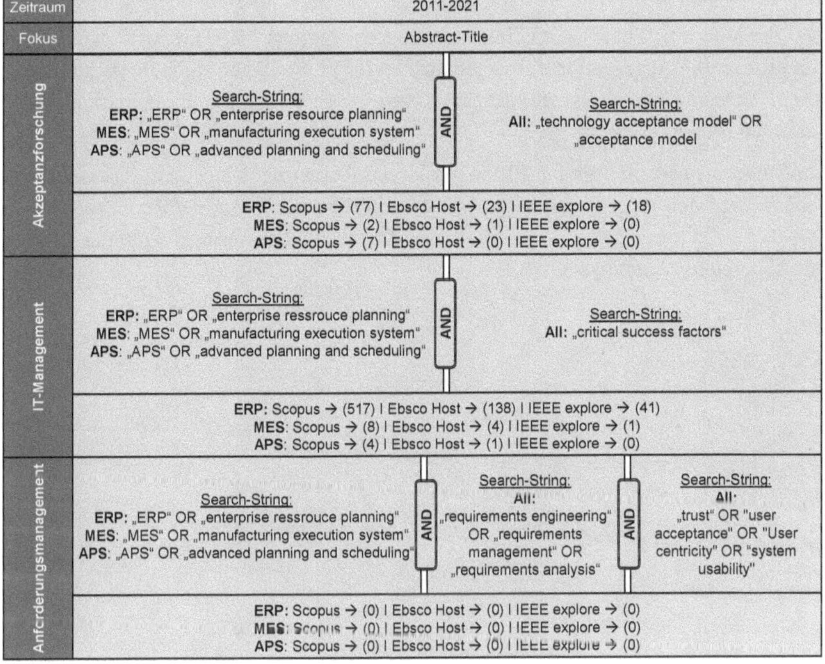

Anhang 3: Übersicht der Suchparameter Literaturrecherche

Zur Berücksichtigung der im Suchprozess nach VOM BROCKE[569] vorgeschlagenen Auswahl relevanter Journals, wurden die mittels der Suchstrategie identifizierten Beiträge gemäß der Häufigkeit ihrer Zitation ausgewertet. Für die Konkretisierung des Betrachtungsbereiches wurden weiterhin Inklusions- sowie Exklusionsfaktoren zur Berücksichtigung von Forschungsbeiträgen in der Literaturrecherche definiert. Demnach wurden Beiträge mit fehlendem inhaltlichen Bezug, trotz Übereinstimmung der Schlagworte in Titel, Abstract oder Keywords, nicht weiter in der Recherche berücksichtigt. Auch wurden nur jene Beiträge in die Recherche aufgenommen, welche ihre Ergebnisse auf Grundlage einer empirischen Validierung aufbauen oder diese einer solchen unterziehen. Zur Sicherung einer zeitgemäßen Aktualität wurden solche Forschungsbeiträge mit Bezug auf konkrete technische PPS-Systeme lediglich für den Zeitraum ab dem Jahr 2011 berücksichtigt. Über den vorgestellten Suchprozess hinaus

[569] Vgl. Vom Brocke et al. (2009) Reconstructing the giant, S. 2215.

wurden ebenfalls Datenbanken der zum Themenfeld einschlägigen Hochschulbereiche auf relevanten Habilitations- und Dissertationsarbeiten hin untersucht und in das Review eingebunden.

In der vierten Phase der Literaturrecherche erfolgt die Literaturanalyse und -synthese. Die Aggregation der Ergebnisse dieser Phase bieten sich zur Darstellung in einer Konzept- oder Bewertungsmatrix, etwa unter Verwendung qualitativer Metriken wie Harvey Balls, an.[570]

Im Zuge der abschließenden Phase erfolgt die Ableitung der Forschungsagenda. Basierend auf den in der vorherigen Phase der Recherche gewonnenen Erkenntnissen werden Forschungsdefizite identifiziert und in aktive Forschungsfragen des Betrachtungsbereichs überführt.[571]

[570] Vgl. Vom Brocke et al. (2009) Reconstructing the giant, S. 2215.
[571] Vgl. Vom Brocke et al. (2009) Reconstructing the giant, S. 2215.

9.2 Ergebnisse Literaturrecherche zur Identifikation bestehender Ansätze

Jahr	Autoren	Titel	N	Faktoren
2020	Grandon & Magal	Validation of an ERP system acceptance model among Latin American students	159	perceived ease of use, perceived usefulness, behavioral intention
2020	Cheng	Understanding cloud ERP continuance intention and individual performance: a TTF-driven perspective	355	Task technology fit, perceived usefulness, confirmation, perceived ease of use, satisfaction, continuance intention, individual performance
2018	Sternad et al.	SEM–ANN based research of factors' impact on extended use of ERP systems	208	system complexity, business processes fit, social influence, user manuals, system performance, work compatibility, perceived usefulness, perceived ease of use, attitude, extended use
2019	Althunibat et al.	Measuring the Acceptance of Using Enterprise Resource Planning (ERP) System in Private Jordanian Universities Using TAM Model	220	perceived ease of use, perceived usefulness, behavioral intention
2017	Chang & Hsu	An empirical investigation of organizations' switching intention to cloud enterprise resource planning	277	Trust, perceived control, perceived usefulness, perceived ease of use, perceived risk, privacy concerns, switching intention
2019	Sternad et al.	Technology acceptance model based study of students' attitudes toward use of enterprise resource planning solutions	172	personal innovativeness toward it, computer self efficiency, individual benefits, system performance, user manuals, quality of ERP system, quality of information in erp system, social influence, training and education on erp system, perceived ero usefulness, perceived erp ease of use, attitude toward using erp, behaviour intention, use
2018	Cheng	What drives cloud ERP continuance? An integrated view	395	subjective norm, compatibility, output quality, perceived behavioral control, perceived usefulness, confirmation, perceived ease of use, satisfaction, continuance intention
2017	Sternad & Bobek	Employee acceptance of ERP information solutions in service organizations	293	personal innovativeness toward IT, computer anxiety, ERP data quality, ERP system performance, user manuals, business process fit, social influence, ERP usefulness, ERP ease of use, attitude toward using ERP
2016	Mayeh et al.	The role of absorptive capacity, communication and trust in ERP adoption	184	absorptive capacity for understanding, absorptive capacity for assimilating, absorptive capacity for applying, communication, trust system, trust vendor, perceived ease of use, perceived usefulness, intention
2016	Scholtz et al.	Does usability matter?	112	presentation, navigation, learnability, interface usability, perceived usefulness, perceived ease of use, attitude towards usage, behavioral intention to use
2015	Escobar-Rodríguez & Bartual-Sopena	Impact of cultural factors on attitude toward using ERP systems in public hospitals	59	resistance to be controlled, resistance to change, perceived risks, perceived usefulness, perceived ease of use, attitude toward using ERP systems in public hospitals
2015	Al-Jabri & Roztocki	Adoption of ERP systems: Does information transparency matter?	106	perceived information transparency, perceived ease of use, perceived usefulness, attitude toward system use, symbolic adoption
2015	Wamba & Bhattacharya	Determinants of perceived job satisfaction from ERP-enabled emergency service adoption	193	perceived ease of use, perceived usefulness, compatibility, attitude, task feedback, task significance, perceived job satisfaction
2014	Elkhani et al.	The effects of transformational leadership and ERP system self-efficacy on ERP system usage	151	transformational leadership, perceived usefulness, perceived ease of use, assimilating capacity, applying capacity, erp system usage
2013	Mudaly et al.	Improved technology acceptance model applied to study enterprise resource planning usage	312	image, intention to use, technical support, job relevance, management support, output quality, perceived behavioral control, perceived ease of use, perceived usefulness, result demonstrability, subjective norm, training, ERP system usage
2012	Sternad & Bobek	Enterprise resource planning acceptance model (ERPAM)	293	personal innovativeness toward IT, computer anxiety, data quality, system performance, user manuals, business process fit, social influence, perceived usefulness, perceived ease of use, work compatibility, attitude, extended use
2013	Escobar-Rodríguez & Bartual-Sopena	The roles of users' personal characteristics and organisational support in the attitude towards using ERP systems in a Spanish public hospital	59	prior experience with IT, user's age, training, support, perceived usefulness, perceived ease of use, attitude toward using erp systems in spanish public hospitals

Jahr	Autoren	Titel	N	Faktoren
2012	Kwak et al.	Understanding end-users acceptance of enterprise resource planning (ERP) system in project-based sectors	254	internal support, consultant support, function, subjective norm, perceived usefulness, perceived ease of use, intention to use
2011	Hwang	Investigating the influence of cultural orientation and innovativeness on erp adoption	101	power distance, collectivism, computer self efficacy, personal innovativeness in it, perceived ease of use, perceived usefulness, intention to use
2010	Agrifoglio & Metallo	ERP acceptance	172	affective commitment, perceived ease of use, perceived usefulness, behavioral intention
2010	Tanlamai & Ritbumroong	Changes in user attitudes and user expectation	159 0	perceived usefulness, perceived ease of use, attitude, user expectation, top management support, relationship with consultant, behavioral intention
2009	Shih & Huang	The actual usage of ERP systems	165	top management support, computer anxiety, computer self efficacy, perceived usefulness, perceived ease of use, behavioral intention, actual usage
2008	Kwahk & Lee	The role of readiness for change in ERP implementation	283	readiness for change, perceived ease of use, usage intention, organizational commitment, perceived personal competence, computer self-efficacy
2006	Shivers-Blackwell & Charles	Ready, set, go: Examining student readiness to use ERP technology	238	gender, computer self-efficacy, perceived benefits of ERP, readiness toward change, perceived ease of use, perceived usefulness, attitude, intention to use
2005	Hwang	Investigating enterprise systems adoption	101	perceived ease of use, perceived usefulness, behavioral intention, uncertainty avoidance, enjoyment
2019	Ramírez et al.	Personality types as moderators of the acceptance of information technologies in organizations	155	behavioral intention, effort expectancy, facilitating conditions, performance expectancy, social influence
2015	Erasmus et al.	A structural model of technology acceptance	241	perceived ease of use, perceived usefulness, attitude, behavioral intention, actual system use
2014	Mayeh et al.	The role of absorptive capaciy in the usage of a complex information system	184	absorptive capacity for understanding, absorptive capacity for assimilating, absorptive capacity for applying, intention to use
2007	Hsieh & Wang	Explaining employees' extended use of complex information systems	200	confirmation of expectation, perceived usefulness, satisfaction, extended use, perceived ease of use
2011	Sternad et al.	The influence of external factors on routine ERP usage	161	innovativeness toward IT, computer anxiety, data quality, system performance, business process fit, social influence, perceived usefulness, perceived ease of use, attitude, user manuals
2008	Bueno & Salmeron	TAM-based success modeling in ERP	115	top management support, communication, cooperation, training, technology complexity, perceived usefulness, perceived ease of use, attitude, behavioral intention
2010	Saeed et al.	Examining the Impact of Pre-Implementation Expectations on Post-Implementation Use of Enterprise Systems	205	task productivity expectation, task innovation expectation, intention to use, actual use, shared understanding, task efficiency, pre-adoption user acceptance, post-adoption user acceptance
2004	Gefen	What Makes an ERP Implementation Relationship Worthwhile	133	worthwhile, trust, process-based, character-based, perceived usefulness, perceived ease of use, institution based
2012	Fillion et al.	Testing Utaut on the use of erp systems by middle managers and end-users of medium- to large sized canadian enterprises	71	performance expectancy, effort expectancy, social influence, facilitating conditions, self-efficacy, computer anxiety, behavioral intention, usage behavior, gender, age, experience, voluntariness

Jahr	Autoren	Titel	N	Faktoren
2020	Grandon & Magal	Validation of an ERP system acceptance model among Latin American students	159	perceived ease of use, perceived usefulness, behavioral intention
2020	Cheng	Understanding cloud ERP continuance intention and individual performance: a TTF-driven perspective	355	Task technology fit, perceived usefulness, confirmation, perceived ease of use, satisfaction, continuance intention, individual performance
2018	Sternad et al.	SEM–ANN based research of factors' impact on extended use of ERP systems	208	system complexity, business processes fit, social influence, user manuals, system performance, work compatibility, perceived usefulness, perceived ease of use, attitude, extended use
2015	Rajan & Rupashree	Adoption of ERP system	154	self-efficacy, compatibility, complexity, individual performance, intention to use, organizational support, training, panoptic empowerment, perceived ease of use, perceived usefulness, usage
2008	Kamhawi	System Characteristics, Perceived Benefits, Individual Differences and Use Intentions	84	behavioral intention, perceived usefulness, perceived ease of use, relevance, terminology, screen design, perceived shared benefits, knowledge of system, computer self-efficacy, gender, age, education
2007	Berente et al.	Process Compliance and Enterprise System Implementation	142	perceived ease of use, urgency, flexibility, perceived usefulness, process compliance
2020	Costa et al.	Determinants of the management learning performance in ERP context	221	system quality, process quality, training, behavioral intention, use, user satisfaction, individual impact
2019	Chang et al.	An Empirical Study on Factors Affecting Switching Intention to Cloud Enterprise Resource Planning	480	service quality, information quality, perceived ease of use, security risk, satisfaction, breadth of use, switching benefits, switching costs, switching intention
2018	Peng et al.	Antecedents of employees' extended use of enterprise systems	231	perceived usefulness, perceived ease of use, task autonomy, system modularity, system self-efficacy, leader-member exchange
2017	Rezvani et al.	Motivating users toward continued usage of information systems	299	ERP continuous intention, perceived external regulation, perceived autonomy, perceived competence, perceived relatedness, perceived usefulness, satisfaction, transformational leadership, transactional leadership
2016	Chauhan & Jaiswal	Determinants of acceptance of ERP software training in business schools	324	convenience from online access, performance expectancy, effort expectancy, social influence, facilitating conditions, behavioral intention, innovativeness in it, use behavior
2016	Costa et al.	Enterprise resource planning adoption and satisfaction determinants	155	training, management support, perceived usefulness, perceived ease of use, system quality, behavioral intention, use, user satisfaction
2016	Almajali et al.	Antecedents of ERP systems implementation success	175	training, supportive leadership, perceived ease of use, satisfaction, ERP implementation success
2015	Al-jabri	Antecedents of user satisfaction with ERP systems	104	training, communication, perceived ease of use, benefits, satisfaction
2011	Hwang & Grant	Behavioral aspects of enterprise systems adoption	101	uncertainty avoidance, power distance, computer self-efficacy, perceived ease of use
2009	Sun et al.	Extending technology usage to work settings	138	perceived work compatibility, perceived usefulness, perceived ease of use, perceived behavioral control, intention to use, subjective norm, it usage, individual performance
2008	Chung et al.	Analyzing Enterprise Resource Planning System Implementation Success Factors in the Engineering-Construction Industry	281	output, job relevance, image, result demonstrability, compatibility, system reliability, internal support, function, consultant support, subjective norm, perceived usefulness, perceived ease of use, intention to use, ERP benefits, project success, project quality
2007	Amoako-Gyampah	Perceived usefulness, user involvement and behavioral intention	571	argument for change, behavioral intention, perceived ease of use, intrinsic involvement, prior usage, perceived usefulness, situational involvement
2011	Kantha-wongs	Technology acceptance model and motivational model contributing to student satisfaction in erp-simulated web-enhanced course	82	perceived usefulness, perceived ease of use, perceived enjoyment, commitment, attitude, satisfaction
2020	Mekić	ERP Adoption Using Technology Acceptance Model	82	actual use, behavioral intention, perceived ease of use, perceived usefulness

Anhang 4: Ergebnisse der Literaturrecherche Unterkapitel 5.1.2

9.3 Erhebungselemente Feedbacktool

Unternehmensstrategie

KM 1	Die kommunizierten Informationen zur Unternehmensstrategie sind vollständig von Relevanz für mich.
KM 2	Ich kann die kommunizierten Informationen zur Unternehmensstrategie nachvollziehen. Der Detaillierungsgrad sowie Umfang kommunizierter Informationen entspricht meinem Informationsbedürfnis.
KM 3	In der Gesamtheit der an mich kommunizierten Informationen zur Unternehmensstrategie finden sich keine Widersprüche.
KM 4	Die im Rahmen der Unternehmenskommunikation eingesetzten Kommunikationsmittel ermöglichen mir eine effiziente und effektive Informationsaufnahme.
KM 5	Die Kommunikation findet in Bezug auf die Bedeutung der Informationen zum richtigen Zeitpunkt statt. Informationen werden weder zu früh noch zu spät kommuniziert.

IT-Strategie

KM 1	Die kommunizierten Informationen zur IT-Strategie sind vollständig und von Relevanz für mich.
KM 2	Ich kann die kommunizierten Informationen zur IT-Strategie nachvollziehen. Der Detaillierungsgrad sowie Umfang kommunizierter Informationen entspricht meinem Informationsbedürfnis.
KM 3	In der Gesamtheit der an mich kommunizierten Informationen zur IT-Strategie finden sich keine Widersprüche.
KM 4	Die eingesetzten Kommunikationsmittel ermöglichen mir eine effiziente und effektive Informationsaufnahme.
KM 5	Die Kommunikation findet in Bezug auf die Bedeutung der Informationen zum richtigen Zeitpunkt statt. Informationen werden weder zu früh noch zu spät kommuniziert.
KM 6	Mir stehen geeignete Partizipationsmöglichkeiten zur Gestaltung der IT-Strategie zur Verfügung.

Bestimmung Projektmanager

Anforderungsmanagement

KM 1	Die kommunizierten Informationen zum Prozess sowie den Ergebnissen des durchgeführten Anforderungsmanagements sind vollständig von Relevanz für mich.
KM 2	Ich kann die kommunizierten Informationen zum Prozess sowie den Ergebnissen des Anforderungsmanagements nachvollziehen. Der Detaillierungsgrad sowie Umfang kommunizierter Informationen entspricht meinem Informationsbedürfnis.
KM 3	In der Gesamtheit der im Rahmen des Anforderungsmanagements an mich kommunizierten Informationen finden sich keine Widersprüche.
KM 4	Die eingesetzten Kommunikationsmittel ermöglichen mir eine effiziente und effektive Informationsaufnahme.
KM 5	Die Kommunikation findet in Bezug auf die Bedeutung der Informationen zum richtigen Zeitpunkt statt. Informationen werden weder zu früh noch zu spät kommuniziert.
KM 6	Mir stehen Möglichkeiten zur Partizipation im Rahmen des Anforderungsmanagements zur Verfügung.
TR 1	Meine Aufgabenanforderungen wurden im Anforderungsmanagement sowie den abgeleiteten Lösungsalternativen ausreichend berücksichtigt.
TR 2	Die im Anforderungsmanagement spezifizierten Lösungsalternativen entsprechen meinen Aufgabenzielen und würden mich bei der Erfüllung dieser unterstützen.

Kosten-Nutzen-Analyse

KM 1	Die kommunizierten Informationen der durchgeführten Kosten-Nutzen-Analyse sind vollständig von Relevanz für mich.
KM 2	Ich kann die kommunizierten Informationen nachvollziehen. Der Detaillierungsgrad sowie Umfang kommunizierter Informationen entspricht meinem Informationsbedürfnis.
KM 3	In der Gesamtheit der im Rahmen der Kosten-Nutzen-Analyse an mich kommunizierten Informationen finden sich keine Widersprüche.
KM 4	Die eingesetzten Kommunikationsmittel ermöglichen mir eine effiziente und effektive Informationsaufnahme.
KM 5	Die Kommunikation findet in Bezug auf die Bedeutung der Informationen zum richtigen Zeitpunkt statt. Informationen werden weder zu früh noch zu spät kommuniziert.
KM 6	Mir stehen Möglichkeiten zur Partizipation an der Kosten-Nutzen-Analyse zur Verfügung.
TR 1	Die mit der Realisierung der Lösungsalternative (Anforderungsmanagement) verbundenen Aufwände und somit Kosten wurden ausreichend in der Bewertung berücksichtigt.
TR 2	Der aus der Realisierung der Lösungsalternativen (Anforderungsmanagement) resultierende Nutzen wurden ausreichend in der Bewertung berücksichtigt.

Einsatzentscheidung

KM 1	Die kommunizierten Informationen im Zusammenhang mit der getroffenen Einsatzentscheidung sind vollständig von Relevanz für mich.
KM 2	Ich kann die Rahmen der Einsatzentscheidung kommunizierten Informationen nachvollziehen. Der Detaillierungsgrad sowie Umfang kommunizierter Informationen entspricht meinem Informationsbedürfnis.
KM 3	In der Gesamtheit der im Rahmen der Einsatzentscheidung an mich kommunizierten Informationen finden sich keine Widersprüche.
KM 4	Die eingesetzten Kommunikationsmittel ermöglichen mir eine effiziente und effektive Informationsaufnahme.
KM 5	Die Kommunikation findet in Bezug auf die Bedeutung der Informationen zum richtigen Zeitpunkt statt. Informationen werden weder zu früh noch zu spät kommuniziert.

Budget- und Projektplanung

KM 1	Die kommunizierten Informationen zum Projektplan sind vollständig und relevant für mich. Änderungen am Projektplan werden transparent dargestellt.
KM 2	Die Darstellung der kommunizierten Informationen zum Projektplan sind nachvollziehbar. Der Detaillierungsgrad sowie Umfang kommunizierter Informationen entspricht meinem Informationsbedürfnis.
KM 3	In der Kommunikation zum avisierten Projektplan finden sich keine Widersprüche.
KM 4	Die eingesetzten Kommunikationsmittel ermöglichen mir eine effiziente und effektive Informationsaufnahme
KM 5	Die Kommunikation findet in Bezug auf die Bedeutung der Informationen zum richtigen Zeitpunkt statt. Informationen werden weder zu früh noch zu spät kommuniziert.

Kompetenzanalyse

Formierung Projektteam

PPS-Stakeholder allgemein	
KM 1	Die kommunizierten Informationen zur Besetzung und Verantwortlichkeit des Projektteams sind vollständig und relevant für mich.
KM 2	Die Darstellung der kommunizierten Informationen zur Besetzung und Verantwortlichkeit des Projektteams sind nachvollziehbar. Der Detaillierungsgrad sowie Umfang kommunizierter Informationen entspricht meinem Informationsbedürfnis.
KM 3	Die kommunizierten Informationen zur Besetzung und Verantwortlichkeit des Projektteams sind frei von Widersprüchen.
KM 4	Die eingesetzten Kommunikationsmittel ermöglichen mir eine effiziente und effektive Informationsaufnahme.
KM 5	Die Kommunikation zur Besetzung und Verantwortlichkeit des Projektteams findet zum richtigen Zeitpunkt statt. Informationen werden weder zu früh noch zu spät kommuniziert.
KM 6	Ich sehe meine Bedürfnisse durch einen Stellvertreter der eigenen Abteilung im Projektteam repräsentiert.
VK 1	Bei der Formierung des Projektteams wurden die aus Perspektive der Kompetenz bestgeeigneten Arbeitspersonen ausgewählt.
IF 1	Die Arbeitspersonen des Projektteams zeichnen sich durch eine hohe Innovationsfreude aus. Die Arbeitspersonen zeichnen sich durch das Bestreben neue Prozesse, Methoden und Technologien auszuprobieren aus, anstatt an Bestehendem festzuhalten.
Projektteam	
VK 2	Dem Projektteam stehen die zur Aufgabenbewältigung benötigten finanziellen Ressourcen zur Verfügung.
VK 3	Dem Projektteam stehen die zur Aufgabenbewältigung benötigten Entscheidungsbefugnisse zur Verfügung.
IF 2	Das Projektteam sieht sich flachen hierarchischen Organisations- und Entscheidungsstrukturen gegenüber. Der Einfluss von persönlicher Leistung oder innovativem Handeln auf die hierarchische Position im Unternehmen ist deutlich erkennbar.
IF 3	Das Projektteam weißt sich nicht durch eine ausgeprägte Unsicherheitsvermeidung auf. In unbekannten Situationen überwiegt die Wahrnehmung positiver gegenüber potentiell negativer Konsequenzen.

Qualifizierung Projektteam

VK 1	Ich verfüge nach den durchgeführten Qualifikationen über die benötigten Kompetenzen zur Spezifikation und Auswahl des bestgeeigneten PPS-Systems.

Anforderungsmanagement

KM 1	Die kommunizierten Informationen zum durchgeführten Anforderungsmanagement sowie dem erstellen Lastenheft sind vollständig und relevant für mich.
KM 2	Die Darstellung der kommunizierten Informationen zum Lastenheft sind nachvollziehbar. Der Detaillierungsgrad sowie Umfang kommunizierter Informationen entspricht meinem Informationsbedürfnis.
KM 3	In der Kommunikation zum durchgeführten Anforderungsmanagement sowie dem erstellen Lastenheft finden sich keine Widersprüche.
KM 4	Die eingesetzten Kommunikationsmittel ermöglichen mir eine effiziente und effektive Informationsaufnahme.
KM 5	Die Kommunikation findet in Bezug auf die Bedeutung der Informationen zum richtigen Zeitpunkt statt. Informationen werden weder zu früh noch zu spät kommuniziert.
KM 6	Mir stehen ausreichend Partizipationsmöglichkeiten im Prozess des Anforderungsmanagements zur Verfügung bzw. meine Bedürfnisse werden in Abstimmung mit Repräsentanten des Projektteams berücksichtigt.
SE 1	Im Rahmen des Anforderungsmanagements wurden Anforderungen der Systemergonomie nach Individualisierbarkeit des PPS-Systems ausreichend berücksichtigt.
SE 2	Im Rahmen des Anforderungsmanagements wurden Anforderungen der Systemergonomie nach Fehlertoleranz des PPS-Systems ausreichend berücksichtigt.
SE 3	Im Rahmen des Anforderungsmanagements wurden Anforderungen der Systemergonomie nach Steuerbarkeit des PPS-Systems ausreichend berücksichtigt.
SE 4	Im Rahmen des Anforderungsmanagements wurden Anforderungen der Systemergonomie nach Selbstbeschreibungsfähigkeit des PPS-Systems ausreichend berücksichtigt.
SE 5	Im Rahmen des Anforderungsmanagements wurden Anforderungen der Systemergonomie nach Kompetenzförderlichkeit bzw. Komplexität des PPS-Systems ausreichend berücksichtigt.
SE 6	Im Rahmen des Anforderungsmanagements wurden Anforderungen der Systemergonomie nach Gebrauchstauglichkeit des PPS-Systems ausreichend berücksichtigt.

TR 1	Die im Anforderungsmanagement aufgenommenen und im Lastenheft spezifizierten Anforderungen an das PPS-System decken meine Aufgabenanforderungen ab.
TR 2	Das mithilfe des Lastenheftes spezifizierte PPS-System würde mir verglichen zum Status-Quo eine verbesserte Unterstützung bei der Erreichung meiner Aufgabenziele bieten.
GF 1	Die im Anforderungsmanagement aufgenommenen und im Lastenheft spezifizierten Anforderungen an das PPS-System decken unternehmensspezifische Bedarfe an Datenstrukturen ab.
GF 2	Die im Anforderungsmanagement aufgenommenen und im Lastenheft spezifizierten Anforderungen an das PPS-System decken unternehmensspezifische Bedarfe an Prozessstrukturen ab.
SP 1	Im Rahmen des Anforderungsmanagements sowie im Lastenheft findet sich der Bedarf nach systemseitigen oder externen Supportstrukturen zur Unterstützung der Systemnutzung ausreichend berücksichtigt.
SP 2	Im Rahmen des Anforderungsmanagements sowie im Lastenheft findet sich der Bedarf nach systemseitigen oder externen Supportstrukturen zur Unterstützung der Fehlerbehebung ausreichend berücksichtigt.
SP 3	Im Rahmen des Anforderungsmanagements sowie im Lastenheft findet sich der Bedarf nach systemseitigen oder externen Supportstrukturen zur Unterstützung der Systemadaption ausreichend berücksichtigt.

Angebotsprozess

Evaluationsprozess

KM 1	Die kommunizierten Informationen zur Evaluation der vorliegenden Angebote sind vollständig und relevant für mich.
KM 2	Die Darstellung der kommunizierten Informationen zur Angebotsevaluation sind nachvollziehbar. Der Detaillierungsgrad sowie Umfang kommunizierter Informationen entspricht meinem Informationsbedürfnis.
KM 3	In der Kommunikation der durchgeführten Angebotsevaluation finden sich keine Widersprüche.
KM 4	Die eingesetzten Kommunikationsmittel ermöglichen mir eine effiziente und effektive Informationsaufnahme.
KM 5	Die Kommunikation findet in Bezug auf die Bedeutung der Informationen zum richtigen Zeitpunkt statt. Informationen werden weder zu früh noch zu spät kommuniziert.
KM 6	Mir stehen ausreichend Partizipationsmöglichkeiten im Evaluationsprozess zur Verfügung bzw. meine Bedürfnisse werden in Abstimmung mit Repräsentanten des Projektteams berücksichtigt.
KO 1	Die Kompatibilität der Eingabeschnittstellen evaluierter Systeme im Vergleich zu den zur Zeit eingesetzten Systeme wurde in der Bewertung nachvollziehbar berücksichtigt.
KO 2	Die Kompatibilität der Ausgabeschnittstelle evaluierter Systeme im Vergleich zu den zur Zeit eingesetzten Systeme wurde in der Bewertung nachvollziehbar berücksichtigt.
KO 3	Die Kompatibilität der Dialog- und Funktionsschnittstellen evaluierter Systeme im Vergleich zu den zur Zeit eingesetzten Systeme wurde in der Bewertung nachvollziehbar berücksichtigt.
SE 1	Die Anforderung der Systemergonomie nach Individualisierbarkeit wurde in der Evaluation der angebotenen PPS-Systeme ausreichend berücksichtigt.
SE 2	Die Anforderung der Systemergonomie nach Fehlertoleranz wurde in der Evaluation der angebotenen PPS-Systeme ausreichend berücksichtigt.
SE 3	Die Anforderung der Systemergonomie nach Steuerbarkeit wurde in der Evaluation der angebotenen PPS-Systeme ausreichend berücksichtigt.
SE 4	Die Anforderung der Systemergonomie nach Selbstbeschreibungsfähigkeit wurde in der Evaluation der angebotenen PPS-Systeme ausreichend berücksichtigt.
SE 5	Die Anforderung der Systemergonomie nach Kompetenzförderlichkeit wurde in der Evaluation der angebotenen PPS-Systeme ausreichend berücksichtigt.
SE 6	Die Anforderung der Systemergonomie nach Gebrauchstauglichkeit wurde in der Evaluation der angebotenen PPS-Systeme ausreichend berücksichtigt.
TR 1	Die Erfüllung meiner Aufgabenanforderungen durch die angebotenen PPS-Systeme wurden im Evaluationsprozess ausreichend berücksichtigt.
TR 2	Der Mehrwert der angebotenen PPS-Systeme im Zuge der Erreichung meiner Aufgabenziele wurde im Evaluationsprozess ausreichend berücksichtigt.
GF 1	Der Geschäftsprozess-Fit im Sinne der Adressierung unternehmensspezifischer Datenstrukturen wurde im Evaluationsprozess der angebotenen PPS-Systeme ausreichend berücksichtigt.
GF 2	Der Geschäftsprozess-Fit im Sinne der Adressierung unternehmensspezifischer Prozessstrukturen wurde im Evaluationsprozess der angebotenen PPS-Systeme ausreichend berücksichtigt.
SP 1	Das Angebot an Supportstrukturen zur Unterstützung der Systemnutzung wurde im Evaluationsprozess ausreichend berücksichtigt.
SP 2	Das Angebot an Supportstrukturen zur Unterstützung der Fehlerbehebung wurde im Evaluationsprozess ausreichend berücksichtigt.
SP 3	Das Angebot an Supportstrukturen zur Unterstützung der Systemadaption wurde im Evaluationsprozess ausreichend berücksichtigt.

Anbieter- und Modulauswahl

KM 1	Die kommunizierten Informationen zur Anbieter- und Modulauswahl sind vollständig und relevant für mich.
KM 2	Die kommunizierten Informationen zur Anbieter- und Modulauswahl sind nachvollziehbar. Der Detaillierungsgrad sowie Umfang kommunizierter Informationen entspricht meinem Informationsbedürfnis.
KM 3	In der Kommunikation der Anbieter- und Modulauswahl finden sich keine Widersprüche.
KM 4	Die eingesetzten Kommunikationsmittel ermöglichen mir eine effiziente und effektive Informationsaufnahme
KM 5	Die Kommunikation findet in Bezug auf die Bedeutung der Informationen zum richtigen Zeitpunkt statt. Informationen werden weder zu früh noch zu spät kommuniziert.
KM 6	Mir stehen ausreichend Partizipationsmöglichkeiten in der Anbieter- und Modulauswahl zur Verfügung bzw. meine Bedürfnisse werden in Abstimmung mit Repräsentanten des Projektteams berücksichtigt.

Entwicklung Steuerungssystem

KM 1	Die kommunizierten Informationen zum entwickelten Steuerungssystem bzw. zu Änderungen am bestehenden Steuerungssystem sind vollständig und relevant für mich.
KM 2	Die kommunizierten Informationen entwickelten Steuerungssystem bzw. zu Änderungen am bestehenden Steuerungssystem sind nachvollziehbar. Der Detaillierungsgrad sowie Umfang kommunizierter Informationen entspricht meinem Informationsbedürfnis.
KM 3	In der Kommunikation des neuen Steuerungssystems finden sich keine Widersprüche.
KM 4	Die eingesetzten Kommunikationsmittel ermöglichen mir eine effiziente und effektive Informationsaufnahme
KM 5	Die Kommunikation findet in Bezug auf die Bedeutung der Informationen zum richtigen Zeitpunkt statt. Informationen werden weder zu früh noch zu spät kommuniziert.
KM 6	Mir stehen ausreichend Partizipationsmöglichkeiten im Entwicklungsprozess des Steuerungssystems zur Verfügung bzw. meine Bedürfnisse werden in Abstimmung mit Repräsentanten des Projektteams berücksichtigt.
IF 1	Meine Arbeitsumgebung zeichnet sich durch flache hierarchische Strukturen und eine geringe Machtdistanz aus. Der Einfluss von persönlicher Leistung oder innovativem Handeln auf die hierarchische Position im Unternehmen ist klar erkennbar.
IF 2	In Situationen großer Unsicherheit überwiegen die Erwartungen positiver Potentiale gegenüber der Angst negativer Konsequenzen. Erfolge werden in Wahmehmung des Unternehmens stärker gewichtetet als Fehler.
TR 1	Im Rahmen der Entwicklung bzw. der Anpassung des Steuerungssystems wurden meine Aufgabenanforderungen ausreichend berücksichtigt.
TR 2	Im Rahmen der Entwicklung bzw. der Anpassung des Steuerungssystems wurden meine Aufgabenziele ausreichend berücksichtigt. Das neue Steuerungssystem ermöglicht mir eine bessere Zielerreichung verglichen zum Status-Quo.
VK 1	Das Steuerungssystem bietet mir für meine Aufgabenbewältigung ausreichend Steuerungsmöglichkeiten zur Beeinflussung von Arbeitsprozessen.
VK 2	Das Steuerungssystem berücksichtigt sämtliche der von mir benötigten Steuerungsressourcen zur Bewältigung meiner Aufgaben.

Entwicklung Rollenprofile

KM 1	Die kommunizierten Informationen zu entwickelten Rollenprofilen bzw. zu Änderungen an bestehenden Rollenprofilen sind vollständig und relevant für mich.
KM 2	Die kommunizierten Informationen zu entwickelten Rollenprofilen bzw. zu Änderungen an bestehenden Rollenprofilen sind nachvollziehbar. Der Detaillierungsgrad sowie Umfang kommunizierter Informationen entspricht meinem Informationsbedürfnis.
KM 3	In der Kommunikation der Informationen zu den neuen Rollenprofilen finden sich keine Widersprüche.
KM 4	Die eingesetzten Kommunikationsmittel ermöglichen mir eine effiziente und effektive Informationsaufnahme.
KM 5	Die Kommunikation findet in Bezug auf die Bedeutung der Informationen zum richtigen Zeitpunkt statt. Informationen werden weder zu früh noch zu spät kommuniziert.
KM 6	Mir stehen ausreichend Partizipationsmöglichkeiten im Entwicklungsprozess der Rollenprofile zur Verfügung bzw. meine Bedürfnisse werden in Abstimmung mit Repräsentanten des Projektteams berücksichtigt.
TR 1	Im Rahmen der Entwicklung bzw. der Anpassung der Rollenprofile wurden meine Aufgabenanforderungen ausreichend berücksichtigt.
TR 2	Im Rahmen der Entwicklung bzw. der Anpassung der Rollenprofile wurden meine Aufgabenziele ausreichend berücksichtigt. Die neuen Rollenprofile ermöglichen mir eine bessere Zielerreichung verglichen zum Status-Quo.
VK 1	Mein Rollenprofil bietet mir für meine Aufgabenbewältigung ausreichend Steuerungsmöglichkeiten zur Beeinflussung von Arbeitsprozessen.
VK 2	Mein Rollenprofil berücksichtigt sämtliche der von mir benötigten Steuerungsressourcen zur Bewältigung meiner Aufgaben.

Anforderungsmanagement

KM 1	Die kommunizierten Informationen zu den Ergebnissen des Anforderungsmanagements in Form des Pflichtenheftes sind vollständig und relevant für mich.
KM 2	Die kommunizierten Informationen zu den Ergebnissen des Anforderungsmanagements in Form des Pflichtenheftes sind nachvollziehbar. Der Detaillierungsgrad sowie Umfang kommunizierter Informationen entspricht meinem Informationsbedürfnis.
KM 3	In der Kommunikation der Ergebnissen des Anforderungsmanagements in Form des Pflichtenheftes finden sich keine Widersprüche.
KM 4	Die eingesetzten Kommunikationsmittel ermöglichen mir eine effiziente und effektive Informationsaufnahme
KM 5	Die Kommunikation findet in Bezug auf die Bedeutung der Informationen zum richtigen Zeitpunkt statt. Informationen werden weder zu früh noch zu spät kommuniziert.
KM 6	Mir stehen ausreichend Partizipationsmöglichkeiten im Prozess des Anforderungsmanagements zur Verfügung bzw. meine Bedürfnisse werden in Abstimmung mit Repräsentanten des Projektteams berücksichtigt.
SE 1	Im Rahmen des Anforderungsmanagements wurden Anforderungen der Systemergonomie nach Individualisierbarkeit des PPS-Systems ausreichend berücksichtigt.
SE 2	Im Rahmen des Anforderungsmanagements wurden Anforderungen der Systemergonomie nach Fehlertoleranz des PPS-Systems ausreichend berücksichtigt.
SE 3	Im Rahmen des Anforderungsmanagements wurden Anforderungen der Systemergonomie nach Steuerbarkeit des PPS-Systems ausreichend berücksichtigt.
SE 4	Im Rahmen des Anforderungsmanagements wurden Anforderungen der Systemergonomie nach Selbstbeschreibungsfähigkeit des PPS-Systems ausreichend berücksichtigt.
SE 5	Im Rahmen des Anforderungsmanagements wurden Anforderungen der Systemergonomie nach Kompetenzförderlichkeit bzw. Komplexität des PPS-Systems ausreichend berücksichtigt.
SE 6	Im Rahmen des Anforderungsmanagements wurden Anforderungen der Systemergonomie nach Gebrauchstauglichkeit des PPS-Systems ausreichend berücksichtigt.
TR 1	Meine Aufgabenanforderungen wurden im Anforderungsmanagement sowie dem erstellen Pflichtenheft ausreichend berücksichtigt.
TR 2	Die Nutzung des gemäß Pflichtenheft spezifizierten PPS-Systems würde sich optimierend auf die Erfüllung meiner Aufgabenziele auswirken.
GF 1	Die im Anforderungsmanagement aufgenommenen und im Pflichtenheft spezifizierte Umsetzung des PPS-Systems decken unternehmensspezifische Bedarfe an Datenstrukturen ab.
GF 2	Die im Anforderungsmanagement aufgenommenen und im Pflichtenheft spezifizierte Umsetzung des PPS-System decken unternehmensspezifische Bedarfe an Prozessstrukturen ab.
KO 1	Das durch das Pflichtenheft beschriebene PPS-System weißt ein ausreichende Kompatibilität der Eingabeschnittstellen im Vergleich zu den abzulösenden bzw. den zur Zeit eingesetzten IS auf.
KO 2	Das durch das Pflichtenheft beschriebene PPS-System weißt ein ausreichende Kompatibilität der Ausgabeschnittstellen im Vergleich zu den abzulösenden bzw. den zur Zeit eingesetzten IS auf.
KO 3	Das durch das Pflichtenheft beschriebene PPS-System weißt ein ausreichende Kompatibilität der Dialog- und Funktionsschnittstellen im Vergleich zu den abzulösenden bzw. den zur Zeit eingesetzten IS auf.
FQ 1	Die im Pflichtenheft beschriebenen Leistungskriterien im Hinblick auf die korrekte Informations- und Funktionsausgabe entsprechen den Anforderungen des täglichen Einsatzes.
FQ 2	Die im Pflichtenheft beschriebenen Leistungskriterien im Hinblick auf private Datensicherheit sowie den technischen Datenschutz entsprechen den individuellen sowie Anforderungen des täglichen Einsatzes.
SQ 1	Die im Pflichtenheft beschriebenen Leistungskriterien im Hinblick auf die Zuverlässigkeit der Funktionalitäten des PPS-Systems entsprechen den Anforderungen des täglichen Einsatzes.
SQ 2	Die im Pflichtenheft beschriebenen Leistungskriterien im Hinblick auf die Reaktionsfähigkeit der Funktionalitäten des PPS-Systems entsprechen den Anforderungen des täglichen Einsatzes.

Prozess Re-Engineering

KM 1	Die kommunizierten Informationen zu den im Rahmen des Prozess Re-Engineering vorgenommenen Maßnahmen sind vollständig und relevant für mich.
KM 2	Die kommunizierten Informationen zu den im Rahmen des Prozess Re-Engineering vorgenommenen Maßnahmen sind nachvollziehbar. Der Detaillierungsgrad sowie Umfang kommunizierter Informationen entspricht meinem Informationsbedürfnis.
KM 3	In der Kommunikation der Maßnahmen des Prozess Re-Engineering finden sich keine Widersprüche.
KM 4	Die eingesetzten Kommunikationsmittel ermöglichen mir eine effiziente und effektive Informationsaufnahme
KM 5	Die Kommunikation findet in Bezug auf die Bedeutung der Informationen zum richtigen Zeitpunkt statt. Informationen werden weder zu früh noch zu spät kommuniziert.
KM 6	Mir stehen ausreichend Partizipationsmöglichkeiten im Rahmen des Prozess Re-Engineering zur Verfügung bzw. meine Bedürfnisse werden in Abstimmung mit Repräsentanten des Projektteams berücksichtigt.
VK 1	Nach Durchführung der Prozess Re-Engineering Maßnahmen stehen mir ausreichend Steuerungsmöglichkeiten zur zielgerechten Bewältigung meiner Arbeitsprozesse zur Verfügung.
GF 1	Nach Durchführung der Prozess Re-Engineering Maßnahmen liegt eine hohe Übereinstimmung der operativen Prozessstruktur mit unternehmensspezifischen Anforderungen vor.

Customization

KM 1	Die kommunizierten Informationen zu den im Rahmen des Customization vorgenommenen Maßnahmen sind vollständig und relevant für mich.
KM 2	Die kommunizierten Informationen zu den im Rahmen des Customization vorgenommenen Maßnahmen sind nachvollziehbar. Der Detaillierungsgrad sowie Umfang kommunizierter Informationen entspricht meinem Informationsbedürfnis.
KM 3	In der Kommunikation der Maßnahmen des Customization finden sich keine Widersprüche.
KM 4	Die eingesetzten Kommunikationsmittel ermöglichen mir eine effiziente und effektive Informationsaufnahme
KM 5	Die Kommunikation findet in Bezug auf die Bedeutung der Informationen zum richtigen Zeitpunkt statt. Informationen werden weder zu früh noch zu spät kommuniziert.
KM 6	Mir stehen ausreichend Partizipationsmöglichkeiten im Rahmen des Customization zur Verfügung bzw. meine Bedürfnisse werden in Abstimmung mit Repräsentanten des Projektteams berücksichtigt.
VK 1	Nach Durchführung der Customization Maßnahmen stehen mir ausreichend systemseitige Steuerungsmöglichkeiten zur zielgerechten Bewältigung meiner Arbeitsprozesse zur Verfügung.
VK 2	Nach Durchführung der Customization Maßnahmen stehen mir die zur zielgerechten Bewältigung meiner Arbeitsprozesse benötigten Steuerungsressourcen zur Verfügung.
TR 1	Die Funktionalitäten des PPS-Systems nach Durchführung der Customization Maßnahmen erfüllen meine Aufgabenanforderungen.
TR 2	Die Funktionalitäten des PPS-Systems nach Durchführung der Customization Maßnahmen würden sich in Anwendung optimierend auf die Bewältigung meiner Aufgabenziele, verglichen zum Status-Quo, auswirken.
GF 1	Nach Durchführung der Customization Maßnahmen liegt eine hohe Übereinstimmung der systemseitigen Prozessstruktur mit unternehmensspezifischen Anforderungen vor.
GF 2	Nach Durchführung der Customization Maßnahmen liegt eine hohe Übereinstimmung der systemseitigen Datenstruktur mit unternehmensspezifischen Anforderungen vor.
SE 1	Im Rahmen des Customization wurden Anforderungen der Systemergonomie nach Individualisierbarkeit des PPS-Systems ausreichend berücksichtigt.
SE 2	Im Rahmen des Customization wurden Anforderungen der Systemergonomie nach Fehlertoleranz des PPS-Systems ausreichend berücksichtigt.
SE 3	Im Rahmen des Customization wurden Anforderungen der Systemergonomie nach Steuerbarkeit des PPS-Systems ausreichend berücksichtigt.
SE 4	Im Rahmen des Customization wurden Anforderungen der Systemergonomie nach Selbstbeschreibungsfähigkeit des PPS-Systems ausreichend berücksichtigt.
SE 5	Im Rahmen des Customization wurden Anforderungen der Systemergonomie nach Kompetenzförderlichkeit bzw. Komplexität des PPS-Systems ausreichend berücksichtigt.
SE 6	Im Rahmen des Customization wurden Anforderungen der Systemergonomie nach Gebrauchstauglichkeit des PPS-Systems ausreichend berücksichtigt.
KO 1	Nach Durchführung der Customization Maßnahmen besteht eine hohe Kompatibilität der Eingabeschnittstellen des PPS-Systems zur bestehenden IT-Infrastruktur.
KO 2	Nach Durchführung der Customization Maßnahmen besteht eine hohe Kompatibilität der Ausgabeschnittstellen des PPS-Systems zur bestehenden IT-Infrastruktur.
KO 3	Nach Durchführung der Customization Maßnahmen besteht eine hohe Kompatibilität der Dialog- und Funktionsschnittstellen des PPS-Systems zur bestehenden IT-Infrastruktur.

SQ 1	Das PPS-System zeichnet sich nach Durchführung der Customization Maßnahmen durch eine ausreichende Reaktionsfähigkeit aus.
SQ 2	Das PPS-System zeichnet sich nach Durchführung der Customization Maßnahmen durch eine ausreichende Zuverlässigkeit aus.
FQ 1	Informationen und Funktionsergebnisse werden nach Durchführung der Customization Maßnahmen und bei Vorliegen korrekter Inputdaten korrekt von dem PPS-System ausgegeben.
FQ 2	Informationen und Funktionsergebnisse werden nach Durchführung der Customization Maßnahmen und bei Vorliegen korrekter Inputdaten vollständig von dem PPS-System ausgegeben.
FQ 3	Die Sicherheit der durch das PPS-System verarbeiteten Daten wird nach Durchführung der Customization Maßnahmen als hoch eingeschätzt.

System- und Shopfloorintegration	
KM 1	Die kommunizierten Informationen zur durchgeführten System- und Shopfloorintegration sind vollständig und relevant für mich.
KM 2	Die kommunizierten Informationen zur durchgeführten System- und Shopfloorintegration sind nachvollziehbar. Der Detaillierungsgrad sowie Umfang kommunizierter Informationen entspricht meinem Informationsbedürfnis.
KM 3	In der Kommunikation von Informationen zur System- und Shopfloorintegration finden sich keine Widersprüche.
KM 4	Die eingesetzten Kommunikationsmittel ermöglichen mir eine effiziente und effektive Informationsaufnahme
KM 5	Die Kommunikation findet in Bezug auf die Bedeutung der Informationen zum richtigen Zeitpunkt statt. Informationen werden weder zu früh noch zu spät kommuniziert.
KM 6	Mir stehen ausreichend Partizipationsmöglichkeiten in der System- und Shopfloorintegration zur Verfügung bzw. meine Bedürfnisse werden in Abstimmung mit Repräsentanten des Projektteams berücksichtigt.
KO 1	Die im Rahmen der Shopfloorintegration eingeführten physischen Eingabeschnittstellen des PPS-Systems weißen in ihrer Nutzung eine hohe Kompatibilität zu abgelösten oder sonstigen im Einsatz befindlichen IS auf.
KO 2	Die im Rahmen der Shopfloorintegration eingeführten physischen Ausgabeschnittstellen des PPS-Systems weißen in ihrer Nutzung eine hohe Kompatibilität zu abgelösten oder sonstigen im Einsatz befindlichen IS auf.
VK 1	Durch die Shopfloorintegration steht mir ausreichender Zugang zu Steuerungsressourcen in Form des PPS-Systems zur Verfügung.
SE 1	Die im Rahmen der Shopfloorintegration installierten technischen Ein- und Ausgabeschnittstellen entsprechen den Anforderungen der Ergonomie nach Fehlertoleranz.
SE 2	Die im Rahmen der Shopfloorintegration installierten technischen Ein- und Ausgabeschnittstellen entsprechen den Anforderungen der Ergonomie nach Kompetenzförderlichkeit. Die Komplexität der Schnittstellennutzung steht im Verhältnis zur Aufgabenbewältigung.
SE 3	Die im Rahmen der Shopfloorintegration installierten technischen Ein- und Ausgabeschnittstellen entsprechen den Anforderungen der Ergonomie nach Gebrauchstauglichkeit mit Bezug auf die vorliegende Arbeitsumgebung.
SQ 1	Das PPS-System zeichnet sich nach erfolgter System- und Shopfloorintegration durch eine ausreichende Reaktionsfähigkeit aus.
SQ 2	Das PPS-System zeichnet sich nach erfolgter System- und Shopfloorintegration durch eine ausreichende Zuverlässigkeit aus.

Datenmigration

KM 1	Die kommunizierten Informationen zum Prozess der Datenmigration sind vollständig und relevant für mich.
KM 2	Die kommunizierten Informationen zur durchgeführten System- und Shopfloorintegration sind nachvollziehbar. Der Detaillierungsgrad sowie Umfang kommunizierter Informationen entspricht meinem Informationsbedürfnis.
KM 3	In der Kommunikation von Informationen zur System- und Shopfloorintegration finden sich keine Widersprüche.
KM 4	Die eingesetzten Kommunikationsmittel ermöglichen mir eine effiziente und effektive Informationsaufnahme
KM 5	Die Kommunikation findet in Bezug auf die Bedeutung der Informationen zum richtigen Zeitpunkt statt. Informationen werden weder zu früh noch zu spät kommuniziert.
KM 6	Mir stehen ausreichend Partizipationsmöglichkeiten in der System- und Shopfloorintegration zur Verfügung bzw. meine Bedürfnisse werden in Abstimmung mit Repräsentanten des Projektteams berücksichtigt.
FQ 1	Die nach erfolgter Datenmigration durch das PPS-System erzeugten Informationen und Funktionsergebnisse sind korrekt und entsprechen einer korrekten Repräsentation der realen Gegebenheiten. Die Informationen und Ergebnisse des PPS-Systeme lassen sich somit ohne Einschränkungen auf das reale Produktionsgeschehen übertragen.
FQ 2	Die nach erfolgter Datenmigration durch das PPS-System erzeugten Informationen und Funktionsergebnisse sind vollständig und entsprechen einer ganzheitlichen Repräsentation der realen Gegebenheiten. Die Datengrundlage des PPS-Systems kann somit als komplett und ohne fehlende Datenpunkte bezeichnet werden.
FQ 3	Gemäß dem Sicherheitsmerkmal als Bestandteil der Informations- und Funktionsqualität wird sowohl der private Datenschutz als auch die technische Datensicherheit im Umgang mit dem PPS-System nach erfolgter Datenmigration als hoch eingeschätzt.

Gestaltung Supportstrukturen

KM 1	Die kommunizierten Informationen zu den geschaffenen Supportstrukturen sind vollständig und relevant für mich.
KM 2	Die kommunizierten Informationen zu den geschaffenen Supportstrukturen sind nachvollziehbar. Der Detaillierungsgrad der sowie Umfang kommunizierter Informationen entspricht meinem Informationsbedürfnis.
KM 3	In der Kommunikation von Informationen zu geschaffenen Supportstrukturen finden sich keine Widersprüche.
KM 4	Die eingesetzten Kommunikationsmittel ermöglichen mir eine effiziente und effektive Informationsaufnahme.
KM 5	Die Kommunikation findet in Bezug auf die Bedeutung der Informationen zum richtigen Zeitpunkt statt. Informationen werden weder zu früh noch zu spät kommuniziert.
KM 6	Mir stehen ausreichend Partizipationsmöglichkeiten in der Gestaltung der Supportstrukturen zur Verfügung bzw. meine Bedürfnisse werden in Abstimmung mit Repräsentanten des Projektteams berücksichtigt.
SP 1	Die geschaffenen Supportstrukturen bieten meinen Anforderungen entsprechend ausreichend Unterstützung bei der Systemnutzung.
SP 2	Die geschaffenen Supportstrukturen bieten meinen Anforderungen entsprechend ausreichend Unterstützung in der Fehlerbehebung während der Nutzung von PPS-Systemen.
SP 3	Die geschaffenen Supportstrukturen bieten meinen Anforderungen entsprechend ausreichend Unterstützung bei Bedarfen der Systemadaption.

Schulung

KM 1	Die kommunizierten Informationen zu Schulungsmaßnahmen sind vollständig und relevant für mich.
KM 2	Die kommunizierten Informationen zu Schulungsmaßnahmen sind nachvollziehbar. Der Detaillierungsgrad sowie Umfang kommunizierter Informationen entspricht meinem Informationsbedürfnis.
KM 3	In der Kommunikation von Informationen zu Schulungsmaßnahmen finden sich keine Widersprüche.
KM 4	Die eingesetzten Kommunikationsmittel ermöglichen mir eine effiziente und effektive Informationsaufnahme
KM 5	Die Kommunikation findet in Bezug auf die Bedeutung der Informationen zum richtigen Zeitpunkt statt. Informationen werden weder zu früh noch zu spät kommuniziert.
KM 6	Mir stehen ausreichend Partizipationsmöglichkeiten in der Gestaltung von Schulungsmaßnahmen zur Verfügung bzw. meine Bedürfnisse werden in Abstimmung mit Repräsentanten des Projektteams berücksichtigt.
VK 1	Nach Durchführung der Schulungsmaßnahmen verfüge ich über ausreichend Steuerungsfähigkeiten zur zielgerechten Bewältigung meiner Arbeitsaufgabe.
IF 1	Nach Durchführung der Schulungsmaßnahmen besteht bei mir keine Unsicherheit mehr bzgl. der Nutzung des neuen PPS-Systems. Ich erwarte keine negativen Konsequenzen im Falle der Fehlnutzung von Systemfunktionalitäten.
IF 2	Ich schätze meine Innovationsfreude zur Erprobung der neuen Systemfunktionalitäten des PPS-Systems nach Durchführung der Schulungsmaßnahmen als hoch ein.

Test & Abnahme

KM 1	Die kommunizierten Informationen zur Durchführung und den Ergebnissen der Systemtests und -abnahme sind vollständig und relevant für mich.
KM 2	Die kommunizierten Informationen zur Durchführung und den Ergebnissen der Systemtests und -abnahme sind nachvollziehbar. Der Detaillierungsgrad sowie Umfang kommunizierter Informationen entspricht meinem Informationsbedürfnis.
KM 3	In der Kommunikation zur Durchführung und den Ergebnissen der Systemtests und -abnahme finden sich keine Widersprüche.
KM 4	Die eingesetzten Kommunikationsmittel ermöglichen mir eine effiziente und effektive Informationsaufnahme
KM 5	Die Kommunikation findet in Bezug auf die Bedeutung der Informationen zum richtigen Zeitpunkt statt. Informationen werden weder zu früh noch zu spät kommuniziert.
KM 6	Mir stehen ausreichend Partizipationsmöglichkeiten im Rahmen der Systemtests und -abnahme zur Verfügung bzw. meine Bedürfnisse werden in Abstimmung mit Repräsentanten des Projektteams berücksichtigt.
IF 1	Meine Arbeitsumgebung zeichnet sich durch flache hierarchische Strukturen und eine geringe Machtdistanz aus. Der Einfluss von persönlicher Leistung oder innovativem Handeln auf die hierarchische Position im Unternehmen ist klar erkennbar.
IF 2	Im Rahmen der Systemtests und -abnahme besteht bei mir keine Unsicherheit bzgl. der Nutzung des neuen PPS-Systems. Ich erwarte keine negativen Konsequenzen im Falle der Fehlnutzung von Systemfunktionalitäten.
IF 3	Ich schätze meine Innovationsfreude zur Erprobung der neuen Systemfunktionalitäten des PPS-Systems als hoch ein.
FQ 1	Die durch das PPS-System erzeugten Informationen und Funktionsergebnisse sind korrekt und entsprechen einer korrekten Repräsentation der realen Gegebenheiten. Die Informationen und Ergebnisse des PPS-Systeme lassen sich somit ohne Einschränkungen auf das reale Produktionsgeschehen übertragen.
FQ 2	Die durch das PPS-System erzeugten Informationen und Funktionsergebnisse sind vollständig und entsprechen einer ganzheitlichen Repräsentation der realen Gegebenheiten. Die Datengrundlage des PPS-Systems kann somit als komplett und ohne fehlende Datenpunkte bezeichnet werden.
FQ 3	Gemäß dem Sicherheitsmerkmal als Bestandteil der Informations- und Funktionsqualität wird sowohl der private Datenschutz als auch die technische Datensicherheit im Umgang mit dem PPS-System nach erfolgter Datenmigration als hoch eingeschätzt.
SQ 1	Die Benutzung sämtlicher Funktionalitäten des PPS-Systems zeichnen sich durch eine hohe Zuverlässigkeit aus.
SQ 2	Die Benutzung sämtlicher Funktionalitäten des PPS-Systems zeichnen sich durch eine hohe Reaktionsfähigkeit aus.
KO 1	Es besteht eine hohe Kompatibilität der Eingabeschnittstellen des PPS-Systems zur bestehenden IT-Infrastruktur.
KO 2	Es besteht eine hohe Kompatibilität der Ausgabeschnittstellen des PPS-Systems zur bestehenden IT-Infrastruktur.
KO 3	Es besteht eine hohe Kompatibilität der Dialog- und Funktionsschnittstellen des PPS-Systems zur bestehenden IT-Infrastruktur.
SE 1	Die interaktiven Bestandteile des PPS-Systems entsprechen meinen Ergonomieanforderungen nach Individualisierbarkeit. Mir stehen Möglichkeiten zur nutzerindividuellen Gestaltung der Interaktion zwischen System und Nutzer zur Verfügung.
SE 2	Die interaktiven Bestandteile des PPS-Systems entsprechen meinen Ergonomieanforderungen nach Fehlertoleranz. Die Kritikalität nutzerbedingter Fehler sowie einhergehender Korrekturaufwände bei der Bedienung des PPS-System schätze ich als gering ein.
SE 3	Die interaktiven Bestandteile des PPS-Systems entsprechen meinen Ergonomieanforderungen nach Kompetenzförderlichkeit. Die Komplexität der Bedienung des PPS-Systems steht im angebrachten Verhältnis zur Aufgabe.
SE 4	Die interaktiven Bestandteile des PPS-Systems entsprechen meinen Ergonomieanforderungen nach Gebrauchstauglichkeit. Die Effizienz und Effektivität der Nutzung des PPS-Systems wird insbesondere angesichts der Arbeitsbedingungen als hoch eingeschätzt.
SE 5	Die interaktiven Bestandteile des PPS-Systems entsprechen meinen Ergonomieanforderungen nach Steuerbarkeit. Der Automatisierungsgrad der Funktionen des PPS-Systems können aktiv von mir gestaltet werden.
SE 6	Die interaktiven Bestandteile des PPS-Systems entsprechen meinen Ergonomieanforderungen nach Selbstbeschreibungsfähigkeit.

SN 1	Die Nützlichkeit und Benutzerfreundlichkeit des PPS-Systems wird von den Arbeitspersonen meines täglichen Arbeitsumfeldes als hoch eingeschätzt.
SN 2	Die Nützlichkeit und Benutzerfreundlichkeit des PPS-Systems wird von meinen direkten Vorgesetzten als hoch eingeschätzt.
SN 3	Die Wahrnehmung im Unternehmen verdeutlicht die Potentiale der Nützlichkeit und Benutzerfreundlichkeit des zu testenden PPS-Systems.
SP 1	Die geschaffenen Supportstrukturen bieten meinen Anforderungen entsprechend ausreichend Unterstützung in der Systemnutzung.
SP 2	Die geschaffenen Supportstrukturen bieten meinen Anforderungen entsprechend ausreichend Unterstützung in der Fehlerbehebung während der Nutzung von PPS-Systemen.
SP 3	Die geschaffenen Supportstrukturen bieten meinen Anforderungen entsprechend ausreichend Unterstützung bei Bedarfen der Systemadaption.
TR 1	Die Funktionalitäten des PPS-Systems erfüllen meine Aufgabenanforderungen vollumfänglich.
TR 2	Die Funktionalitäten des PPS-Systems wirken sich, verglichen zum Status-Quo, optimierend auf die Bewältigung meiner Aufgabenziele aus.
GF 1	Die Prozessstruktur des PPS-Systems entspricht den unternehmensspezifischen Anforderungen.
GF 2	Die Datenstruktur des PPS-Systems entspricht den unternehmensspezifischen Anforderungen.
VK 1	Ich verfüge über ausreichend Steuerungsfähigkeiten zur zielgerechten Bewältigung meiner Arbeitsaufgabe sowie zur Beherrschung aller relevanten Funktionalitäten des PPS-Systems.
VK 2	Ich verfüge ich über die benötigten Steuerungsressourcen für meine Aufgabenbewältigung.
VK 3	Ich verfüge über ausreichend Steuerungsmöglichkeiten zur zielgerechten Bewältigung meiner Arbeitsaufgabe.

Roll-Out

KM 1	Die kommunizierten Informationen zum Prozess des Roll-Out des PPS-Systems sind vollständig und relevant für mich.
KM 2	Die kommunizierten Informationen zum Prozess des Roll-Out des PPS-Systems sind nachvollziehbar. Der Detaillierungsgrad sowie Umfang kommunizierter Informationen entspricht meinem Informationsbedürfnis.
KM 3	In der Kommunikation zum Prozess des Roll-Out des PPS-Systems finden sich keine Widersprüche.
KM 4	Die eingesetzten Kommunikationsmittel ermöglichen mir eine effiziente und effektive Informationsaufnahme
KM 5	Die Kommunikation findet in Bezug auf die Bedeutung der Informationen zum richtigen Zeitpunkt statt. Informationen werden weder zu früh noch zu spät kommuniziert.
KM 6	Mir stehen ausreichend Partizipationsmöglichkeiten im Rahmen der Planung und Durchführung des Roll-Outs des PPS-Systems zur Verfügung bzw. meine Bedürfnisse werden in Abstimmung mit Repräsentanten des Projektteams berücksichtigt.
IF 1	Bedingt durch die Wahl der Roll-Out Strategie sowie die Geschwindigkeit der Einführung des PPS-Systems wird meine Unsicherheit in der Nutzung des neuen PPS-Systems reduziert.
SP 1	Die den Roll-Out begleitenden Supportstrukturen bieten ausreichend Unterstützung in der Systemnutzung.
SP 2	Die den Roll-Out begleitenden Supportstrukturen bieten ausreichend Unterstützung in der Fehlerbehebung.

System Ramp-Up

Fehlerbehebung

KM 1	Die kommunizierten Informationen zum Prozess der Fehlerbehebung sowie den hieraus resultierenden Anpassungen im Zuge das Ramp-Ups sind vollständig und relevant für mich.
KM 2	Die kommunizierten Informationen zum Prozess der Fehlerbehebung sowie den hieraus resultierenden Anpassungen im Zuge das Ramp-Ups sind nachvollziehbar. Der Detaillierungsgrad sowie Umfang kommunizierter Informationen entspricht meinem Informationsbedürfnis.
KM 3	In der Kommunikation zum Prozess Fehlerbehebung sowie der hieraus resultierenden Anpassungen im Zuge das Ramp-Ups finden sich keine Widersprüche.
KM 4	Die eingesetzten Kommunikationsmittel ermöglichen mir eine effiziente und effektive Informationsaufnahme
KM 5	Die Kommunikation findet in Bezug auf die Bedeutung der Informationen zum richtigen Zeitpunkt statt. Informationen werden weder zu früh noch zu spät kommuniziert.
KM 6	Mir stehen ausreichend Partizipationsmöglichkeiten im Rahmen des Ramp-Ups zur Fehlerbehebung zur Verfügung bzw. meine Bedürfnisse werden in Abstimmung mit Repräsentanten des Projektteams berücksichtigt.

SQ 1	Die Benutzung sämtlicher Funktionalitäten des PPS-Systems zeichnen sich im normale Prozessbetrieb durch eine hohe Reaktionsfähigkeit aus.
SQ 2	Die Benutzung sämtlicher Funktionalitäten des PPS-Systems zeichnen sich im normale Prozessbetrieb durch eine hohe Zuverlässigkeit aus.
FQ 1	Informationen und Funktionsergebnisse werden nach erfolgter Fehlerbehebung im Rahmen der Ramp-Up Phase korrekt von dem PPS-System ausgegeben.
FQ 2	Informationen und Funktionsergebnisse werden nach erfolgter Fehlerbehebung im Rahmen der Ramp-Up Phase vollständig von dem PPS-System ausgegeben.
FQ 3	Der private Datenschutz sowie die technische Datensicherheit wird nach erfolgter Fehlerbehebung im Rahmen der Ramp-Up Phase als hoch eingeschätzt.

Performance Optimierung

KM 1	Die kommunizierten Informationen zum Prozess der Performanceoptimierung des PPS-Systems sind vollständig und relevant für mich.
KM 2	Die kommunizierten Informationen zum Prozess der Performanceoptimierung des PPS-Systems sind nachvollziehbar. Der Detaillierungsgrad sowie Umfang kommunizierter Informationen entspricht meinem Informationsbedürfnis.
KM 3	In der Kommunikation zum Prozess der Performanceoptimierung des PPS-Systems finden sich keine Widersprüche.
KM 4	Die eingesetzten Kommunikationsmittel ermöglichen mir eine effiziente und effektive Informationsaufnahme
KM 5	Die Kommunikation findet in Bezug auf die Bedeutung der Informationen zum richtigen Zeitpunkt statt. Informationen werden weder zu früh noch zu spät kommuniziert.
KM 6	Mir stehen ausreichend Partizipationsmöglichkeiten im Rahmen des Ramp-Ups zur Performanceoptimierung des PPS-Systems zur Verfügung bzw. meine Bedürfnisse werden in Abstimmung mit Repräsentanten des Projektteams berücksichtigt.
SQ 1	Die Benutzung sämtlicher Funktionalitäten des PPS-Systems zeichnen sich im normale Prozessbetrieb durch eine hohe Reaktionsfähigkeit aus. Maßnahmen der Performanceoptimierungen wurden in ausreichendem Maße umgesetzt.
SQ 2	Die Benutzung sämtlicher Funktionalitäten des PPS-Systems zeichnen sich im normale Prozessbetrieb durch eine hohe Zuverlässigkeit aus. Maßnahmen der Performanceoptimierungen wurden in ausreichendem Maße umgesetzt.
FQ 1	Informations- und Funktionsergebnisse werden nach nach erfolgter Performanceoptimierung im Rahmen der Ramp-Up Phase korrekt von dem PPS-System ausgegeben. Maßnahmen der Performanceoptimierungen wurden in ausreichendem Maße umgesetzt.
FQ 2	Informations- und Funktionsergebnisse werden nach erfolgter Performanceoptimierung im Rahmen der Ramp-Up Phase vollständig von dem PPS-System ausgegeben. Maßnahmen der Performanceoptimierungen wurden in ausreichendem Maße umgesetzt.
FQ 3	Der private Datenschutz sowie die technische Datensicherheit wird nach erfolgter Performanceoptimierung im Rahmen der Ramp-Up Phase als hoch eingeschätzt.
SE 1	Die interaktiven Bestandteile des PPS-Systems entsprechen meinen Ergonomieanforderungen nach Individualisierbarkeit. Mir stehen Möglichkeiten zur nutzerindividuellen Gestaltung der Interaktion zwischen System und Nutzer zur Verfügung.
SE 2	Die interaktiven Bestandteile des PPS-Systems entsprechen meinen Ergonomieanforderungen nach Fehlertoleranz. Die Kritikalität nutzerbedingter Fehler sowie einhergehender Korrekturaufwände bei der Bedienung des PPS-System schätze ich als gering ein.
SE 3	Die interaktiven Bestandteile des PPS-Systems entsprechen meinen Ergonomieanforderungen nach Kompetenzförderlichkeit. Die Komplexität der Bedienung des PPS-Systems steht im angebrachten Verhältnis zur Aufgabe.
SE 4	Die interaktiven Bestandteile des PPS-Systems entsprechen meinen Ergonomieanforderungen nach Gebrauchstauglichkeit. Die Effizienz und Effektivität der Nutzung des PPS-Systems wird insbesondere angesichts der Arbeitsbedingungen als hoch eingeschätzt.
SE 5	Die interaktiven Bestandteile des PPS-Systems entsprechen meinen Ergonomieanforderungen nach Steuerbarkeit. Der Automatisierungsgrad der Funktionen des PPS-Systems können aktiv von mir gestaltet werden.
SE 6	Die interaktiven Bestandteile des PPS-Systems entsprechen meinen Ergonomieanforderungen nach Selbstbeschreibungsfähigkeit.
TR 1	Die Funktionalitäten des PPS-Systems erfüllen meine Aufgabenanforderungen vollumfänglich.
TR 2	Die Funktionalitäten des PPS-Systems nehmen einen hohen Stellenwert bei der Bewältigung meiner Aufgabenziele ein.
VK 1	Ich verfüge ich über die benötigten Steuerungsressourcen für meine Aufgabenbewältigung.
VK 2	Ich verfüge über ausreichend Steuerungsmöglichkeiten zur zielgerechten Bewältigung meiner Arbeitsaufgabe.
GF 1	Die Prozessstruktur des PPS-Systems entspricht den unternehmensspezifischen Anforderungen.
GF 2	Die Datenstruktur des PPS-Systems entspricht den unternehmensspezifischen Anforderungen.

Nachschulung

KM 1	Die kommunizierten Informationen zum Prozess der Nachschulung des PPS-Systems sind vollständig und relevant für mich.
KM 2	Die kommunizierten Informationen zum Prozess der Nachschulung des PPS-Systems sind nachvollziehbar. Der Detaillierungsgrad sowie Umfang kommunizierter Informationen entspricht meinem Informationsbedürfnis.
KM 3	In der Kommunikation zum Prozess der Nachschulung des PPS-Systems finden sich keine Widersprüche.
KM 4	Die eingesetzten Kommunikationsmittel ermöglichen mir eine effiziente und effektive Informationsaufnahme
KM 5	Die Kommunikation findet in Bezug auf die Bedeutung der Informationen zum richtigen Zeitpunkt statt. Informationen werden weder zu früh noch zu spät kommuniziert.
KM 6	Mir stehen ausreichend Partizipationsmöglichkeiten im Rahmen der Nachschulungen zur Verfügung bzw. meine Bedürfnisse werden in Abstimmung mit Repräsentanten des Projektteams berücksichtigt.
VK 1	Ich verfüge über ausreichend Steuerungsfähigkeiten zur zielgerechten Bewältigung meiner Arbeitsaufgabe sowie zur Beherrschung aller relevanten Funktionalitäten des PPS-Systems.
IF 1	Nach Durchführung der Schulungsmaßnahmen besteht bei mir keine Unsicherheit mehr bzgl. der Nutzung des neuen PPS-Systems. Ich erwarte keine negativen Konsequenzen im Falle der Fehlnutzung von Systemfunktionalitäten.
IF 2	Nach Durchführung der Schulungsmaßnahmen besteht bei mir keine Unsicherheit mehr bzgl. der Nutzung des neuen PPS-Systems. Ich erwarte keine negativen Konsequenzen im Falle der Fehlnutzung von Systemfunktionalitäten.

Post-Implementation Audit

KM 1	Die kommunizierten Informationen zur Durchführung und den Ergebnissen des Post-Implementation Audits sind vollständig und relevant für mich.
KM 2	Die kommunizierten Informationen zur Durchführung und den Ergebnissen des Post-Implementation Audits sind nachvollziehbar. Der Detaillierungsgrad sowie Umfang kommunizierter Informationen entspricht meinem Informationsbedürfnis.
KM 3	In der Kommunikation zur Durchführung und den Ergebnissen des Post-Implementation Audits finden sich keine Widersprüche.
KM 4	Die eingesetzten Kommunikationsmittel ermöglichen mir eine effiziente und effektive Informationsaufnahme
KM 5	Die Kommunikation findet in Bezug auf die Bedeutung der Informationen zum richtigen Zeitpunkt statt. Informationen werden weder zu früh noch zu spät kommuniziert.
KM 6	Mir stehen ausreichend Partizipationsmöglichkeiten im Rahmen des Post-Implementation Audits zur Verfügung bzw. meine Bedürfnisse werden in Abstimmung mit Repräsentanten des Projektteams berücksichtigt.
IF 1	Meine Arbeitsumgebung zeichnet sich durch flache hierarchische Strukturen und eine geringe Machtdistanz aus. Der Einfluss von persönlicher Leistung oder innovativem Handeln auf die hierarchische Position im Unternehmen ist klar erkennbar.
IF 2	Im Rahmen der Systemtests und -abnahme besteht bei mir keine Unsicherheit bzgl. der Nutzung des neuen PPS-Systems. Ich erwarte keine negativen Konsequenzen im Falle der Fehlnutzung von Systemfunktionalitäten.
IF 3	Ich schätze meine Innovationsfreude zur Erprobung der neuen Systemfunktionalitäten des PPS-Systems als hoch ein.
FQ 1	Die durch das PPS-System erzeugten Informationen und Funktionsergebnisse sind korrekt und entsprechen einer korrekten Repräsentation der realen Gegebenheiten. Die Informationen und Ergebnisse des PPS-Systeme lassen sich somit ohne Einschränkungen auf das reale Produktionsgeschehen übertragen.
FQ 2	Die durch das PPS-System erzeugten Informationen und Funktionsergebnisse sind vollständig und entsprechen einer ganzheitlichen Repräsentation der realen Gegebenheiten. Die Datengrundlage des PPS-Systems kann somit als komplett und ohne fehlende Datenpunkte bezeichnet werden.
FQ 3	Der private Datenschutz sowie die technische Datensicherheit werden als hoch eingeschätzt.
SQ 1	Die Benutzung sämtlicher Funktionalitäten des PPS-Systems zeichnen sich durch eine hohe Zuverlässigkeit aus.
SQ 2	Die Benutzung sämtlicher Funktionalitäten des PPS-Systems zeichnen sich durch eine hohe Reaktionsfähigkeit aus.
KO 1	Es besteht eine hohe Kompatibilität der Eingabeschnittstellen des PPS-Systems zur bestehenden IT-Infrastruktur.
KO 2	Es besteht eine hohe Kompatibilität der Ausgabeschnittstellen des PPS-Systems zur bestehenden IT-Infrastruktur.
KO 3	Es besteht eine hohe Kompatibilität der Dialog- und Funktionsschnittstellen des PPS-Systems zur bestehenden IT-Infrastruktur.

SE 1	Die interaktiven Bestandteile des PPS-Systems entsprechen meinen Ergonomieanforderungen nach Individualisierbarkeit. Mir stehen Möglichkeiten zur nutzerindividuellen Gestaltung der Interaktion zwischen System und Nutzer zur Verfügung.
SE 2	Die interaktiven Bestandteile des PPS-Systems entsprechen meinen Ergonomieanforderungen nach Fehlertoleranz. Die Kritikalität nutzerbedingter Fehler sowie einhergehender Korrekturaufwände bei der Bedienung des PPS-System schätze ich als gering ein.
SE 3	Die interaktiven Bestandteile des PPS-Systems entsprechen meinen Ergonomieanforderungen nach Kompetenzförderlichkeit. Die Komplexität der Bedienung des PPS-Systems steht im angebrachten Verhältnis zur Aufgabe.
SE 4	Die interaktiven Bestandteile des PPS-Systems entsprechen meinen Ergonomieanforderungen nach Gebrauchstauglichkeit. Die Effizienz und Effektivität der Nutzung des PPS-Systems wird insbesondere angesichts der Arbeitsbedingungen als hoch eingeschätzt.
SE 5	Die interaktiven Bestandteile des PPS-Systems entsprechen meinen Ergonomieanforderungen nach Steuerbarkeit. Der Automatisierungsgrad der Funktionen des PPS-Systems können aktiv von mir gestaltet werden.
SE 6	Die interaktiven Bestandteile des PPS-Systems entsprechen meinen Ergonomieanforderungen nach Selbstbeschreibungsfähigkeit.
SN 1	Die Nützlichkeit und Benutzerfreundlichkeit des PPS-Systems wird von den Arbeitspersonen meines täglichen Arbeitsumfeldes als hoch eingeschätzt.
SN 2	Die Nützlichkeit und Benutzerfreundlichkeit des PPS-Systems wird von meinen direkten Vorgesetzten als hoch eingeschätzt.
SN 3	Die Wahrnehmung im Unternehmen verdeutlicht die Potentiale der Nützlichkeit und Benutzerfreundlichkeit des zu testenden PPS-Systems.
SP 1	Die geschaffenen Supportstrukturen bieten meinen Anforderungen entsprechend ausreichend Unterstützung in der Systemnutzung.
SP 2	Die geschaffenen Supportstrukturen bieten meinen Anforderungen entsprechend ausreichend Unterstützung in der Fehlerbehebung während der Nutzung von PPS-Systemen.
SP 3	Die geschaffenen Supportstrukturen bieten meinen Anforderungen entsprechend ausreichend Unterstützung bei Bedarfen der Systemadaption.
TR 1	Die Funktionalitäten des PPS-Systems erfüllen meine Aufgabenanforderungen vollumfänglich.
TR 2	Die Funktionalitäten des PPS-Systems nehmen einen hohen Stellenwert bei der Bewältigung meiner Aufgabenziele ein.
GF 1	Die Prozessstruktur des PPS-Systems entspricht den unternehmensspezifischen Anforderungen.
GF 2	Die Datenstruktur des PPS-Systems entspricht den unternehmensspezifischen Anforderungen.
VK 1	Ich verfüge über ausreichend Steuerungsfähigkeiten zur zielgerechten Bewältigung meiner Arbeitsaufgabe sowie zur Beherrschung aller relevanten Funktionalitäten des PPS-Systems.
VK 2	Ich verfüge ich über die benötigten Steuerungsressourcen für meine Aufgabenbewältigung.
VK 3	Ich verfüge über ausreichend Steuerungsmöglichkeiten zur zielgerechten Bewältigung meiner Arbeitsaufgabe.

Anwendungsmanagement

Anwenderunterstützung

KM 1	Die kommunizierten Informationen zur Anwenderunterstützung sind vollständig und relevant für mich.
KM 2	Die kommunizierten Informationen zur Anwenderunterstützung sind nachvollziehbar. Der Detaillierungsgrad sowie Umfang kommunizierter Informationen entspricht meinem Informationsbedürfnis.
KM 3	In der Kommunikation zur Anwenderunterstützung finden sich keine Widersprüche.
KM 4	Die eingesetzten Kommunikationsmittel ermöglichen mir eine effiziente und effektive Informationsaufnahme
KM 5	Die Kommunikation findet in Bezug auf die Bedeutung der Informationen zum richtigen Zeitpunkt statt. Informationen werden weder zu früh noch zu spät kommuniziert.
KM 6	Mir stehen ausreichend Partizipationsmöglichkeiten im Rahmen der Anwenderunterstützung zur Verfügung bzw. meine Bedürfnisse werden in Abstimmung mit Repräsentanten des Projektteams berücksichtigt.
VK 1	Ich verfüge über ausreichend Steuerungsfähigkeiten zur zielgerechten Bewältigung meiner Arbeitsaufgabe sowie zur Beherrschung aller relevanten Funktionalitäten des PPS-Systems.
SP 1	Die geschaffenen Supportstrukturen bieten meinen Anforderungen entsprechend ausreichend Unterstützung in der Systemnutzung.
SP 2	Die geschaffenen Supportstrukturen bieten meinen Anforderungen entsprechend ausreichend Unterstützung in der Fehlerbehebung während der Nutzung von PPS-Systemen.
SP 3	Die geschaffenen Supportstrukturen bieten meinen Anforderungen entsprechend ausreichend Unterstützung bei Bedarfen der Systemadaption.

Softwarewartung

KM 1	Die kommunizierten Informationen zur Softwarewartung sind vollständig und relevant für mich.
KM 2	Die kommunizierten Informationen zur Softwarewartung sind nachvollziehbar. Der Detaillierungsgrad sowie Umfang kommunizierter Informationen entspricht meinem Informationsbedürfnis.
KM 3	In der Kommunikation zur Softwarewartung finden sich keine Widersprüche.
KM 4	Die eingesetzten Kommunikationsmittel ermöglichen mir eine effiziente und effektive Informationsaufnahme
KM 5	Die Kommunikation findet in Bezug auf die Bedeutung der Informationen zum richtigen Zeitpunkt statt. Informationen werden weder zu früh noch zu spät kommuniziert.
KM 6	Mir stehen ausreichend Partizipationsmöglichkeiten im Rahmen der Softwarewartung zur Verfügung bzw. meine Bedürfnisse werden in Abstimmung mit Repräsentanten des Projektteams berücksichtigt.
FQ 1	Die durch das PPS-System erzeugten Informationen und Funktionsergebnisse sind korrekt und entsprechen einer korrekten Repräsentation der realen Gegebenheiten. Die Informationen und Ergebnisse des PPS-Systeme lassen sich somit ohne Einschränkungen auf das reale Produktionsgeschehen übertragen.
FQ 2	Die durch das PPS-System erzeugten Informationen und Funktionsergebnisse sind vollständig und entsprechen einer ganzheitlichen Repräsentation der realen Gegebenheiten. Die Datengrundlage des PPS-Systems kann somit als komplett und ohne fehlende Datenpunkte bezeichnet werden.
FQ 3	Der private Datenschutz sowie die technische Datensicherheit werden als hoch eingeschätzt.

Technische Systembetreuung

KM 1	Die kommunizierten Informationen zur technischen Systembetreuung sind vollständig und relevant für mich.
KM 2	Die kommunizierten Informationen zur technischen Systembetreuung sind nachvollziehbar. Der Detaillierungsgrad sowie Umfang kommunizierter Informationen entspricht meinem Informationsbedürfnis.
KM 3	In der Kommunikation zur technischen Systembetreuung finden sich keine Widersprüche.
KM 4	Die eingesetzten Kommunikationsmittel ermöglichen mir eine effiziente und effektive Informationsaufnahme
KM 5	Die Kommunikation findet in Bezug auf die Bedeutung der Informationen zum richtigen Zeitpunkt statt. Informationen werden weder zu früh noch zu spät kommuniziert.
KM 6	Mir stehen ausreichend Partizipationsmöglichkeiten im Rahmen der technischen Systembetreuung zur Verfügung bzw. meine Bedürfnisse werden in Abstimmung mit Repräsentanten des Projektteams berücksichtigt.
SQ 1	Die Benutzung sämtlicher Funktionalitäten des PPS-Systems zeichnen sich durch eine hohe Zuverlässigkeit aus.
SQ 2	Die Benutzung sämtlicher Funktionalitäten des PPS-Systems zeichnen sich durch eine hohe Reaktionsfähigkeit aus.
FQ 1	Der private Datenschutz sowie die technische Datensicherheit werden als hoch eingeschätzt.

Kontinuierliches Anforderungsmanagement	
Prozess Re-Engineering	
KM 1	Die kommunizierten Informationen zu den im Rahmen des Prozess Re-Engineering vorgenommenen Maßnahmen sind vollständig und relevant für mich.
KM 2	Die kommunizierten Informationen zu den im Rahmen des Prozess Re-Engineering vorgenommenen Maßnahmen sind nachvollziehbar. Der Detaillierungsgrad sowie Umfang kommunizierter Informationen entspricht meinem Informationsbedürfnis.
KM 3	In der Kommunikation der Maßnahmen des Prozess Re-Engineering finden sich keine Widersprüche.
KM 4	Die eingesetzten Kommunikationsmittel ermöglichen mir eine effiziente und effektive Informationsaufnahme
KM 5	Die Kommunikation findet in Bezug auf die Bedeutung der Informationen zum richtigen Zeitpunkt statt. Informationen werden weder zu früh noch zu spät kommuniziert.
KM 6	Mir stehen ausreichend Partizipationsmöglichkeiten im Rahmen des Prozess Re-Engineering zur Verfügung bzw. meine Bedürfnisse werden in Abstimmung mit Repräsentanten des Projektteams berücksichtigt.
VK 1	Nach Durchführung der Prozess Re-Engineering Maßnahmen stehen mir ausreichend Steuerungsmöglichkeiten zur zielgerechten Bewältigung meiner Arbeitsprozesse zur Verfügung.
GF 1	Nach Durchführung der Prozess Re-Engineering Maßnahmen liegt eine hohe Übereinstimmung der operativen Prozessstruktur mit unternehmensspezifischen Anforderungen vor.
Organisation Re-Engineering	
KM 1	Die kommunizierten Informationen zu den im Rahmen des Organisations Re-Engineering vorgenommenen Maßnahmen sind vollständig und relevant für mich.
KM 2	Die kommunizierten Informationen zu den im Rahmen des Organisations Re-Engineering vorgenommenen Maßnahmen sind nachvollziehbar. Der Detaillierungsgrad sowie Umfang kommunizierter Informationen entspricht meinem Informationsbedürfnis.
KM 3	In der Kommunikation der Maßnahmen des Organisations Re-Engineering finden sich keine Widersprüche.
KM 4	Die eingesetzten Kommunikationsmittel ermöglichen mir eine effiziente und effektive Informationsaufnahme
KM 5	Die Kommunikation findet in Bezug auf die Bedeutung der Informationen zum richtigen Zeitpunkt statt. Informationen werden weder zu früh noch zu spät kommuniziert.
KM 6	Mir stehen ausreichend Partizipationsmöglichkeiten im Rahmen des Organisations Re-Engineering zur Verfügung bzw. meine Bedürfnisse werden in Abstimmung mit Repräsentanten des Projektteams berücksichtigt.
VK 1	Ich verfüge über ausreichend Steuerungsfähigkeiten zur zielgerechten Bewältigung meiner Arbeitsaufgabe. Potentiale zur Verbesserung meiner Steuerungsfähigkeiten wurden im Rahmen des organisationalen Re-Engineering ausreichend umgesetzt.
VK 2	Ich verfüge über die für meine Aufgabenbewältigung benötigten Steuerungsressourcen. Potentiale zur Verbesserung der Verfügbarkeit von Steuerungsressourcen wurden im Rahmen des organisationalen Re-Engineering ausreichend umgesetzt.
VK 3	Ich verfüge über ausreichend Steuerungsmöglichkeiten zur zielgerechten Bewältigung meiner Arbeitsaufgabe. Potentiale zur Verbesserung meiner Steuerungsmöglichkeiten wurden im Rahmen des organisationalen Re-Engineering ausreichend umgesetzt.
IF 1	Meine Arbeitsumgebung zeichnet sich durch flache hierarchische Strukturen und eine geringe Machtdistanz aus. Der Einfluss von persönlicher Leistung oder innovativem Handeln auf die hierarchische Position im Unternehmen ist klar erkennbar.
IF 2	Bei mir besteht keine Unsicherheit bzgl. der Nutzung des neuen PPS-Systems. Ich erwarte keine negativen Konsequenzen im Falle der Fehlnutzung von Systemfunktionalitäten.
IF 3	Ich schätze meine Innovationsfreude zur Erprobung der neuen Systemfunktionalitäten des PPS-Systems als hoch ein.
TR 1	Das vorliegende Steuerungssystem stimmt mit meinen persönlichen Aufgabenanforderungen überein. Potentiale zur verbesserten Ausrichtung des Steuerungssystems wurden im Rahme des organisationalen Re-Engineering ausreichend umgesetzt
TR 2	Das vorliegende Steuerungssystem stimmt mit meinen persönlichen Aufgabenzielen überein. Potentiale zur verbesserten Ausrichtung des Steuerungssystems wurden im Rahme des organisationalen Re-Engineering ausreichend umgesetzt
SP 1	Die geschaffenen Supportstrukturen bieten meinen Anforderungen entsprechend ausreichend Unterstützung in der Systemnutzung.
SP 2	Die geschaffenen Supportstrukturen bieten meinen Anforderungen entsprechend ausreichend Unterstützung in der Fehlerbehebung während der Nutzung von PPS-Systemen.
SP 3	Die geschaffenen Supportstrukturen bieten meinen Anforderungen entsprechend ausreichend Unterstützung bei Bedarfen der Systemadaption.
SN 1	Die Nützlichkeit und Benutzerfreundlichkeit des PPS-Systems wird von den Arbeitspersonen meines täglichen Arbeitsumfeldes als hoch eingeschätzt.
SN 2	Die Nützlichkeit und Benutzerfreundlichkeit des PPS-Systems wird von meinen direkten Vorgesetzten als hoch eingeschätzt.
SN 3	Die Wahrnehmung im Unternehmen verdeutlicht die Potentiale der Nützlichkeit und Benutzerfreundlichkeit des zu testenden PPS-Systems.

System Re-Engineering

KM 1	Die kommunizierten Informationen zu den im Rahmen des System Re-Engineering vorgenommenen Maßnahmen sind vollständig und relevant für mich.
KM 2	Die kommunizierten Informationen zu den im Rahmen des System Re-Engineering vorgenommenen Maßnahmen sind nachvollziehbar. Der Detaillierungsgrad sowie Umfang kommunizierter Informationen entspricht meinem Informationsbedürfnis.
KM 3	In der Kommunikation der Maßnahmen des System Re-Engineering finden sich keine Widersprüche.
KM 4	Die eingesetzten Kommunikationsmittel ermöglichen mir eine effiziente und effektive Informationsaufnahme
KM 5	Die Kommunikation findet in Bezug auf die Bedeutung der Informationen zum richtigen Zeitpunkt statt. Informationen werden weder zu früh noch zu spät kommuniziert.
KM 6	Mir stehen ausreichend Partizipationsmöglichkeiten im Rahmen des System Re-Engineering zur Verfügung bzw. meine Bedürfnisse werden in Abstimmung mit Repräsentanten des Projektteams berücksichtigt.
KO 1	Nach Durchführung der System Re-Engineering Maßnahmen besteht eine hohe Kompatibilität der Eingabeschnittstellen des PPS-Systems zur bestehenden IT-Infrastruktur.
KO 2	Nach Durchführung der System Re-Engineering Maßnahmen besteht eine hohe Kompatibilität der Ausgabeschnittstellen des PPS-Systems zur bestehenden IT-Infrastruktur.
KO 3	Nach Durchführung der System Re-Engineering Maßnahmen besteht eine hohe Kompatibilität der Dialog- und Funktionsschnittstellen des PPS-Systems zur bestehenden IT-Infrastruktur.
FQ 1	Informationen und Funktionsergebnisse werden nach Durchführung der System Re-Engineering Maßnahmen und bei Vorliegen korrekter Inputdaten korrekt von dem PPS-System ausgegeben.
FQ 2	Informationen und Funktionsergebnisse werden nach Durchführung der System Re-Engineering Maßnahmen und bei Vorliegen korrekter Inputdaten vollständig von dem PPS-System ausgegeben.
FQ 3	Die Sicherheit der durch das PPS-System verarbeiteten Daten wird nach Durchführung der System Re-Engineering Maßnahmen als hoch eingeschätzt.
SQ 1	Das PPS-System zeichnet sich nach Durchführung der System Re-Engineering Maßnahmen durch eine ausreichende Reaktionsfähigkeit aus.
SQ 2	Das PPS-System zeichnet sich nach Durchführung der System Re-Engineering Maßnahmen durch eine ausreichende Zuverlässigkeit aus.
SE 1	Im Rahmen des System Re-Engineering wurden Anforderungen der Systemergonomie nach Individualisierbarkeit des PPS-Systems ausreichend berücksichtigt.
SE 2	Im Rahmen des System Re-Engineering wurden Anforderungen der Systemergonomie nach Fehlertoleranz des PPS-Systems ausreichend berücksichtigt.
SE 3	Im Rahmen des System Re-Engineering wurden Anforderungen der Systemergonomie nach Steuerbarkeit des PPS-Systems ausreichend berücksichtigt.
SE 4	Im Rahmen des System Re-Engineering wurden Anforderungen der Systemergonomie nach Selbstbeschreibungsfähigkeit des PPS-Systems ausreichend berücksichtigt.
SE 5	Im Rahmen des System Re-Engineering wurden Anforderungen der Systemergonomie nach Kompetenzförderlichkeit bzw. Komplexität des PPS-Systems ausreichend berücksichtigt.
SE 6	Im Rahmen des System Re-Engineering wurden Anforderungen der Systemergonomie nach Gebrauchstauglichkeit des PPS-Systems ausreichend berücksichtigt.
TR 1	Die Funktionalitäten des PPS-Systems nach Durchführung der System Re-Engineering Maßnahmen erfüllen meine Aufgabenanforderungen.
TR 2	Die Funktionalitäten des PPS-Systems nach Durchführung der System Re-Engineering Maßnahmen wirken sich optimierend auf die Bewältigung meiner Aufgabenziele aus.
GF 1	Nach Durchführung der System Re-Engineering Maßnahmen liegt eine hohe Übereinstimmung der systemseitigen Prozessstruktur mit unternehmensspezifischen Anforderungen vor.
GF 2	Nach Durchführung der System Re-Engineering Maßnahmen liegt eine hohe Übereinstimmung der systemseitigen Datenstruktur mit unternehmensspezifischen Anforderungen vor.

Anhang 5: Erhebungselemente Feedbacktool

In der Reihe **Ergebnisse aus der Produktionstechnik** zuletzt erschienen:

Schmidhuber, Matthias:
Sozio-technische Problemlösungsfähigkeit von PPS-Systemen
ISBN: 978-3-98555- 143-9
Erscheinungsdatum: 07.02.2023

Schwarberg, Thomas:
Bestimmung der Logik von Innovationsideen für technische Systeme
ISBN: 978-3-98555- 142-2
Erscheinungsdatum: 07.02.2023

Müller, Tobias:
Modellbildung mittels Symbolischer Regression zur Messunsicherheits-bestimmung komplexer Messprozesse
ISBN: 978-3-98555-146-0
Erscheinungsdatum: 30.01.2023

Nienheysen, Philipp:
Werkstattgerechte Schadensanalyse in CFK-Strukturbauteilen mit optisch georteter Ultraschallmesstechnik
ISBN: 978-3-98555-136-1
Erscheinungsdatum: 30.01.2023

Kreß, Julian Maximilian:
Erbringung hybrider Leistungsangebote in Wertschöpfungsnetzwerken
ISBN: 978-3-98555-128 6
Erscheinungsdatum: 24.01.2023

Behrens, Jan:
Selbstkalibrierung von 5-Achs-Bearbeitungszentren mit Dreh-/Schwenktisch
ISBN: 978-3-98555-124-8
Erscheinungsdatum: 24.01.2023

Bickendorf, Philipp:
Tribologische und geometrische Auslegung von additiv hergestellten Werkzeug-einsätzen zur Feinblech-umformung
ISBN: 978-3-98555-133-0
Erscheinungsdatum: 24.01.2023

Vierschillung, Sebastian Patrick:
Automatisierung der Standortauswahl in der Fabrikplanung
ISBN: 978-3-98555-134-7
Erscheinungsdatum: 09.01.2023

Wenning, Marius:
Kontextabhängige Anomaliedetektion zur visuellen Hinderniserkennung für automatisierte PKW im End-of-Line-Bereich
ISBN: 978-3-98555-121-7
Erscheinungsdatum: 19.12.2022

Helbig, Jens:
Typisierung und Auswahl von Referenzstrategien für den Werkzeugeinkauf
ISBN: 978-3-98555-122-4
Erscheinungsdatum: 19.12.2022

Edition Wissenschaft
Apprimus

Schlegel, Peter:

Bewertung und Optimierung der Vollständigkeit von Betriebsdaten im Kontext der Fehlerprädiktion

ISBN: 978-3-98555-120-0
Erscheinungsdatum: 18.11.2022

Kiesel, Raphael:

Techno-Economic Evaluation of 5G Technology for Latency-Critical Applications in Production

ISBN: 978-3-98555-115-6
Erscheinungsdatum: 19.10.2022

Schäkel, Martin:

Adaptiver laserunterstützter Tapewickelprozess für die Herstellung von Druckbehältern aus endlosfaserverstärkten Thermoplasten

ISBN: 978-3-98555-107-1
Erscheinungsdatum: 12.08.2022

Elser, Hannes:

Fähigkeit von Bluetooth Low Energy zur signalstärkebasierten Rückverfolgung von Bauteilen in der Einzel- und Kleinserienfertigung

ISBN: 978-3-98555-099-9
Erscheinungsdatum: 12.08.2022

Busch, Max:

Intelligente Produktionsplanungsprozesse im Werkzeugbau

ISBN: 978-3-98555-095-1
Erscheinungsdatum: 14.07.2022

Fölling, Carsten:

Komplexitätsbeherrschung durch hybride Montageplanung

ISBN: 978-3-98555-090-6
Erscheinungsdatum: 30.06.2022

Kukla, Christian:

Prozesstemperaturregelung in der laserunterstützten Verarbeitung von faserverstärkten thermoplastischen Verbundkunststoffen

ISBN: 978-3-98555-116-3
Erscheinungsdatum: 19.10.2022

Hahn, Viviane:

Bewertung der Wandlungsfähigkeit in der automatisierten Fabrikplanung

ISBN: 978-3-98555-102-6
Erscheinungsdatum: 10.10.2022

Solf, Mareike:

Modellierung der Schleifkraft beim Kegelradschleifen

ISBN: 978-3-98555-106-4
Erscheinungsdatum: 12.08.2022

Henkel, Jérôme

Strategien zur Steigerung der Flächeneffizienz von Fabriken im urbanen Umfeld ISBN

ISBN: 978-3-98555-098-2
Erscheinungsdatum: 27.07.2022

Eßer, Bastian:

Analyse des Betriebsverhaltens von Kugelgewindetrieben unter statischen axialen Betriebslasten

ISBN: 978-3-98555-065-4
Erscheinungsdatum: 11.07.2022

Schulz, Martin:

Optimierung des Temperaturfeldes beim Laserstrahlhärten

ISBN: 978-3-98555-078-4
Erscheinungsdatum: 23.06.2022

Edition Wissenschaft
Apprimus

FSC
www.fsc.org
MIX
Papier | Fördert
gute Waldnutzung
FSC® C083411

Zeitfracht Medien GmbH
Ferdinand-Jühlke-Straße 7
99095 Erfurt, Deutschland
produktsicherheit@kolibri360.de